Der große Kosmos
Tierführer

HEIKO BELLMANN

Der große Kosmos Tierführer

unter Mitarbeit von
WOLFGANG DREYER und FRANK HECKER

KOSMOS

Inhalt

Säugetiere sind eine der erfolgreichsten Gruppen der Wirbeltiere: Von der Hausmaus bis zum Braunbär, vom Pottwal bis zum Biber sind sie in fast allen Lebensräumen dieser Erde zu finden. Sie besiedeln wie der Alpensteinbock die höchsten Regionen der Alpen, leben wie das Wildschwein in unseren Wäldern und machen auch vor Parks und Gärten nicht Halt, wie das Eichhörnchen oder der Igel. Einige haben sogar den Luftraum erobert: Fledermäuse sind die einzigen Säugetiere, die aktiv fliegen können.

Das bunte Federkleid der Vögel zählt zu den Wunderwerken der Evolution: Dank ihrer leichten, isolierenden Federn und der Umbildung ihrer Vorderextremitäten zu Flügeln haben Vögel rund um den Globus unzählige neue Lebensräume besiedelt. Die Artenvielfalt reicht vom winzigen Goldhähnchen bis zum mächtigen Seeadler, von so vertrauten Arten wie der Amsel oder der Blaumeise bis hin zum fast schon tropisch bunten Pirol, von scheuen Sängern wie der Nachtigall bis zu typischen Küstenbewohnern wie dem Austernfischer.

Sie markieren einen großen Schritt der Evolution: Reptilien und Amphibien haben als erste Wirbeltiere das Land erobert. Amphibien wie Grasfrosch, Erdkröte oder Teichmolch sind in beiden Lebensräumen zu Hause: Sie sind sowohl im Wasser als auch an Land zu finden. Ihr Nachwuchs kann sich jedoch nur im Wasser entwickeln. Reptilien sind überwiegend Landbewohner. Zu ihnen zählen Schlangen wie die harmlose Ringelnatter, die giftige Kreuzotter, die leuchtend grüne Zauneidechse oder die Europäische Sumpfschildkröte.

Fische gehören zu den ältesten Wirbeltieren. Das ganze Leben dieser mit Kiemen ausgestatteten Tiere spielt sich im Wasser ab: Hier atmen und fressen sie, hier ruhen sie sich aus und pflanzen sich fort. Zu ihnen zählen Meeresfische wie Steinbutt, Flunder oder Katzenhai ebenso wie Zander, Hecht oder Waller, die in Seen oder Flüssen zu finden ist. Zur Fortpflanzungszeit zeigen einige Arten ein faszinierendes Wanderverhalten: Sie ziehen Hunderte oder Tausende von Kilometern zu ihren Laichplätzen. Lachse wandern vom Meer in die Flüsse, Aale von den Flüssen ins Meer.

Klein, aber erfolgreich – so könnte die Devise der Insekten lauten. Mit der unglaublichen Zahl von einer Million bekannten Arten bilden die zu den Gliederfüßern zählenden Insekten die artenreichste Tiergruppe überhaupt. Sie haben alle Lebensräume erobert und faszinieren mit einer unglaublichen Formenfülle: von der einfachen Stubenfliege über schillernde Schmetterlinge wie Tagpfauenauge, Schwalbenschwanz oder bunt getupfte Widderchen bis hin zu Bienen, Hummeln, Ameisen und schließlich den Akrobaten der Lüfte, den Libellen.

Der große Kosmos-Tierführer bietet mit über 1000 Arten eine repräsentative Auswahl der heimischen Tierwelt, von Säugetieren bis hin zu den ganz unten im System angesiedelten Schwämmen. Die noch einfacher organisierten einzelligen Tiere, also etwa die Amöben und Wimpertierchen, wurden hier nicht weiter berücksichtigt, da sie ohnehin nur mithilfe des Mikroskops der Betrachtung zugänglich sind. Zudem wird den einzelligen Tieren inzwischen mit den einzelligen Pflanzen als »Protisten« der Rang einer eigenständigen systematischen Gruppe neben den Pflanzen und Tieren eingeräumt.

Einteilung des Buches nach der Verwandtschaft der Tiere

Die Anordnung der einzelnen Arten erfolgt in diesem Werk in absteigender Reihe, also von den am höchsten organisierten Vertretern hin zu den immer einfacheren Formen. Verwandte Arten werden daher in aller Regel auch eng benachbart vorgestellt, sodass ein direkter Vergleich möglich ist. In wenigen Fällen musste allerdings von diesem Prinzip der verwandtschaftlich orientierten Anordnung abgewichen werden, etwa bei den Seescheiden, die als primitive Vertreter der Chordatiere (darunter versteht man Tiere mit einem aus Zellen gebildeten Rückenstab, der später in der Evolution zur Wirbelsäule wurde) eigentlich in der Nähe der Wirbeltiere und damit vor den Insekten stehen sollten.
Auch die Stachelhäuter und die Moostierchen stellen vergleichsweise hoch organisierte Tiergruppen dar und stehen eigentlich im System über den Insekten. Da alle diese Gruppen aber nicht zu den Wirbeltieren gehören, mussten sie bei der verwandtschaftlich bunt gemischten Gruppe der »Wirbellosen« eingruppiert werden, aus der die Insekten und sonstigen Gliederfüßer hier aus praktischen Gründen herausgenommen wurden.

Die Qual der Wahl – die riesige Vielfalt unserer Tierwelt

Es ist kaum möglich, in einem einzigen Buch auch nur annähernd die ganze Vielfalt der heimischen Tierwelt vorzustellen. In Deutschland sind etwa 40 000 Arten heimisch, das ist mehr als das zehnfache der im gleichen Gebiet vorkommenden Pflanzenarten. Die hier vorgestellte Auswahl mag mit 1000 Arten zunächst recht umfangreich erscheinen, kann aber tatsächlich nur einen kleinen Ausschnitt der enormen Formenfülle herausgreifen. Trotzdem wurde versucht, möglichst viele der häufigsten, auffälligsten oder aus anderen Gründen wichtigen und interessanten, in Mitteleuropa heimischen Tiere zu berücksichtigen. Daneben werden auch einige Arten vorgestellt, die bei ihren Wanderungen regelmäßig in unsere Breiten vordringen, ohne sich hier dauerhaft anzusiedeln.

Bei der Anzahl der ausgewählten Beispiele wurden die höher organisierten Tiergruppen, insbesondere die Säuger, Vögel, Reptilien und Amphibien, stärker berücksichtigt als die einfacheren. Dennoch wurde auch den wirbellosen Tieren, allen voran den so überaus artenreichen Insekten, ein vergleichsweise breiter Raum gewidmet.

Da vor allem die häufigen Tiere vorgestellt werden, wird es in den meisten Fällen möglich sein, eine beobachtete Art sicher anzusprechen. Angesichts der großen Zahl heimischer Tierarten kann dies aber, besonders bei Insekten und anderen Wirbellosen, auch einmal schwierig werden oder manchmal sogar überhaupt nicht möglich sein. In solchen Fällen sollte sich aber die fragliche Art anhand der Ähnlichkeit zu hier vorgestellten, ähnlichen Vertretern wenigstens grob systematisch einordnen lassen.

Die Arbeit der Spezialisten

Man muss sich dabei immer darüber im Klaren sein, dass es viele Tiergruppen gibt, deren Vertreter nur durch Spezialisten sicher zu bestimmen sind. Dies gilt insbesondere für viele Familien der Zweiflügler und Hautflügler, aber beispielsweise auch für verschiedene Käferfamilien. Allein die wissenschaftliche Namensliste der über 600 heimischen Schlupfwespenarten füllt, um nur ein Beispiel herauszugreifen, zehn eng bedruckte Seiten. Nur ein eng begrenzter Kreis besonders geschulter Fachleute kann diese Tiere sicher bestimmen. Diese Spezialisten haben aber andererseits bereits Schwierigkeiten bei der Bestimmung anderer parasitischer Wespenfamilien und müssen vollends aufgeben, wenn es um die Artansprache bei Vertretern gewisser Fliegenfamilien geht. An diesem Beispiel wird vielleicht deutlich, mit welchen Problemen die Bestimmung von Tieren verbunden sein kann.

Damit ist klar, dass zur sicheren Bestimmung von Arten bestimmter Tiergruppen, aber auch zur weiterhin erforderlichen Neubeschreibung bislang unbekannter Arten Spezialisten gebraucht werden. Diese Spezialisten arbeiten meist ehrenamtlich, doch geht ihre Zahl in der neueren Zeit stetig zurück. Der wichtigste Grund hierfür liegt offensichtlich in der mangelnden Anerkennung für ihre außerordentlich wichtige Arbeit. Es ist zu befürchten, dass bereits in wenigen Jahren für viele Tiergruppen keine Bearbeiter mehr zur Verfügung stehen. Diese Aussicht gibt Anlass zu einiger Sorge. In einer Zeit, in der ungestörte Lebensräume immer seltener werden, ist es außerordentlich wichtig, alle Veränderungen sorgfältig zu beobachten und zu dokumentieren, um so gegebenenfalls schädliche Einflüsse zu erkennen und möglicherweise zurückzudrängen. Für eine fundierte Beurteilung solcher Vorgänge können moderne technische Hilfsmittel wertvolle Dienste leisten; sie können aber niemals die notwendige Kopfarbeit der Spezialisten ersetzen. Daher bleibt es auch in Zukunft wichtig, dass junge Menschen bereit sind, sich mit schwierigen Tiergruppen zu beschäftigen, um dann später als Fachleute auf ihrem Gebiet tätig zu werden.

Naturlandschaften und Tiere schützen

Leider ist in unserer modernen, schnelllebigen Zeit die Beschäftigung mit der freien Natur etwas aus der Mode gekommen. Hierzu hat sicher die zunehmende Einschränkung unserer Freiheiten durch Verbote aller Art mit beigetragen. So war es früher selbstverständlich, dass Kinder sich im Tümpel Kaulquappen fingen, um daheim die Entwicklung bis hin zu kleinen Fröschen zu beobachten. Heute sind solche Dinge gesetzeswidrig. Zugegeben – manche Kaulquappe hat damals ein vorzeitiges Ende gefunden. Doch andererseits ist natürlich das Vermehrungspotenzial von Fröschen darauf ausgelegt, dass von mehreren tausend Eiern deutlich weniger als ein Prozent zu ausgewachsenen Tieren heranwächst. Aber heute gibt es an den meisten Orten, an denen noch vor wenigen Jahrzehnten Hunderte von Fröschen dem Fortpflanzungsgeschäft nachgingen, nicht einmal mehr Gewässer, in denen sie dieser Aufgabe nachkommen könnten. Und das Schlimmste ist: Wir merken es schon gar nicht mehr, dass Jahr für Jahr weitere Naturlandschaften unter Straßen und Gewerbeflächen begraben werden oder durch Änderung der bisherigen Nutzung veröden.

Schuld daran ist vor allem die immer stärkere Entfremdung weiter Kreise der Bevölkerung gegenüber der belebten Natur. Außer der durch Verbote geschürten Angst davor, »wilde« Tiere anzufassen (das Wort »Begreifen« hat schließlich etwas mit Anfassen zu tun), tragen die Möglichkeiten der modernen Technologien entscheidend dazu bei, dass sich immer mehr Menschen in virtuelle Scheinwelten zurückziehen und dabei ganz den Kontakt zur Realität verlieren. So hat sich inzwischen durch Aussagen, die durch die Werbung verbreitet wurden, bei vielen Kindern die Überzeugung durchgesetzt, dass Kühe eine lila Färbung besitzen.

Vielleicht kann dieses Werk wenigstens einen ganz kleinen Beitrag dazu leisten, dass wir uns wieder mehr dessen bewusst werden, welch große Kostbarkeiten die heimische Natur noch zu bieten hat und welch spannende Beobachtungen bei einer Wanderung durch die freie Natur möglich sind. Dabei sind es oft kleine und auf den ersten Blick unscheinbare Dinge, die bei näherer Betrachtung die wunderbarsten Entdeckungen mit sich bringen.

Bei meiner Arbeit an diesem Buchprojekt wurde ich von verschiedenen Kollegen tatkräftig unterstützt. Besonders bedanken möchte ich mich bei Dr. Wolfgang Dreyer, der mir dankenswerterweise die Schreibarbeit für alle Kapitel mit Ausnahme der Fische und Insekten einschließlich der dazugehörigen Einleitungen abnahm, ebenso bei Frank Hecker, der mir diese Arbeit bei den Fischen abnahm; zusätzlich stellte er alle Fotos für dieses Kapitel zur Verfügung.

Ein Großteil der Fotos stammt aus meinem eigenen umfangreichen Bildarchiv, etwa die Hälfte davon wurden von mir in den beiden vergangenen Jahren in digitaler Technik hergestellt (vergleiche hierzu die Angaben auf den Seiten 8/9). Ein erheblicher Teil des Bildmaterials, insbesondere von Säugern, Vögeln und Meerestieren, stammt aus den Archiven anderer Fotografen (s. Bildnachweis Seite 208). Ihnen allen sei hiermit herzlich gedankt, insbesondere Markus Essler, Frank Hecker, Horst Hellwig, Dr. Klaus Janke, Dietmar Nill, Helmut Partsch, Martin Partsch und Bernd Zoller. Bei diesen Fotos handelt es sich größtenteils um Digitalaufnahmen. Damit zeigt sich, dass sich mittlerweile die moderne, noch vor wenigen Jahren nicht ganz ernst genommene Technik gut etabliert hat.

Lonsee, im November 2006
Dr. Heiko Bellmann

Geschützte Arten unter den Wirbellosen Tieren sind jeweils mit einem Dreieck (▽) am Ende des Absatzes »Wissenswertes« gekennzeichnet.

Das Beobachten von Tieren in der freien Natur gehört für den Naturfreund zu den schönsten Beschäftigungen. Allerdings ist es oft mit einigen Schwierigkeiten verbunden. Mit guten Kenntnissen über das Verhalten der Tiere sowie einigen technischen Hilfsmitteln wird die Beobachtung jedoch zum Vergnügen.

Bei Vögeln und Säugetieren stellt meistens die hohe Fluchtdistanz das größte Problem dar. Hier leisten Ferngläser oder Spektive in aller Regel gute Dienste. Oft bieten sich in Schutzgebieten hervorragende Möglichkeiten, die Tiere von ausgebauten Unterständen oder Aussichtsplattformen zu beobachten, ohne selbst dabei von ihnen bemerkt zu werden. In den meisten Fällen sind sie auch daran gewöhnt, dass von Menschen, die sich an die ausgewiesenen Wege halten, keine Gefahr ausgeht, sodass in vielen derartigen Gebieten auch ohne jede Tarnung gute Beobachtungsmöglichkeiten gegeben sind.

Insekten und Co: Kleintiere beobachten
Ganz anders liegen die Verhältnisse bei den meisten Insekten und sonstigen Wirbellosen. Hier ist in aller Regel nicht die Fluchtdistanz das größte Problem, sondern in viel stärkerem Maße die erschwerte Auffindbarkeit der oft winzig kleinen, hervorragend getarnten Objekte. Eine stark vergrößernde Lupe ist daher in vielen Fällen eine gute Hilfe. Oft sind es auch gar nicht die Tiere selbst, nach denen man suchen muss, sondern vielmehr die Spuren, die sie hinterlassen, wie etwa Fraßspuren an Pflanzen oder Löcher im Erdboden, die uns sichere Hinweise auf das Vorkommen bestimmter Arten geben. Viele Schmetterlinge verraten sich durch winzige Eier, die sie an immer den gleichen Orten ablegen, und die wir auch finden können, wenn die Falter selbst längst gestorben sind. Und bei Kenntnis der Nahrungspflanzen ist es manchmal ein Leichtes, aus den Eiern das fertige Insekt heranzuziehen. Genauso ist es auch möglich, viele Insekten aus aufgefundenen Larven heranzuziehen. Aber dafür ist natürlich ebenfalls die Kenntnis der Entwicklungsweise nötig, etwa bei Schmetterlingsraupen die bevorzugte Futterpflanze.

Viele Kleintiere verstecken sich tagsüber, sind aber in ihren Verstecken oftmals leicht aufzuspüren. Abstehende Rinden abgestorbener Bäume oder Hohlräume unter am Boden liegenden Steinen werden hierzu von vielen Arten gern aufgesucht. Auch sollte man sich angewöhnen, an Sträuchern und Bäumen immer wieder einmal Zweige umzudrehen und die Blattunterseiten nach darunter sitzenden Insekten abzusuchen. Es ist manchmal erstaunlich, wie viele Tiere sich dort vor unseren Blicken sicher fühlen. Sehr Erfolg versprechend ist es auch, bereits früh am Morgen oder erst in der Abenddämmerung sein »Revier« zu durchwandern. Man wird plötzlich ganz anderen Arten begegnen, als man dies bisher zur »normalen« Zeit gewohnt war.

Zur eingehenden Beobachtung kann es sinnvoll sein, einzelne Tiere für einige Zeit zuhause einzuquartieren, um sie dann später wieder zum Fundort zurückzubringen. Natürlich kann man dies nur tun, wenn man sicher ist, sie auch artgerecht versorgen zu können. Eine Beobachtung etwa von Spinnen im Terrarium oder Wasserkäfern im Aquarium bringt uns vielfach Einblicke in ihre Lebensgewohnheiten, die unter Freilandbedingungen nicht erreichbar wären. Nicht selten sind dabei Beobachtungen von Verhaltensweisen möglich, die zuvor noch niemals gemacht wurden. Mit einer Schilderung der so gewonnenen Erkenntnisse in der Fachliteratur kann auch der ambitionierte Naturliebhaber durchaus zum besseren Verständnis der Zusammenhänge in der Natur beitragen.

Tiere fotografieren
Die eigenen Beobachtungen, auch die Betrachtung der Illustrationen in diesem Buch, wird manchen Naturfreund vielleicht zu der Überlegung bringen, sich auch in der fotografischen Dokumentation der heimischen Tierwelt, vor allem auch der beobachteten spannenden Ereignisse, zu versuchen. Hierzu bietet gerade die neue Technik der Digitalfotografie eine Fülle geeigneter Möglichkeiten. Wer nach ersten fotografischen Erfahrungen mit preisgünstigen Kameras nach Wegen sucht, Fotos in Druckqualität herzustellen, sollte sich für eine digitale Spiegelreflexkamera mit Wechseloptik entscheiden. Geeignete Modelle sind inzwischen für deutlich unter 1000 Euro zu bekommen (der Preis gilt allerdings ohne die für spezielle Aufnahmen notwendigen Wechselobjektive und sonstige Zubehörteile).

Für die Fotografie von Vögeln und größeren Säugetieren sind Teleobjektive längerer Brennweite unverzichtbar. Bei einer Kamera mit Halbformatsensor (dies trifft auf fast alle Modelle in der genannten Preiskategorie zu) stellt dabei eine Brennweite von 300 Millimeter das absolute Mindestmaß dar. Mit einem solchen Objektiv muss man sich z. B. einem Singvogel auf etwa zwei bis drei Meter nähern, um ihn in der erforderlichen Größe abzubilden. Besser wäre es natürlich, ein Objektiv von 500 Millimeter einzusetzen, doch ein solches Tele ist entsprechend schwer – und natürlich sehr viel teurer. Ganz geschickt sind kompakte Zoomobjektive mit einer Maximalbrennweite von 300 Millimeter, die so klein und leicht sind, dass man sie ohne große Mühe mitführen kann, die aber zugleich eine so gute optische Leistung bringen, dass die damit erzielten Fotos auch professionellen Ansprüchen genügen.

Ganz anders die Notwendigkeiten für die Fotografie kleiner Tiere, etwa von Insekten, Spinnen oder Amphibien. Auch hier kann die Fluchtdistanz eine Rolle spielen, andererseits kommt es aber ebenso oft auf eine möglichst große Abbildung winzig kleiner Objekte an. Hier stellt ein Makroobjektiv von etwa 100 Millimeter Brennweite einen guten Kompromiss dar. Scheue Schmetterlinge lassen sich damit noch aus verhältnismäßig großer Entfernung dokumentieren, während bei der geringsten Entfernungseinstellung eine Stubenfliege schon fast Bild füllend erscheint. Hierfür muss das Makroobjektiv aber die Einstellung bis zum Abbildungsmaßstab 1:1, also natürliche Größe, erlauben. Das bedeutet beim schon erwähnten Halbformatsensor, dass die Kantenlänge der längeren Bildseite bei etwa zwei Zentimeter liegt.

Wollen wir noch kleinere Objekte groß abbilden, können wir zusätzlich Zwischenringe oder ein Balgengerät verwenden und damit, je nach Anzahl und Länge der Ringe bzw. des Balgenauszugs, auf Bildkantenlängen von etwa fünf bis zehn Millimeter kommen. Dies entspricht einer bis vierfachen Vergrößerung. Damit lassen sich bereits recht abenteuerliche Blickwinkel einfangen wie das Auge einer Fliege oder die Schuppen auf dem Flügel eines Schmetterlings. Will man noch stärker vergrößern, muss man spezielle Lupenobjektive verwenden. Mit ihnen kann man z. B. einen Millimeter große Schmetterlingseier Bild füllend darstellen.

Bei der Fotografie im Nahbereich werden wir aber bald an andere Grenzen stoßen: Irgendwann, spätestens bei der Abbildung in natürlicher Größe, genügen die Resultate mit der gewohnten Beleuchtung nicht mehr unseren Qualitätsansprüchen. Wenn wir Verwacklungsunschärfe vermeiden wollen und die Blende weiter öffnen, wird die Tiefenschärfe so minimal, dass nur noch Bruchteile eines Millimeters scharf erscheinen. Das fehlende Licht lässt sich nur mit einem Blitz beschaffen. Dieser bringt zugleich einen hoch willkommenen Nebeneffekt: Durch die extrem kurze Leuchtzeit von meist deutlich unter 1/1000 Sekunde wird jede Bewegung praktisch eingefroren, sodass Verwacklungsunschärfen fast nicht mehr möglich sind.

Da bei stärkerer Annäherung an das Objekt, die sich ja zwangsläufig aus einer stärkeren Vergrößerung ergibt, das Blitzlicht immer weiter seitlich einfällt, entstehen auf der Gegenseite auch immer größere Schatten, die den bildlichen Eindruck sehr stören können. Abhilfe kann hier ein Ringblitz liefern, der aber andererseits oft unschöne, ringförmige Reflexe mit sich bringt. Die beste Lösung ist eine Ausleuchtung mit zwei Blitzen (es gibt hierfür spezielle, allerdings recht teure Blitzgeräte, die mit zwei Blitzreflektoren ausgerüstet sind).

Aus diesen Ausführungen wird deutlich, dass für technisch perfekte Fotos ein gewisser Aufwand betrieben werden muss. Meist wird es nicht möglich sein, alle nötigen Geräte bei sich zu führen, um alle sich bietenden Gelegenheiten auch tatsächlich nutzen zu können.

Es ist aber auch nicht immer notwendig, den technisch perfektesten Weg zu wählen. So sollte man auch vermeiden, jedes Motiv mit einer aufwändigen Blitzinstallation auszuleuchten und damit die naturgegebene, oft viel reizvollere Beleuchtung in eine Studioatmosphäre zu versetzen. Oft erweist sich in solchen Fällen gerade der einfachste, natürliche Weg als der reizvollste. Man sollte aber niemals vergessen, auch ein Stativ mitzuführen, da sich attraktive Lichtstimmungen oft nur mit langen Belichtungszeiten einfangen lassen. Wer gern mit der Beleuchtung spielt, sollte einmal versuchen, das Naturlicht mit schwachen Aufhellblitzen zu kombinieren. Auch damit lassen sich nicht selten traumhaft schöne Bilder komponieren. Hier bietet speziell die Digitalfotografie ganz hervorragende Möglichkeiten, da sich das Ergebnis immer gleich auf dem Display beurteilen und entsprechend korrigieren lässt. Auch dafür ist ein Stativ unerlässlich, denn nur so lässt sich bei exakt dem gleichen Bildausschnitt die Aufnahme mit einer anderen Lichtführung wiederholen.

Naturschutz hat Vorrang

Nach all diesen Anregungen zum Beobachten und Fotografieren heimischer Tiere soll auch die rechtliche Seite nicht außer Acht gelassen werden. Da wären vor allem die naturschutzrechtlichen Bestimmungen. Für einen wirklichen Naturfreund ist die Einhaltung dieser Vorschriften eine Selbstverständlichkeit. Hierzu gehört beispielsweise, dass wir das Wegegebot in Schutzgebieten beachten. Nach der Artenschutzverordnung ist es darüber hinaus auch verboten, die geschützten Tierarten an ihren Brutstätten zu stören oder sie zu fangen. Die Liste der geschützten Arten umfasst praktisch alle Wirbeltiere (für die Fische gelten besondere Regeln des Fischereirechts). Wir haben daher davon abgesehen, die geschützten Wirbeltiere einzeln zu benennen (so sind alle Amphibien und Reptilien und fast alle Vögel und Säuger besonders geschützt; allerdings sind z. B. einige Nager, wie etwa die Hausmaus, vom Artenschutz ausgenommen). Bei den Wirbellosen, insbesondere den Insekten, unterliegen nur ganz bestimmte Vertreter dem Artenschutz. Diese sind im Text durch das Zeichen ▽ gekennzeichnet. Wenn wir solche Arten fangen wollen, um sie daheim zu beobachten, besteht die Möglichkeit, hierfür eine Ausnahmegenehmigung bei der Naturschutzbehörde einzuholen. Es ist allerdings in den meisten Fällen recht schwierig, eine solche Genehmigung zu bekommen.

Erfolgreiche Kosmopoliten: Säugetiere

Säugetiere gelten – neben den Vögeln – als die erfolgreichste Klasse der Wirbeltiere. Sie leben mit mehr als 4500 Arten weltweit als Land-, Wasser- und Flugsäuger und bewohnen alle Lebensräume der Erde bis in 5500 Meter Höhe, sogar bis in die Polargebiete. Selbst die Weltmeere haben sie sich erschlossen. Bedingt durch diese Fülle an Lebensbedingungen haben Säugetiere sehr verschiedene Organisationstypen entwickelt, die von einer drei Zentimeter großen Fledermaus bis zum 30 Meter langen Blauwal reichen.

Einer der Hauptgründe für die Entwicklung der Artenvielfalt ist die Fähigkeit der Säugetiere, ihre Körpertemperatur konstant zu halten. Alle zeichnen sich durch ein Fell aus, das als schützende Hülle die weitgehend gleich bleibende Körpertemperatur ermöglicht. Dieses Haarkleid besitzen alle Säuger, sogar die Wale. Allerdings haben es bei diesen nur noch die Embryos, später reduzieren sie es als Anpassung an das Wasserleben.

Das zweite Hauptmerkmal der Säugetiere ist die Ernährung der Jungen aus Milchdrüsen. Der wissenschaftliche Name »Mammalia« leitet sich ab von dem Begriff »Mamma«, der lateinischen Bezeichnung für die mütterliche Brustwarze oder Zitze. Die Produktion von Milch und die Einhaltung der Körpertemperatur führt zu einem zehnfach höheren Energieumsatz als etwa bei den Reptilien, aus denen sich die Säugetiere entwickelt haben. Das erfordert eine intensivere Ausnutzung von Nahrung und deren Beschaffungsmöglichkeiten.

Als Anpassung an diese Notwendigkeit finden wir im Säugetierreich die Entwicklung eines besonders vielfältig gestalteten Gebisses. Dieses so genannte heterodonte Gebiss besteht aus verschiedensten Zahnformen – vom Reißzahn der Räuber bis zu den großflächigen Mahlzähnen der Pflanzenfresser. Darüber hinaus hat das Aufspüren von geeigneter Nahrung den Geruchssinn der Säugetiere besonders gefördert, ebenso das Hörvermögen. Beide Sinnesleistungen dienen vielen Arten auch zur Verständigung und zur Kommunikation während der Partnerfindung.

Die Entstehung der Säugetiere begann vor etwa 180 bis 200 Millionen Jahren aus säugetierähnlichen Reptilien. Es dürfte sich dabei um die längst ausgestorbenen Therapsiden handeln. Während man über die Artbildung der Säugetiere noch unterschiedlicher Auffassung ist, gilt heute als sicher, dass die unmittelbaren Vorfahren der Säugetiere etwa maus- bis rattengroße, insektenfressende und nachtaktive Formen waren. Aus diesen Ursäugern haben sich dann die vielfältigen Ordnungen wie zum Beispiel Huftiere, Wale, Raubtiere, Nagetiere oder Fledertiere und Primaten entwickelt.

Alpiner Akrobat: Der Steinbock (Capra ibex) *ist perfekt an seinen Lebensraum angepasst.*

Die Paarhufer

Die Hauptmasse der landbewohnenden Großsäuger sind die Paarhufer. Ihre Körpergröße reicht vom hasengroßen Hirschferkel bis zum Flusspferd und der Giraffe. Viele Paarhufer gehören zu den wichtigsten Haustieren des Menschen und liefern Fleisch und Milch. Alle Paarhufer sind Pflanzenfresser und haben sich dabei die verschiedensten Pflanzenregionen erschlossen. Möglich ist dieses durch eine besondere Entwicklung der Extremitäten. Paarhufer sind Zehenspitzengänger, ihnen fehlt die erste Zehe. Von den übrigen vier berühren nur die dritte und vierte Zehe den Boden. Nur Flusspferde treten mit vier Zehen pro Fuß auf.

In der mitteleuropäischen Fauna sind es vor allem zwei Paarhuferarten, die mit Anpassungen an ihren Lebensraum herausragen. Die stark spreizbaren Hufe des Alpensteinbocks eignen sich besonders zum Klettern. Obwohl Böcke bis zu 120 Kilogramm wiegen, meistern die Tiere steilste Felsen. Selbst im Winter ziehen die Rudel kaum tiefer als auf 2000 Meter Höhe und ernähren sich von dem kargen Pflanzenwuchs der Felsregion.

Der für den Menschen wohl wichtigste Paarhufer ist jedoch das Wildschwein. Das Schwein lebt seit etwa 6000 Jahren an der Seite des Menschen. Durch entsprechende Zuchtselektionen gelang es, nach und nach eine Vielzahl von Hausschweinrassen zu züchten. Das Wildschwein, also die Urform, besitzt eine rüsselförmig verlängerte Schnauze mit einer tellerartigen Rüsselscheibe. Diese eignet sich bestens zum Durchwühlen feuchter Waldböden, die beiden Nasenöffnungen an der Spitze zum geruchlichen Aufspüren von Wurzelknollen und Pilzen. Mit seinen spreizbaren Zehen kann das Wildschwein ebenso moorige wie auch steinige Lebensräume besiedeln.

Das Wildschwein (Sus scrofa) *ist der Urahn unserer Hausschweine und damit einer der für uns wichtigsten Paarhufer.*

Die Wale

Die Wale sind die am vollkommensten an das ständige Leben im Wasser angepassten Säugetiere. Nur in diesem Milieu konnten sich derartig große und schwere Säugetiere entwickeln. Mit etwa 30 m Länge und 130 Tonnen Gewicht ist der Blauwal das größte Säugetier und wiegt etwa soviel wie 25 Elefanten. Ausgerechnet dieses größte Lebewesen der Erde ernährt sich aus-

schließlich von Kleinsttieren, dem so genannten Krill. Diese fünf bis sechs Zentimeter langen Krebse entwickeln sich vorwiegend in den Polargewässern. Dort ziehen die Blauwale immer wieder hin, um ungeheure Mengen dieser Krebse zu fressen. Allein eine Magenfüllung des Blauwals beträgt etwa 2000 Liter.
Ähnlich erstaunliche Leistungen vollbringt der Pottwal. Dieser Wal ist ein Tiefseetaucher. Er kann etwa 50 Minuten lang bis über 1000 Meter tief abtauchen, um große Tintenfische zu jagen. Der Pottwal ist ein Kosmopolit, der durch alle Meere wandert. Er erreicht ein Gewicht von bis zu 10 000 Kilo und gilt als einer der schnellsten Schwimmer unter den Walen.

Die Raubtiere

In der Gruppe der Raubtiere werden Säugetiere zusammengefasst, die sich überwiegend vom Fleisch anderer Wirbeltiere ernähren. Obwohl es einige Aasfresser in dieser Gruppe gibt und manche Arten wie Braunbär, Dachs und Fuchs gelegentlich sogar Pflanzenkost bevorzugen, fasst diese Ordnung die Carnivoren unter den Säugern zusammen. Kennzeichen aller ist das Raubtiergebiss. Es besteht aus dolchförmigen Eckzähnen zum Fangen der Beute. Die so genannten Reißzähne im Kiefer bilden eine Brechschere, die selbst Knochen durchbeißen kann. Im Rahmen der Domestikation hat sich der Mensch zwei Raubtierarten als Haustiere gezüchtet, den Haushund und die Hauskatze.
Problematisch ist die Diskussion, ob der Mensch ausgerottete Säugetiere wieder einbürgern soll, wenn es sich um potenziell gefährliche Arten wie Braunbär oder Wolf handelt. Die Verhaltensforschung unternimmt derzeit viele Untersuchungen mithilfe von mit Sendern markierten Tieren (Telemetrie), um Bewegungsmuster dieser Tierarten zu erstellen. Diese Daten sollen der sachlichen Beurteilung dienen, ob Großräuber in einer dicht besiedelten und vom Menschen veränderten Landschaft Überlebenschancen haben.

Eines der größten Landsäugetiere Europas: der Braunbär (Ursus arctos).

Die Nagetiere

Über die Hälfte aller Säugetiere gehören in die Ordnung der Nagetiere. Diese haben sich mittlerweile die ganze Erde erschlossen. Zu den Kosmopoliten gehören Ratten und Mäuse.
Als baumbewohnende Gleitflieger haben sich die Flughörnchen entwickelt. Das Ziesel nutzt die großen Steppengebiete ähnlich wie die Präriehunde. Das Alpenmurmeltier lebt als Weidegänger auf den alpinen Matten zwischen Wald- und Schneegrenze.
Der Biber schließlich hat sich das Süßwasser erschlossen. Er ist das größte und schwerste Nagetier Europas. Sein typisches Merkmal ist der Biberschwanz, der breit gedrückt und lanzettförmig als Schwimmpaddel dient. Seine fast gewaltigen Nagezähne im Ober- und Unterkiefer arbeiten wie zwei Meißel, mit denen er Bäume fällt. Um ein einziges Kilo Holz aus 100–150 Einzelspänen abzunagen, benötigt der Biber etwa 1000 nagende Bisse. Das nutzt die Zähne ständig ab, die deshalb auch immer wieder nachwachsen. Berühmt sind die auffälligen Biberbauten aus Holz mit Zugang unter Wasser, es sind die so genannten Biberburgen. Gleichzeitig errichten alle Biber einer Kolonie aus Astknüppeln und Stammstücken kunstvolle Staudämme, um den Wasserspiegel ihres Lebensraumes zu regulieren. Diese Dammbauten gehören zu den erstaunlichsten Gemeinschaftsleistungen von Tieren.

Dank der Wiederansiedlung hat der Biber (Castor fiber) *seine Lebensräume an großen Flüssen zurückerobert.*

Mithilfe ihres Echolotsystems gehen Fledermäuse nachts auf Jagd. Die großen Ohren fangen die von der Beute reflektierten Schallwellen auf.

Die Fledertiere

Die zweitgrößte Ordnung der Säugetiere sind die Chiropteren, die so genannten Fledertiere. Sie sind die einzigen Säugetiere, die zum aktiven Flug fähig sind. Sie besitzen eine dünne Flughaut, die von dem Ober- und Unterarm sowie einem verlängerten Mittelhandknochen aufgespreizt wird. Die Hinterbeine sind schwach entwickelt, eignen sich aber dank eines mit einer Kralle versehenen Daumens recht gut zum Klettern. In der Ruhehaltung hängen die Fledertiere kopfabwärts an den Krallen der Hinterzehen.
Durch die Eroberung der nächtlichen Lufträume haben sie sich die reiche Nahrungsnische der nachtaktiven Insekten erschlossen und vermeiden so die Konkurrenz zu den tagaktiven Vögeln. Dies war nur möglich durch die Entwicklung eines besonderen Orientierungssystems, der so genannten Ultraschall-Echopeilung. Dabei senden die Tiere Schallimpulse aus und werten die Zeitdifferenz bis zum Wiedereintreffen des Echos aus. So können sie sich auch bei Dunkelheit räumlich orientieren und Beute orten.
Die Fledermäuse sind eine Unterordnung der Fledertiere und als Insektenfresser vom sommerlichen Vorkommen ihrer Beutetiere abhängig. Sie müssen deshalb die kalte und nahrungsarme Zeit im Winterschlaf verbringen.

Gämse
Rupicapra rupicapra
Rinderartige

Merkmale Höhe 75–80 cm, Gewicht 17–50 kg. Weibchen kleiner und leichter als Männchen. Ziegenähnliche Gestalt. Beide Geschlechter mit kleinen Hörnern, die hakenförmig nach hinten gebogen sind. Sommerfell hellbraun, kurz. Als Rückenlinie ein schwarzer, kräftiger Streifen (Aalstrich). Winterfell schwarzbraun, meist langhaarig. Auffallend schwarzweiß gezeichnetes Gesicht. **Stimme** Häufig lang gezogener Warnpfiff oder Meckern. **Wissenswertes** Hochgebirgslagen, Schuttkare entlang der Baumgrenze und Latschenfelder sind die Lebensräume dieser Paarhufer. Die Tiergruppe der Paarhufer tritt nur mit der 3. und 4. Zehe auf und ist deshalb besonders geländegängig. Gämsen springen mühelos an steilen, zerklüfteten Felsblöcken hinauf und hinab. Die Weibchen bilden zusammen mit den Jungtieren Herden von 15–30 Tieren. Die Männchen sind größtenteils Einzelgänger und gesellen sich nur zur Brunftzeit zwischen August und Oktober zu den Herden. Die Tragzeit beträgt 170 Tage, Wurfzeit Mai–Juni.

Steinbock
Capra ibex
Rinderartige

Merkmale Höhe 70–95 cm, Gewicht 50–100 kg. Männchen deutlich größer und schwerer als Weibchen. Ziegenähnliche, kräftige Gestalt. Männchen mit mächtigen, rückwärts gebogenen, bis zu 1 m langen Hörnern. Weibchen ebenfalls behörnt, Hörner aber selten länger als 30 cm. Männchen im Sommer kastanienbraun, Weibchen graubraun. Im Winter beide Geschlechter graubraun. **Stimme** Meckern, Blöken und bei Gefahr ein scharfer, kurzer Pfiff. **Wissenswertes** Steinböcke sind Tiere der unwirtlichsten Felsenregionen. Die sicheren Kletterer bewegen sich mit akrobatischen Sprüngen an Steilwänden und sogar senkrecht abfallenden Schluchten. Außerhalb der Brunftzeit leben männliche und weibliche Steinböcke in getrennten Rudeln aus bis zu 30 Tieren. Zur Paarungszeit kämpfen die Böcke mit den Hörnern heftig um die Weibchen. Nach 5–6 Monaten Tragzeit werden im Mai/Juni 1–2 Junge gesetzt. Die Jungböcke verbleiben 2 Jahre in den Mutterrudeln. Die heutige Population der Alpen umfasst etwa 23 000 Tiere.

Mufflon
Ovis musimon
Rinderartige

Merkmale Höhe 65–75 cm, Gewicht 25–50 kg. Männchen deutlich größer und schwerer als Weibchen. Schafgroßes Tier. Männchen (Widder) mit sehr typischem, mächtigen, schneckenförmig aufgerollten Gehörn. Weibchen oft hornlos oder mit nur kurzen, rückwärts gebogenen Hörnern. Haarkleid der Männchen glatt, fuchsbraunrot bis schwarzbraun, oft mit hellem Sattel auf dem Rücken. Weibchen ähnlich gefärbt. **Stimme** Meckern, Blöken und scharfer Warnpfiff ähnlich wie Gämsen. **Wissenswertes** Mufflons wurden schon in der Jungsteinzeit von Menschen als Haustiere gehalten. Vermutlich sind alle heutigen Vorkommen dieser Wildschafe Kreuzungen von Wild- und Zuchtschafen. Heute kommen Mufflons nur noch ausgesetzt als Park- und Jagdwild in Laub- und Mischwäldern der europäischen Mittel- und Hochgebirge vor. Sie leben in Rudeln unter der Führung eines alten Weibchens. Die Männchen führen zur Brunft im Frühjahr spektakuläre Kämpfe auf.

Rothirsch
Cervus elaphus
Hirsche

Merkmale Höhe 115–130 cm, Gewicht 160–210 kg. Größte europäische Hirschart. Männchen mit zwölf- bis vierzehnendigem Stangengeweih, das jeden Sommer neu nachwächst. Hirschkühe ohne Geweih. Sommerfell rotbraun, Winterfell graubraun. **Stimme** Zur Brunftzeit lautes Röhren der Männchen. Daneben Laute wie Bellen, Grunzen, Brummen oder Blöken. **Wissenswertes** Weibchen und Jungtiere leben in Rudeln unter Führung einer alten Hirschkuh, die Männchen in kleineren Trupps. Zur Brunftzeit im Herbst versuchen die Männchen ein Rudel Weibchen, einen Harem, um sich zu sammeln und verteidigen ihn in heftigen Kämpfen gegen Konkurrenten. Nach 8 Monaten Tragzeit werden im Mai/Juni die Kälber geworfen. Sie kommen mit weißen Flecken zur Welt und leben mit den Müttern vorübergehend abseits vom Rudel. Tagsüber bleiben sie gut versteckt im hohen Gras liegen. Bei Dämmerung werden sie gesäugt. Rothirsche werden bis zu 20 Jahre alt.

Damhirsch
Cervus dama
Hirsche

Merkmale Höhe 80–100 cm, Gewicht 100–110 kg. Etwas kleiner als der Rothirsch. Männchen mit eindeutigem Schaufelgeweih, das erst ab dem 4. Lebensjahr vollkommen ausgebildet ist und dann jährlich im Frühsommer abgeworfen wird und nachwächst. Weibchen ohne Geweih. Sommerfell beider Geschlechter kräftig rotbraun, weiß gefleckt. Winterfell graubraun, undeutlich gefleckt. **Stimme** Bei der Herbstbrunft rülpsendes Röhren der Männchen. Weibchen bellen, Jungtiere fiepen.

Wissenswertes Das Damwild stammt aus Kleinasien. Bereits in antiker Zeit wurde es nach Mitteleuropa eingeführt. Damhirsche leben im Winter in gemeinsamen Rudeln aus bis zu 150 Tieren. Im Frühjahr und Sommer erfolgt die Trennung der Geschlechter. Im Herbst versuchen starke Hirsche viele Weibchen zu erobern, wobei sich die Rivalen heftige Geweihkämpfe liefern. Nach 7 Monaten Tragzeit werden im Mai/Juni 1–3 Jungtiere geworfen. Diese werden bis in den Spätsommer gesäugt und sind nach etwa 1 Jahr selbständig.

Elch
Alces alces
Hirsche

Merkmale Höhe 150–210 cm, Gewicht 270–800 kg. Größte Hirschart, etwa pferdegroß. Männchen mit schaufelförmig verbreitertem Geweih, das fast waagrecht am Kopf ansetzt. Elchkühe ohne Geweih. Das Fell erwachsener Tiere ist zu allen Jahreszeiten schwarzbraun. Buckeliger Rücken, lange Beine, langer schmaler Kopf, breite überhängende Oberlippe. **Stimme** Dumpfes Brüllen während der Brunft, sonst wenig Laute.

Wissenswertes Elche bewohnen gewässerreiche Mischwälder Nord- und Nordosteuropas. Dort ernähren sie sich von eiweißreichen Knospen und Trieben. Im Sommer suchen sie sogar tauchend nach Wasserpflanzen. Sie sind wenig gesellig. Im Herbst kommt es zwischen den Bullen zu heftigen Kämpfen, aber der Elchbulle schart keinen Harem weiblicher Tiere um sich wie andere Hirsche. Er begleitet während der Paarungszeit nur eine einzelne Kuh. Die Elchkälber werden im Mai geboren. Sie folgen der Mutter sofort nach der Geburt. Die Säugezeit beträgt 3–4 Monate. Elche werden bis zu 25 Jahre alt.

Reh
Capreolus capreolus
Hirsche

Merkmale Höhe 75 cm, Gewicht 18–25 kg. Kleinste europäische Hirschart. Männchen (Böcke) mit kurzem Geweih, meist mit 6 Enden (Bild), Abwurf im Spätherbst. Weibchen (Geißen) ohne Kopfschmuck. Typisch: weißer Kinnfleck, schwarze Nase. Sommerkleid glänzend fuchsrot, matter gelblicher Fleck am Hinterteil (Spiegel). Winterkleid graubraun mit leuchtend weißem Spiegel. **Stimme** Kurzes Bellen.

Wissenswertes Die anpassungsfähigen Rehe bevölkern abwechslungsreich gegliederte Landschaften mit Hecken, Waldrändern, Flussauen oder Teichgebieten. Dort äsen sie meist morgens und abends. Ihre Nahrung besteht aus Kräutern, Beeren, Pilzen oder Eicheln. Die Weibchen leben mit den Jungen im Familienverband, die Männchen sind meist Einzelgänger. Während der Brunft im Juli/August umwerben sie die Geißen. Die Tragzeit beträgt knapp 10 Monate, inklusive einer Zeit der Keimruhe. Bei Gefahr sind Rehe ausgezeichnete Läufer und Springer und sogar gute Schwimmer.

Wildschwein
Sus scrofa
Schweine

Merkmale Höhe 80–95 cm, Gewicht 70–200 kg. Weibchen (Bache) etwa ein Viertel kleiner und leichter als Männchen (Keiler). Gedrungener massiger Körper. Kopf keilförmig gestreckt, mit kräftigem Rüssel, kleinen Augen, kleinen abstehenden Ohren. Männchen mit großen hervorstehenden Eckzähnen. Beine kurz, schlank. Schwanz mit Endquaste. Fell borstig, schwarz bis graubraun. **Stimme** Grunzen, Schnauben, Quieken.

Wissenswertes Wildschweine leben in Familienverbänden aus Bachen und Jungtieren. Erwachsene Keiler streifen als Einzelgänger umher. Zur Paarungszeit im Winter kämpfen die Keiler um brünstige Bachen. Die Tragzeit beträgt rund 120 Tage. Die Würfe aus 3–12 Jungen (Frischlingen) werden im April/Mai gesetzt und etwa 3 Monate gesäugt. Wildschweine sind Allesfresser. Mit ihrer Rüsselscheibe durchwühlen sie den Boden nach fressbaren Wurzeln, Samen oder Pilzen. Sie werden etwa 20 Jahre alt. Das Wildschwein ist die Stammform aller Hausschweinrassen.

Schweinswal
Phocoena phocoena
Delfine

Merkmale Länge bis 1,9 m, Gewicht 40–65 kg. Rückenflosse (Finne) niedrig, dreieckig, aber mit deutlich abgerundeter Spitze. Brustflosse (Flipper) klein, oval. Schwanzflosse (Fluke) gekerbt, mit spitzen Enden. Rücken braungrau bis schwarz, Unterseite weiß, Flanken von dunkel in hell übergehend.
Wissenswertes Schweinswale leben in Gewässern der Nordhalbkugel mit gemäßigten und subarktischen Temperaturen. Eine wichtige »Kinderstube« dieser Wale liegt in der Nordsee vor Sylt. Schweinswale haben bis zu 120 Zähne. Ihre Nahrung jagen sie bis in 100 m Tiefe. Sie besteht aus Schwarmfischen wie Hering oder Makrele, weiterhin aus Wittling, Kabeljau, Schollen und Krebsen. Paarungszeit ist der Sommer. Die Kälber werden nach 10–11 Monaten Tragzeit und mit einer Größe von 70–90 cm geboren. Ihre Lebenserwartung beträgt etwa 14 Jahre. Schweinswale enden oft als Beifang in Fischernetzen. Versuche, die Tiere mit Ultraschallsendern vor den tödlichen Netzen zu warnen, verliefen bislang nur teilweise erfolgreich.

Großer Tümmler
Tursiops truncatus
Delfine

Merkmale Länge 2–4 m, Gewicht 90–650 kg. Körpermaße variieren sehr stark. Typischer Delfin. Rückenflosse (Finne) groß, breit und sichelförmig. Schwanzflosse (Fluke) breit, in der Mitte gekerbt und mit spitz zulaufenden Enden. Oberseite dunkelgrau, Bauch heller. Gut ausgebildeter Schnabel, Schnabelspitze meist weiß. Mundspalte verläuft nach oben (»Delfinlächeln«).
Wissenswertes Der Große Tümmler ist weltweit in tropischen und gemäßigten Meeren anzutreffen, sowohl in Küstennähe, als auch auf hoher See. Diese kräftigen Schwimmer reiten häufig auf den Bugwellen großer Schiffe. Gelegentlich kommen große Schulen von mehreren hundert Delfinen zusammen, häufiger sind jedoch kleine Schulen mit sozialen Strukturen. In mehrminütigen Tauchgängen jagen sie Fische, Krebse oder Kopffüßer, die sie mit etwa je 40 Zähnen im Ober- und Unterkiefer gut festhalten können. Der Große Tümmler ist oft in Schauaquarien zu sehen. Freilandbeobachtungen sind am sichersten im Mittelmeer zu erwarten.

Pottwal
Physeter macrocephalus
Pottwale

Merkmale Körperlänge bis 20 m, Gewicht bis 50 t. Weibchen deutlich kleiner: 11–13 m. Brustflossen (Flipper) klein, paddelförmig. Rückenflosse (Finne) nicht ausgeprägt. Schwanzflosse (Fluke) dreieckig, breit, mittig tief gekerbt. Kopf rechteckig, umfasst etwa ein Drittel der Körperlänge. Oberseite dunkelgrau bis dunkelbraun, Unterseite etwas heller.
Wissenswertes Dieser größte Zahnwal lebt in allen Ozeanen. Er wandert regelmäßig zwischen nördlichen Breitengraden im Sommer und äquatorialen in der übrigen Zeit. Als Tiefseetaucher jagen Pottwale Kalmare und andere Kopffüßer bis in eine Tiefe von 1200 m. Dabei tauchen sie 20–50 Minuten. Aus Saugnapfabdrücken am Kopf von Pottwalen hat man errechnet, dass es etwa 18 m lange Riesenkraken geben muss. Mittlerweile fand man solche Tiere. Pottwale leben in Familiengruppen von bis zu 20 Tieren. Nur die Männchen verlassen diese, um in arktischen Gewässern zu fischen. Gute Beobachtungschancen im Oktober um die Kanarischen Inseln.

Blauwal
Balaenoptera musculus
Furchenwale

Merkmale Größtes Tier der Erde: Körperlänge bis 33 m, Gewicht bis 200 t. Brustflossen (Flipper) schmal, spitz. Rückenflosse (Finne) weit zurückgesetzt, sehr klein. Schwanzflosse (Fluke) 4,5 m breit, mittig eingekerbt. Oberseite blaugrau, Unterseite heller. Nasenlöcher mit fleischigem Wall. Sehr typisch: unterseits von der Kehle bis zur Körpermitte etwa 70 lange Furchen.
Wissenswertes Blauwale leben als Einzelgänger oder in Gruppen aus Müttern und Kälbern nur auf hoher See. Sie gehören zu den Bartenwalen. Mit 270–395 am Ende fransigen Bartenplatten filtrieren sie Planktonkrebse und Krillgarnelen aus dem Meer: Mit geöffnetem Maul nehmen sie Wasser auf, beim Schließen drückt die Zunge das Wasser durch die Barten wieder heraus, die winzigen Krebse aber bleiben in den Fransen hängen. Blauwale fressen im Sommer täglich ca. 40 Millionen Krillgarnelen. Von deren Fett leben sie den Rest des Jahres. Das Kalb ist bei der Geburt etwa 7 m lang und wiegt 2,5 Tonnen.

Seehund
Phoca vitulina
Hundsrobben

Merkmale Länge 175–200 cm, Gewicht 50–150 kg. Robbe mit rundem Kopf, V-förmigen Nasenöffnungen und kurzen Schnurrhaaren. Die ähnliche Kegelrobbe hat senkrechte, parallel verlaufende Nasenöffnungen. Pelzfarbe variiert von gelbgrau bis dunkelbraun, eine oberseitige Sprenkelung mit dunklen Flecken ist unterschiedlich stark ausgeprägt. **Wissenswertes** Seehunde kommen in 5 Unterarten an den Küstenbereichen der nördlichen Hemisphäre vor. Die tagaktiven Schwimmer sind weitgehend gebietstreu. Sie bewohnen Küstengewässer, Buchten und Wattenmeere mit flachen Sandbänken. Bei Ebbe liegen sie mit Vorliebe gruppenweise zum Sonnen auf Sandbänken. Mit der Flut gehen sie auf die Jagd nach Nahrung, bevorzugt fangen sie Fische, Krabben oder Meeresschnecken. Seehunde paaren sich im Hochsommer. Nach etwa 10 Monaten Tragzeit werfen sie meist ein Junges mit einem Geburtsgewicht von 10 kg. Scheinbar verlassene Jungtiere heulen. Diese »Heuler« sollten nicht berührt werden. Seehunde werden bis zu 30 Jahre alt.

Wolf
Canis lupus
Hunde

Merkmale Höhe 65–80 cm, Gewicht 25–50 kg. Ähnlich wie Schäferhund, aber kräftiger und hochbeiniger. Felloberseite gelbgrau mit schwärzlicher Marmorierung, Unterseite weißlich grau. Sehr buschiger, hängender Schwanz. **Stimme** Zur Paarungszeit im Winter lang gezogenes Heulen, sonst Knurren, Jaulen, Verbellen. **Wissenswertes** Der Wolf war früher über die gesamte nördliche Erdhalbkugel verbreitet. Heute ist er bis auf kleine Bestände weitgehend ausgerottet. Er ist der bedeutendste Stammvater aller Haushundrassen. Wölfe sind scheu und vorsichtig. In die Enge getrieben sind sie jedoch auch für den Menschen gefährlich. Als ausdauernde Läufer legen sie auf der Jagd mühelos täglich 30 Kilometer und mehr zurück. Ihre Nahrung ist größtenteils tierisch. Sie reicht von Aas bis zu Rindern, Hirschen und Elchen. Wölfe leben in Rudeln von etwa 10 Tieren. Gewöhnlich sind dies Eltern und Jungtiere des letztjährigen und diesjährigen Wurfs. Der Rüde hilft bei der Aufzucht der 3–6 Jungen. Ihre Lebenserwartung beträgt etwa 16 Jahre.

Rotfuchs
Vulpes vulpes
Hunde

Merkmale Höhe 30–40 cm, Gewicht 4–10 kg. Ähnlich schlankem Hund mit spitzem Kopf. Rücken rotbraun, Kehle, Brust, Bauch weißlich. Viele Farbvarianten. Typisch: bernsteinfarbene Augen, buschiger Schwanz mit weißer Spitze. **Wissenswertes** Der äußerst anpassungsfähige Rotfuchs bewohnt Wald- und Parklandschaften und meist deckungsreiches Gelände. Der vorwiegend nachtaktive Jäger markiert mit Haaren und Kotplätzen ein Territorium von etwa 100 Hektar. Seine Nahrung besteht aus Obst, Insekten, Kleinvögeln bis zu Mäusen. Er lebt in einem losen Familienverband. Während der Paarungszeit im Januar umwerben mehrere Männchen ein Weibchen. Zur Wurfzeit gräbt die Füchsin einen Bau. Der Fuchsrüde hilft bei der Aufzucht der 4–6 Jungtiere, die nach 50 Tagen Tragzeit geworfen werden. Nach der 4. Lebenswoche verlassen die Jungen erstmals den Bau. Der Rotfuchs ist Überträger des Tollwuterregers. Deshalb werden in Fuchsgebieten Impfstoffe in Ködern ausgelegt.

Braunbär
Ursus arctos
Bären

Merkmale Länge 170–230 cm, Schulterhöhe 90–110 cm, Gewicht 100–250 kg, massig. Fell meist einfarbig dunkelbraun. Hals und Nacken sehr kräftig. Kopf breit, lange Schnauze. Augen klein. Ohren kurz, pelzig. Tatzen flächig. Schwanz nicht sichtbar. **Stimme** Brummen, Niesen, bei Stresssituationen auch Schreien. **Wissenswertes** Nahrungsreiche Mischwälder im Gebirge und im Flachland waren einst die Lebensräume der Braunbären. Nach der Ausrottung im 19. Jahrhundert sind nur noch Restbestände in Osteuropa und Jugoslawien vorhanden. Braunbären sind Einzelgänger mit einem Territorium von 500–2500 Hektar. Dort suchen sie vorwiegend pflanzliche Nahrung wie Beeren, Früchte, Eicheln, Nüsse. Als Allesfresser nehmen sie aber auch Ameisen, Käfer, Kriechtiere und Vogeleier zu sich, ebenso gefallenes Wild. Nach 6–8 Monaten Tragzeit wirft die Bärin 2 winzige nackte Junge, die sie 4 Monate säugt. Die Jungbären können mit ihren starken Krallen sehr geschickt klettern.

Waschbär
Procyon lotor
Kleinbären

Merkmale Länge 50–60 cm, Schwanz 20–30 cm, Gewicht 4–9 kg. Weibchen etwas kleiner als Männchen. Ungefähr Fuchsgröße. Fell grau bis graubraun. Buschiger Schwanz mit hellen und dunklen Ringen. Gesicht mit schwarzer Maske durch die Augen, darüber weißes »Stirnband«. **Stimme** Trillernde Laute, Zischen und Kreischen.
Wissenswertes Dieser Kleinbär war ursprünglich in Nordamerika beheimatet. 1934 wurde er in Hessen ausgesetzt. Seitdem hat sich der Waschbär in Europa viele Laub- und Mischwälder sowie Parklandschaften mit langsam fließenden Gewässern erobert. Waschbären sind geschickte Kletterer und gute Schwimmer. Die Allesfresser werden bis zu 20 Jahre alt.

Steinmarder
Martes foina
Marder

Merkmale Länge 30–45 cm, Schwanz 11–18 cm, Gewicht des Männchens 1100 g, des Weibchens 700 g. Fell graubraun. Schwanz lang, buschig. Körper schlank, gestreckt. Beine kurz. Sehr typisch: stets weißer Kehlfleck bis zur Brust. **Stimme** Fauchen, schrilles Kreischen, Knurren.
Wissenswertes Dieser Marder bewohnt weitgehend offenes Gelände mit zahlreichen Schlupfwinkeln. Deshalb ist er häufig in Parklandschaften, Gärten und Städten anzutreffen. Der nachtaktive Steinmarder jagt Kleinsäuger und Vögel bis Hühnergröße. In Ställen kann er große Schäden anrichten. Seine besondere Vorliebe sind Vogeleier aller Art. Manche Individuen zernagen Gummidichtungen an Autos.

Baummarder
Martes martes
Marder

Merkmale Länge 40–58 cm, Schwanz 18–28 cm, Gewicht 0,8–2,5 kg. Weibchen etwas kleiner als Männchen. Dichter brauner Pelz, buschiger Schwanz und gelblich gefärbte Kehle. **Stimme** Fauchen, Knurren.
Wissenswertes Der scheue und seltenere Baummarder ist kein Kulturfolger wie der Steinmarder, sondern bewohnt alte Laub- und Mischwälder. Er ist so flink, dass er selbst Eichhörnchen jagen kann. Die 2–7 sehr kleinen Jungen werden in einer Baumhöhle geboren und lange gesäugt. Erst im Alter von 6 Wochen öffnen sie die Augen, können dann aber bald das Nest verlassen. Mit 5 Monaten sind sie ebenso groß wie die Erwachsenen. Die Lebenserwartung der Baummarder beträgt etwa 17 Jahre.

Hermelin
Mustela erminea
Marder

Merkmale Länge 20–30 cm, Schwanz 5–12 cm, Gewicht 125–250 g. Schlank, mit typischem Verhalten: wendig, schnell, sehr neugierig. Im Sommer Felloberseite braun, Unterseite hell, beides scharf voneinander getrennt. Im Winter bis auf die schwarze Schwanzspitze vollkommen weiß. **Stimme** Keckern und Schreien bei Angst.
Wissenswertes Hermeline bewohnen Wälder, Parklandschaften und Gärten. Sie jagen Kaninchen, Ratten, Lurche und Kriechtiere, sowie Vögel und deren Brut. Hermeline können bis zu 30 km/h schnell laufen. Die 5–6 Jungen tragen zunächst ein weißes Fell. Im Alter von 3 Monaten sind sie ausgefärbt und selbstständig.

Mauswiesel
Mustela nivalis
Marder

Merkmale Länge 15–25 cm, Schwanz 3–9 cm, Gewicht 40–110 g. Kleinstes Raubtier Europas. Felloberseite rot- bis graubraun, Unterseite weiß bis gelblich weiß. Sehr typisch: Trennlinie zwischen Ober- und Unterseite gewellt. Kehle mit kleinem braunem Fleck.
Wissenswertes Das sehr anpassungsfähige Mauswiesel bewohnt offene Wälder, Dörfer, Gärten und Felder. Das agile Tier durchstreift ein 8 Hektar großes Revier. Es jagt vorwiegend Wühlmäuse, frisst aber auch Vögel und deren Eier. In guten Mäusejahren ermöglicht eine schnelle Wurffolge viele Nachkommen. Diese sind notwendig, da es selbst viele Feinde hat, andere Marder, Greifvögel, Eulen und den Fuchs.

Iltis
Mustela putorius
Marder

Merkmale Länge 30–45 cm, Schwanz 11–18 cm, Gewicht des Männchens 1100 g, des Weibchens 700 g. Fell dunkelbraun bis schwarz mit cremegelber, an den Flanken durchscheinender Unterwolle. Gelblich weiße Gesichtsmaske. Buschiger Schwanz. **Stimme** Meist still, bei Angst: Knurren und Kreischen.
Wissenswertes Bewohnt Wälder und Wiesen in Feuchtgebieten. Er ist nachtaktiv und lebt vorwiegend am Boden oder in selbst gegrabenen Höhlen. Seine Beute sind Regenwürmer, Frösche, Mäuse und Vögel, auch Hausgeflügel. Bei Angriff von Dachs, Fuchs oder Uhu wehrt er sich mit einem widerlich riechenden Stoff aus einer Stinkdrüse an der Schwanzwurzel.

Dachs
Meles meles
Marder

Merkmale Länge 60–85 cm, Schwanz 15–20 cm, Gewicht 9–12 kg. Weibchen kleiner als Männchen. Unverwechselbarer Marder mit weißschwarz gestreiftem Kopf, weißen Ohrspitzen und plumpem Körper. Felloberseite grau mit dunklem Aalstrich auf dem Rücken. Unterseite dunkler bis schwarz. **Stimme** Quiekende, fauchende, schnaufende und seufzende Laute.
Wissenswertes Abwechslungsreiche Landschaften mit kleinen Wäldern, Feldern, Wiesen und Gewässern sind die Lebensräume der Dachse. Dort graben sie mit ihren Grabschaufeln an den Vorderpfoten unterirdische Baue mit oft mehreren Stockwerken. Ihre Paarungszeit ist im Frühling. Die Tragzeit beträgt 7–8 Monate, die eigentliche Entwicklungszeit der Embryonen aber nur wenige Wochen. Die 2–4 Jungdachse bleiben bis zum Herbst, manchmal auch bis zum folgendem Frühjahr im Verband der Familie. Dachse sind dämmerungs- und nachtaktiv. Als Allesfresser nutzen sie jede Nahrungsform, von Baumsamen über Obst und Pilze bis zu Mäusen und Maulwürfen.

Fischotter
Lutra lutra
Marder

Merkmale Länge 60–85 cm, Schwanz 30–55 cm, Gewicht 6–15 kg. Stromlinienförmiger Marder mit dickem, spitz zulaufendem Schwanz. Alle Zehen mit Schwimmhäuten verbunden. Fell kurz und dicht, oberseits braun, Kehle und Bauchpartie hell bis silbrig weiß. Ohren klein und abstehend. **Stimme** Helles Pfeifen und Quieken. Weitere variable Laute.
Wissenswertes Dieser Wassermarder ist an das Leben in langsam fließenden Gewässern angepasst. Im Wasser bewegt er sich wendig, an Land eher hoppelnd. Der Antrieb beim Schwimmen geschieht mit dem Schwanz, die Steuerung durch die Hinterbeine. Der Fischotter erbeutet Muscheln, Fische, Frösche und Kleinsäuger. Die 2–3 Jungtiere kommen in einem gepolsterten Kessel zur Welt. Sie können schon im Alter von 6 Wochen schwimmen, verbleiben aber 6–9 Monate im Familienverband und zeigen sich dabei sehr spielfreudig. In Westeuropa ist der Fischotter durch Flussbegradigung extrem bedroht. Auswilderungsprogramme sind jedoch erfolgreich.

Wildkatze
Felis silvestris
Katzen

Merkmale Länge 50–80 cm, Schwanz 25–40 cm, Gewicht 5–11 kg. Männchen etwas größer als Weibchen. Deutlich kräftiger als Hauskatze. Fell länger und weicher als das der Hauskatze, oben stets graubraun bis grau mit dunkler Tigerung, an der Unterseite hell. Schwanz endet stumpf, trägt als typisches Kennzeichen 3–5 dunkle Ringe (Bild).
Stimme Laute wie Hauskatze.
Wissenswertes Die europäische Wildkatze ist ein Waldbewohner und sehr selten. Bedroht ist sie v. a. durch die Vermischung mit verwilderten Hauskatzen. Ihre heutigen Vorkommen liegen in Schottland, Mittelfrankreich, Südosteuropa und Afrika. Wohnort und Lager der Wildkatze sind alte Fuchsbauten und kleine Felshöhlen. Nach 8–9 Wochen Tragzeit werfen die Weibchen im Frühling 2–5 Junge, die nach 4–5 Monaten selbständig sind und bis zu 16 Jahre alt werden. Wenn Wildkatzen an Bäumen kratzen, schärfen sie nicht nur ihre Krallen, sie markieren so auch ihr Revier mit Duftstoffen aus Fußdrüsen.

Luchs
Felis lynx
Katzen

Merkmale Länge 80–130 cm, Schwanz 1,5–2,5 cm, Gewicht 15–25 kg. Hochbeinige Katze mit rundlichem Kopf und deutlichem, hellen Backenbart. Auffällige, große, braune bis schwarze Flecken im braungrauen Fell. Ohren spitz zulaufend, mit langen dunklen Ohrpinseln. **Stimme** Ähnlich wie Hauskatze.
Wissenswertes In Europa sind Luchse nur noch in kleinen Beständen in Osteuropa, Skandinavien und Spanien zu finden. In Bayern wurden Individuen ausgewildert. Diese Einzelgänger bevorzugen große einsame Wälder. Sie verfügen über ein sehr gutes Hörvermögen und ein ausgezeichnetes Bewegungssehen. Der Luchs kann sich leise an Beute wie Hasen, Rehe, Nager und Vögel anschleichen. Seine sehr großen Pfoten tragen dichte Haarpolster, die das Auftreten lautlos machen. Die Männchen sind Einzelgänger. Sie markieren ihr Revier mit Urin. Die 2–3 Jungen eines Wurfs entwickeln sich nur langsam und bleiben fast 1 Jahr bei der Mutter. Luchse sind für den Menschen völlig harmlos.

Wildkaninchen
Oryctolagus cuniculus
Hasen

Merkmale Länge 35–45 cm, Gewicht 1,5–2 kg. Fell graubraun oder schwarz, im Nackenbereich oft rostrot. Ohren aufgerichtet und lang, aber deutlich kürzer als bei Feldhasen. Schwanz kurz, oben schwarz, unten weiß. Weibchen gleicht dem Männchen, ist aber etwas kleiner, mit schmalerem Kopf.
Wissenswertes Überall in Mitteleuropa, v. a. in Gebieten mit leichten, sandigen Böden wurden Wildkaninchen heimisch. Ursprünglich stammen sie aus Spanien und Nordwestafrika. Die vorwiegend dämmerungsaktiven Tiere leben in Familienkolonien aus 20–25 Tieren. Eine Kolonie besteht aus einem erwachsenen Männchen an der Spitze und mehreren Weibchen und deren Jungtieren. Kaninchen graben ein unterirdisches Gangsystem bis zu 2,5 m tief in den Boden. In einem Radius von 100–200 m um den Bau weiden sie Gräser, Kräuter und Wurzeln ab. Wildkaninchen werfen fünf- bis siebenmal pro Jahr. Mit 4–5 Jungen pro Wurf ist ihre Vermehrungsrate sehr hoch, allerdings sind dies auch die Verluste durch die tödliche Kaninchenkrankheit Myxomatose.

Feldhase
Lepus europaeus
Hasen

Merkmale Länge 50–70 cm, Gewicht 3–7 kg. Deutlich größer als Kaninchen. Ohren sehr lang und beweglich, häufig angelegt, nicht ständig aufgestellt wie bei Wildkaninchen. Hinterbeine auffällig lang. Augen sehr groß. Fell gelblich braun bis braungrau, an Hals und Flanken oft orangefarben getönt. Weibchen etwas kleiner als Männchen. **Stimme** Meist ruhig, gelegentlich schrilles Angstgeschrei oder Fiepen.
Wissenswertes Feldhasen graben keine unterirdischen Röhren. Ihre Ruheplätze sind einfache flache Mulden (Sassen). Die vorwiegend dämmerungsaktiven Tiere leben oft einzeln oder in Gruppenrevieren, die sie gegen andere Gruppen verteidigen. Von März bis Oktober setzen sie 2–4 Junge, die kurze Zeit nach der Geburt lauffähig sind und nach weiteren 4 Wochen selbständig werden. Die Häsin kann in kurzen Abständen mehrere Würfe produzieren. Diese hohe Vermehrungsrate ist notwendig, um bestandsmindernde Einflüsse von feuchter und kalter Witterung schnell auszugleichen. Ihre Feinde sind Raubtiere und Greifvögel.

Schneehase
Lepus timidus
Hasen

Merkmale Länge 45–60 cm, Gewicht 2–5 kg. Sommerfell braun mit blaugrauem Glanz, Winterfell weiß, Übergangsfell fleckig. Ohren kleiner als beim Feldhasen. **Stimme** Schreien, Zischen und Fauchen.
Wissenswertes Schneehasen haben die Gebiete erobert, in denen Feldhasen ursprünglich nicht vorkamen. Sie bewohnen Tundra- und Taigalandschaften. Eine besondere Population lebt in der Krummholzzone der Alpen, in Höhen von 1200–3400 m. Diese Hasenart kann mit stark behaarten Pfoten besonders gut auf Schneeflächen laufen und sinkt dabei kaum ein. Schneehasen wechseln zweimal im Jahr das Fell, um sommers wie winters gut getarnt zu sein. Die v. a. nachtaktiven Tiere ernähren sich im Sommer von Gräsern, Kräutern und Beeren. Im Winter leben sie von Baumrinde und -wurzeln sowie Flechten. Ihr Hauptfeind ist der Steinadler, auch Uhu, Fuchs und Baummarder verfolgen sie. Die Verluste gleichen Schneehasen durch 2–3 Würfe pro Jahr mit 2–5 Jungen aus.

Biber
Castor fiber
Biberartige

Merkmale Länge 75–100 cm, Schwanz 30–40 cm, Gewicht 15–30 kg. Das größte Nagetier Mitteleuropas wirkt plump und gedrungen. Felloberseite dunkelbraun, Unterseite etwas heller. Schwanz breit und abgeplattet (Kelle). Hinterfüße mit Schwimmhäuten.
Stimme Fauchen, Knurren, Zischen.
Wissenswertes Der Biber war einst im nördlichen Europa weit verbreitet. Heute lebt er nach Wiederansiedlung im Bereich der großen Flüsse Rhein, Donau, Inn oder Rhone. Dort bewohnt er langsam fließende oder stehende Gewässer in Auwäldern. Nahrung sind Rinde, Blätter und Äste von Weichhölzern. Der Biber durchnagt Baumstämme bis zu einer Dicke von 20 cm. Die gefällten Bäume dienen der Regulierung des Wasserstandes und dem Dammbau. Biberpaare bleiben lebenslang zusammen. Im Frühling zieht jedes Paar 1–2 Junge in einer Uferhöhle mit Wohnkessel auf. Die Jungen sind kurz nach der Geburt schwimmfähig. Im 3. Lebensjahr besiedeln sie eigene Wohngebiete.

Feldhamster
Cricetus cricetus
Hamsterartige

Merkmale Länge 20–27 cm, Gewicht 200–500 g. Meerschweinchenformat. Fell oben gelbbraun, unten schwärzlich. Kehle, Schultern, Vorderflanken weiß gefleckt. **Stimme** Quieken, Zirpen. **Wissenswertes** Der einstige Steppenbewohner hat sich den Kulturraum erschlossen. Er gräbt ein 2 m tiefes Röhrensystem mit Wohn- und Vorratskammern, das er nur nachts verlässt. Seine Nahrung aus Getreide, Gräsern, Früchten bringt er in Vorratskammern. Den Winterschlaf unterbricht er pro Woche einmal zum Fressen.

Wald-Birkenmaus
Sicista betulina
Hüpfmäuse

Merkmale Länge 50–70 mm, Schwanz 80–105 mm, Gewicht 5–13 g. Kleine Maus mit auffälligem schwarzen Längsstreif auf dem Rücken (Aalstrich). Schwanz länger als der Körper, etwa 1,4-mal so lang. **Stimme** Hohe, feine Piepslaute. **Wissenswertes** Diese seltene Art aus der Familie der Hüpfmäuse bewohnt die Taiga Nordeuropas und die Laub- und Mischwälder Dänemarks, Schleswig-Holsteins und der Alpen. Sie lebt v. a. unterirdisch und gräbt flache Gänge unter Laub. Die Nahrung besteht aus Grassamen, Beeren und Insekten.

Bisamratte
Ondatra zibethicus
Wühlmäuse

Merkmale Länge 25–35 cm, Schwanz 20–25 cm, Gewicht 600–1800 g. Größte Art der Wühlmäuse. Felloberseite kastanienbraun bis schwarzbraun, Unterseite heller. Schwanz seitlich zusammengedrückt. Kurze, runde Ohren. Scharfer Moschusgeruch. **Stimme** Kurzes Pfeifen. **Wissenswertes** Die Bisamratte stammt aus Nordamerika. Um 1900 wurde sie wegen ihres weichen Fells bei uns eingeführt. Heute bewohnt sie fast ganz Mitteleuropa. Ihre Lebensräume sind stehende und fließende Gewässer mit reicher Verlandungszone. Dort baut sie aus Wasserpflanzen eine kegelförmige Wohnburg mit einem Durchmesser bis zu 2 m. Bisamratten ernähren sich von Rohrkolben, Schilf, Simsen und gelegentlich Wassermuscheln. Sie schwimmen und tauchen sehr gut und können bis zu 10 Minuten unter Wasser bleiben. Die hohe Nachkommenzahl entsteht in 2–3 Würfen pro Jahr mit jeweils 2–8 Jungen, die nach 30 Tagen selbständig sind. Diese »Riesenwühlmaus« richtet mit ihrer Wühltätigkeit in Uferwänden, Dämmen und Deichen erheblichen Schaden an.

Rötelmaus
Clethrionomys glareolus
Wühlmäuse

Merkmale Länge 90–110 mm, Schwanz 45–65 mm, Gewicht 20–40 g. Stumpfe Schnauze. Ohren und Schwanz kurz. Felloberseite rötlich braun bis fuchsrot, Unterseite grauweiß. Füße weiß. **Stimme** Vogelartiges Zwitschern. **Wissenswertes** Diese Wühlmaus bewohnt unterholzreiche Mischwälder. Dort ist sie tagsüber meist am Boden zwischen Moos und Laub unterwegs, klettert jedoch auch ausgezeichnet. Die Rötelmaus sammelt Haselnüsse, Samen, Beeren und Pilze. Diese trägt sie in ein weit verzweigtes unterirdisches Gangsystem und legt Vorräte an. Der Aktionsraum um ihre Erdwohnung kann bis zu 100 m betragen. In nahrungsreichen Jahren vermehrt sich die Rötelmaus sehr rasch. Dann bringt sie pro Jahr in 4–5 Würfen jeweils 3–7 Junge zur Welt. Die Jungtiere sind bereits nach einem Monat selbständig. Rötelmäuse haben in ihrem Lebensraum kaum Rivalen, da verwandte Arten nachtaktiv sind. Ihre Feinde sind Eulen, Marder, Sperber und der Fuchs.

Feldmaus
Microtus arvalis
Wühlmäuse

Merkmale Länge 85–120 mm, Schwanz 25–40 mm, Gewicht 15–50 g. Kleine stumpfschnäuzige Maus mit auffallend kurzem Schwanz. Fell kurzhaarig und glatt, oben rötlich braun, unten grau bis gelblich gefärbt. **Stimme** Schrill und hoch quiekend wie »jip-jip«. **Wissenswertes** Zahlreiche schmale Rennwege, viele Schlupflöcher im Boden und viele Erdhäufchen verraten die Feldmaus. Ihre Lebensräume sind Wiesen und Weiden, Getreide-, Klee- und Rapsfelder. Feldmäuse ernähren sich von Gräsern und Löwenzahn, aber auch von Feldfrüchten und gelegentlich von Insekten. Wegen ihres großen Energiebedarfs müssen sie alle 2 Stunden Nahrung zu sich nehmen. Feldmäuse sind tag- und nachtaktiv. Etwa alle 4 Jahre kommt es zu einer Massenvermehrung unter Feldmäusen, von der viele andere Tiere profitieren. So ziehen in »Mäusejahren« Bussarde und Eulen mehr Jungtiere groß als in anderen. Feldmäuse sind im Alter von 3 Wochen selbständig und geschlechtsreif. Sie werden 1–3 Jahre alt.

Waldmaus
Apodemus sylvaticus
Mäuse

Merkmale Länge 80–105 mm, Schwanz 70–110 mm, Gewicht 20–30 g. Langschwanzmaus mit großen Ohren und großen Augen. Fell oben graubraun mit gelblichem Anflug, unten weißgrau. Zwischen den Vorderbeinen oft ein gelber Brustfleck. **Stimme** Helles Piepen. **Wissenswertes** Die Waldmaus ist nur nachts unterwegs. Ihre Lebensräume sind Waldränder, Hecken, Gärten oder Parks. Dort bezieht sie alte Wühlmausbaue oder gräbt unterirdische Gänge, in denen sie Vorräte hortet und in 3–5 Würfen pro Jahr jeweils 4–7 Junge aufzieht. Besonders typisch für die Waldmaus ist ihr quicklebendiges Verhalten. Sie rennt, klettert, springt und untersucht ihre Umgebung stets mit großer Aktivität. Diese Maus hält keinen Winterschlaf und ist selbst bei Schnee unterwegs. Ausflüge mit einer Laufstrecke bis zu 400 m sind nicht selten. Im Herbst und Winter dringt sie auch in Vorratskeller ein. Das Revier eines Waldmausmännchens kann die Größe eines halben Fußballfeldes erreichen. Feinde der Waldmäuse sind Eulen, Marder und der Fuchs.

Zwergmaus
Micromys minutus
Mäuse

Merkmale Länge 60–80 mm, Schwanz 55–80 mm, Gewicht 5–11 g. Kleinstes Nagetier Europas. Fell oben gelblich braun, unten weiß, manchmal grau. Kleine, kaum aus dem Fell ragende Ohren. Stumpfe Schnauze. Körperlanger Schwanz. **Stimme** Vielfältiges Zirpen und Zwitschern. **Wissenswertes** Die Zwergmaus bewohnt Feuchtgebiete, Felder und Grasfluren entlang von Hecken. Am sichersten fühlt sie sich zwischen den hohen Halmen eines Getreidefeldes. Dort klettert sie geschickt umher, indem sie ihr Schwanzende um die Halme wickelt und so zusätzlichen Halt gewinnt. Da Zwergmäuse tag- und nachtaktiv sind, haben sie viele Feinde und brauchen deshalb viele Nachkommen. Zur Jungenaufzucht bauen beide Partner kugelförmige Nester hoch in Getreidehalme und polstern sie mit fein zersplissenen Grashalmen aus. Zwergmäuse ziehen 3–6 Würfe pro Jahr groß, jeden in einem anderen Nest. Schon im Alter von 16 Tagen werden junge Zwergmäuse selbstständig. Ihre Feinde sind vor allem Greifvögel, Eulen und Marder.

Hausmaus
Mus musculus
Mäuse

Merkmale Länge 75–90 mm, Schwanz 70–95 mm, Gewicht 12–25 g. Lange Ohren, spitze Schnauze, dicker Schwanz. Fell oben grauschwarz bis hellgrau, wirkt leicht fettig. Fellunterseite weißlich grau. Typisch: verbreitet unangenehmen, muffigen Geruch. **Stimme** Lautes Quieken. **Wissenswertes** Aus Asien stammend, wurde sie vom Menschen weltweit verbreitet. Sie bewohnt Vorratslager, Scheunen, Keller und sogar Kühlhäuser. Mäusen, die in Kühlhäusern wohnen, wächst ein längerer dichterer Pelz. Die Hausmaus lebt in einem Familienverband mit einem dominierenden Männchen an der Spitze, das häufig mit anderen Männchen um die Vorherrschaft kämpft. Sein Revier markiert es mit Urin und Kot. Dabei kann es viele Krankheiten auf den Menschen übertragen. Hausmäuse müssen nagen, um ihre ständig nachwachsenden Schneidezähne zu wetzen. Oft tun sie dies an Elektrokabeln und verursachen so Kurzschlüsse. Durch ihr großes Vermehrungspotenzial sind Hausmäuse kaum loszuwerden.

Wanderratte
Rattus norvegicus
Mäuse

Merkmale Länge 18–25 cm, Schwanz 15–22 cm, Gewicht 150–400 g. Fell oben grau bis schwarzbraun, lange Grannenhaare. Fell unten grauweiß. Stumpfe Schnauze, kleine Ohren und Augen. Dicker, schuppiger Schwanz. **Stimme** Quieken, Fiepen, Fauchen. **Wissenswertes** Die Wanderratte lebt als Siedlungsfolger heute weltweit in Menschennähe. Sie bewohnt Abwasserkanäle, Keller, Schutt- und Müllplätze. Wanderratten sind vorwiegend nachtaktiv, können gut schwimmen und verhalten sich sehr aggressiv. Notfalls greifen sie auch den Menschen an. Sie leben in Familienrudeln, deren Rangordnung durch heftige Kämpfe festgelegt wird. Da sie als Allesfresser auch Vorräte schädigen und Überträger zahlreicher Krankheiten sind, müssen Ratten energisch bekämpft werden. Das ist nicht einfach, denn ein Weibchen bringt pro Jahr 40–50 Junge zur Welt, die ihrerseits bereits nach 3 Monaten fortpflanzungsfähig sind. Gezüchtete Albinoratten werden häufig zahm.

Gartenschläfer
Eliomys quercinus
Schläfer

Merkmale Länge 10–15 cm, Schwanz 8–14 cm, Gewicht 50–120 g. Bilch mit auffälliger schwarzer Gesichtsmaske. Fell kontrastreich gefärbt: Oberseite graubraun mit rötlichem Glanz. Flanken, Unterseite, Pfoten und Schwanzunterseite weiß. **Stimme** Häufig laut keckernd und pfeifend.
Wissenswertes Der Name täuscht. Der Gartenschläfer bewohnt eher buschreiche Waldränder mit Felsen und lockeren Lesesteinwällen. Dieser nachtaktive Bilch lebt so heimlich, dass man ihn nur sieht, wenn er Almhütten oder Schuppen in Weinbergen besiedelt. Gelegentlich bezieht er Nistkästen und sogar alte Eichhörnchenkobel und zieht dort im Hochsommer 2–9 Junge groß. Die kleinen Gartenschläfer werden im Alter von 2 Monaten »im Gänsemarsch« ausgeführt oder bilden aneinander geklammert Karawanen unter Führung des Muttertieres. Als Nahrung schätzen Gartenschläfer Gehäuseschnecken, Waldmäuse, Jungvögel, Eidechsen, aber auch Obst. Zum siebenmonatigen Winterschlaf rollen sie sich in einem Nest zu einer Kugel zusammen.

Siebenschläfer
Glis glis
Schläfer

Merkmale Länge 12–18 cm, Schwanz 11–15 cm, Gewicht 70–230 g. Eichhörnchenähnlich. Silbrig glänzende, graue Felloberseite. Weißer Bauch. Langer buschiger Schwanz. Augen auffallend groß. **Stimme** Lautes Summen, Quieken und Fiepen.
Wissenswertes Dieser nachtaktive Schläfer lebt in Familienrudeln in alten Laubmischwäldern. Dort bewohnt er Baumhöhlen. Nahrung: Knospen, Blätter, Eicheln, Bucheckern und manchmal Vogeleier. Winterschlaf von Oktober–Mai in selbst gegrabenen Erdhöhlen.

Haselmaus
Muscardinus avellanarius
Schläfer

Merkmale Länge 65–85 mm, Schwanz 55–80 mm, Gewicht 15–35 g. Kleinster Schläfer Europas. Rostrote bis orangegelbe Körperoberseite, hellgelblicher Bauch, weiße Brust und Kehle.
Wissenswertes Dieser Nager ist eng an den Haselstrauch gebunden, da er vorwiegend von Haselnüssen lebt. Die Haselmaus ist nachtaktiv. Ihre Nester liegen in dornigem Gebüsch, gelegentlich besiedelt sie Nistkästen. Die 2–7 Jungtiere eines Wurfes sind Nesthocker, sie entwickeln sich sehr langsam. Haselmäuse werden 3–4 Jahre alt.

Nutria
Myocastor coypus
Ferkelratten

Merkmale Länge 40–60 cm, Schwanz 30–45 cm, Gewicht 3–10 kg. Männchen größer als Weibchen. Ähnlich dem Biber, aber nackter runder Schwanz. Fell oben dunkel bis rötlich braun, unten heller. Schnauzenspitze weiß. Auffällig ist ein eckiges Kopfprofil. **Stimme** Fauchen.
Wissenswertes Die Nutria, auch Biberratte genannt, stammt aus Südamerika. Um 1930 entstanden in Mitteleuropa viele Pelzfarmen, die Nutrias züchteten. Aus entwichenen und verwilderten Tieren haben sich kleinere Bestände an pflanzenreichen fließenden und stehenden Gewässern gebildet. Nutrias leiden unter frostigen Wintern. Nur in warmen Gegenden Mitteleuropas können sie überleben. Sie bauen lange Wohnröhren in die Uferböschungen von Flüssen und Seen. In 2–3 Würfen bringen sie jeweils 5–6 Junge zur Welt, die 10 Wochen lang versorgt werden müssen. Ihre Lebenserwartung beträgt bis zu 10 Jahre. Nutrias ernähren sich vorwiegend vegetarisch, in Gefangenschaft sind sie Allesfresser.

Ziesel
Spermophilus citellus
Hörnchen

Merkmale Länge 18–23 cm, Schwanz 4–7 cm, Gewicht 190–430 g. Männchen größer als Weibchen. Ähnlich dem Eichhörnchen, aber kurzer, wenig buschiger Schwanz. Fell oben gelbgrau und gelblich weiß gefleckt, unten gelblich bis weiß. Ohren ohne Haarbüschel. Augen sehr groß. **Stimme** Schriller Alarmpfiff.
Wissenswertes Das flinke Ziesel bewohnt trockenes Grasland, Feldraine und Brachen. Dort sucht es Süßgräser, Wurzeln und auch Feldfrüchte. Beim Fressen nehmen Ziesel Männchenhaltung ein und stopfen sich mit beiden Vorderhänden die Nahrung in kleine Backentaschen. Sie leben in unterirdischen Bauten, jedes erwachsene Tier bewohnt eine eigene Röhre. Oft liegen ganze Kolonien von bewohnten Röhren nebeneinander. Von September–März halten Ziesel Winterschlaf. Der einzige Wurf aus 3–8 Jungen kommt im Mai zur Welt. Im Sommer trennen sich die Jungen vom mütterlichen Bau und graben eigene Röhren in der Kolonie. Häufigster Feind ist der Würgfalke.

Eichhörnchen
Sciurus vulgaris
Hörnchen

Merkmale Länge 20–25 cm, Schwanz 15–20 cm, Gewicht 300–400 g. Hörnchen mit rundem Kopf, großen seitlichen Augen und buschigem Schwanz. Fellfärbung sehr variabel: Bauchseite immer einfarbig weiß, übriges Fell im Sommer rotbraun bis schwarz, im Winter graubraun. Im Winterkleid mit langen Ohrbüscheln. **Stimme** Bei Erregung häufig »tjuk-tjuk-tjuk«. **Wissenswertes** Alte Wälder mit dichtem Unterholz, Gärten und Parkanlagen sind der Lebensraum des Eichhörnchens. Das tagaktive Tier lebt vorwiegend auf Bäumen. Es kann akrobatisch klettern und springen. Eichhörnchen bauen aus abgenagten Zweigen, aus Gras und Moos hoch in eine Astgabel ein kugelförmiges Nest (Kobel) mit 2 Schlupflöchern. Dort bringt das Weibchen 3–5 Jungtiere zur Welt. Bei Gefahr trägt es seine Jungen in einen anderen Kobel. Diese Tiere sind keine Winterschläfer. Sie müssen auch bei Frost auf Nahrungssuche gehen. Im Herbst vergrabene Futtervorräte finden sie dank ihres ausgezeichneten Geruchssinnes wieder.

Alpenmurmeltier
Marmota marmota
Hörnchen

Merkmale Länge 45–52 cm, Schwanz 15–20 cm, Gewicht 3–8 kg. Größtes Hörnchen in Europa. Sehr kompakter Körper. Kurze Schnauze. Kleine, im Fell fast verborgene Ohren. Füße mit kräftigen Grabklauen. Fell grau bis rötlich gelb. Kopf oben dunkel, Schnauze etwas heller. Weibchen wie Männchen. **Stimme** Schrille Pfiffe als Warnung. Vor Luftfeinden (Adler) warnen sie mit einem einzelnen langen Pfiff, vor Bodenfeinden (Fuchs) mit einer Serie von Pfiffen. **Wissenswertes** Offenes Felsgelände im Gebirge und Almen in Südhanglage sind der bevorzugte Lebensraum der Murmeltiere. Im Sommer bewohnen sie einfache Röhren, die sie flach in die Hänge graben. Im Winter sind es verzweigte Wohn- und Schlafbaue, die bis zu 3 m in die Erde reichen. Für den Winterschlaf von Oktober–April trägt das Murmeltier trockenes Gras in den Bau und verschließt ihn von innen. Murmeltiere leben in Großgemeinschaften. Diese bestehen aus einem Paar in Dauergemeinschaft und den Nachkommen mehrerer Jahre. Die Lebenserwartung der Tiere beträgt etwa 20 Jahre.

Braunbrustigel
Erinaceus europaeus
Igel

Merkmale Länge 23–29 cm, Schwanz 2–3,5 cm, Gewicht 450–1200 g. Einziges Säugetier Mitteleuropas mit Stacheln. Schnauze spitz. Ohren kurz und rundlich. Augen klein. Körper mit etwa 5000 Stacheln besetzt. **Stimme** Schmatzende, kreischende und schnarchende Laute. **Wissenswertes** Der dämmerungs- und nachtaktive Igel läuft sehr schnell, kann klettern und gut schwimmen. Er hat kaum Feinde. Doch bei Gefahr rollt er sich zu einer Stachelkugel zusammen. Durch diese Schutzreaktion werden jedoch viele Igel überfahren, wenn sie nachts auf Straßen nach Schnecken suchen. Als Nahrung nimmt der Igel Regenwürmer, Käfer, Raupen und Schnecken sowie Obst. Im Herbst häuft er trockenes Laub an und umgibt es mit trockenen Brombeerranken. In diesem Haufen hält er Winterschlaf bis zum April. Die meisten Jungtiere (pro Wurf 3–7) kommen im Frühsommer zur Welt. Gelegentlich gibt es Zweitwürfe im September, die oft nicht genug Fettreserven für den Winterschlaf anlegen können.

Europäischer Maulwurf
Talpa europaea
Maulwürfe

Merkmale Länge 13–15 cm, Schwanz 2,5–4 cm, Gewicht 30–60 g. Walzenförmig, seitwärts gestellte Vorderfüße, flache Krallen (Grabschaufeln). Fell samtig weich, glänzend. Schnauze rüsselartig verlängert. Keine Ohrmuscheln. Augen kaum sichtbar. **Stimme** Vogelartig zwitschernd und zischend. **Wissenswertes** Jeder Maulwurf baut ein eigenes unterirdisches Gangsystem aus etwa 5 cm breiten und 4 cm hohen Röhren. Dieses Tunnelsystem von etwa 200 m Länge liegt 20–40 cm tief und endet an der Oberfläche in zahlreichen Erdhügeln. Maulwürfe wandern regelmäßig ihre Röhren ab, um Regenwürmer, Käferlarven oder Schnecken zu vertilgen. Wollen sie wenden, schlagen sie einen Purzelbaum. Das Nest zur Aufzucht der 3–6 Jungen liegt unter einem 50 cm hohen Erdhaufen (Maulwurfsburg) und hat mehrere Ausgänge. Es besteht aus Gras und Laub. Der Maulwurf hält keinen Winterschlaf. Er legt Nahrungsvorräte aus Regenwürmern an, die er mit einem gezielten Biss lähmt.

Zwergspitzmaus
Sorex minutus
Spitzmäuse

Merkmale Länge 4–6 cm, Schwanz 3–4,5 cm, Gewicht 3–7 g. Das kleinste Säugetier Mitteleuropas. Felloberseite nahezu einfarbig braun, Unterseite heller. Schnauze rüsselartig und spitz. Augen klein. **Stimme** Ein schrilles Piepsen.
Wissenswertes Die Zwergspitzmaus bewohnt feuchte und buschreiche Landschaften. Dort nutzt sie häufig die unterirdischen Gänge anderer Mäuse, da sie selbst nicht graben kann. Das tag- und nachtaktive Tier ist überaus agil und huscht ständig durch Laubstreu und Gras. Durch die große Oberfläche ihres Körpers im Verhältnis zur geringen Masse verliert die Zwergspitzmaus soviel Körperwärme, dass sie ständig fressen muss, um Energie zu gewinnen. Mehr als 2 Stunden ohne Nahrung – das sind Insekten, Würmer, Spinnen und Schnecken – überlebt sie nicht. Das Weibchen bringt in einem Nest aus Moos und Blättern, das oft in modrigen Baumstümpfen liegt, in 2 Würfen pro Jahr jeweils 4–8 Junge zur Welt. Feinde sind vorwiegend Eulen und das Mauswiesel.

Waldspitzmaus
Sorex araneus
Spitzmäuse

Merkmale Länge 5,5–8,5 cm, Schwanz 3,5–5,6 cm, Gewicht 4–15 g. Deutlich kleiner als Hausmaus. Lange rüsselförmige Schnauze mit langen Tasthaaren. Oberseite graubraun bis schwarzbraun und seidig, Unterseite gelblich bis bräunlich grau. **Stimme** Lautes Quieken.
Wissenswertes Waldspitzmäuse leben die meiste Zeit im Untergrund. Dort orientieren sie sich mit ihren langen Tasthaaren und ihrem Geruchssinn. Im Sommer halten sie sich oft in alten, nicht mehr genutzten Wühlmausgängen auf, können aber auch selbst graben. Den Winter verbringen sie häufig in Gebäuden oder unter Baumwurzeln. Sie sind streitlustige Einzelgänger. Diese quirligen Spitzmäuse sind tag- und nachtaktiv. Sie verbrauchen mit ihrem hektischen Lebensstil viel Energie, wodurch sie wie die Zwergspitzmaus viel Zeit mit Nahrungssuche verbringen müssen. Sie erbeuten Regenwürmer und andere Bodentiere. Ein Weibchen kann jedes Jahr mehrere Würfe von 4–9 Jungen großziehen. Diese sind nach 4 Wochen selbstständig.

Große Wasserspitzmaus
Neomys fodiens
Spitzmäuse

Merkmale Länge 7–9 cm, Schwanz 6–7 cm, Gewicht 10–20 g. Mausgroß, langer Schwanz, lang gezogene Schnauze. Fell oben grauschwarz bis schwarz, samtig glänzend. Fell unten silbrig weiß. Schwanzunterseite mit kielartigem Saum aus silbergrauen Borsten. **Stimme** Serien von trillernden Pfeiftönen.
Wissenswertes Reich bewachsene Ufer von fließenden und stehenden Gewässern sind der Lebensraum der tag- und nachtaktiven Wasserspitzmaus. Das agile Tier läuft schnell, schwimmt und taucht gewandt seiner Beute nach. Die Wasserspitzmaus fängt Kleinfische, Wasserinsekten, Schnecken und Kaulquappen. Mit ihrem schwach giftigen Speichel kann sie sogar erwachsene Frösche überwältigen. Oft finden sich als Hinweis auf ihr Vorkommen ausgefressene Schneckenhäuser am Ufer. Die Lebensdauer dieser Tiere beträgt weniger als 18 Monate. In dieser Zeit werfen sie zwei- bis dreimal 5–9 Junge, die sie 4 Wochen lang säugen. Im Alter von 6 Wochen sind die Jungen selbstständig.

Hausspitzmaus
Crocidura russula
Spitzmäuse

Merkmale Länge 6,5–9,5 cm, Schwanz 3,5–5 cm, Gewicht 6–15 g. Kleinsäuger mit rötlich grauem Fell, Unterseite nur wenig heller als Oberseite, keine scharfe Farbgrenze zwischen oben und unten. Schnauze spitz zulaufend. Augen klein. Ohrmuscheln gut sichtbar.
Wissenswertes Diese Spitzmausart lebt bevorzugt in Hecken und Gärten und oft ganzjährig in alten Häusern. Als Kleinsäuger braucht sie zur Aufrechterhaltung ihrer Körpertemperatur sehr viel Nahrung. Deshalb sind auch Komposthaufen beliebte Aufenthaltsorte, denn dort findet sie Regenwürmer, Asseln, Schnecken und andere Kleintiere. 2–5 Würfe mit jeweils 3–9 Jungtieren werden in einem Nest aus Laub und Gras geboren und aufgezogen. Bei drohender Gefahr erfolgt eine Umquartierung in ein anderes Nest. Außerhalb der Wurfzeit sind Spitzmäuse Einzelgänger. Sie schützen sich vor Fressfeinden mit großen Duftdrüsen an den Körperflanken, die starken Moschusgeruch aussenden. Hauptfeinde sind Schleiereulen.

Große Hufeisennase
Rhinolophus ferrumequinum
Hufeisennasen

Merkmale Länge 5–6,3 cm, Spannweite 35–40 cm, Gewicht 16–28 g. Weibchen etwas größer als Männchen. Große Fledermaus mit runden Flügeln. Tütenförmige, sehr spitze Ohren. Hufeisenförmiger Nasenaufsatz. **Stimme** In Wochenstuben tiefe Schreie.
Wissenswertes Diese wärmeliebende Fledermaus braucht lichte Wälder. In der Dämmerung jagt sie schmetterlingsähnlich flatternd dicht über dem Boden. Ihre Hauptbeute sind Nachtfalter. Sie überwintert in frostsicheren Felsenhöhlen. Feinde: Schleiereulen, Waldkauz, Marder.

Bechsteinfledermaus
Myotis bechsteini
Glattnasen

Merkmale Länge 4,5–5,3 cm, Spannweite 28 cm, Gewicht 8–12 g. Fell oben grau bis rötlich braun, unten weißlich grau. Schnauze spitz. Ohren lang, breit, in Ruhehaltung nach unten hängend, von Flügeln unbedeckt. **Stimme** Manchmal tiefe knurrende Schreie.
Wissenswertes Lebensraum sind lichte Wälder und Parks. Dort Jagdflug ab etwa Mitternacht. Flug sehr langsam und schwerfällig. Sommerquartier in Baumhöhlen und Nistkästen, Winterquartier in Felshöhlen. Lebenserwartung 8–10 Jahre.

Kleine Bartfledermaus
Myotis mystacinus
Glattnasen

Merkmale Länge 3,5–4,5 cm, Spannweite 22 cm, Gewicht 4–8 g. Kleines zartes Tier mit graubraunem Rücken und schwarzbrauner Flughaut. Das dichte Fell wirkt etwas zerzaust. Ohren mit langem schmalen Ohrdeckel. Schnauze stark behaart. **Stimme** Bei Störung während des Tagesschlafes hohe zwitschernde Laute.
Wissenswertes Diese zierliche Fledermaus lebt in lichten Wäldern, die mit Seen und Flüssen durchsetzt sind, aber auch in Dörfern, Gärten und Parks, soweit offene Wasserflächen verfügbar sind. Sie fliegt gerne in 1–3 m Höhe über der Vegetation, vollführt dabei auffallend schnelle Wendungen. Ihre Jagdflüge nach Insekten beginnt sie manchmal schon vor der Dämmerung. Sommerquartiere sind Nistkästen, Fensterläden, Mauerlöcher oder Baumhöhlen. Die Weibchen schließen sich zu Wochenstubengruppen von 20–70 Tieren zusammen. Wurfzeit des einzigen Jungen ist im Juni oder Juli. Von Ende Oktober bis Ende April zieht sich diese Art in feuchte Höhlen oder Stollen zurück und überwintert frei hängend.

Großes Mausohr
Myotis myotis
Glattnasen

Merkmale Länge 6,5–8 cm, Spannweite 40 cm, Gewicht 20–40 g. Größte Fledermaus Europas. Fell oben graubraun, unten weißgrau. Auffallend breite Flügel. Kurze breite Schnauze, große gerundete Ohren, spitz zulaufende Ohrdeckel.
Stimme Männchen brummen bei Störung wie Hummeln, Weibchen kreischen.
Wissenswertes Diese kälteempfindliche Fledermaus ist an ihren breiten, weit ausholenden Flügelschlägen zu erkennen. Allerdings fliegt sie erst bei Dunkelheit aus, um Nachtschmetterlinge, Käfer und Maulwurfsgrillen zu fangen. Viele Beutetiere nimmt das Große Mausohr auch direkt vom Boden auf. Dabei bewegt es sich krabbelnd. Diese gesellige Art bildet im Sommer große Kolonien aus mehreren hundert Tieren. Die Wochenstuben liegen häufig in dunklen Dachstühlen. Von dort sind die laut kreischenden Weibchen weit zu hören. Mit einem Lebensalter von etwa 3 Wochen sind die Jungtiere flugfähig. Im Winterquartier hängen die Tiere meist einzeln an der Decke von Höhlen.

Wasserfledermaus
Myotis daubentoni
Glattnasen

Merkmale Länge 4–5,2 cm, Spannweite 23 cm, Gewicht 6–12 g. Klein, mit auffallend großen Füßen und gespreizten Zehen. Fell langhaarig, oben braunrötlich bis bronzefarben, Bauch silbergrau. Schnauze kurz. Ohren oval, mit sehr kurzem Ohrdeckel.
Wissenswertes Den Tag verbringen Wasserfledermäuse unter Brücken hängend. Von der Dämmerung bis zum Morgen jagen sie mit schnellen flatternden Flügelschlägen über Wasserflächen. Sie fliegen an Seeufern, Flüssen und Teichen, um Insekten wie Mücken und Nachtfalter sowie kleine Fische zu jagen. Diese Fledermäuse können schwimmen und von der Wasseroberfläche aus starten. Die Weibchen beziehen in Gruppen von 50–100 Individuen Wochenstuben in Baumhöhlen, Dachspalten oder Nistkästen und bringen nach 2 Monaten Tragzeit im Juni ein einziges Junges zur Welt. Ab Ende Oktober gehen Wasserfledermäuse in Felshöhlen oder Kellern in Winterschlaf. Bis zu 100 Tiere hängen dann dachziegelartig übereinander.

Großer Abendsegler
Nyctalus noctula
Glattnasen

Merkmale Länge 7–8 cm, Spannweite 36 cm, Gewicht 15–40 g. Große gedrungene Fledermaus. Fell auffallend rötlich oder gelblich braun. Kurze Schnauze, mit Hautdrüsen, die intensiven Moschusgeruch abgeben. Kurze rundliche Ohren mit pilzförmigem Ohrdeckel. Gesicht schwarzbraun. **Stimme** Im Flug oft schrille Rufe wie »gig-gig«. **Wissenswertes** Als Bewohner von Laub- und Mischwäldern, Parks und Gärten ist der Große Abendsegler häufig zu beobachten. Er fliegt im Sommer bereits am späten Nachmittag. Oft jagt er zusammen mit Schwalben und Mauerseglern. Ein geradliniger Flug mit abrupten Wendungen ist sein Kennzeichen. Im Sommer bilden Männchen und Weibchen eigene Gruppen. Viele hundert Weibchen leben in Wochenstuben zusammen, bringen dort jeweils meist 2 Junge zur Welt. Die Jungtiere sind nach 4 Wochen flugfähig. Der Große Abendsegler überwintert in dichten Trauben hängend in Dachstühlen. Die Überwinterungsplätze werden auch aus großen Entfernungen über Jahre immer wieder angeflogen.

Zwergfledermaus
Pipistrellus pipistrellus
Glattnasen

Merkmale Länge 3,3–4,5 cm, Spannweite 19 cm, Gewicht 3–8g. Kleinste Fledermaus Mitteleuropas. Winziges Tier mit kurzen breiten Ohren und auffällig schmalen Flügeln. Kurzhaariges Fell mit sehr variabler Färbung, meist aber oben orangebraun bis dunkelbraun, unten graubraun. **Stimme** Während des Fluges tickende Laute. **Wissenswertes** Die Zwergfledermaus ist die häufigste Fledermaus in Obstgärten, Gehöften und Parks mit altem Baumbestand. Meist fliegt sie schon eine halbe Stunde nach Sonnenuntergang. Typisch ist ein Flug mit häufigen scharfen Wendungen. Ihre Schlafquartiere liegen an den Südseiten von Gebäuden aller Art, in Hohlräumen von Dacherkern und Wandverkleidungen, wo sie sich mit dem Kopf nach unten an den Hinterfüßen aufhängt. Zwergfledermäuse sind sehr gesellig. Im Winter schließen sie sich zu Kolonien von mehr als 1000 Tieren zusammen. Im Sommer leben die Weibchen ausschließlich mit ihren Jungen zusammen, die Männchen einzeln oder in kleinen Gruppen. Die Lebenserwartung beträgt 8–10 Jahre.

Breitflügelfledermaus
Eptesicus serotinus
Glattnasen

Merkmale Länge 6,2–8cm, Spannweite 36 cm, Gewicht 17–35 g. Große kräftige Fledermaus. Fell oben dunkelbraun, unten gelblich braun. Junge fast schwarz. Flügel breit. **Stimme** Hohes Zirpen. **Wissenswertes** Bewohnt Waldränder, Hecken, Parks und Siedlungen. Jagdflug bei warmem Wetter in später Dämmerung. Flug langsam und niedrig. Futter: Nachtfalter, die auch von Zweigen gepflückt werden. Sommer- und Winterquartiere oft unter Dachfirsten. Kleine Wochenstuben aus kaum 50 Weibchen.

Mopsfledermaus
Barbastellus barbastellus
Glattnasen

Merkmale Länge 4,4–5,8 cm, Spannweite 26 cm, Gewicht 6–9 g. Unverwechselbare Art. Rückenfell schwärzlich, mit hellen Haarspitzen, glänzt wie mit Raureif überzogen. Schnauze sehr kurz, breit. Große, breite, nach vorne gerichtete Ohren (Mopsgesicht). **Wissenswertes** Bewohnen bergige Wälder mit Flusstälern, Dörfer und Städte. Jagdflug in der Abenddämmerung, sehr niedrig. Beute sind kleine Insekten. Winterschlaf in Höhlen und Stollen. Unempfindlich gegen Kälte.

Braunes Langohr
Plecotus auritus
Glattnasen

Merkmale Länge 4–5 cm, Spannweite 24 cm, Gewicht 5–10 g. Klein, mit riesigen Ohren (38 mm lang). Fell oben braun bis graubraun, unten heller. Ohren, aufgestellt, zurück klappbar, mit 20–24 Querfalten und langem, spitzen Ohrdeckel (Tragus). **Stimme** Hoch und schrill. **Wissenswertes** Das Braune Langohr zeigt das Prinzip der Fledermäuse. Im Ultraschallbereich ausgestoßene Laute werden von Hindernissen und Beute als Echo zurückgeworfen. Die Fledermaus gewinnt so ein Hörbild ihrer Umgebung. Langohren können im stockfinsteren Wald selbst sitzende Maikäfer orten. Ihre Sommerquartiere nehmen sie in Baumhöhlen oder Dachstühlen, meist in kleinen Kolonien aus Männchen und Weibchen. Im Juni und Juli werfen die Weibchen nach 8 Wochen Tragzeit jeweils 1 Junges. Dieses ist nach 6–7 Wochen selbstständig. Zum Winterschlaf von Oktober bis April hängen die Tiere meist einzeln in Höhlen oder feuchten Stollen. Langohren sind sehr ortstreu. Sie werden etwa 10–14 Jahre alt.

Spiegel der Evolution: die Vögel

Die Vielfalt der Tiere ist überwältigend. Weltweit sind derzeit etwa 1,5 Millionen Tierarten beschrieben. Doch nur etwa 10 000 davon sind Vögel. In Europa kommen lediglich ca. 500 Vogelarten regelmäßig vor. Dies ist eine verhältnismäßig geringe Artenzahl und doch ein sehr eindrucksvoller Spiegel der Evolution. Denn die Vielfalt der Vögel reicht vom Goldhähnchen mit gerade mal acht Gramm Gewicht und einer Flügelspannweite von 15 Zentimetern bis zum majestätischen Seeadler mit einer eindrucksvollen Spannweite von über zwei Metern.

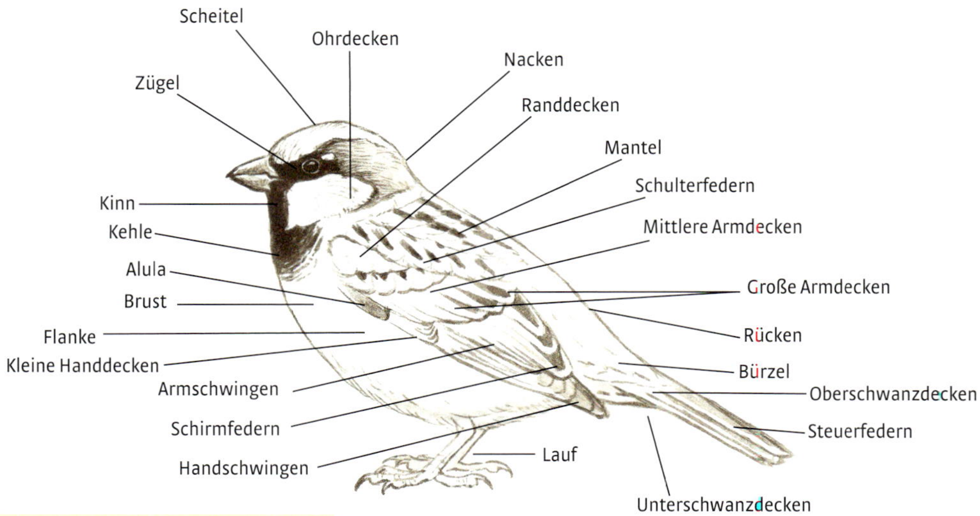

Topografie eines Singvogels: Die Fachbegriffe helfen bei der Vogelbestimmung.

Was macht den Vogel zum Vogel?

Das Besondere an den Vögeln sind ihre Federn. Es ist die einzige lebende Tiergruppe, die mit diesen Wunderwerken an Leichtigkeit, Haltbarkeit, Erneuerbarkeit, Farbigkeit, Wasserfestigkeit, Wärmeisolierung und Strapazierfähigkeit ausgestattet ist. Diese Federn in Verbindung mit der Umformung der Vorderextremitäten zu Flügeln erlauben diesen Tieren eine weltweite Erschließung von Nahrungs- und Brutrevieren. Eines der besten Beispiele dafür ist die Zwergseeschwalbe. Dieser nur 40 Gramm schwere Vogel umkreist zwischen Brut und Überwinterung einmal pro Jahr die Erde.

Der Umbau einer Wirbeltierhand zum Flügel brachte eine weitere Umstellung mit sich: Ein neues »Vielzweckwerkzeug« musste im Laufe der Entwicklung vom Reptil zum Vogel die greifende Hand ersetzen. Die Vögel entwickelten einen knöchernen und hornigen Schnabel. Dessen vielfache Einsatzmöglichkeiten zeigen die einzelnen Vogelfamilien besonders eindrucksvoll: Die Sperlingsvögel sind vorwiegend Insektenfresser. Aus diesem Grund ist ihr Schnabel wie eine spitze Pinzette geformt. Fischfresser wie die Säger haben einen Schnabel mit rückwärts gerichteten Zähnchen, die jeden noch so glatten Aal festhalten. Greifvögel tragen einen Hakenschnabel mit einem Reißzahn zum Öffnen tierischer Beute. Und Watvögel wie die Uferschnepfe haben sich mit einem langen Schnabel, der an der Spitze beweglich ist und einen Wurm tief im Boden festhalten kann, ein immer sprudelndes Nahrungsreservoir erschlossen – den Meeresboden bei Ebbe.

Ein eleganter Riese unter den Greifvögeln ist der Seeadler (Haliaeetus albicilla). *Seine Flügelspannweite beträgt über zwei Meter.*

Wie man Vögel beschreibt

Um einen Vogel bestimmen zu können, muss man ihn beschreiben. Größe, Körperform, Färbung der Körperteile, Beinfarbe, Schnabelform oder Verhalten sind wichtige Merkmale. Beim Gefieder gibt es eine Reihe von Zonen, die besondere Bezeichnungen tragen. Etwa Bürzel, Steuerfedern oder Scheitel. Die Zeichnung eines Sperlingvogels gibt die Topographie eines typischen Singvogels wieder. In ihr sind die richtigen Begriffe für die einzelnen Regionen eines Gefieders vermerkt. Doch viele Vogelarten verändern im Laufe des Jahres ihr Federkleid. Die Entenvögel beispielsweise tragen im Vorfrühling ihr Prachtkleid. Zur Balzzeit und während der Partnerfindung sind bei dieser Ordnung die Männchen sehr auffällig und bunt. Im Schlichtkleid außerhalb der Brutzeit sind die Farben und Kontraste wieder weniger auffällig und bunt. Sie sind eben schlicht.

In dieser Zeit ist die Vogelbestimmung oft sehr schwierig. Viele Watvogelarten sind dann kaum auseinander zu halten. Bei den Laubsängern ist dieses Problem häufig ganzjährig fast unlösbar. Fitislaubsänger und Zilpzalp etwa sind im Fernglas nicht zu unterscheiden. Doch am Gesang sind sie leicht zu erkennen und zu trennen. Der Zilpzalp ruft ständig seinen Namen »Zilpzalp«, während der Fitis ein hohes Wispern hören lässt. Deshalb sind in den Porträts vielfach die Lautbeschreibungen der Arten zu lesen, wenn sie typisch und eindeutig sind.

Das Verhalten der Vögel

Viele Arten haben sehr typische Bewegungsformen. Bachstelzen wippen ständig mit dem langen Schwanz, Baumläufer und Spechte klettern an Bäumen, Stare

Zugvögel: Viele Insektenfresser wie die Rauchschwalben (Hirundo rustica) *müssen im Winter nach Afrika ausweichen, weil sie dann bei uns nicht genug Nahrung finden.*

Das Wintergoldhähnchen (Regulus regulus) *ist der kleinste europäische Vogel: Es wiegt nur acht Gramm.*

fliegen geradlinig und schnell, Bussarde kreisen und segeln im Aufwind, Eisvögel stürzen sich kopfüber ins Wasser, Tauchenten tauchen und Schwimmenten gründeln. Diese Verhaltensweisen sind oft bessere und einfachere Bestimmungshilfen und in Kombination mit den Gefiederkennzeichen auch die sichersten. Außerdem bieten Verhaltensweisen das größte Vergnügen bei der Vogelbeobachtung. Auch Parallelen mit menschlichem Verhalten sind manchmal nicht zu übersehen.

Die Lebensnischen

Der ökologische Begriff der Nische beschreibt nicht den Wohnort eines Tieres, sondern seinen »Beruf«. Wie lebt ein Vogel mit der Ausstattung seines Schnabels, seines Flugvermögens, seiner Anpassung an spezielle Nahrung, mit seinem Anspruch an den für ihn typischen Lebensraum und seinem Aktivitätsmuster?

Die Schleiereule beispielsweise verschläft den Tag, fliegt bei Nacht mit speziell geformten Handschwingen lautlos auf Mäusejagd und brütet in Höhlen. Sie hat den ökologischen Beruf »Nachtaktiver Beutegreifer von Kleinsäugern«. Das ist ihre »ökologische Nische«. So gibt es bei den Vögeln den »Unterwasserfischjäger« (Gänsesäger), den »Dungfliegenfänger« (Bachstelze), den »Muschelöffner im Watt« (Austernfischer) oder den »Borkenritzenausbeuter« (Gartenbaumläufer). Die Vielfalt im Naturhaushalt ist auch ein Spiegel der Vielfalt der Vögel.

Der Vogelzug

Das Flugvermögen erlaubte es den Vögeln, neue Lebensräume und Ressourcen zu erschließen. So konnten sie die unberührten Gebiete der arktischen Tundra als Brutplätze erschließen. Vor dem Winter kehren riesige Schwärme von Watvögeln in die norddeutschen Wattenmeerzonen zurück und verbringen dort den Winter. Die Nordsee öffnet im Sechsstundentakt von Ebbe und Flut ihren Wasserdeckel und gibt den tierreichen Wattboden frei. Von dieser kaum versiegenden Nahrungsquelle profitieren viele Vogelarten.

Für die Insektenfresser unter den Vögeln bedeutet der Winter auf der Nordhalbkugel eine nahrungslose Zeit. Sie müssen deshalb bis in die Subtropen und Tropen ziehen, um nicht zu verhungern. Dazwischen aber liegen die Sahara und die trockene Sahelzone. Diese Trockengebiete schaffen viele Singvogelarten nur mit einem großen Fettdepot. Deshalb werden Insektenfresser wie Grasmücken vor dem Wegzug zu Früchtefressern. Den höchsten Nährwert haben für diese Vögel die Holunderbeeren. Tagelang vollführen beispielsweise Mönchgrasmücken Flugtänze vor dem Strauch, um die Früchte im Flug zu ernten.

Für Greifvögel, die am Ende der Nahrungskette stehen, bedeutet Mangel an tierischer Nahrung ein hohes Überlebensrisiko. Sie müssen ins tropische Afrika ziehen. Dabei umfliegen sie möglichst energiesparend das Mittelmeer. Tagelang lassen sie sich von heißen Winden in die Höhe schrauben, um im Segelflug den Bosporus und das Rote Meer zu überwinden.

In welchen Mengen Greifvögel diese günstigen Zugwege nutzen, zeigen Zahlen aus Eilat am Roten Meer: Im Frühjahr 1977 zogen dort 225952 Wespenbussarde, 315767 Mäusebussarde und 26770 Schwarzmilane durch.

Zur Orientierung haben Vögel eine Reihe von Sinnen zur Verfügung. Bei Tag können sie den Sonnenkompass benutzen: Dies ist eine Möglichkeit, den Winkel der Sonne über dem Horizont zu erkennen. Nachts nutzen sie den Sternkompass, wobei die nachtziehenden Vögel die Rotation der Sternbilder um den Polarstern beobachten müssen.

Einen angeborenen Orientierungssinn besitzen die Vögel mit dem Magnetkompass. Sie können die Neigung der Feldlinien des Magnetfeldes der Erde wahrnehmen. Beim Rotkehlchen beispielsweise liegt dieser Wahrnehmungssinn im rechten Auge. Moderne Forschungen vermuten ihn heute in den Farbpigmenten der Vogelaugen.

Viele große Erkenntnisse sind an Vogelarten gelungen. Charles Darwin entdeckte an Finken Mechanismen der Evolution, und Konrad Lorenz die Prägung an Gänsen: Vögel sind eben ein eindrucksvoller Spiegel der Evolution.

Der Waldbaumläufer (Certhia familiaris) *durchsucht mit dem pinzettenartigen Schnabel Baumritzen nach Insekten.*

Jede Vogelart hat ihr eigenes Nahrungsprogramm und deshalb auch einen speziell geformten Schnabel: Schnabel für Körner (Haussperling), für Fische (Gänsesäger), für Kleinsäuger (Bussard) oder für Wattwürmer (Uferschnepfe).

Ein typischer Nachträuber: Der Uhu (Bubo bubo) *nutzt die Nacht zum Beutefang.*

Goldammer
Emberiza citrinella
Ammern

Merkmale Gesamtlänge 16,5 cm. Etwas größer als ein Sperling. Charakteristischer Vogel der Straßenränder, Bahndämme und Hecken. Kopf goldgelb, Scheitel und Wangen braun eingefasst. Brust und Seiten gelb mit braunen Längsstrichen. Weibchen bräunlicher und stärker gestrichelt. **Stimme** Melancholisches Lied mit abwärts gezogenem Schlusston. Klingt wie »zizizizizi – dä«.
Wissenswertes Schon ab März singen die Männchen der Goldammern von einer erhöhten Warte aus unermüdlich alle 10 Sekunden ihre Strophe. Dabei sind sie mit ihrem gelben Kopf weithin sichtbar. Im April und noch einmal im Juli baut das Weibchen niedrig im Gestrüpp oder versteckt auf dem Boden das Nest. Es gleicht einem Napf, der aus Halmen, Wurzeln und feinem Gras geformt ist und mit Tierhaaren ausgepolstert wird. Das Weibchen brütet allein, aber das Männchen hilft, die 3–5 Jungen zu füttern. Hauptfutter sind Grassamen, Getreidekörner und Bodeninsekten. Im Winter ziehen Goldammern in kleinen Schwärmen über die Felder.

Rohrammer
Emberiza schoeniclus
Ammern

Merkmale Gesamtlänge 15 cm, etwa wie Haussperling. Männchen im Brutkleid mit schwarzem Kopf, weißem Nacken und schwarzem Bartstreif. Rücken und Flügel braun, breit schwarz gestrichelt. Weibchen mit braunem Kopf, schwarzweißem Bartstreif und hellem Strich über dem Auge. **Stimme** Ein scharfes »zieh«. Singt auf hohen Schilfhalmen, zuckt dabei mit den Flügeln und fächert den Schwanz.
Wissenswertes Die Rohrammer ist der typische Vogel der Verlandungszonen von Seen und Teichen.

Schneeammer
Plectrophenax nivalis
Ammern

Merkmale Gesamtlänge 16,5 cm. Kopf und Unterseite des Männchens schneeweiß. Rücken, Handschwingen schwarz mit einem großen, weißen Flügelfeld. Weibchen (Bild) sehr ähnlich, mit schmalerem weißen Flügelfeld. Winterkleid beider insgesamt sandfarbener.
Wissenswertes Die Schneeammer bewohnt steile Felsküsten, felsige Berggipfel und die steinige Tundra. Sie ist der Vogel in Schnee und Eis und der am weitesten nördlich brütende Singvogel. In Grönland brütet sie sogar unter Hausdächern.

Buchfink
Fringilla coelebs
Finken

Merkmale Gesamtlänge 15 cm. Kopfscheitel, Nacken und Schnabel des Männchens blaugrau. Unterseite rötlich braun. Flügel dunkel mit 2 weißen Flügelbinden, im Flug besonders gut zu sehen. Weibchen schlicht oliv bis graubraun. Wellenförmiger Flug. Hüpft und trippelt auf dem Boden, bewegt dabei den Kopf vor- und rückwärts.
Stimme Schmetternder Gesang. Seine Strophe besteht aus 3 abfallenden Teilen und einem Endschnörkel (Finkenschlag). Oft ruft er auch nur hart »pink«.
Wissenswertes Mischwälder, Gärten und Parks sind sein Lebensraum. Der Buchfink brütet in Bäumen. Das Weibchen baut ein festes, napfförmiges Nest aus Moos, Gras, Flechten und Rindenfasern in eine Astgabel. Den Nestrand verspannt es mit vielen Spinnweben. Nicht selten wird auch Papier zum Nestbau verwendet. Buchfinken singen in verschiedenen Gebieten unterschiedlich. Diese »Dialekte« erlernen die Jungvögel im folgenden Frühjahr von benachbarten Artgenossen.

Bergfink
Fringilla montifringilla
Finken

Merkmale Gesamtlänge 15 cm. Sommerkleid des Männchens: Schnabel, Kopf und Rücken schwarz, Bauch und Bürzel weiß, Brust und Schultern orange. Flügel schwarz mit einer orangefarbenen Flügelbinde. Weibchen an Kopf und Rücken bräunlicher. Im Winterkleid ähneln die Männchen den unauffälligeren Weibchen. **Stimme** Auffällig quäkend. Die Quäklaute werden mit klirrendkreischenden Motiven kombiniert.
Wissenswertes Bergfinken brüten im hohen Norden, oft in Birkenwäldchen. Das napfförmige Nest aus Moos und Flechten liegt in einer Astgabel meist 2–3 m hoch. Das Weibchen brütet allein, die 5–7 Jungen füttern beide Eltern mit Insekten. Zwischen September und November ziehen Bergfinken in Schwärmen nach Mittel- und Südeuropa. Oft in Gesellschaft von Buchfinken landen sie bevorzugt in Buchenwäldern, um Bucheckern zu verzehren. Sie sind wenig scheu und besuchen gerne Futterhäuschen. Im März und April kehren sie zu den Brutgebieten Skandinaviens zurück.

Girlitz
Serinus serinus
Finken

Merkmale Gesamtlänge 11,5 cm. Kleiner Finkenvogel mit auffällig kurzem Schnabel und gelbschwarz gestreiftem Federkleid. Männchen (Bild) am Kopf leuchtend gelb mit bräunlicher Zeichnung, Bürzel leuchtend gelb, Kehle und Brust kräftig gelb, die Flanken dunkel längs gestrichelt. Weibchen mehr graubraun und unterseits dunkelbraun gestrichelt. **Stimme** Anhaltendes, hohes Gezwitscher mit geringen Schwankungen in der Tonhöhe. Singt stets von hohen Warten wie Baumspitzen oder Hausantennen.
Wissenswertes Der Girlitz ist ein Kulturfolger und bewohnt vor allem Stadtränder mit Gärten und Parks. Er kommt aber auch in offenem Gelände mit Hecken und lockeren Wäldern vor.

Grünfink
Carduelis chloris
Finken

Merkmale Gesamtlänge 14,5 cm. Gelbgrüner Fink mit sehr kräftigem Schnabel, einem auffälligen gelben Spiegel am Flügel sowie seitlich gelber Schwanzwurzel. Weibchen blasser graugrün, Jungvögel unterseits längs gestrichelt (Bild). **Stimme** Trillert mit einem eingestreuten auffälligen Klingeln, dazwischen Quetsch- und Krächzlaute. Brütet häufig in Gartenthujen, zieht 2–3 Bruten groß.
Wissenswertes Neben den Sperlingen ist der Grünfink einer der häufigsten Singvögel in Städten und Dörfern. Er besiedelt Gärten, Alleen und Parks. Grünfinken leben fast ausschließlich vegetarisch von Beeren, Samen und Knospen. Im Winter sind sie oft als zänkische Grünlinge am Futterhaus zu sehen.

Stieglitz
Carduelis carduelis
Finken

Merkmale Gesamtlänge 12 cm. Unverwechselbarer Vogel mit roter Gesichtsmaske und schwarzweißem Kopf. Rücken und Brust hellbraun. Schwarze Flügel mit einer leuchtend gelben Binde darin. Weibchen und Männchen gleich gefärbt. **Stimme** Der Ruf des Stieglitz ist mit der namensgebenden Bezeichnung »Stieglitt« treffend wiedergegeben.
Wissenswertes Stieglitze sind Spezialisten für Distelsamen, die sie direkt aus den Blütenköpfen ziehen. Zur Brutzeit sind sie eifrige Blattlausvertilger. Damit machen sie sich in Obstplantagen nützlich. Das Weibchen baut ein dickwandiges, filziges Nest aus Gras, Moos und häufig auch aus der Wolle von Pappelsamen. Zur Polsterung wird Tierwolle verwendet.

Erlenzeisig
Carduelis spinus
Finken

Merkmale Gesamtlänge 12 cm. Gelbgrünes Gefieder, Rücken dunkel längs gestrichelt, Flügel schwarz mit gelbgrüner Binde. Männchen mit deutlich schwarzer Kappe (Scheitel) und schwarzem Kinn. Weibchen (Bild) ohne dunklen Scheitel, stärker gestrichelt, mit mehr Grau im Gefieder. **Stimme** Ein heiseres »diäh« während des Fluges, der Reviergesang ist eine zwitschernde kurze Strophe aus mehreren Silben.
Wissenswertes Erlenzeisige bewohnen Fichten- und Bergwälder. Die Populationsdichte schwankt stark, denn ihr Bruterfolg hängt von der Samenbildung an Fichten, Tannen, Erlen und Birken ab – ihrer Nahrung. Außer der Brutzeit ziehen sie in Schwärmen weit umher.

Hänfling
Acanthis cannabina
Finken

Merkmale Gesamtlänge 13,5 cm. Kopfscheitel und Brust leuchtend rot, Kehle weißlich, Rücken rotbraun. Dem Weibchen fehlt das Rot, am Bauch ist es gestrichelt. **Stimme** Ein auffälliges Geckern, etwa wie »geckgeckgeck«.
Wissenswertes Dieser scheue Fink bewohnt oft Gärten, Parks und Hecken. Er brütet in lockeren Kolonien, in denen häufig 15–20 Nester nur wenige Meter voneinander in niedrigen Büschen angelegt werden. Die Weibchen bauen die Nester allein. Der Hänfling ist ein Samenfresser und füttert auch seine Jungen damit. Er brütet meist zweimal im Jahr. Im Winter sieht man große Schwärme auf den Feldern Nahrung suchen.

Fichtenkreuzschnabel
Loxia curvirostra
Finken

Merkmale Gesamtlänge 16,5 cm. Deutlich plumper und größer als der Haussperling. Kräftiger Schnabel mit sich überkreuzenden Schnabelspitzen. Männchen überwiegend ziegelrot, leicht orange (Bild). Weibchen gelbgrün. Beide mit schwarzbraunem und tief gekerbtem Schwanz. **Stimme** Flugruf hart »kippkipp«.
Wissenswertes Diese Vögel leben vorwiegend in den Fichten- und Tannenwäldern der Gebirge. Dort sind sie oft an Fichtenzapfen, ihrer Hauptnahrung, zu sehen. Ihre besondere Schnabelform erlaubt es ihnen, die Zapfenschuppen auseinander zu spreizen, um an die Samen darunter zu gelangen. Außerhalb der Brutzeit ziehen sie gesellig umher.

Kernbeißer
Coccothraustes coccothraustes
Finken

Merkmale Gesamtlänge 18 cm. Etwa Starengröße. Gedrungener, kurzschwänziger Fink mit großem Kopf und einem mächtigen stahlblauen Kegelschnabel. Kopf orangebraun, Nacken grau, Rücken dunkel rotbraun, Flügel schwarz mit einem blau schillernden Feld (Bild). Weibchen sehr ähnlich, aber blassere Farben. **Stimme** Ruft häufig ein scharfes »zicks«. **Wissenswertes** Mit ihrem überaus kräftigen Schnabel knacken diese Vögel sogar die Kerne von Kirschen und Schlehen. Sie brüten in Eichen- und Hainbuchenwäldern, aber auch in Parkanlagen und Gärten. Die scheuen Kernbeißer legen ihre großen Nester in hohen Baumwipfeln an. Im Winter kommen sie auch ans Futterhaus.

Gimpel
Pyrrhula pyrrhula
Finken

Merkmale Gesamtlänge 16 cm. Etwas rundlich wirkender Finkenvogel mit sehr typischer schwarzer Kopfkappe und kräftigem schwarzen Kegelschnabel. Flügel schwarz mit weißer Flügelbinde, Schwanz oberseits schwarz, Unterschwanz und Bürzel weiß. Beim Männchen sind Bauchseite und Wangen leuchtend rot (Bild), beim Weibchen matter und etwas bräunlich. **Stimme** Häufig ein melodisches »djü«. Oft auch leiser Gesang aus pfeifenden Lauten. **Wissenswertes** Gimpel leben vorwiegend in Nadelwäldern, Fichtenschonungen und Gärten mit Nadelholzanteil. Man sieht diese Vögel oft paarweise, v. a. im Frühjahr, wenn sie junge Knospen fressen. Im Winter kommen sie ans Futterhaus.

Schneefink
Montifringilla nivalis
Sperlinge

Merkmale Gesamtlänge 18 cm. Etwas kräftiger als der Haussperling. Männchen wie Weibchen mit grauem Kopf, schwarzem Schnabel und schwarzem Kehlfleck. Schwanzseiten beidseitig weiß eingefasst. Im Winterkleid ohne schwarzen Kehlfleck, dann aber mit gelbem Schnabel (Bild). Besonders typisch: bewegt sich trippelnd auf dem Boden und zuckt häufig mit dem Schwanz. **Stimme** Quäkende Laute, Gesang ein mehrfach wiederholtes »bizebizebize«. **Wissenswertes** Der Schneefink bewohnt die höchsten Berglagen oberhalb der Baumgrenze. Häufig ist er an Skihütten und Seilbahnen zu sehen, wo er in Abfällen Nahrung findet. Er ist nicht mit den Finken, sondern mit den Sperlingen verwandt.

Haussperling
Passer domesticus
Sperlinge

Merkmale Gesamtlänge 15 cm. Männchen mit typisch grauem Scheitel, rotbraunem Nacken und hellgrauen Wangen. Kehle schwarz, Rückengefieder rotbraun und schwarz gefleckt, Unterseite hellgrau (Bild). Weibchen schlicht graubraun, ohne schwarze Kehle. **Stimme** Viele verschiedene tschilpende Rufe. **Wissenswertes** Haussperlinge halten sich in der Nähe des Menschen auf. Sie brüten gesellig und ziehen drei- bis viermal pro Jahr 4–6 Junge groß. Sie verfüttern viele Blattläuse, Raupen und Käfer. Neben unserem mitteleuropäischen Sperling gibt es 2 weitere Rassen: den Weidensperling in Südspanien, Sardinien und Griechenland und den Italiensperling in Italien und Korsika.

Feldsperling
Passer montanus
Sperlinge

Merkmale Gesamtlänge 14 cm. Schlanker als der Haussperling. Männchen wie Weibchen kastanienbrauner Kopf, weißgraue Wangen und auffällig schwarzer Ohrenfleck. Rückengefieder braunschwarz gesprenkelt, kleine weiße Flügelbinde (Bild). **Stimme** Hart »tschicktschick«, Gesang tschilpende Motive. **Wissenswertes** Der gesellige Feldsperling lebt in großen Schwärmen. In Süd- und Ostasien ist er ein reiner Stadtvogel. In Europa dagegen meidet dieser Vogel Stadtgebiete. Er bewohnt Feldgehölze, offenes Gelände am Stadtrand und Parkanlagen. Oft bezieht er verlassene Spechthöhlen, Brutröhren von Uferschwalben und auch Nistkästen.

Star
Sturnus vulgaris
Stare

Merkmale Gesamtlänge 21,5 cm. Etwas kleiner und kurzschwänziger als eine Amsel. Männchen mit durchweg schwarzem, grün und violett schimmerndem Gefieder, das im Herbst und Winter grünweiße Federspitzen trägt (Bild). Man nennt ihn dann »Perlstar«. Schnabel gelb. Weibchen sehr ähnlich, aber mit hellerer Iris. **Stimme** Sehr abwechslungsreiches Gemisch aus pfeifenden, schnalzenden und schnurrenden Lauten, das andere Vogelarten nachahmt. Zur Brutzeit singt er oft flügelschlagend von Singwarten in Nestnähe. Beim Star singen auch die Weibchen. **Wissenswertes** Höhlenbrüter, beziehen meist alte Buntspechthöhlen, aber auch künstliche Nisthilfen.

Eichelhäher
Garrulus glandarius
Rabenvögel

Merkmale Gesamtlänge 34 cm. Rötlich brauner Vogel mit auffälliger Flügelzeichnung: blaues Federfeld im schwarzen Flügel, außerdem ein weiteres weißes Feld. Weibchen wie Männchen gefärbt, ebenso die Jungvögel. **Stimme** Lärmfreudiger Vogel, an dem kreischenden Warnruf »rrährräh« zu erkennen. **Wissenswertes** In allen Waldformen vertreten, gilt der Eichelhäher als nützlicher Vogel. Er vergräbt im Herbst Eicheln und Bucheckern und trägt damit zur Naturverjüngung des Waldes bei. Gleichzeitig plündert er auch Singvogelnester, deren Eier und Jungvögel er als wichtige Einweißquelle nutzt. Beide Partner bauen dicht am Stamm lockere Reisignester und brüten und füttern abwechselnd.

Elster
Pica pica
Rabenvögel

Merkmale Gesamtlänge 46 cm. Schwarzweiß gezeichnet, auffällig langer, stufiger Schwanz. Flügel schwarzblau schillernd. Beide Geschlechter gleich gefärbt. **Stimme** Raue Rufe wie »schackackack«. **Wissenswertes** Um sich vor Greifvögeln zu schützen, sind die Elstern in die Stadtgebiete gezogen. Sie brüten häufig in Gärten und Parkanlagen. Doch auch in offenen Kulturlandschaften trifft man sie noch an. Ihre Nester sind aus losen Zweigen zusammengesteckt und tragen stets ein kuppelförmiges Dach. Sie erinnern an Eichhörnchenkobel. Die Nestmulde ist mit Lehm ausgeschmiert. Dort brütet das Weibchen allein bereits ab Ende März 5–8 Eier aus. Elstern besitzen eine große Lernfähigkeit.

Tannenhäher
Nucifraga caryocatactes
Rabenvögel

Merkmale Gesamtlänge 32 cm. So groß wie ein Eichelhäher. Körper und Kopfplatte dunkel schokoladenbraun. Kräftiger schwarzer Schnabel. Rücken und Bauchseite mit weißen tropfenförmigen Flecken (Bild). Unterschwanz leuchtend weiß. Flügel schwarzbraun und, im Flug sichtbar, deutlich abgerundet. Weibchen wie Männchen gefärbt. **Stimme** Schnarrendes »kerr-kerr«. **Wissenswertes** Der Vogel der Nadel- und Mischwälder bevorzugt Mittelgebirge und Alpen. Dort lebt er in der Nähe der Zirbelkiefer, deren Nüsse er bevorzugt. Beide Partner bauen in großer Höhe ein Nest in Nadelbäume. Für den Winter holen sie sich Haselnüsse aus den Tälern und fliegen sie in Vorratslager im Bergwald.

Alpendohle
Pyrrhocorax graculus
Rabenvögel

Merkmale Gesamtlänge 38 cm. Deutlich kleiner als Rabenkrähe. Gesamtes Gefieder glänzend schwarz. Schnabel hellgelb, etwas abwärts gebogen. Beine orangerot. Weibchen und Männchen gleich. Jungvögel etwas matter gefärbt, mit hellbraunem Schnabel. **Stimme** Häufig schriller Pfiff »zja«. **Wissenswertes** Oberhalb der Baumgrenze, an Berggasthöfen oder Seilbahnen zeigen Alpendohlen ihre Flugkünste: Sturzflüge, Rollen oder Rückenflug mit bis zu 200 km/h Geschwindigkeit. Sie bauen ihre Nester in Felshöhlen und brüten in Kolonien. Die kaum scheuen Vögel fliegen im Herbst in die Täler und plündern Weinberge. Einige nutzen im Winter auch Küchenabfälle.

Dohle
Corvus monedula
Rabenvögel

Merkmale Gesamtlänge 33 cm. Taubengroß. Grauschwarzes Gefieder, Hinterkopf und Nacken hellgrau, Stirn schwarz, Schnabel schwarz, Iris hellblau. Rücken schwarz, mit bläulichem Schimmer, Unterseite grauschwarz. Männchen und Weibchen gleich. **Stimme** Melodisches »kiack«, auch mehrfach hintereinander. **Wissenswertes** Häufig beziehen diese Rabenvögel alte Kirchtürme, Schlossruinen und Kamine. Dort bilden sie Brutkolonien aus über 100 Paaren. Die einfachen Nester bestehen aus Zweigen, in denen sie 4–6 Eier bebrüten. Im Winter ziehen Dohlen mit Saatkrähen übers Land, um auf den Feldern Insekten, Würmer, Schnecken und selbst Mäuse zu erbeuten.

Saatkrähe
Corvus frugilegus
Rabenvögel

Merkmale Gesamtlänge 46 cm. Etwa so groß wie Rabenkrähe. Deutlich blau schillerndes, schwarzes Gefieder. Kräftiger Schnabel mit typisch heller Schnabelwurzel. Unterschied zu Rabenkrähe: Gefieder an Bauch und Schenkeln steht locker ab (Bild). Männchen und Weibchen gleich. **Stimme** Raues »krah«, das nicht so oft wiederholt wird wie bei Rabenkrähe. **Wissenswertes** Häufig besiedeln Saatkrähen in großen Kolonien hohe Bäume im Stadtbereich. Diese Kolonien sind gefürchtete Lärmquellen. Andererseits sind Saatkrähen nützliche Vertilger von Ackerschädlingen wie Käferlarven, Schnecken oder Mäusen. Im Winter ziehen sie in großen Schwärmen übers Land.

Kolkrabe
Corvus corax
Rabenvögel

Merkmale Gesamtlänge 64 cm. Etwa Bussardgröße. Aussehen sehr ähnlich wie Rabenkrähe, aber deutlich größer. Gefieder tiefschwarz, blau schillernd. Schnabel kräftig und schwarz. Männchen und Weibchen gleich gefärbt. **Stimme** Viele verschiedene Rufe aus kräftigen Lauten wie »krok«, »krah« und besonderen, hölzern klingenden »k-k«-Tönen. **Wissenswertes** Dieser Meisterflieger ist der größte Singvogel und bewohnt weiträumige Landschaften wie Gebirge, Felsenküsten, Tundra oder gar wüstenähnliche Gelände. Bei der Balz im späten Winter zeigt das für immer verpaarte Kolkrabenpaar ungewöhnliche Flugspiele in großer Höhe: Rückenflug, Loopings und rasante Sturzflüge. Das Paar baut einen umfangeichen, mit Lehm und Moos verstärkten Horst in hohe Bäume oder Halbhöhlen von Felswänden, der viele Jahre benutzt wird. Brutbeginn ist schon im Februar. Die 3–6 Jungen bekommen Fleischbrocken, die mit Wasser getränkt werden. Im Winter schließen sich Kolkraben zu Trupps zusammen.

Rabenkrähe
Corvus corone corone
Rabenvögel

Merkmale Gesamtlänge 47 cm. Etwa wie Saatkrähe. Männchen wie Weibchen einheitlich tiefschwarz. Gefieder mit wenig Glanz. Schnabelwurzel stets schwarz (nie weiß wie bei Saatkrähe). An den Beinen »Hosen« sichtbar. **Stimme** Stets mehrere »kräh«-, »kjah«- oder »kirr«-Rufe nacheinander. **Wissenswertes** Rabenkrähen brüten nie in Kolonien, sondern immer einzeln in hohen Baumkronen. Die Partner sind auf Lebenszeit verpaart und unternehmen Nahrungssuche sowie Fütterung der Jungen gemeinsam.

Neuntöter
Lanius collurio
Würger

Merkmale Gesamtlänge 17 cm. Kopf und Nacken grau mit tiefschwarzer Augenbinde. Rücken kastanienbraun. Brustgefieder rahmfarben. Weibchen ohne schwarzen Augenstreif, oberseits graubraun, Brust und Flanken mit dunklen Wellenlinien. **Stimme** Mehrere Laute, häufig »gäckgäck«. **Wissenswertes** Der Neuntöter sitzt meist auf der höchsten Spitze eines Dornenbusches, startet von dort zum Insektenfang am Boden und kehrt auf den gleichen Zweig zurück. Typisch: spießt oft Insekten auf Dornen (Vorrat).

Raubwürger
Lanius excubitor
Würger

Merkmale Gesamtlänge 24 cm. Fast Amselgröße. Oberseite hellgrau, sehr breiter schwarzer Augenstreif bis zum Ohr. Flügel schwarz mit weißem Spiegel. Sehr langer schwarzer Schwanz mit weißen Außenkanten. Bauchseite hellgrau bis weißlich. Weibchen dem Männchen sehr ähnlich, aber am Bauch bräunliche und wellige Querbänder. **Stimme** Mehrere Laute: mal schackernd wie Elstern, mal Einzelrufe wie »trü« oder »tritri«. **Wissenswertes** Der größte Würger Europas ist ein Ansitzjäger. Meist sitzt er auf einzeln stehenden Bäumen oder Telegrafenleitungen und hält Ausschau nach Beutetieren wie Mäusen, Eidechsen, Fröschen, Großinsekten am Boden. Bei günstiger Nahrungslage legt der Würger Vorräte an und spießt seine Beute auf Dornen. In Feldgehölzen, Kahlschlägen und Heidelandschaften sucht das Weibchen oft Dorngestrüpp oder hohe Bäume zur Anlage des Nestes. Die Eltern führen die Jungvögel bis zum Herbst. Der Raubwürger wird zunehmend seltener.

Pirol
Oriolus oriolus
Pirole

Merkmale Gesamtlänge 24 cm. Etwa amselgroß. Unverwechselbare Färbung: Kopf, Rücken und Bauchgefieder leuchtend gelb, Flügel schwarz, Schwanz schwarz mit gelben Säumen. Weibchen dagegen oberseits grünlich, unterseits hellgrau und längs gestrichelt, Flügel und Schwanz braunschwarz. **Stimme** Wenige Einzellaute, aber besonders klangvoller flötender Gesang, etwa wie »didüalüo«. **Wissenswertes** Dieser versteckt lebende Vogel hält sich in Mitteleuropa nur von Ende April bis Ende August auf. Der »Pfingstvogel« lebt sonst in Afrika. Er bewohnt als einzige Art einer tropischen Familie auch Mitteleuropa. Er besiedelt Auwälder, große Parks, Obstplantagen oder warme Laubwälder. Er ernährt sich von großen Insekten, Beeren und Obst. Männchen und Weibchen flechten gemeinsam ein Nest aus Gras und Bastfasern und kleistern es mit Speichel fest. Es hängt wie ein Napf frei in einer Astgabel. Der älteste bekannte Pirol wurde nach Ringfunden knapp 15 Jahre alt.

Beutelmeise
Remiz pendulinus
Beutelmeisen

Merkmale Gesamtlänge 11 cm. Etwa wie Blaumeise. Kopf weißlichgrau mit breiter dunkler Stirnbinde, die jeweils bis zu den Ohren reicht. Rücken kastanienbraun. Schwanz dunkelgrau. Bauchseite rahmfarben mit hellerer Kehle. Weibchen insgesamt etwas blasser gefärbt. **Stimme** Ein typisches und leicht abfallendes »ziih«, manchmal auch zweisilbig.
Wissenswertes Unter den Vögeln ist die Beutelmeise einer der geschicktesten Baumeister. Das Männchen beginnt mit dem Nestbau. Es befestigt mit drehenden Turnbewegungen Pflanzenfasern an den äußersten Zweigen von Pappeln und Weiden. Ein davon beeindrucktes Weibchen vollendet den Bau zu einem birnenförmigen Beutelnest aus Samenwolle.

Sumpfmeise
Parus palustris
Meisen

Merkmale Gesamtlänge 11,5 cm. Typisch agile Meise mit glänzend schwarzer Kopfkappe, schwarzem Kinn, hellem Halsring, graubrauner Oberseite und schmutzig weißer Unterseite. Männchen und Weibchen gleich. **Stimme** Sehr auffälliges und deutliches »pistjä« mit nachfolgendem Zetern wie »dädädä«.
Wissenswertes Häufig turnt die Sumpfmeise mit dem Bauch nach oben in den Zweigen. Anders als ihr Name vermuten lässt, lebt sie weniger in sumpfigen Gebieten als viel mehr in Parks, Gärten, Obstanlagen oder lichten Laub- und Mischwäldern. Beide Partner sammeln Moos zum Nestbau in Baumhöhlen. Die Jungen werden mit Insekten und Spinnen gefüttert. Im Winter leben Sumpfmeisen von Samenkörnern.

Blaumeise
Parus caeruleus
Meisen

Merkmale Gesamtlänge 11,5 cm. Unverwechselbar: einziger Kleinvogel Europas mit blaugelbem Federkleid. Scheitel blau, Stirn und Wangen weiß, langer schwarzer Augenstreif, Kinn schwarz, Rücken olivgrün, Flügel und Schwanz blau, Bauchseite blassgelb mit schwärzlichem Längsfleck auf der Brust. Weibchen blasser. **Stimme** Häufig ansteigender Ruf »tsi-tsi-tsi-tsi«. Gesang ein langer Triller wie »zi-zi-zirrrr«.
Wissenswertes Diese sehr häufige kleine Meise ist an kein Biotop gebunden. Natürlicherweise bevorzugt sie eichenreiche Mischwälder, in Menschennähe Gärten und Parklandschaften. Als Höhlenbrüter nimmt sie Nisthilfen an, deren Einflugloch etwa 27 mm Durchmesser haben sollte.

Kohlmeise
Parus major
Meisen

Merkmale Gesamtlänge 14 cm. Fast sperlingsgroß. Kopf schwarz mit seitlichen halbmondförmigen weißen Wangen. Rücken olivgrün. Flügel und Schwanz blaugrau. Bauchseite gelbgrün mit schwarzem Längsstreif in der Mitte. Weibchen etwas blasser. **Stimme** Verfügt über sehr viele verschiedene Rufe, die oft andere Meisen nachahmen. Am auffälligsten ist »zizibäh-zizibäh«.
Wissenswertes Bei der Nistplatzsuche ist der Höhlenbrüter sehr erfinderisch und nimmt auch Briefkästen, Rohre und andere höhlenähnliche Orte an. Trotz vieler Nachkommen gibt es keine Übervermehrung, da 85 % dieser Meisen im 1. Lebensjahr sterben.

Tannenmeise
Parus ater
Meisen

Merkmale Gesamtlänge 11 cm. Kopf tiefschwarz mit weißen Wangenseiten und weißem Nackenfleck. Kehle schwarz. Flügel dunkelgrau mit 2 weißen Binden. Unterseite graubraun. Männchen und Weibchen gleich. **Stimme** Hohes und dünn wirkendes »tsi«. Der Reviergesang besteht aus mehreren Strophen, die an ein leises Martinshorn erinnern.
Wissenswertes Diese Meise bevorzugt Nadelbäume. Oft baut sie in ausgefaulte Baumstümpfe ihre Nester, gelegentlich sogar in Mäuselöcher. Sie nimmt auch Nistkästen an, in die sie ihr Moosnest baut. Die alleine brütenden Weibchen werden von den Männchen mit Insekten, Spinnen und Zapfensamen versorgt.

Haubenmeise
Parus cristatus
Meisen

Merkmale Gesamtlänge 11,5 cm. Etwa wie Blaumeise. Unverwechselbar durch die spitze schwarzweiße Federhaube auf dem Kopf. Kopfseiten weiß mit einem dünnen langen schwarzen Augenstreif und einem schwarzen »C« auf der Wange. Oberseite braun, Bauchseite rahmfarben. Weibchen wie Männchen. Jungvögel blasser. **Stimme** Hart trillernd »würr«.
Wissenswertes Diese Vögel bevorzugen Kiefernwälder, bewohnen aber auch andere Nadelwälder. Im Unterschied zu anderen Meisenarten turnen Haubenmeisen in den höchsten Baumspitzen auf der Suche nach Insekten. Als Höhlenbrüter suchen Haubenmeisen Asthöhlen, die sie bei morschem Holz erweitern.

Schwanzmeise
Aegithalos caudatus
Schwanzmeisen

Merkmale Gesamtlänge 14 cm, die sich hälftig auf Körper und Schwanz verteilt. Weißer Kopf mit breitem schwarzen Augenstreif, der in den schwarzen Rücken mündet. Winziger Schnabel. Flügel schwarz mit weißlichem Feld. Schwanz schwarz mit weißen Außenkanten. Bauchseite hell bis rosa. **Stimme** Häufig sind knarrende Rufe wie »tschrrt«.
Wissenswertes Diese winzigen Vögel mit nur 9 g Lebendgewicht turnen rastlos im Geäst dichter Laub- und Mischwälder. Die Nester sind kugelige geschlossene Beutel aus Spinnweben, Haaren und Moos. Außen sind sie oft mit Flechten oder Birkenborke belegt, innen mit Federn ausgepolstert. Die 8–10 Jungen bleiben lange im Familienverband.

Kleiber
Sitta europaea
Kleiber

Merkmale Gesamtlänge 14 cm. Etwa sperlingsgroß. Kurzschwänziger Klettervogel mit ausgeprägtem spitzen Schnabel, der an Bäumen flink auf- und abwärts klettern kann. Gesamte Oberseite blaugrau, Bauchseite ocker bis rostfarben. Auffälliger dunkler, langer Augenstreif. Weibchen etwas blasser. **Stimme** Sehr ruffreudig und laut mit lang aneinander gereihten Pfeiftönen, wie »wihe-wihe-wihe« oder »tuituituit«.
Wissenswertes Der Lebensraum des Kleibers sind Mischwälder, Gärten und Parks. Dort sammelt er Insekten und Spinnen aus Rindenritzen. Kleiber brüten in Spechthöhlen. Deren Eingang kleistern sie mit Lehm auf Körperdurchmesser zu. Das Nest besteht aus Rindenschuppen und dürren Blättern.

Waldbaumläufer
Certhia familiaris
Baumläufer

Merkmale Gesamtlänge 12,5 cm. Oberseite rindenfarbig braun mit hellen Flecken, Unterseite reinweiß. Feiner abwärts gebogener Schnabel. Heller Augenstreif. Männchen und Weibchen gleich. **Stimme** Hoch und dünn, Rufe wie »sirr« oder »sit«, die aneinander gehängt eine abfallende Tonreihe ergeben.
Wissenswertes Dichte Fichten- und Tannenwälder, aber auch Buchenbestände sind der Lebensraum des Waldbaumläufers. Beide Partner bauen ein Nest aus Gras, Moos und Federn in einen Baumspalt hinter loser Borke. Mit seinem Pinzettenschnabel greift der Waldbaumläufer Spinnen und Insekten an Baumstämmen. Im Winter kann er auch Samen aus den Zapfen von Nadelbäumen picken.

Mauerläufer
Tichodroma muraria
Mauerläufer

Merkmale Gesamtlänge 18 cm. Unverkennbar: Flügel und schmetterlingsartiger Flug. Oberseite grau, Schwanz schwarz mit heller Endbinde, Bauchseite dunkelgrau, Flügel auffällig schwarz-rot-weiß gefleckt. Kehle des Männchens im Sommer schwarz, im Winter weißlich. Weibchen wie Winterkleid des Männchens gefärbt. **Stimme** Dünne Pfeiftöne wie »zui«, »tiü«.
Wissenswertes Der Mauerläufer klettert ruckweise steile Felswände empor, wobei er wie ein Schmetterling mit den bunten Flügeln flattert. Er sucht in Felsspalten nach Insekten und Spinnen. Das flache Nest aus Moos, Flechten und Wurzeln legt er in Felsspalten meist in der Nähe von Gebirgsbächen an.

Trauerschnäpper
Ficedula hypoleuca
Fliegenschnäpper

Merkmale Gesamtlänge 13 cm. Männchen oben schwarz, weißer Stirnfleck, weißer Fleck im Flügel. Unten reinweiß. Weibchen schlicht graubraun. Wichtiges Kennzeichen: zucken ständig mit Flügeln und Schwanz.
Stimme Ruf: »bitt«. Gesang: auf- und absteigende »wutiwutiwuti«-Laute.
Wissenswertes Dichte Laubwälder mit hohen alten Bäumen, Parks und Gärten sind der Lebensraum des Trauerschnäppers. Als Höhlenbrüter kämpft er mit Meisen und Rotschwänzen um Nisthöhlen. Oft nimmt er auch künstliche Nisthilfen an. Das Nest besteht aus trockenem Laub, die Mulde wird mit Wolle oder Federn ausgelegt. Er fängt sehr geschickt Insekten im Flug.

Grauschnäpper
Muscicapa striata
Fliegenschnäpper

Merkmale Gesamtlänge 14 cm. Oben bräunlich grau, Kopf mit Längsstricheln, Bauchseite weißlich hell mit dünnen dunkleren Längsstreifen. Beide Geschlechter gleich. Besonders typisch: sitzt aufrecht auf markanten Sitzwarten, von denen er zu kunstvollen Fangflügen nach Fliegen und Insekten startet, um Sekunden später wieder dort zu landen. Außerdem: zuckt ständig mit den Flügeln. **Stimme** Ruft scharf »cieht«.
Wissenswertes Diese Vogelart bewohnt alte Buchenwälder, aber auch Parks und Gärten. Als Nistplatz wählen Grauschnäpper Halbhöhlen, oft auch Mauernischen und Dachbalken oder Markisenkästen. Das Nest besteht aus Moos, Tierhaaren und Federn.

Heckenbraunelle
Prunella modularis
Braunellen

Merkmale Gesamtlänge 14 cm. Ähnlich dem weiblichen Haussperling, aber bleigrau an Kopf und Brust. Feiner spitzer Schnabel. Rücken hellbraun gefleckt, Wangen ebenso. Schwanz und Flügel braun, Bauchseite hellbraun gefleckt. Weibchen wie Männchen. **Stimme** Oft hohes Pfeifen wie »zieht« oder auch »sisisi«, häufig von Baumspitzen aus vorgetragen. **Wissenswertes** Dieser sehr heimlich durch das Gebüsch huschende, gut getarnte Vogel ist häufiger zu hören als zu sehen. Die Heckenbraunelle ist in Gärten mit Nadelhölzern, Parks und Schonungen sehr häufig. Sie fängt Insekten am Boden und kommt im Winter auch an Futterstellen. Napfnest aus Zweigen, Moos und Haaren.

Feldschwirl
Locustella naevia
Grasmücken

Merkmale Gesamtlänge 13 cm. Oberseite oliv- bis gelblich braun mit länglichen dunklen Flecken. Bauchseite ungefleckt und viel heller. Auffällig abgerundeter Schwanz. Geschlechter gleich gefärbt. **Stimme** Dieser Vogel singt ein minutenlanges, hohes Sirren, das an Heuschrecken erinnert. **Wissenswertes** Der Feldschwirl lebt sehr versteckt im dichten Gestrüpp von Feuchtgebieten und ist schwer zu beobachten. Sein merkwürdiger Gesang ist Tag und Nacht weit zu hören, aber schwer zu orten. Er erinnert an den Werbegesang des Grünen Heupferdes. Das aber ist erst ab Juli zu hören, während der Vogel im Mai/Juni singt. Das Nest wird dicht über dem Boden in hohem Kraut eingeflochten.

Schilfrohrsänger
Acrocephalus schoenobaenus
Grasmücken

Merkmale Gesamtlänge 13 cm. Oberseits graubrauner schlanker Vogel mit dunkleren Längsstreifen auf Rücken und cremefarbener Bauchseite. Typisch: rahmfarbener Überaugenstreifen. Geschlechter gleich. **Stimme** Typischer Gesang von höchsten Schilfhalmen ist ein Schnarren schneller und permanent wiederholter Motive wie »woidwoidwoid«. **Wissenswertes** Dieser Bewohner der Röhrichtzone von Teichen steigt häufig zu einem steilen Singflug auf, wobei er erst während des Herabgleitens singt. Sein Nest baut er dicht am Boden in den Uferbewuchs. Es ist ein länglicher Napf aus Schilf, Gras und Spinnweben, der mit trockenem Pflanzenmaterial ausgelegt wird.

Teichrohrsänger
Acrocephalus scirpaceus
Grasmücken

Merkmale Gesamtlänge 13 cm. Oben einheitlich braun mit einem leichten Rotton, Bauchseite weißlich. Kurzer hellbrauner Streif über dem Auge. Geschlechter gleich. **Stimme** Schnarrende raue Laute wie »krärr«. Reviergesang wirkt wie endloser Vortrag aus ständig wiederholten Motiven wie »tiritiritiritirtirtirzerrzerr«. Sehr typisch: Umherklettern im Schilf beim Singen. **Wissenswertes** Das Weibchen baut meist alleine ein kunstvolles Nest ins Schilf. Dieser Napf wird an 3 Schilfhalmen befestigt und mit Spinnweben verklebt. Er hängt wie ein Pfahlbau etwa 60 cm über dem Wasser und ist sehr stabil. Oft muss es darin auch einen Kuckuck großziehen.

Fitislaubsänger
Phylloscopus trochilus
Grasmücken

Merkmale Gesamtlänge 11 cm. Gesamte Oberseite olivgrün, Bauchseite gelblich weiß mit olivgrüner, manchmal gelblicher Brust. Kopf mit auffälligem dunklen Streifen durch das Auge und einem hellen Streifen darüber. Geschlechter gleich. **Stimme** Melodisches Zwitschern aus dichtem Busch. Der Warnruf ist ein zweisilbiges »hü-id«. **Wissenswertes** Die beiden Laubsängerarten Fitis und Zilpzalp sind lediglich durch ihren Gesang zu unterscheiden. Der Fitis singt eine lange Melodie, der Zilpzalp klar und deutlich »zilpzalp«. Beide Arten leben in lichten Wäldern, Gärten und Parks und bauen kugelförmige Nester mit Seiteneingang in Brombeerranken.

Zilpzalp
Phylloscopus collybita
Grasmücken

Merkmale Gesamtlänge 11 cm. Oberseite olivbraun. Heller Überaugenstreif, Bauchseite schmutzig weiß, Brust olivbraun getönt. Geschlechter gleich gefärbt. **Stimme** Der Warnruf ist ein sanftes »huid«, der Reviergesang ein unverwechselbares klares, vielfaches »zilpzalp-zilpzalp«. **Wissenswertes** Dieser Vogel ist ständig in Bewegung. Rastlos flattert und hüpft er auf der Suche nach Insekten durch das Blättergewirr von Laubbäumen. Er fehlt in keinem Stadtpark oder baumreichen Gärten. Wie der Fitislaubsänger baut auch der Zilpzalp sein kugeliges Nest mit Seiteneingang in Brombeergestrüpp. Der Zilpzalp ist ein eifriger Blattlausvertilger.

Gartengrasmücke
Sylvia borin
Grasmücken

Merkmale Gesamtlänge 14 cm. Unscheinbar graubraun, unterseits rahmfarben, ohne weitere typische Zeichnungen oder Farbkontraste. Geschlechter gleich gefärbt. **Stimme** Typisch ist ein harter Warnruf in Nestnähe wie »tschecktscheck«. Der Reviergesang dagegen ist ein wohlklingendes gleichmäßiges Flöten mit tiefen Orgeltönen. Er erinnert an den Gesang der Amseln.
Wissenswertes Die Gartengrasmücke kehrt erst im Mai aus Afrika zurück und fliegt bereits im September wieder in die Tropen. Sie überquert das Mittelmeer und die Sahara im Nonstopflug. Ihr Lebensraum in Mitteleuropa sind unterholzreiche Wälder, Brennnesseldickichte, Heckenstreifen und ungepflegte Gärten. Wie bei Grasmücken üblich legen die Männchen mehrere einfache und etwas unordentliche Nester dicht über dem Boden an, von denen das Weibchen eines auswählt und vollendet. Die Eier werden von beiden Partnern abwechselnd bebrütet. Die 4–5 Jungen werden mit Insekten gefüttert und verlassen das Nest schon nach knapp 2 Wochen.

Mönchsgrasmücke
Sylvia atricapilla
Grasmücken

Merkmale Gesamtlänge 14 cm. Eindeutiges Kennzeichen: Männchen mit schwarzer Kopfkappe; Hals, Kehle und Bauchseite aschgrau, Rücken und Schwanz graubraun. Weibchen mit rotbrauner Kopfplatte und insgesamt etwas bräunlicher. **Stimme** Typischer Warnruf ist ein hartes »tack«. Der Reviergesang klingt sehr variabel und sehr melodiös, ist ein lautes Flöten ähnlich wie »mininjochiceritito«. Regional gibt es viele unterschiedliche Dialekte.
Wissenswertes Buschreiche Gärten, unterholzreiche Wälder, Schonungen und Parks bewohnt der »Mönch«. Um ein Weibchen anzulocken, bauen die Männchen dort mehrere, unordentliche Spielnester in Gestrüpp in geringer Höhe über dem Erdboden. Das Weibchen stellt dann ein ausgewähltes Nest kunstvoll mit feinen Grashalmen fertig und verklebt es mit Spinnenfäden. Die schnell wachsenden Jungen werden häufig mit den Larven des Schneeballkäfers gefüttert. Sie verlassen bereits nach 10–13 Tagen ihr Nest. Als Energiequelle fressen Mönchsgrasmücken vor ihrem Zug nach Afrika Holunderbeeren .

Zaungrasmücke
Sylvia curruca
Grasmücken

Merkmale Gesamtlänge 13,5 cm. Färbung individuell sehr unterschiedlich. Kopf und Wangen grau, Rücken, Flügel und Schwanz graubraun, Bauchseite weißlich mit braunem Anflug. Weibchen etwas blasser. **Stimme** Häufig ist ein schnalzendes, aneinander gereihtes »täk« zu hören. Auch sehr typisch: laut schmetterndes Klappern in gleicher Tonhöhe. Daher auch der Name »Klappergrasmücke«.
Wissenswertes Häufiger, unermüdlich singender Vogel unserer Gärten.

Sommergoldhähnchen
Regulus ignicapillus
Grasmücken

Merkmale Gesamtlänge 9 cm. Sehr ähnlich dem Wintergoldhähnchen, aber mit schwarzem Streifen durch das Auge und weißem Überaugenstreif. Männchen mit orangefarbenem Scheitel, Weibchen mit gelbem. **Stimme** Dünne Rufe wie »sisisi«.
Wissenswertes Beide Arten gleichen einander in Lebensweise, Nestbau und Biotop. Um Konkurrenz bei der Nahrungssuche zu vermindern, sucht das Wintergoldhähnchen gründlicher, das Sommergoldhähnchen flinker.

Wintergoldhähnchen
Regulus regulus
Grasmücken

Merkmale Gesamtlänge 9 cm. Sehr charakteristisch: rastloser, sogar hyperaktiv wirkender Vogel. Klein, rundlich. Gelber Scheitel mit orangerotem Mittelstreif, der beim Spreizen der Federn sichtbar wird. Oberseite grau bis olivgrün. Flügel dunkel mit 2 hellen Binden. Unterseite gelblich grün. Auffallend großes dunkles Auge. Weibchen nur mit gelbem Scheitel. **Stimme** Leise, sehr hohe, oft wiederholte Rufe: »si-si-si«.
Wissenswertes Goldhähnchen sind die kleinsten Vögel Europas. Sie wiegen nur 5 g. Erst 4 von ihnen wiegen somit soviel wie ein normaler Brief. Diese Vögel sind eng an Nadelbäume gebunden und fehlen in keinem Fichtenwald. Ihre Nahrungsnische sind die zwischen den Nadeln verborgenen Insekten und Blattläuse. Dank ihres geringen Gewichts können sie auch die dünnsten Zweige nach Beutetieren absuchen. Wintergoldhähnchen bauen kugelige Hängenester zwischen Fichten- und Tannenzweige, die sie mit Spinnweben zusammenbinden.

Rotkehlchen
Erithacus rubecula
Drosselvögel

Merkmale Gesamtlänge 14 cm. Besonderes Merkmal: hüpft oft am Boden und zuckt dabei mit Schwanz und Flügeln. Rundlicher Vogel mit sehr typischem, leuchtend roten Fleck auf Stirn, Kehle und Brust. Große, schwarze Augen. Bauch schmutzig grau. Oberseite, Flügel und Schwanz olivbraun. Weibchen wie Männchen gefärbt. **Stimme** Ruft häufig ein scharfes »tick«. Der Reviergesang ist eine lange, melancholisch klingende Strophe, die mit einer herab perlenden Tonreihe endet. Im Herbst singen auch die Weibchen. **Wissenswertes** Rotkehlchen sind sehr aggressive Revierverteidiger. Auslöser der Streitigkeiten ist der rote Fleck auf Stirn, Kehle oder Brust. Das kugelige Nest wird im dichten Gestrüpp angelegt.

Nachtigall
Luscinia megarhynchos
Drosselvögel

Merkmale Gesamtlänge 16,5 cm. Oberseite mittelbraun. Schwanz und Flügel mit rötlichem Schimmer. Unterseite hellgrau ohne Zeichnung. Im Flug ist der rostfarbene Bürzel gut zu erkennen. Geschlechter gleich gefärbt. **Stimme** Kehlige Warnrufe wie »trrr«. Reviergesang: melodische Strophen mit lang gezogenen Trillern, schnellen Schlägen wie »tschock-tschock-tschock« und dem berühmten Schluchzen mit Lauten wie »djüh-djüh-djüh«. Singt auch nachts. **Wissenswertes** Die Nachtigall lebt sehr versteckt im Dickicht von Auwäldern, Feldgehölzen und Parks. Ihr Gesang dient dem stetigen Kampf ums Brutrevier. Nur um die Mittagszeit und um Mitternacht schweigt die Nachtigall kurzzeitig.

Blaukehlchen
Luscinia svecica
Drosselvögel

Merkmale Gesamtlänge 14 cm. Unverwechselbar durch leuchtend blaue Kehle mit weißem Fleck und rostrotem Brustband über dem weißen Bauch. Oberseite bräunlich. Schwanzwurzel rostbraun. Typisch: weißer Überaugenstreif. Außerhalb der Brutzeit Kehle teilweise weißlich. Weibchen stets mit weißlicher Kehle. **Stimme** Hart »tack«. Reviergesang: hastige Strophen, die wie zirpende Grillen klingen. **Wissenswertes** Das seltene Blaukehlchen bewohnt Feuchtgebiete mit Erlen- und Weidengebüsch. Das Nest aus Halmen, Moos und Wurzeln wird am Boden angelegt. In Skandinavien und in den Radstädter Tauern leben Blaukehlchen mit rotem Fleck in der Brustmitte.

Hausrotschwanz
Phoenicurus ochrurus
Drosselvögel

Merkmale Gesamtlänge 14 cm. Sehr typisch: Schwanz vibriert ständig. Körper schwarz bis aschgrau. Brust und Kehle rußig schwarz. Flügel mit weißlichem Flügelfeld. Bürzel und Schwanz auffällig rostrot. Weibchen mit rostrotem Schwanz, aber insgesamt einheitlich dunkel graubraun. **Stimme** Warnruf ist ein hartes »teckteckteck«. Reviergesang: gepresstes und kratzendes Knirschen, stets von Gebäudevorsprung, Dachfirst oder Antennen aus vorgetragen. **Wissenswertes** Der Hausrotschwanz singt in unseren Wohngebieten morgens als erster Vogel schon vor Sonnenaufgang. Das Weibchen brütet allein, das Nest liegt oft unter dem Dachgebälk.

Gartenrotschwanz
Phoenicurus phoenicurus
Drosselvögel

Merkmale Gesamtlänge 14 cm. Typisch: knickst und zittert ständig mit dem Schwanz. Unverkennbar bunt mit leuchtend weißer Stirn. Kehle, Kopfseiten und Auge tiefschwarz. Brust, Bürzel und Schwanz leuchtend rostrot. Weibchen bräunlich, Unterseite etwas heller. **Stimme** Oft hinaufgezogenes »huid« zu hören. Reviergesang: melodisches Flöten. **Wissenswertes** Zur Balzzeit im Mai umwirbt das Männchen ein Weibchen und lockt es durch auffälliges Zeigen der rostroten Brust zu einer Nisthöhle. Das Weibchen brütet dort allein. Doch bei der Fütterung der Jungen beteiligt sich das Männchen. Bevorzugte Lebensräume sind Gärten, Parks und Obstplantagen.

Braunkehlchen
Saxicola rubetra
Drosselvögel

Merkmale Gesamtlänge 13 cm. Rotkehlchengroß mit auffallend kurzem Schwanz. Oberseite dunkelbraun gezeichnet. Kopf mit ausgeprägtem weißen Überaugenstreif und weißem Bartstreif. Brustseite rahmfarben. Weibchen blasser. **Stimme** Rauer Warnruf »teckteck«. Reviergesang ist ein kurzes Lied aus Schnalzen, Schnarren und Imitationen anderer Vögel. **Wissenswertes** Offene weite Feuchtgebiete mit Büschen und Hecken sind typischer Lebensraum des Braunkehlchens. Es sitzt oft auf erhöhten Warten, wippt mit dem Schwanz und zuckt mit den Flügeln. Von dort jagt es auch Insekten und Spinnen. Nach der Jagd kehrt es stets auf den Sitzplatz zurück.

Steinschmätzer
Oenanthe oenanthe
Drosselvögel

Merkmale Gesamtlänge 15 cm. Etwa Haussperlingsgröße. Grauschwarzer Vogel. Rücken und Oberkopf grau. Wangen einschließlich Augen schwarz. Kehle und Brust cremeweiß. Flügel schwarz. Weibchen bräunlich, ohne Kopfzeichnung. Sehr typisch: Im Flug zeigen beide Geschlechter das auffallende Weiß des Bürzelflecks sowie eine schwarze Schwanzbinde. **Stimme** Hart und kurz »tök-tök«. Der Reviergesang ist ein gepresstes Schwätzen.
Wissenswertes Ödland oder Heideflächen mit kurzem Bewuchs, Dünen, Moore, aber auch Weinberge sind die Lebensräume des Steinschmätzers. Dort sitzt er am Boden oder auf niedrigen Steinen, knickst häufig und hält Ausschau nach Insekten. Das Weibchen baut schon im April ein Bodennest, oft in Steinhaufen oder Kaninchenbauten. Es brütet allein, aber beide Partner füttern die 5–6 Jungen, die nach etwa 2 Wochen flügge werden. Bereits Ende August wandern die Vögel in das Überwinterungsgebiet südlich der Sahara. Im Herbst ziehen bei uns Unterarten aus Grönland und Island durch.

Amsel
Turdus merula
Drosselvögel

Merkmale Gesamtlänge 25 cm. Einheitlich schwarzer Drosselvogel mit gelbem Schnabel und leuchtend gelbem Augenring. Weibchen dunkelbraun, an Kopf und Brust etwas rostbraun, Schnabel mattbraun, bei älteren Vögeln gelb. Im Winter ist der gelbe Schnabel der Männchen etwas abgedunkelt, zur Brutzeit wird er wieder leuchtend gelb.
Stimme Aufgeregte Amseln schimpfen »duckduckduck«. Vor Luftfeinden warnen sie mit lang gezogenem »zieh«. Reviergesang: flötende Strophen ohne Wiederholungen wie bei Singdrosseln.
Wissenswertes Einst war die Amsel ein reiner Waldvogel. Doch als anpassungsfähiger Kulturfolger ist sie heute der häufigste Stadtvogel. Rasenflächen und Blumenbeete bieten ihr ausreichend Regenwürmer, Insekten und Früchte. Die Stadtamsel baut ein stabiles Nest aus Grashalmen und Wurzeln, oft auch in Menschennähe und an skurrilen Orten: Blumenkästen, Dachbalken, Lampen und Mauervorsprünge sind solche Nistplätze. Die 3–5 Eier sind bläulich grün gefärbt. Pro Jahr finden 2–3 Bruten statt.

Wacholderdrossel
Turdus pilaris
Drosselvögel

Merkmale Gesamtlänge 26 cm. Etwas größer als die Amsel und deutlich bunter. Kopf, Nacken und Bürzel hellgrau, Flügel und Rückenpartie kastanienbraun, Brust gelblich braun gefleckt. Sehr typisch: im Flug auffällig helle Unterflügel. Männchen und Weibchen gleich gefärbt. **Stimme** Lautes und eindeutiges Schackern, »tschaktschak«-Rufe während des Fluges.
Wissenswertes Wacholderdrosseln besiedelten ehemals nordische Moore und die Taiga. Sie haben sich ausgebreitet und leben heute in ganz Mitteleuropa. Als gesellige Vögel brüten sie in kleinen Kolonien in Feldgehölzen, Parks und Obstgärten. Wie alle Drosseln suchen sie Schnecken, Würmer und Insekten, aber auch Früchte und Beeren. Die Trupps, die im Winter durch unsere Landschaft wandern und Früchte von Sträuchern ernten, sind Gäste aus Skandinavien. Angriffe von Greifvögeln wehren Wacholderdrosseln mit Kotattacken ab, die den Greifvogel zur Notlandung zwingen, weil sein Gefieder verklebt.

Singdrossel
Turdus philomelos
Drosselvögel

Merkmale Gesamtlänge 23 cm. Etwas kleiner als Amseln, aber fast ebenso bekannt. Oberseite erdbraun, Brustseite cremeweiß mit vielen kleinen, dunklen Flecken. Nur im Flug sichtbar: Unterflügel gelblich bis orange. Geschlechter gleich. **Stimme** Alarmrufe klingen wie »dickdickdick«. Reviergesang: Sehr klangrein geflötete Motive, die als typisches Merkmal stets dreimal oder öfter wiederholt werden.
Wissenswertes Sehr typisch ist das Verhalten der Singdrossel. Bei der Nahrungssuche rennt dieser Vogel über den Boden, bleibt ruckartig stehen und rennt wieder ein Stück. Lieblingsbeute sind Gehäuseschnecken, die er an einem Stein aufschlägt (Drosselschmiede). Das Weibchen baut ein sehr stabiles tiefes Napfnest, das es mit feuchtem Holzmulm auslegt. Dieser wird fest wie Zement und macht das Singdrosselnest unverwechselbar. Die Singdrossel brütet zweimal im Jahr 3–6 Eier aus. Oft folgen die bereits flüggen Jungen bettelnd dem ruckartig rennenden Altvogel.

Zaunkönig
Troglodytes troglodytes
Zaunkönige

Merkmale Gesamtlänge 9,5 cm. Winziger, rundlicher, dunkelbraun gesprenkelter Vogel mit fast ständig aufgerichtetem, kurzem Schwanz. Oberseite fein gebändert, Brustseite hellbraun mit deutlicher Querstreifung. Geschlechter gleich. **Stimme** Ruft bei Störung hart »ticktickticktick«. Der Reviergesang ist ein auffällig lautes Schmettern von trillernden Motiven, fast ganzjährig zu hören. **Wissenswertes** Dieser Winzling gehört neben den Goldhähnchen zu den kleinsten Vögeln Mitteleuropas und huscht wie eine Maus durch das Unterholz. Reisighaufen, Wurzelteller umgefallener Bäume oder Gestrüpp in Wassernähe sind sein Lebensraum. Häufig sitzt er auf einem Holzstoß und schmettert mit vibrierendem Körper sein Lied. Das Männchen baut mehrere kugelförmige Nester, oft in Augenhöhe, in Efeuranken oder sogar Türkränze. Das Weibchen wählt ein Nest aus und polstert es mit Federn. Während es 5–7 Junge ausbrütet, umwirbt das Männchen bereits weitere Weibchen. Zaunkönige ernähren sich ausschließlich von Insekten und Spinnen.

Wasseramsel
Cinclus cinclus
Wasseramseln

Merkmale Gesamtlänge 18 cm. Unverkennbarer drosselgroßer, kurzschwänziger Vogel schneller Fließgewässer. Gefieder vorwiegend dunkelbraun, Kehle und Brust leuchtend weiß. Weibchen wie Männchen gefärbt. Besonders typische Merkmale: schwimmt und taucht, läuft unter Wasser, steht an Land auf einem Stein und knickst. **Stimme** Scharfes, metallisches »zritz«, das selbst tosendes Wasser übertönt. **Wissenswertes** Ihr Lebensraum sind schnell fließende Gewässer der Gebirge und Mittelgebirge. Die Wasseramsel ist der einzige Singvogel, der schwimmen und tauchen kann. Dazu besitzt sie 3 Anpassungen: eine Bürzeldrüse zum wasserdichten Einfetten des Gefieders, schwerere Knochen und kurze Ruderflügel. Beim Tauchen dreht sie Steine auf dem Bachgrund mit dem Schnabel um und findet dort Schnecken und Köcherfliegenlarven. Beide Partner bauen oft unter Brücken ein kugeliges Moosnest, das häufig ausgebessert und über mehrere Jahre benutzt wird. Wasseramseln brüten 2 Mal im Jahr mit jeweils 4–6 Eiern.

Seidenschwanz
Bombycilla garrulus
Seidenschwänze

Merkmale Gesamtlänge 18 cm. Stargroß mit auffallendem rötlich braunem Federschopf am Hinterkopf. Augenstreif und Kehle schwarz. Oberseite seidig wirkend und rötlich braun. Brust rötlich braun bis grau. Schwanz mit sattgelber Schwanzbinde. Die braunschwarzen Flügel tragen einige lackrote Hornplättchen. **Stimme** Ruft klirrend »sirr«. **Wissenswertes** Die skandinavischen Seidenschwänze ziehen im Winter truppweise durch das Land und plündern die letzten Beerensträucher.

Wiesenpieper
Anthus pratensis
Stelzen und Pieper

Merkmale Gesamtlänge 14,5 cm. Äußerlich Baumpieper sehr ähnlich. Oben graubraun längs gefleckt, Brustseite schmutzig weiß, an Brust und Flanken braun längs gestrichelt. Im Unterschied zum Baumpieper vorwiegend Bodenvogel. **Stimme** Sehr typischer Ruf ist ein dünnes »ist-ist-ist«. **Wissenswertes** Der Wiesenpieper lebt in feuchtem Gelände: in Mooren, Nasswiesen oder feuchtem Ödland. Das Nest wird am Boden in einem dichten Grasbüschel angelegt.

Baumpieper
Anthus trivialis
Stelzen und Pieper

Merkmale Gesamtlänge 15 cm. Etwa sperlingsgroß. Oben erdfarben bräunlich und schwach gefleckt. Brust dunkel längs gefleckt auf rahmgelbem Grund. Geschlechter gleich. Bestes Erkennungszeichen: singt von hohen Baumspitzen. Auch typisch: steigt fast senkrecht zum Singflug auf und gleitet mit gestelztem Schwanz und angewinkelten Flügeln fallschirmartig herab. Singt während der Gleitphase. **Stimme** Gesang: melodisches Trillern, das typischerweise mit einem gezogenen »siesie« endet. **Wissenswertes** Offenes Gelände mit einzelnen Baumgruppen, Lichtungen und Waldränder wie sie sehr typisch in der Lüneburger Heide vorkommen, sind die Lebensräume für Baumpieper. Weithin hör- und sichtbar zeigen die Männchen hier ihre Singflüge, um Weibchen anzulocken. Diese bauen ein gut verstecktes Bodennest, welches die Jungen bereits nach 10 Tagen verlassen. Ende Juli ziehen Baumpieper in kleinen Trupps aus Mitteleuropa fort. Sie überwintern im Mittelmeerraum.

Schafstelze
Motacilla flava
Stelzen und Pieper

Merkmale Gesamtlänge 16,5 cm. Eine Bachstelze in Gelb. Kopf graublau mit deutlichem weißen Überaugenstreif, Rückenseite gelboliv, Bauchseite einheitlich schwefelgelb. Dunkler Schwanz mit seitlichem hellen Saum. Weibchen mit olivgrünem Kopf und insgesamt blasser. **Stimme** Der Ruf während des wellenförmigen Fluges ist ein scharfes »psie«.
Wissenswertes Die Schafstelze ist oft in der Nähe von Viehweiden anzutreffen. Dort jagt sie die Dungfliegen der Kuhfladen. Bei dieser Jagd trippelt sie unruhig hin und her und wippt fast ständig mit dem Schwanz. In Europa gibt es 12 verschiedene Unterarten der Schafstelze, die sich an der Kopfzeichnung unterscheiden und deren biologisches Entstehen noch weitgehend ungeklärt ist. Die Schafstelze ist weniger an Wasser gebunden als die Bachstelze und brütet sogar in offenen Kulturflächen. Das Weibchen baut in der Bodenvegetation ein gut verstecktes Nest. Die Jungen verlassen das Nest kaum 2 Wochen später, noch bevor sie fliegen können.

Gebirgsstelze
Motacilla cinerea
Stelzen und Pieper

Merkmale Gesamtlänge 18 cm. Die schlankste und langschwänzigste Stelze in Europa und die einzige Stelze mit rosafarbenen Beinen. Sehr langer Schwanz, mit dem sie ständig wippt. Kopf und Oberseite grau, dünner weißer Überaugenstreif, breiterer weißer Bartstreif. Kehle tiefschwarz, Bauchseite hellgelb mit weißen Flanken. Weibchen ähnlich wie Männchen, aber nicht so leuchtend. **Stimme** Sehr typischer Flugruf: ein hartes »tsip-tsip«.
Wissenswertes Die Gebirgsstelze ist ein Vogel von schnell fließenden Bächen der Gebirge. Oft fliegt sie dort von Stein zu Stein und fängt im Flug Insekten. Das Weibchen baut Nester in Felsnischen von reißenden Gebirgsbächen oder nutzt Brücken und Wehre als Nistplatz. Manchmal nimmt sie sogar leere Wasseramselnester. Ihr eigenes Nest ist ein Napf aus Zweigen, Moos und Gras und wird mit Haaren ausgepolstert. Mittlerweile hat die Gebirgsstelze auch die Norddeutsche Tiefebene erreicht und ist dort an Seen, Meeresküsten und Flussmündungen anzutreffen.

Bachstelze
Motacilla alba
Stelzen und Pieper

Merkmale Gesamtlänge 18 cm. Kontrastreich schwarzweiß gezeichnet, langer schlanker schwarzer Schwanz. Oberkopf, Hinterkopf, Kehle und Brust tiefschwarz. Stirn und Halsseiten weiß. Rücken hellgrau. Bauch weiß. Weibchen wie Männchen, nur etwas blasser. Sehr typische Merkmale: läuft schnell trippelnd am Boden, wippt ständig mit dem Schwanz, wellenförmiger Flug.
Stimme Typischer Flugruf ist ein scharfes »sisiss« – das Geräusch erinnert an eine auf und zu klappende Papierschere.
Wissenswertes Mit rastlosen Trippelschritten suchen Bachstelzen auf Wiesen, an Teich- und Seeufern nach Insekten und Spinnen. Als Kulturfolger leben sie oft in Dörfern und Einzelgehöften, wo sie in Halbhöhlen von Gebäuden, aber auch in Bäumen brüten. Die Weibchen ziehen meist allein 2 Bruten mit 5–6 Jungen groß. Nach der Brutzeit ziehen Bachstelzen in Trupps Richtung Süden bis zum Mittelmeergebiet und übernachten dabei im Schilf oder sogar auf Bäumen in Großstädten.

Rauchschwalbe
Hirundo rustica
Schwalben

Merkmale Gesamtlänge 19 cm einschließlich der langen, für diese Art sehr typischen Schwanzspieße. Stirn und Kehle rotbraun. Kopf und Oberseite blauschwarz und metallisch schillernd. Brust- und Bauchgefieder weiß. Schwarzer Schwanz mit weißer Querbinde, aber kein weißer Bürzel wie bei der Mehlschwalbe. Weibchen mit kürzeren Schwanzspießen und etwas weniger tiefblauer Oberseite. **Stimme** Ruft im Flug ein klares »witt«. Der Reviergesang ist melodisch, aber etwas kratzig.
Wissenswertes Dieser Kulturfolger hält sich heute fast ausschließlich in Menschennähe auf, wo er auf Gehöften oder in Pferdeställen reichlich fliegende Insekten findet. Die Nester in den Ställen sind eine Viertelkugel aus Pflanzenteilen, mit Schlamm verklebt und mit Federn ausgelegt. In günstigen Jahren brüten sie zwei- bis dreimal und ziehen jedes Mal 4–6 Junge groß. Diese sind Nesthocker und bleiben bis zu 24 Tage im Nest. Rauchschwalben können bis zu 16 Jahre alt werden.

Mehlschwalbe
Delichon urbica
Schwalben

Merkmale Gesamtlänge 13 cm. Oberseite blauschwarz schillernd. Im Flug weithin sichtbarer weißer Bürzel. Bauchseite reinweiß. Schwanz gegabelt, aber ohne Schwanzspieße. Weibchen wie Männchen gefärbt, aber Bürzel nicht so leuchtend. **Stimme** Ihr häufiger Ruf im Flug »pri-pit« klingt wie das Aneinanderreiben von Kieselsteinen. **Wissenswertes** Als ehemaliger Felsbewohner ist die Mehlschwalbe den Menschen in ihre Siedlungen gefolgt. Hier brütet sie in Kolonien mit bis zu 200 Paaren. Ihre viertelkugeligen sehr ordentlich aussehenden Nester werden unter Dachvorsprüngen direkt an die Außenwand gemörtelt. Entscheidend für das Vorkommen dieser Art sind lehmige Pfützen für den Nestbau. Mehlschwalben ziehen in 2–3 Bruten pro Jahr jeweils 4–5 Junge groß. Sie jagen ihre Beute, meist Insekten, im Flug. In Schlechtwetterperioden kommen Mehlschwalben 1–2 Wochen ohne Nahrung aus. Sie können in Notzeiten ihre Körpertemperatur absenken, in eine Art Starre verfallen und so etwa 70 % ihres Stoffwechsels einsparen.

Uferschwalbe
Riparia riparia
Schwalben

Merkmale Gesamtlänge 12 cm. Kleinste Schwalbe Europas, mit erdbrauner Ober- und weißer Bauchseite mit braunem Brustband. Ihr Schwanz ist nur schwach gegabelt. Beide Geschlechter gleich gefärbt. **Stimme** Der Flugruf ist ein häufiges »tschrid«. **Wissenswertes** Uferschwalben leben in großen Brutkolonien an sandigen Steilufern der Küsten und in senkrechten Wänden von Sandgruben. Dort graben Männchen und Weibchen lange waagrechte Röhren mit einem lockeren Nest aus Gras und Federn am Ende.

Haubenlerche
Galerida cristata
Lerchen

Merkmale Gesamtlänge 17 cm. Lerchengroß. Gedrungen und kurzschwänzig. Lerchengroß. Streifig braunes Federkleid auf Rücken und Brust. Kopf mit meist aufgerichteter, aber anlegbarer Haube. Schwanz dunkel mit gelbbräunlichen Außenkanten. Geschlechter gleich. **Stimme** Ruft melodisch »djui«. Reviergesang ist feldlerchenähnlich, klingt aber durch Pausen zerhackter. **Wissenswertes** Die Haubenlerche ist wenig scheu. Sie lebt an Bahndämmen, an Straßenrändern und sogar auf Bauplätzen.

Heidelerche
Lullula arborea
Lerchen

Merkmale Gesamtlänge 15 cm. Eine sehr deutlich gestreifte rundliche Lerche mit breiten Flügeln und kurzem Schwanz. Deutlicher Überaugenstreif, der bis zum Hinterkopf reicht. Unterseite sandfarben. Brust dunkelbraun längs gestrichelt. Weibchen wie Männchen. **Stimme** Ein sehr klares und weithin hallendes, schön klingendes »didloi«. **Wissenswertes** Heidelandschaften, lichte Kiefernwälder oder Kahlschläge sind ihr Lebensraum. Dort trägt sie ihre Lieder vor, die zu den schönsten aller Singvögel gehören. Die Heidelerche kann über 1 Std. im Singflug ununterbrochen ihre Strophen wiederholen. Während fast alle übrigen Lerchen ein eher unordentliches Nest bauen, fertigt die Heidelerche ein kunstvolles Bodennest mit tiefer Mulde aus trockener Pflanzenwolle, Gräsern und Wurzelteilen. Das Weibchen brütet allein. Das Männchen hilft beim Füttern. Beide ziehen in 2–3 Bruten pro Jahr jeweils 3–5 Junge groß. Nach dem Überwintern am Mittelmeer kehren sie zum Brutort zurück.

Feldlerche
Alauda arvensis
Lerchen

Merkmale Gesamtlänge 18 cm. Häufigste und größte mitteleuropäische Lerche. Oberseits hell- und dunkelbraun gefleckt, unterseits sandfarben mit erdbraunen länglichen Flecken. Der etwas längere Schwanz trägt beiderseits weiße Außenkanten. Geschlechter gleich. **Stimme** Einzelrufe, die wie »tirlit« klingen. Reviergesang nach Steigflug in den Himmel, dort trillert die Feldlerche mehrere Minuten ohne Unterbrechung und lässt sich abschließend wie ein Stein fallen. **Wissenswertes** Feldlerchen leben in weiträumigen offenen, trockenen Landschaften. Sie bewohnen die Dünen der Küsten, Kulturland, trockene Bereiche von Feuchtwiesen und auch alpine Matten. Das Muldennest verstecken sie unter Grasbüscheln. Beim Füttern landen die Eltern oft weit entfernt und laufen geduckt zum Nest. Die 3–4 Jungen verlassen schon nach 9 Tagen das Nest. Bei Gefahr drücken sie sich regungslos auf den Boden. Mit der Intensivierung der Landwirtschaft nimmt die Art stark ab.

Wendehals
Jynx torquilla
Spechte

Merkmale Gesamtlänge 16 cm. Etwas größer als Haussperling. Obwohl zu Spechtvögeln gehörend, Gestalt eher sperlingsartig. Gesamtes Gefieder gezeichnet wie Baumrinde. Deutlicher dunkler Augenstreif. Weibchen wie Männchen gefärbt. **Stimme** Etwas leierige, ansteigende Laute wie »kjäkjä«, oft im Duett mit Weibchen. **Wissenswertes** Der Wendehals ernährt sich von Weg- und Wiesenameisen und deren Puppen. Er brütet in Höhlen, die er nicht selbst zimmert und die er nicht mit Nistmaterial versieht.

Buntspecht
Picoides major
Spechte

Merkmale Gesamtlänge 23 cm. Häufiger Specht. Kopfplatte schwarz, Kopfseiten weiß mit schwarzem Band zum Schnabel. Rücken schwarz, mit ovalen weißen Schulterflecken. Brustseite rahmweiß. Unterschwanz leuchtend rot. Männchen mit rotem Nacken, Weibchen ohne Rot. **Stimme** Scharfes »kick«. Beide Geschlechter trommeln. **Wissenswertes** Dieser Specht klettert meist ruckweise spiralig an Baumstämmen hoch. Beide Partner zimmern zusammen jedes Jahr neu eine Höhle in morsche Bäume. Meist 3 Junge.

Mittelspecht
Picoides medius
Spechte

Merkmale Gesamtlänge 22 cm. Etwa Stargröße. Ähnlich Buntspecht mit weißen Schulterflecken, aber Männchen und Weibchen mit rotem Scheitel. Bauch weißlich, zum Unterschwanz hin in rosa übergehend. **Stimme** Laut quäkende Rufe wie »gägägä«, klingt wie ein klagendes Säugetier. **Wissenswertes** Der Mittelspecht lebt ausschließlich in Laubwäldern und Parks mit alten Eichen oder Hainbuchen. Beide Geschlechter zimmern abwechselnd an einer Höhle. 4–7 Junge, die 23 Tage in der Höhle verbleiben.

Kleinspecht
Picoides minor
Spechte

Merkmale Gesamtlänge 15 cm. Größe etwa wie Haussperling. Europas kleinster Specht. Rücken schwarzweiß gestreift, ohne weißen Schulterfleck. Männchen mit roter, Weibchen mit weißer Stirnplatte. **Stimme** Ruft ähnlich wie Turmfalken »kikiki«. **Wissenswertes** Der eifrigste Trommler aller Spechte: Er schafft einen Trommelwirbel aus etwa 22 Schlägen pro Sekunde. Beide Partner zimmern in weiches Totholz eine Nisthöhle für 4–6 Eier. Lebensraum: lichte Wälder, Obstgärten.

Grauspecht
Picus canus
Spechte

Merkmale Gesamtlänge 25 cm. Grüner Specht, Kopf und Bauchseite grau. Männchen mit roter Stirnplatte, Weibchen ohne Rot am Kopf. Sehr typisch: hüpft oft auf dem Boden. **Stimme** Abfallende Reihe aus 8–12 weichen Pfeiftönen wie »gy-gy-gy-gy-gy«. **Wissenswertes** Nahrungsspezialist für Ameisen, der große Laubwälder und Parks bewohnt. Beide Partner zimmern eine Bruthöhle in morsche, oft an Baumpilzen erkennbare Bäume. 7–9 Junge, die 25 Tage in der Höhle bleiben.

Grünspecht
Picus viridis
Spechte

Merkmale Gesamtlänge 32 cm. Olivgrüner Specht mit roter Kopfkappe, die bis zum Nacken reicht. Männchen mit rotem, schwarz umrandetem Bartstreif. Weibchen nur mit schwarzem Bartstreif. Bauchseite beider grünlich grau. Jungvögel oberseits gesprenkelt. **Stimme** Etwa fünfzehnsilbige, leicht abfallende Tonreihe aus »glückglückglück«, die an Lachen erinnert. **Wissenswertes** In morsche Laub- und Obstbäume baut der Grünspecht Höhlen mit einem querovalen Eingang.

Schwarzspecht
Dryocopus martius
Spechte

Merkmale Gesamtlänge 46 cm. Größter Specht Europas. Etwa Krähengröße. Schwarzes Gefieder und eine rote Kopfplatte, die beim Männchen größer ist als beim Weibchen. Kräftiger Spechtschnabel. **Stimme** Typisch ist ein klagendes »kliöh«, im Flug ein hölzernes »krükrükrü«. **Wissenswertes** In Laub- oder Nadelwäldern mit Altholzbeständen leben Schwarzspechte mit Vorliebe . Beide Partner zimmern eine Höhle vorwiegend in mehr als hundertjährige Buchen oder Kiefern. Das Einschlupfloch ist typisch längsoval. Die Arbeiten an der Bruthöhle dauern oft 4 Wochen. Beim Bebrüten der 3–5 Eier und der Versorgung der Jungvögel übernimmt das Männchen den größeren Teil. Die Jungen sind ausgesprochene Nesthocker und bleiben bis zu 28 Tage in der Höhle. Auch die flüggen Jungspechte werden von den Eltern noch wochenlang geführt. Schwarzspechte suchen an vermodernden Holzstümpfen Käferlarven und Ameisen, wobei sie oft ganze Stümpfe zerlegen.

Eisvogel
Alcedo atthis
Eisvögel

Merkmale Gesamtlänge 16 cm. Etwa stargroß. Unverwechselbar durch oberseits blau und türkis leuchtendes Federkleid, unterseits orangebraun. Weißer Längsfleck an beiden Halsseiten. Langer dunkler Schnabel. Füße rot. Männchen mit heller, Weibchen mit rötlicher Kehle. **Stimme** Hoher durchdringender Pfiff wie »tjii«, manchmal »tit-tit«. **Wissenswertes** Der Eisvogel fliegt geradlinig und pfeilschnell über das Wasser (»fliegender Edelstein«). Oft sitzt er in der Nähe seiner Brutröhre in Steilufern von klaren Bächen, Flüssen, Stauseen oder Fischteichen auf einer Warte über dem Wasser. Von dort stürzt sich der eher plumpe Vogel kopfüber ins Wasser. Seine Beute sind Kleinfische, die er nach dem Auftauchen gegen einen Ast schlägt und dann mit dem Kopf voran im Schnabel hält, um sie zu verfüttern. Nach der Fütterung rücken die 6–8 Jungen in der Höhle jeweils einen Platz weiter: »Fütterungskarussell«. Mehrere Bruten pro Jahr, Brutzeit oft bis in den September. Eisvögel sind Teilzieher. Sie überwintern an künstlichen Fischteichen, sogar an der Küste.

Bienenfresser
Merops apiaster
Bienenfresser

Merkmale Gesamtlänge 28 cm. Etwa starengroß. Auffällig bunt gefärbt mit langem, leicht gebogenen Schnabel, schwarzer Augenbinde durch rote Augen und gelb leuchtender Kehle. Rückengefieder kastanienbraun, Brustgefieder grünlich blau. Schwanz dunkelgrün, mit verlängerten Schwanzspießen. Weibchen wie Männchen, manchmal etwas blasserer Rücken. **Stimme** Klangvolle Triller im Flug wie »rüpp-rüpp-rüpp«. **Wissenswertes** Bienenfresser brüten kolonieweise in sandigen Steilufern von Gewässern oder Sandgruben. Beide Partner bauen abwechselnd mit Schnabel und Krallen eine Höhle. Als äußerst geschickte Flieger (oft schwalbenähnlich) fangen sie im Flug größere Insekten wie Libellen, Schmetterlinge, Bienen oder Wespen. Letztere werden auf einem Ast hin und her gewetzt, um das Gift aus dem Stachel zu pressen. Bienenfresser leben nur in sonnigen, warmen Gebieten mit reichem Insektenangebot und wenig wirtschaftlicher Nutzung. Die 5–7 Jungen sind nach rund 24 Tagen Nestzeit sofort in der Lage, die kunstvollen Fangflüge zu vollführen.

Wiedehopf
Upupa epops
Hopfe

Merkmale Gesamtlänge 28 cm. Sehr typisch: leichter wellenförmiger Flug wie der eines sehr großen Schmetterlings. Orangebraun. Flügel und Schwanz auffällig schwarzweiß gestreift. Kopf mit oft fächerförmig aufgerichteter Haube. Geschlechter gleich. **Stimme** Unverwechselbares leises und dennoch weithin hörbares »hupupup«. **Wissenswertes** Dieser typische Vogel bewohnt lockere Kiefernwälder, Weinberge, Viehweiden und trockenes steppenartiges Gelände. Dort jagt er auf dem Boden vorzugsweise Grillen, Schnecken und Würmer. Der Wiedehopf brütet in alten Baumhöhlen, Steinhaufen oder Mauerspalten. Das Weibchen hudert die 5–8 Jungen 10 Tage allein und wird in dieser Zeit vom Männchen versorgt. Nestjunge wehren Räuber mit einem übel riechenden Sekret ab. Das ermöglicht ihnen eine lange Nestlingszeit von fast 1 Monat. Die nördliche Verbreitungsgrenze des Wiedehopf verläuft quer durch Mitteleuropa, Richtung Südeuropa tritt er häufiger auf.

Blauracke
Coriacias garrulus
Racken

Merkmale Gesamtlänge 31 cm. Typisch: geradliniger Flug wie bei Tauben. Eichelhäherähnlich. Auffallend blau mit kräftigem dunklem Schnabel. Rücken und Schultern zimtbraun. Schwanz schwarzbraun mit türkisfarbener Endbinde. Geschlechter gleich. **Stimme** Raue Rufe wie »rack-rack-rack« (Name). **Wissenswertes** Die Blauracke bewohnt warme offene Landschaften des südlichen und östlichen Europa. Sie sitzt oft auf Warten oder Stromleitungen mit gutem Überblick. Von dort gleitet sie mit elegantem Flug zu Boden, um kleine Eidechsen, Frösche oder Mäuse zu erbeuten. Zur Paarungszeit vollführen die Männchen Kunstflüge: Sie steigen steil auf und lassen sich dann um die Körperachse trudelnd im Sturzflug fallen. Blauracken brüten in selbst gegrabenen Sandhöhlen, oft mit Bienenfressern zusammen. Beide Eltern füttern die 4–6 Nestlinge mit kleinen Insekten aus dem Kropf. Auch nach dem Ausfliegen tragen die Eltern den Jungen noch lange Beutetiere nach.

Mauersegler
Apus apus
Segler

Merkmale Gesamtlänge 16 cm. Schwarzbrauner, schwalbenähnlicher Vogel mit langen sichelförmigen Flügeln. Schwanz kurz und gegabelt. Kehle weißlich. Beide Geschlechter gleich gefärbt. **Stimme** Schrilles und sehr lautes »srieh-srieh«, während des Fluges und im Chor gerufen.
Wissenswertes Truppweise fliegen Mauersegler sehr schnell und wendig durch Städte und Dörfer und fangen dabei fliegende Insekten. Sie sind ständig in der Luft, begatten sich im Flug und schlafen sogar fliegend. Ihre spitzen Flügel befähigen Mauersegler zu einem fast mühelosen Flug. Sie können bis zu 200 km/h schnell fliegen. Sie nisten in Felsspalten und Nischen an Gebäuden. Die Brut umfasst 2–4 Junge, die bei Schlechtwetterperioden und Futtermangel in einen Starrezustand fallen und mehr als eine Woche ohne Nahrung überleben können. Für eine Fütterung sammelt ein Mauersegler bis zu 1500 Insekten, die er im Kropf zu einem Nahrungsballen verklumpt. Den Winter verbringen Mauersegler im tropischen und südlichen Afrika.

Ziegenmelker
Caprimulgus europaeus
Nachtschwalben

Merkmale Gesamtlänge 27 cm. Etwa starengroß. Langflügeliger, langschwänziger Vogel mit graubraunem Gefieder und rindenartigem Farbmuster oberseits. Die Unterseite ist fein quer gebändert. Weibchen sehr ähnlich dem Männchen. **Stimme** Im Flug häufig »huit«. Der Balzgesang ist ein langes Schnurren, erinnert an ein langes rollend gesprochenes »rrr«.
Wissenswertes Mit seiner ausgezeichneten Tarnfärbung verbringt der Ziegenmelker den Tag auf einem Ast oder auf dem Boden schlafend. In der Dämmerung beginnt er seinen lautlosen gaukelnden Flug, um vorwiegend Nachtfalter zu fangen. Sein Lebensraum sind lockere Kiefern- und Laubwälder mit Lichtungen und Schonungen, sowie Heideflächen und sandige Ödländer. Das Weibchen legt seine gut getarnten Eier direkt auf den sandigen Boden. Schon wenige Stunden nach dem Schlüpfen können die Jungen laufen. 2 Wochen darauf beginnt das Weibchen eine neue Brut, während das Männchen die Jungen der ersten Brut weiter füttert (Schachtelbrut).

Schleiereule
Tyto alba
Schleiereulen

Merkmale Gesamtlänge 34 cm. Eule mit herzförmigem Gesichtsschleier. Augen schwarz. Schnabel gelblich. Oberseite graubraun mit weißen Perlflecken. Unterseite variabel: Tiere aus West- und Südeuropa weiß, aus Ost- und Nordeuropa gelbbraun. Weibchen wie Männchen, aber etwas schwerer. **Stimme** Schnarchende und fauchende Laute.
Wissenswertes Schleiereulen sind nachtaktiv. Erst bei fast völliger Dunkelheit beginnen sie mit schwankendem Flug zu jagen. Ihre Hauptnahrung sind Kleinsäuger, v. a. Mäuse. Diese spüren sie mit ihrem Gehörsinn auf, ihr Gesichtsschleier wirkt dabei wie ein Schallsammler. Den Tag verbringen Schleiereulen in Kirchtürmen, Scheunen, Ruinen und anderen Gebäuden. Sie legen 4–7 Eier auf eine Lage zerfallener Gewölle. Das sind die ausgewürgten Reste unverdaulicher Knochen und Haare ihrer Beute. In mäusearmen Jahren erleiden Schleiereulen große Verluste, gleichen diese in besseren Jahren durch mehr Nachwuchs aber wieder aus.

Uhu
Bubo bubo
Ohreulen und Käuze

Merkmale Gesamtlänge 65–70 cm. Größte Eule Europas. Kräftige Gestalt mit abstehenden Federohren. Augen leuchtend orangegelb. Gefiedergrundfarbe erdbraun, oberseits braunschwarz gefleckt, bauchseits dunkel längs gestrichelt. Beine bis zu den Krallen befiedert. Weibchen wie Männchen, aber etwas größer. **Stimme** Beide Partner rufen dumpf und mehrmals »buho« oder »u-ho«, oft auch im Duett. Das Weibchen ruft etwas höher als das Männchen. Auch bellende oder kichernde Laute.
Wissenswertes Uhus sind dämmerungs- und nachtaktiv. Sie streifen mit einem ruhigen Ruderflug durch ihren Lebensraum: Wälder, Felsen und offene Flächen. Uhus erbeuten Tiere von Maus- bis zu Hasengröße. Selbst Fische aus seichtem Wasser können sie fangen. Sie leben in Dauerehe und besetzen jährlich neu ihre Horste in Felsnischen, am Boden oder in ausgedienten Greifvogelnestern. Das Weibchen brütet allein 2–5 Eier aus, das Männchen schafft Beute herbei.

Waldohreule
Asio otus
Ohreulen und Käuze

Merkmale Gesamtlänge 36 cm. Schlanke Eule mit auffälligen langen Federohren, scharf begrenztem Gesichtsschleier und orangegelben Augen. Oberseite hellbraun mit marmorierten Flecken. Unterseite gelbbraun mit kräftigen Längsflecken. Schwingen und Schwanz dunkel gebändert. Weibchen dem Männchen sehr ähnlich, aber häufig dunkler. **Stimme** Reviergesang des Männchens ist ein dumpfes, oft wiederholtes »huh«. Gelegentlich auch bellende Geräusche. **Wissenswertes** Den Tag verbringt die Waldohreule ruhend dicht an einen Stamm geschmiegt. Ihre Schutzfärbung tarnt sie. In der Dämmerung und nachts jagt sie Mäuse, aber auch Insekten, Frösche und Fische. Sie brütet in Horsten von Krähen und Falken. Die 4–6 Jungen tragen lange ein weißes Dunenkleid. Nur 1 Jahresbrut, bei schlechter Nahrungslage manchmal keine.

Sumpfohreule
Asio flammeus
Ohreulen und Käuze

Merkmale Gesamtlänge 38 cm. Tag- und nachtaktive Eule mit bräunlich grauem Gesichtsschleier. Augen gelb mit schwarzen Ringen. Gefieder oberseits erdbraun und rahmfarben gefleckt, unterseits gelblich braun. Weibchen ähnlich dem Männchen, aber deutlich dunkler. **Stimme** Reviergesang des Männchens ein dumpfes »bu-bu-bu«. Weibchen klingt kläffend. **Wissenswertes** Diese Eule fliegt sehr langsam mit schaukelndem Flug. Sie bewohnt weiträumige Moore und Sümpfe sowie Meeresdünen. Hauptbeute sind Wühlmäuse, daneben jagt sie auch Reptilien oder Frösche. Das Weibchen baut ein Nest aus Gras und Zweigen in einer Bodenmulde. In Nestnähe greifen beide Partner selbst Menschen heftig an. Die 4–5 Jungen verlassen schon nach 2 Wochen zu Fuß das Nest, sind aber zu diesem Zeitpunkt noch nicht flugfähig.

Sperlingskauz
Glaucidium passerinum
Ohreulen und Käuze

Merkmale Gesamtlänge 16 cm. Kleinste Eule Europas, etwa so groß wie Star. Rundlicher Kopf mit hellgelben Augen. Gesicht und Oberseite graubraun und weiß gepunktet. Bauchseite hell und dunkelbraun gestrichelt. Weibchen gleicht dem Männchen. **Stimme** Der Reviergesang ist ein monoton wiederholter Pfiff wie »düh«, manchmal auch ansteigende Tonleiter. **Wissenswertes** Lebensraum dieser Kleineule sind abwechslungsreiche Nadelwälder in den Mittelgebirgen und den Alpen. Ihre Nahrung sind häufig Tannenmeisen. Hat sie Beute entdeckt, schlägt sie aufgeregt mit dem Schwanz und wartet auf einen geeigneten Moment zum Zugriff. Der Sperlingskauz brütet in alten Spechthöhlen. Sein gefährlichster Feind ist der Waldkauz, dem er oft in höhere Lagen ausweicht. 1 Jahresbrut mit 3–7 Eiern, die das Weibchen ausbrütet.

Steinkauz
Athene noctuca
Ohreulen und Käuze

Merkmale Gesamtlänge 22 cm. Kleine tag- und nachtaktive Eule, die durch ständiges Knicksen auffällt. Kopf flach mit großen hellgelben Augen. Oberseite braun mit weißen Tupfen, Bauchseite grauweiß mit braunen Längsflecken. Beide Geschlechter gleich. **Stimme** Der Reviergesang des Männchens ist ein ständig wiederholtes ansteigendes »guhg«. Oft auch bellende oder miauende Rufe.
Wissenswertes Offene Landschaften mit Kopfweiden und Wasserläufen, Streuobstwiesen mit alten Bäumen, Dünenlandschaften und selbst Parks bilden den Lebensraum dieser kurzschwänzigen Eule. Sie jagt oft im Sonnenschein Mäuse, Vögel oder Insekten. Steinkäuze brüten in Baumhöhlen, nehmen jedoch auch röhrenförmige Nisthilfen an und sind sehr ortstreu.

Raufußkauz
Aegolius funereus
Ohreulen und Käuze

Merkmale Gesamtlänge 25 cm. Etwas größer als eine Amsel. Kopf rund mit ausgeprägtem runden Gesichtsschleier. Augen leuchtend gelb mit schwarzem Augenring. Gefieder oberseits graubraun, bauchseits heller mit grauer Schuppenzeichnung. Weibchen und Männchen gleich. **Stimme** Der Reviergesang des Männchens ist ein ansteigendes stundenlang wiederholtes »huhuhu«.
Wissenswertes Tagsüber sitzt der Raufußkauz steil aufrecht und bewegungslos in einer Fichtenschonung. Nachts fliegt er geradlinig und niedrig über den Boden zum Beutefang. Sein Lebensraum sind Nadelwälder mit vielen Schneisen im Mittel- und Hochgebirge, manchmal auch Kiefernwälder der Ebene. Er brütet bevorzugt in alten Schwarzspechthöhlen. Sein Hauptfeind ist der Baummarder.

Waldkauz
Strix aluco
Ohreulen und Käuze

Merkmale Gesamtlänge 38 cm. Mittelgroße Eule mit großem runden Kopf, großen schwarzen Augen und 2 häufigen Gefiedervarianten: Grundfarbe rostbraun oder grau. Ober- und Bauchseite dunkel gefleckt. Typisch sind hier die Flecken mit feinen »Querästchen«. Weibchen gleicht dem Männchen. **Stimme** Der Reviergesang der Männchen im Herbst und Winter ist ein durchdringender tremolierender Gesang aus gestoßenen »hu«-Lauten.
Wissenswertes Der dämmerungs- und nachtaktive Waldkauz bewohnt lichte Mischwälder, Parkanlagen und oft auch Gärten mitten in der Großstadt. Seine Beutetiere ortet er mit dem Gehör. Es sind Kleinsäuger, Eichhörnchen , Kaninchen, Vögel und sogar Frösche. Als Nistplatz wählt er Baumhöhlen, Mauerlöcher und auch Kamine.

Kuckuck
Cuculus canorus
Kuckucke

Merkmale Gesamtlänge 33 cm. Sperberähnlich mit 2 Farbphasen: graue Form, häufiger bei Männchen; rotbraune Form, häufiger bei Weibchen. Männchen mit hellgrauer Oberseite, graubraunen Handschwingen. Kehle und Vorderbrust hellgrau. Bauchseite weiß mit dunkler Querbänderung. Langer stufiger Schwanz, unterseits weiß quergebändert. Weibchen ähnlich, aber brustseitige Bänderung bis zur Kehle. **Stimme** Männchen singt »kuckuck«, Weibchen kichert »kwickwick«.

Wissenswertes Als einziger Vogel Mitteleuropas lebt der Kuckuck als Brutparasit: Das Weibchen legt sein Ei in das Nest eines insektenfressenden Kleinvogels. Dabei bevorzugt jedes Weibchen eine bestimmte Vogelart, z. B. Rohrsänger oder Bachstelze. Es beobachtet die Wirtsvögel schon beim Nestbau. Der zuerst schlüpfende Kuckuck wirft die restlichen Eier über den Nestrand und verbleibt allein im Nest. Sein roter Rachen ist ein so starkes Signal für den Fütterungstrieb, dass sich sogar Nachbarvögel an der Fütterung beteiligen.

Turteltaube
Streptopelia turtur
Tauben

Merkmale Gesamtlänge 27 cm. Kleinste Taube Europas, auffallend schlank. Hals mit schwarzweiß gestreiften Abzeichen. Kopf blaugrau, Federn der Flügeldecken mit rostbraunen Säumen. Kehle und Brust zart weinrot. Weibchen wie Männchen, jedoch blasser. **Stimme** Beide rufen schnurrend »turrr-turrr«.
Wissenswertes Turteltauben sind wärmeliebend und besiedeln v. a. das Tiefland. Lockere Wälder und Hecken, aber auch Parks sind ihr Lebensraum. Bei der Balz im Frühling führt das Männchen vor dem Weibchen Verbeugungen aus. Beide Partner sammeln Zweige, manchmal sogar Drähte und bauen daraus eine dünne Nestplattform. Das Weibchen legt nur 2 Eier, brütet aber dafür zwei- bis dreimal pro Jahr. Turteltauben sind reine Vegetarier und sammeln Blätter, Früchte, Beeren und Samen. Die Eltern füttern ihre Jungen mit Kropfmilch, einer quarkartigen Ausscheidung des Kropfes, in dem gesammelte Sämereien vorquellen. Turteltauben trinken ohne den Kopf zu heben. Sie trinken »pumpsaugend«.

Ringeltaube
Columba palumbus
Tauben

Merkmale Gesamtlänge 41 cm. Deutlich größer als Haustaube. Weit sichtbares weißes Abzeichen am Hals. Im Flug breite weiße Flügelbänder sichtbar. Oberseite blaugrau, Nacken grün schillernd. Brustseite weinrot angehaucht, sonst blaugrau. Schnabel orangegelb. Weibchen wie Männchen, aber mit kleinerem weißen Halsfleck. **Stimme** Rhythmisches Gurren »ruhgu-gugu«.
Wissenswertes Im Frühjahr markiert der Tauber sein Revier mit einem Schauflug: Mit klatschendem Flügelschlag steigt er steil auf und gleitet anschließend mit waagrechten Flügeln abwärts. Die Taubin wählt einen vom Tauber gezeigten Nistplatz und verbaut trockene Zweige und Wurzeln zu einer lockeren Nestplattform. Das oft durchsichtige Nest liegt in Nadel- oder Laubbäumen und enthält 2 Eier. Auf den Nordseeinseln gibt es sogar Bodenbruten. Die Jungvögel werden mit Kropfmilch und eingeweichten Sämereien gefüttert. Im Winter ziehen Ringeltauben schwarmweise übers Land und sammeln Sämereien.

Türkentaube
Streptopelia decaocto
Tauben

Merkmale Gesamtlänge 32 cm. Schlank, sehr hellbraun bis sandfarben mit deutlich abgesetztem schwarzen Nackenband und roten Augen. An der Brust oft mit weinrotem Hauch. Weibchen wie Männchen. **Stimme** Monoton dreisilbige Revier- und Balzlaute wie »guguhgu«, meist auf der zweiten Silbe betont.
Wissenswertes Wie kein anderer Vogel hat sich diese Art in den letzten 70 Jahren vom Balkan her ganz Europa erobert. Die Türkentaube lebt als Kulturfolger ganzjährig in Dörfern und Städten. Ab Februar zeigen die Tauber einen Schauflug: Sie fliegen mit klatschenden Flügelschlägen hoch und gleiten mit waagrechten Flügeln und gespreiztem Schwanz in spiraligem Bogen abwärts. Während der Balz lockt der Tauber das Weibchen mit zitternden Flügeln und gesenktem Kopf zu einem Nistplatz in Laubbäumen. Dort legt sie ein dünnes flaches Nest aus Zweigen an. Die 2 Eier bebrüten beide abwechselnd. Sie füttern die Jungen zunächst mit Kropfmilch, später mit Sämereien.

Trottellumme
Uria aalge
Alken

Merkmale Gesamtlänge 42 cm. Erinnert mit schwärzlicher Oberseite, weißer Bauchseite und der aufrechten Haltung an einen kleinen Pinguin. Kopf, Hals und Oberseite braunschwarz. Schnabel schlank und spitz. Auge dunkel, manchmal weißer Augenring. Füße schwärzlich, überragen im Flug den rundlichen Schwanz. Weibchen wie Männchen. **Stimme** Knarrend »arrr«, »jau« oder miauend.
Wissenswertes Zur Brutzeit bewohnt die Trottellumme steile Felsklippen am Meer (z.B. Helgoland) und nistet in großen Kolonien auf Felsbändern. Das einzige Ei hat einen dicken runden und einen spitzen Pol und dreht sich deshalb beim Anstoßen nur im Kreis und rollt nicht vom Felsen herab. Schon wenige Tage vor dem Schlüpfen nehmen die Eltern mit dem Küken Rufkontakt auf. So lernt es deren Stimme individuell kennen. Im Alter von etwa 3 Wochen springen die Küken vom Felsen (Lummensprung) und folgen den Eltern aufs Meer. Dort verbleiben die Jungen 2–3 Jahre, bis sie selbst brutfähig sind. Sie leben von Seefischen.

Tordalk
Alca torda
Alken

Merkmale Gesamtlänge 41 cm. Ähnlich einem Pinguin mit weißer Bauchseite, schwarzem Kopf, Hals und Rücken. Der kräftige, seitlich zusammengedrückte Schnabel trägt eine oder mehrere weiße Querlinien. Geschlechter gleich. **Stimme** Tief knarrend wie »arr« oder »orr«.
Wissenswertes Tordalken brüten an steilen Meeresküsten in kleinen Kolonien. Das einzige Ei liegt auf dem nackten Fels und wird rund 30 Tage bebrütet. Diese Meeresvögel erbeuten Fische und Krebse in langen Tauchgängen. Dabei nutzen sie ihre Flügel als Ruder.

Gryllteiste
Cepphus grylle
Alken

Merkmale Gesamtlänge 34 cm. Unverwechselbar einheitliches schwarzes Gefieder mit einem großen ovalen weißen Feld im Flügel und leuchtend roten Füßen. Schnabel gerade, spitz und schlank. Geschlechter gleich. **Stimme** Hohe dünne Rufe wie »ssie«, »ist-ist-ist«. Beim Rufen fällt der rote Rachen auf.
Wissenswertes Die Gryllteiste bewohnt in Nordeuropa zerklüftete Felsküsten und Fjorde. Im Flachwasser erbeutet sie Fische und Krebse. Die 1–2 Eier werden in einer Höhle oder Spalte ausgebrütet.

Krabbentaucher
Alle alle
Alken

Merkmale Gesamtlänge 20 cm. Sehr klein, nur stargroß. Dicker Kopf mit sehr kurzem, kegelförmigem Schnabel. Vorderbrust und Oberseite schwarz, Bauchseite weiß, Füße schwarz. Geschlechter gleich. **Stimme** Am Brutplatz der großen Kolonien häufig ein vielstimmiger Lärm aus »trii«-Lauten oder Schnattern wie »rettettett«.
Wissenswertes Krabbentaucher sind Vögel des Nordatlantiks und des Eismeeres um Spitzbergen. Sie fliegen gewandt und schnell weit hinaus und fangen tauchend schwimmende Krebse. In großen Kolonien aus oft mehr als 100 000 Vögeln brüten sie an hohen Felsküsten in Meeresnähe, aber manchmal auch auf Bergen, die kilometerweit im Landesinneren liegen. Krabbentaucher graben Höhlen oder suchen sich Felsen, um das einzige, blassblaue Ei abwechselnd zu bebrüten. Außerhalb der Brutzeit leben Krabbentaucher auf dem hohen Meer. Im Winter erscheinen sie regelmäßig auch an der Nordsee, besonders nach intensiven frühen Winterstürmen.

Zwergseeschwalbe
Sterna albifrons
Seeschwalben

Merkmale Gesamtlänge 24 cm. Kleinste Seeschwalbe Europas. Ganzjährig am gelben Schnabel mit schwarzer Spitze und der weißen Stirn vor der schwarzen Kopfkappe zu erkennen. Schwanz weiß, gegabelt. Oberseite hellgrau, Unterseite weiß. Beine orangegelb. Im Winterkleid kleinere schwarze Kopfplatte. Geschlechter gleich. **Stimme** Kurze Rufe, oft aneinander gereiht, aus Lauten wie »kith« oder »kirri-kirri«.
Wissenswertes Sehr oft sieht man Zwergseeschwalben an den Küsten hinter ankommenden Fähren jagen. Mit senkrecht nach unten gehaltenem Kopf stehen sie rüttelnd über dem aufgewühlten Wasser und stoßen senkrecht nach silbrigen Fischen. Von Mai–Juli bilden sie Brutkolonien auf Sand- oder Kiesstränden. In eine flache Nestmulde, die oft mit Muschelschalen ausgelegt ist, legen sie 3 Eier. Die Eier haben eine Schutzfärbung, die sie perfekt tarnt. Beide Partner bebrüten das Gelege und bringen sich gegenseitig zur Ablösung kleine Fische mit.

Flussseeschwalbe
Sterna hirundo
Seeschwalben

Merkmale Gesamtlänge 35 cm. Oberseite hellgrau. Bauchseite weiß. Flügel schmal, spitz. Beine rot. Schwanz weiß, tief gegabelt, seitliche Schwanzspieße. Diese elegant und schwerelos fliegende Seeschwalbe hat 2 markante Kennzeichen: roter Schnabel mit schwarzer Spitze (Küstenseeschwalbe mit rotem Schnabel ohne schwarze Spitze), Schwanzspieße kurz (bei der Küstenseeschwalbe länger), überragen im Sitzen die Flügel nicht. Weibchen wie Männchen gefärbt. **Stimme** Scharf, rau und kreischend »kiärrih«.

Wissenswertes Flussseeschwalben leben an der Küste und im Binnenland. Sie brüten in kleinen Kolonien auf Schotter- und Sandbänken breiter Flüsse und Flussmündungen, an Ufern von Teichen und Seen und nehmen auch künstliche Schwimmfloße an. Als Nest dient der Flussseeschwalbe eine flache Mulde auf Kies oder Sand, das sie je nach Untergrund ausschmückt. Auf Kies verwendet sie kein Nistmaterial, auf feuchtem Untergrund reichlich Wasserpflanzen. Sie brütet oft mit Küstenseeschwalben zusammen.

Küstenseeschwalbe
Sterna paradisea
Seeschwalben

Merkmale Gesamtlänge 35 cm. Sehr ähnlich der Flussseeschwalbe, aber mit blutrotem Schnabel ohne schwarze Spitze und mit langen Schwanzspießen, die beim Sitzen die Flügel überragen. Ober- und Unterseite hellgrau. Geschlechter gleich. **Stimme** »Kriärr«, sehr ähnlich der Flussseeschwalbe, aber insgesamt weicher.

Wissenswertes Die größten Brutkolonien der Küstenseeschwalbe liegen im Bereich der Nordseeinseln. Der Vogel brütet auf Sandstränden flacher Meeresküsten oder an sumpfigen Küstenstreifen. Die Kolonievögel verteidigen ihre Nester sehr heftig, selbst Füchse haben kaum eine Chance. Das Gelege besteht meist aus 2 dunkel gefleckten Eiern, die Dunenjungen können schon nach 2 Tagen schnell laufen und schwimmen. Zur Überwinterung fliegen Küstenseeschwalben 15 000 Kilometer in die Antarktis, im Frühjahrszug die gleiche Strecke wieder zurück. Sie ernähren sich hauptsächlich von schwimmenden Krebsen und kleinen Fischen, die sie stoßtauchend aus dem Rüttelflug fangen.

Dreizehenmöwe
Rissa tridactyla
Möwen

Merkmale Gesamtlänge 41 cm. Gefieder reinweiß bis auf die grauen Flügeloberseiten und die sehr typischen schwarzen dreieckigen Flügelspitzen. Schnabel gelb. Beine schwarz. Weibchen wie Männchen. **Stimme** In der Kolonie lautes Geschrei aus durchdringenden Rufen wie »kiti-wäik«.

Wissenswertes Dieser sehr gewandte Flieger folgt außerhalb der Brutzeit Fischschwärmen auf dem offenen Meer und nutzt den Nahrungsreichtum arktischer und antarktischer Gewässer. Sein Futter nimmt er sehr geschickt fliegend von der Meeresoberfläche auf oder nach Seeschwalbenmanier stoßtauchend aus dem Wasser. Die Dreizehenmöwe brütet in großen Kolonien an felsigen Meeresküsten. In Grönland nisten Hunderttausende von Paaren zusammmen. Die einzige mitteleuropäische Kolonie liegt auf Helgoland. Die Nester bestehen aus Tang, Schlamm und Gras. Die 1–2 Küken bleiben bis zum Flüggewerden im Nest. Nach der Brutzeit wandern sie umher, oft bis Grönland und Nordamerika.

Lachmöwe
Larus ridibundus
Möwen

Merkmale Gesamtlänge 36 cm. Häufigste Möwe Europas. Dunkelroter Schnabel und rote Beine. Im Sommer vordere Kopfhälfte schokoladenbraun, weißer C-förmiger Ring um das dunkle Auge. Oberseite hellgrau. Flügel mit weißer Vorderkante, schwarzen Spitzen. Sonst reinweiß. Kopf im Winter bis auf einen schwarzen Ohrenfleck weiß. Geschlechter gleich. **Stimme** Schrill kreischend »kwärr« oder »krrrija«.

Wissenswertes Lachmöwen sind die erfinderischsten und erfolgreichsten Möwen. Sie haben sich viele Nahrungsquellen erschlossen: von Müllhalden, Kläranlagen, Fußballstadien bis hin zu frisch gepflügten Feldern. Sie brüten in großen Kolonien an Gewässern mit Verlandungszonen, aber auch auf Marschwiesen. Lachmöwen sind sehr wachsam. Nestfeinde verjagen sie mit großem Gekreische. Die 3 helloliv gesprenkelten Eier bebrüten beide Partner. Die Jungen füttern sie ebenfalls gemeinsam mit ausgewürgter Nahrung. Die langlebigste Lachmöwe wurde 30 Jahre alt.

Sturmmöwe
Larus canus
Möwen

Merkmale Gesamtlänge 41 cm. Reinweiß mit einem grauen »Flügelmantel«, weißen Flecken auf schwarzen Flügelspitzen, grünlichgelbem Schnabel und grünlichgelben Füßen. Schnabel stets ohne roten Fleck. Weibchen wie Männchen. **Stimme** Schrill »ä-ä-ä-iii-ä«, ähnlich wie Silbermöwe, aber höher.
Wissenswertes Außerhalb der Brutzeit streifen Sturmmöwen bis ins Binnenland weit umher. Ihre Brutplätze liegen jedoch meist im Bereich der Küste: in Primärdünen, Heideflächen und Strandwiesen. Das Nest wird aus dürren Pflanzenteilen zwischen niedriger Vegetation auf dem Boden angelegt. Beide Partner bebrüten die 3 Eier. Die Dunenjungen werden erst im Alter von 5 Wochen selbstständig. Im 1. Lebensjahr haben sie einen graubraun gestrichelten Kopf, der dem der Altvögel im Winter sehr ähnlich ist. Sturmmöwen ernähren sich von Insekten, Muscheln, Regenwürmern und Schnecken. Den Winter verbringen sie mittlerweile oft an Parkseen von Städten. Sie werden jedoch nie so zutraulich wie Lachmöwen.

Silbermöwe
Larus argentatus
Möwen

Merkmale Gesamtlänge 60 cm. Die häufigste Großmöwe der Küsten hat einen blaugrünen Rücken, einen leuchtend gelben Schnabel mit auffallend rotem Fleck, leuchtend gelbe Augen und fleischfarbene Beine. Das übrige Gefieder ist schneeweiß, die Flügelspitzen schwarz. Das Weibchen gleicht dem Männchen, ist aber etwas kleiner. Die Jungvögel sind bräunlich gefleckt, mit dunklem Schwanz und schwärzlichem Schnabel. Sie werden erst im 4. Lebensjahr weiß. **Stimme** Verschiedene, sehr laute miauende oder jauchzende Laute wie »kiija-kiija-kliia-kjau«. Beunruhigt stottern sie tief »gagaga«.
Wissenswertes Die Nistplätze der Silbermöwe liegen bevorzugt in den Dünen, doch mittlerweile auch auf Felsbändern und Hausdächern im Küstenbereich. Beide Partner lösen sich beim Bebrüten der 2–3 Eier ab. Die Küken picken am roten Schnabel der Eltern und lösen so einen Würgereflex der im Schlund mitgebrachten Nahrung aus. Diese Möwen haben sich die Häfen erschlossen, folgen Fischkuttern und besuchen Müllkippen.

Heringsmöwe
Larus fuscus
Möwen

Merkmale Gesamtlänge 55 cm. Der Silbermöwe sehr ähnlich, aber etwas kleiner und mit dunkelgrauem Rücken (Westeuropa) oder schwarzgrauem Rücken (Skandinavien). Beine gelb (Silbermöwe fleischfarben). Weibchen meist kleiner als Männchen. **Stimme** Meist ein raues »oukouk«.
Wissenswertes Heringsmöwen nisten oft gemeinsam mit Silbermöwen, werden von diesen aber stets an den Rand der Brutkolonien gedrängt. Ihre Nester aus Gräsern, Tang und trockenem Pflanzenmaterial legen sie in einer Bodenmulde an. Die 3 Eier sind sehr variabel von bräunlich bis grünlich gefärbt und stets gefleckt. Die Jungen werden nur vom Weibchen etwa 1 Monat lang betreut. Sie sind erst im 4. Lebensjahr ausgefärbt. Fische fangen Heringsmöwen v. a. auf dem offenen Meer, an Land erbeuten sie Muscheln, Krebse und selbst Mäuse. Oft sind sie auch Räuber anderer Strandvögel. Im Winter ziehen sie an Westeuropas Küsten entlang bis in den Mittelmeerraum und das Innere Afrikas.

Triel
Burhinus oedicnemus
Triele

Merkmale Gesamtlänge 42 cm. Unverwechselbarer Watvogel mit großem runden Kopf und auffällig gelbem, eigenartig starr wirkendem Auge. Schnabel kurz, gelb mit schwarzer Spitze. Gefiederoberseite hellbraun mit schwarzbrauner Längszeichnung. Unten rahmfarben mit dunkelbraunen Längsstrichen. Sehr typisch: Im Flug werden 2 weiße parallele Flügelbinden sichtbar. Geschlechter gleich. **Stimme** Ein klagendes Flöten wie »kürrieh«, das an den Großen Brachvogel erinnert.
Wissenswertes Obwohl ein Watvogel, lebt der Triel in Steppen, Halbwüsten oder offenem steinigem Gelände West- und Südeuropas. Am Tag kauert er mit halb geschlossenen Augen auf der Erde, durch seine Färbung hervorragend getarnt. In der Dämmerung und nachts erbeutet er Heuschrecken, Frösche, Eidechsen und Schlangen. Sein Nest ist eine Bodenmulde auf einer Anhöhe, von der aus er die Umgebung gut überblicken kann. Die Jungen drücken sich zur Tarnung ruhig auf den Boden.

Säbelschnäbler
Recurvirostra avosetta
Säbelschnäbler und Stelzenläufer

Merkmale Gesamtlänge 43 cm. Unverwechselbarer, eleganter Watvogel mit langem dünnen und deutlich aufwärts gebogenen Schnabel, schwarzweißem Gefieder und langen bläulichen Beinen. Geschlechter gleich. **Stimme** Typischer Flugruf ist ein melodisches »kluit«.
Wissenswertes Lebensraum sind die Küstengebiete Mitteleuropas, aber auch salzhaltige Binnengewässer wie der Neusiedler See. Bei der Nahrungssuche hält er den Kopf tief über dem Wasser und durchsiebt mit seitlichen Pendelbewegungen Wasser und Schlick. Er kann auch schwimmen und gründeln. Neuerdings brütet er wieder in den Salzmarschen der Nordfriesischen Inseln. Er legt 3–4 schwarz gepunktete Eier.

Alpenstrandläufer
Calidris alpina
Schnepfen

Merkmale Gesamtslänge 18 cm. Häufigster Strandläufer an den Küsten. Oft in riesigen Schwärmen zu sehen. Flugkennzeichen: weißer Flügelstreif, Bürzel und Schwanz in der Mitte schwarz, an den Seiten weißlich. Sommerkleid: Oberseite braunschwarz bis rostbraun, Unterseite mit großem schwarzen Bauchfleck. Winterkleid: Oberseite graubraun, Unterseite weißlich. Weibchen wie Männchen. **Stimme** Ein heller Triller ähnlich Feldlerche (»trürr«).
Wissenswertes Von März bis Ende Mai und von Juli bis Ende Oktober sind Alpenstrandläufer in den Watt- und Uferflächen von Nord- und Ostsee zu sehen. Bei der Nahrungssuche hinterlassen sie mit dem Schnabel Ketten von Doppeleinstichen im Schlick.

Knutt
Calidris canutus
Schnepfen

Merkmale Gesamtlänge 25 cm. Pummelig wirkender Strandläufer mit kurzen Beinen und kurzem Schnabel. Stochert weniger, pickt mehr von der Oberfläche. Brutkleid: Rücken kräftig braun gemustert, gesamte Unterseite rostrot. Ruhekleid: aschgraue Oberseite und weiße Unterseite. Bei Wendungen fliegender Schwärme erscheinen diese dadurch erst dunkel, dann silberhell. Weibchen wie Männchen. **Stimme** Nasale Fluglaute, die wie »wut« klingen.
Wissenswertes Der Knutt brütet in der arktischen Tundra und wandert bis nach Südafrika. Als Durchzügler tankt er in mitteleuropäischen Wattenmeeren Energie für den langen Zug. Sommernahrung: Raupen. Zugnahrung: Muscheln und Ringelwürmer.

Sanderling
Calidris alba
Schnepfen

Merkmale Gesamtlänge 20 cm. Kleiner, sehr flinker Strandläufer, läuft im Brandungsbereich vor den Wellen her. An den europäischen Meeresküsten nur im Ruhekleid: blassgraue Oberseite, schwarzer Schulterfleck, schwarze Beine, im Flug breite weiße Flügelbinde. Geschlechter gleich. **Stimme** Selten »wit-wit«.
Wissenswertes Sanderlinge laufen in kleinen Gruppen an den zurückweichenden Wellen entlang, um Kleintiere des Spülsaumes aufzupicken. Im Juni und Juli brüten sie in der arktischen Tundra. Sie nisten zwischen Flechten, Silberwurz und Moos. Die Jungen werden mit Insekten gefüttert. Anfang September kehren sie in das Wattenmeer zurück.

Steinwälzer
Arenaria interpres
Schnepfen

Merkmale Gesamtlänge 23 cm. Etwa amselgroßer Watvogel. Beine orangegelb, leicht nach oben gebogener Schnabel. Zeigt im Flug 2 weiße Flügelbinden und eine schwarze Endbinde am weißen Schwanz. Brutkleid: sehr bunt, Oberseite rotbraun mit schwarzer V-Zeichnung auf dem Vorderrücken, Kopf überwiegend weiß. Weibchen blasser als Männchen. Winterkleid: Oberseite dunkelbraun, Kehle weiß, dunkler Brustlatz. **Stimme** Im Flug hölzern »kök-kök«.
Wissenswertes Auf Nahrungssuche am Meer drehen Steinwälzer Holz, Tanghaufen und Steine nach Beute um. Brüten in der nördlichsten Tundra, überwintern an Küsten von Nordeuropa bis Neuseeland.

Kampfläufer
Philomachus pugnax
Schnepfen

Merkmale Gesamtlänge Männchen 29 cm, Weibchen 23 cm. Männchen im Brutkleid mit sehr variabler Färbung von weiß, schwarz bis rostrot. Mit auffälligen Ohrbüscheln und großen Halskrausen. Geschlechter gleich im Ruhekleid: Oberseite dunkelbraun mit hellen Federsäumen, weiße Schwanzseiten, im Flug dunkle Schwanzbinde sichtbar. **Stimme** Meist stumm.
Wissenswertes Ende März treffen sich die bunten Männchen auf Kampfplätzen und stellen ihren Federschmuck in Scheinkämpfen zur Schau. Die Weibchen wählen aus. Brutbiotope sind Feuchtwiesen, Moore, Heiden und feuchte Dünen, vorwiegend in der Tundra. Zur Zugzeit oft an Gewässern mit Schlickflächen.

Bekassine
Gallinago gallinago
Säbelschnäbler / Stelzenläufer

Merkmale Gesamtlänge 27 cm. Typische Schnepfe mit sehr langem geraden Schnabel und kurzen Beinen. Oberseite rötlich braun mit hellen Längsstreifen. Brust und Flanken mit waagerechten Wellenlinien. Beide Geschlechter sind gleichfarben. **Stimme** Beim Auffliegen ist ein deutliches lautes »ätsch« zu hören. Die Balzrufe beider klingen wie ein Uhrwerk: »tücke-tücke-tücke«. **Wissenswertes** Dieser Vogel lebt meist einzeln oder in kleinen Gruppen versteckt im Sumpf und wird erst in der Dämmerung aktiv. In schlammigen Uferstreifen oder im Flachwasser stochern Bekassinen dann nach Würmern, kleinen Schnecken und Krebsen. Im Frühjahr vollführen die Männchen wellenförmige Schauflüge am Himmel, wobei man bei den rasanten Sturzflügen ein deutliches Meckern hört. Dieses erzeugen die weit gespreizten Schwanzfedern, die bei der hohen Geschwindigkeit in hörbare Vibrationen geraten. Das Nest der Bekassine wird häufig auf einer Grasbülte angelegt. Beide Eltern teilen sich die Fürsorge für die 4 Jungen.

Waldschnepfe
Scolopax rusticola
Säbelschnäbler / Stelzenläufer

Merkmale Gesamtlänge 34 cm. Große typische Schnepfe mit dickem Kopf und langem kräftigen Schnabel. Die ungewöhnlich großen Augen liegen weit oben im Kopf. Gefieder: Oberseite rostbraun, schwarz und grau gemustert. Hinterkopf mit weißen Querbändern. Unterseite hellbraun mit dunkleren Querbändern. Beide Geschlechter gleich. **Stimme** Oft stumm. Zur Brutzeit »quorrt« das Männchen etwa wie »uorrt-uorrt-uorrt«, danach ruft es hell »psiwick«. **Wissenswertes** Im Gegensatz zu anderen Schnepfen bewohnen Waldschnepfen dichte Mischwälder mit einer reichen Strauch- und Krautschicht, oft mit feuchten Stellen. Ihre ausgezeichnete Tarnfärbung bietet ihnen tagsüber Schutz und Deckung. In der Dämmerung werden sie aktiv und ertasten mit ihrer empfindlichen Schnabelspitze Nahrungstiere im Boden, die sie wie mit einer Pinzette herausziehen. Ab März sind in der Abenddämmerung die zickzackförmigen Balzflüge der Männchen zu sehen. Das Weibchen brütet allein 4 Eier in einem Bodennest aus.

Uferschnepfe
Limosa limosa
Säbelschnäbler / Stelzenläufer

Merkmale Gesamtlänge 41 cm. Großer Watvogel mit langen Beinen, sehr langer gerader Schnabel mit schwarzer Spitze. Brutkleid: Oberseite braungrau mit schwarzen Flecken. Kopf, Hals und Brust kräftig rostbraun. Bauchseite weiß mit schwarzer Querbänderung. Ruhekleid: Oberseite graubraun. Bauch weiß, ohne Bänderung. In beiden Kleidern sehr typisch und im Flug zu sehen: breite weiße Flügelbinde, weißer Schwanz mit breiter schwarzer Endbinde. **Stimme** Im Flug häufig ein deutliches »gritta-gritta«. **Wissenswertes** Weiträumige, feuchte Wiesenflächen an Flüssen und das Marschland der Küsten sind Lebensraum der Uferschnepfen zur Brutzeit. Hier zeigen die Männchen schon im März eindrucksvolle Schauflüge. Dabei drehen sie sich fliegend um die eigene Achse. Die 4 Jungen sind Nestflüchter und wandern mit den Eltern weit umher. Im hohen Wiesengras erbeuten Uferschnepfen Regenwürmer, Schnecken und Heuschrecken. Das Winterquartier liegt in Nordwestafrika.

Großer Brachvogel
Numenius arquata
Säbelschnäbler / Stelzenläufer

Merkmale Gesamtlänge 55 cm. Sehr großer Schnepfenvogel mit typischem, langem gebogenen Schnabel. Im Flug fällt der weiße Bürzel auf. Oberseite bräunlich mit reicher schwarzbrauner Musterung. Bauchseite etwas heller. Kopfscheitel mit feiner Längsstreifung. Beine graugrün. Weibchen wie Männchen, aber mit stärker gebogenem Schnabel. **Stimme** Beide flöten laut melodisch etwa »tlüih-tlüih«. **Wissenswertes** Der Große Brachvogel bewohnt große Wiesen, Sümpfe und Moore mit niedriger Vegetation. Im Frühling vollführen die Männchen Balzflüge über dem Revier. Beim Landen lassen sie dabei melodische Triller hören. Das Männchen dreht mit der Brust mehrere Mulden in den feuchten Boden. Eine wählt das Weibchen als Nistplatz aus. Die 3–4 Küken sind Nestflüchter und ziehen mit den Altvögeln bis zum Flüggewerden umher. Außerhalb der Brutzeit sind Große Brachvögel truppweise im Wattenmeer zu sehen. Sie fressen Regenwürmer, Insekten und Krebstiere.

Rotschenkel
Tringa totanus
Säbelschnäbler / Stelzenläufer

Merkmale Gesamtlänge 28 cm. Mittelgroßer Wasserläufer mit leuchtend orangeroten Beinen. Am Hinterrand der Flügel besitzt er große leuchtend weiße Zonen, die im Flug zu sehen sind. Oberseite graubraun, dunkel gefleckt. Unterseite schmutzig weiß mit dichter brauner Fleckung. Der Schwanz ist schwarzweiß quer gebändert. Im Ruhekleid ist das Gefieder heller graubraun und weniger gefleckt. Weibchen wie Männchen. **Stimme** Beim Auffliegen typisches und klangvolles Flöten wie »tjü-düdüd«. **Wissenswertes** Im Sommer bewohnen Rotschenkel offene Sumpfwiesen, nasse Hochmoore und v. a. die Marschwiesen hinter den Meeresküsten. Sie brauchen Flachwasserbereiche, in denen sie Kaulquappen, kleine Fische, Schnecken, Würmer und Insekten fangen. Besonders typisch ist das Warnverhalten der Rotschenkel in Nestnähe: Sie umkreisen Eindringlinge aufgeregt rufend und versuchen diese durch häufiges Landen und anschließendes Auffliegen von der Brut wegzulocken. Die 3–4 Jungen sind Nestflüchter.

Flussregenpfeifer
Charadrius dubius
Regenpfeifer

Merkmale Gesamtlänge 15 cm. Lerchengroßer Regenpfeifer mit zitronengelbem Augenring, schwarzem Halsring und weißem Stirnfleck. Einfarbig dunkler Schnabel, graugelbliche Beine, im Flug ohne Flügelbinde. Oberseite graubraun, Unterseite weiß. Geschlechter gleich. Jungtiere insgesamt blasser. **Stimme** Am häufigsten ist ein abfallender Pfiff, der wie »tiüh« klingt. **Wissenswertes** Besonders typisch für Regenpfeifer ist ihre Bewegungsweise. Sie laufen schnell ein Stück, bleiben ruckartig stehen, picken und rennen weiter. Das geschieht manchmal so schnell, dass die Vögel zu rollen scheinen. Flussregenpfeifer leben vorwiegend im Binnenland. Sie brüten in Kies- und Sandgruben und an kiesigen Ufern von Flüssen. Ihr Nest ist eine kleine Mulde zwischen Kieseln und allerlei Angespül. Die 4 sandfarbenen, dunkel gefleckten Eier bebrüten beide Eltern etwa 25 Tage. Nach dem Schlüpfen werden die Jungen als Nestflüchter von den Eltern geführt. Bei Gefahr drücken sie sich flach auf den Boden. Ihre Beute sind vorwiegend Käfer.

Kiebitz
Vanellus vanellus
Regenpfeifer

Merkmale Gesamtlänge 30 cm. Etwa taubengroß, am langen Federschopf am Hinterkopf leicht erkennbar. Oberseite braunschwarz mit grünem Metallschimmer. Halbkreisförmiger schwarzer Brustschild. Bauch weiß. Weibchen mit weißer Kehle und kürzerem Federschopf am Kopf. Im Flugbild sehr typisch: breitlappige Flügel und schwarze Endbinde auf weißem Schwanz. **Stimme** Ein gellendes deutliches »kiewit«. **Wissenswertes** Der Kiebitz bewohnt offenes Gelände mit niedriger Vegetation, feuchte Wiesen, feuchtes Ackerland, küstennahe Marschen und Moore. Im Frühjahr vollführen die Männchen eindrucksvolle Flugspiele: Sie lassen sich aus großer Höhe senkrecht bis fast zum Boden fallen und steigen steil wieder empor. Die 4 Eier mit Tarnfärbung und einem stumpfen sowie einem spitzen Pol liegen in einer flachen Mulde. Sie werden von beiden Eltern bebrütet. Nach dem Schlupf werden die Nestflüchter von den Eltern geführt. Bei Gefahr drücken sie sich fest auf den Boden.

Austernfischer
Haematopus ostralegus
Austernfischer

Merkmale Gesamtlänge 43 cm. Unverwechselbarer Watvogel mit schwarzweißem Körper, kräftig rotem Schnabel und roten Beinen. Auge ebenfalls leuchtend rot. Beide Geschlechter gleich. **Stimme** Der häufigste Ruf ist ein gellendes »kliep-kliep«. Auch oft zu beobachten sind Trillerzeremonien mit sich steigernden Trillern, die von mehreren Vögeln gleichzeitig vorgetragen werden. **Wissenswertes** Dieser Charaktervogel der Meeresküsten lebt meist gesellig. Mit seinen auffälligen Rufen ist er bei Tag und bei Nacht zu hören. Austernfischer ernähren sich hauptsächlich von Muscheln, die sie auf raffinierte Weise öffnen: Sie stecken ihren Schnabel wie einen Meißel in halb geöffnete Muscheln und durchtrennen deren Schließmuskel. Sie stochern auch nach Krebsen, Schnecken und Wattwürmern. Berühmt sind die Trillergruppen der Austernfischer, bei denen mehrere Vögel im Kreis aufgeregt trillernd hin und her laufen. Diese Zeremonie dient der Revierverteidigung und der Paarbindung.

Wasserralle
Rallus aquaticus
Rallen

Merkmale Gesamtlänge 28 cm. Hühnerartiger Sumpfvogel mit langem roten Schnabel und roten Augen. Oberseite braun mit schwärzlichen Flecken. Kehle und Unterseite schiefergrau bis graublau. Flanken auffällig schwarzweiß gestreift. Beide Geschlechter gleich. **Stimme** Kurze scharfe Laute wie »tjük-tjük-tjük«, oft auch schweineähnliches Quieken und sogar Kreischen und Knurren.
Wissenswertes Dieser Sumpfvogel lebt sehr versteckt in hoher Ufervegetation und im Schilf. Meist ist er nur an seinem Quieken nach Ferkelart nachweisbar. Wasserrallen laufen sehr gewandt und flink durch die Ufervegetation und lauern am Gewässerrand Fröschen, Molchen, kleinen Fischen, Wasserinsekten und Kaulquappen auf. Beide Partner bauen aus Schilfblättern und Sumpfpflanzen ein Nest, das sie mit einer Haube aus umgeknickten Halmen tarnen. Die 6–10 rahmfarbenen, dunkel gefleckten Eier werden von beiden Partnern bebrütet. Nach 20 Tagen schlüpfen die Küken. Sie ernähren sich bereits nach einer Woche selbst.

Teichhuhn
Gallinula chloropus
Rallen

Merkmale Gesamtlänge 33 cm. Unverwechselbare dunkle Ralle mit leuchtend rotem Stirnschild. Roter Schnabel mit gelber Spitze. Grüne Beine mit auffallend langen Zehen. Beim ruckartigen Laufen und Schwimmen werden weiße Unterschwanzdecken sichtbar. Beide Geschlechter gleich. **Stimme** Häufig scharfer Alarmruf wie »ick-ick«.
Wissenswertes Lebensraum dieser häufigen Rallenart sind fast alle stehenden und langsam fließenden Gewässer mit dichtem Uferbewuchs. Das Teichhuhn bewohnt Parkgewässer und selbst kleinste Feuerlöschteiche. Mit seinen langen Krallen kann es auf schwankenden Schwimmpflanzen laufen und dank schmaler Hautsäume zwischen den Zehen auch sehr gut schwimmen. Seine Nahrung ist vielseitig. Sie reicht von Schilfspitzen, Gräsern über Wasserschnecken bis zu Insekten, die von der Wasseroberfläche aufgepickt werden. Das Nest liegt auf einer Plattform aus Schilfblättern und Röhricht. Beide Partner brüten die 8–10 Eier aus. Die schwarzen Dunenjungen sind Nestflüchter.

Blesshuhn
Fulica atra
Rallen

Merkmale Gesamtlänge 38 cm. Wohl häufigster Wasservogel Europas. Vollkommen schwarzes Gefieder, leuchtend weiße Stirnplatte und weißer Schnabel. Augen rot. Beine grünlich, lange Zehen mit wellenförmigen Hautlappen. Weibchen wie Männchen. **Stimme** Die Männchen rufen metallisch kurz »pix«, die Weibchen ein etwas bellendes »köw« und weitere abwechslungsreiche Rufe.
Wissenswertes Den Winter verbringen Blesshühner in großen Scharen auf Seen und Parkteichen. Ab März kommt es hier zur Revierverteilung, wobei sehr aggressiv vorgegangen wird. Mit gesenktem Kopf und hoch gehaltenen Flügeln schwimmen sie aufeinander zu und schlagen mit den Füßen gegen die Brust des Gegners. Diese Revierstreitigkeiten dauern noch in der Brutzeit an. Das Nest ist ein umfangreicher Bau aus Schilf, Binsen und Rohrkolben. Beide Partner brüten die 6–10 Eier aus. Die schwarzen Jungen tragen eine rote Signalfarbe am Kopf und schwimmen kurz nach dem Schlüpfen hinter den Eltern her.

Kranich
Grus grus
Kraniche

Merkmale Gesamtlänge 114 cm. Großer Schreitvogel. Überwiegend grau gefärbt, verlängerte Schmuckfedern am Hinterrücken, die buschig über den Schwanz hängen. Stirn bis Hinterkopf schwarz, leuchtend roter Nackenfleck. Beide Geschlechter gleich. **Stimme** Die Balz ist ein lautes gemeinschaftliches Trompeten »krüi-kruh-krüi-kruh«. Männchen trompeten oft im Duett.
Wissenswertes Der Kranich ist der Charaktervogel ausgedehnter Sumpf- und Moorlandschaften sowie abgelegener Auwälder. Dank aufwändiger Schutzmaßnahmen brüten v. a. in Mecklenburg-Vorpommern und in Schleswig-Holstein wieder Hunderte von Paaren. Wenn die Kraniche Mitte März am Brutplatz eintreffen, sammeln sie sich auf Feldern in größeren Trupps und balzen. Dabei hüpfen sie umher, spreizen die Flügel und verbeugen sich. Die Paare schließen eine lebenslange Partnerschaft. Sie bauen ein haufenförmiges Nest und lösen sich beim Bebrüten der 2 Eier ab.

Alpenschneehuhn
Lagopus mutus
Hühner

Merkmale Gesamtlänge 35 cm. Rebhuhnähnlich mit 2 unterschiedlichen Federkleidern. Winter: weiß mit schwarzem Schwanz. Männchen mit schwarzem Augenstreif. Darüber beidseitig roter Streifen (Rosen). Sommer: Oberseite, Brust und Flanken braunschwarz gefleckt. Flügel und Unterseite weiß. Weibchen wie Männchen, aber etwas blasser. **Stimme** Beim Männchen ein hartes Knarren wie »arr-arr...«, das Weibchen ruft »gog-gog-gog«.
Wissenswertes Schneehühner sind Vögel der arktischen Bereiche. Das Alpenschneehuhn lebt oberhalb der Baumgrenze in alpinen Zonen mit arktischen Bedingungen. Es ernährt sich von Knospen und Blättern der Kriechweiden, sowie von Preisel- und Rauschbeeren. Die Hennen legen zum Ausgleich des hohen Lebensrisikos 4–11 Eier.

Birkhuhn
Tetrao tetrix
Hühner

Merkmale Gesamtlänge Männchen 53 cm, Weibchen 41 cm. Waldhuhn mit 2 unterschiedlichen Federkleidern. Männchen: glänzend blauschwarzes Gefieder, dicke rote Augenwülste (Rosen) und L-förmig gebogene Schwanzfedern. Weibchen: überwiegend braunes Gefieder mit schwarzer Bänderung, wenig ausgeprägte rote Augenwülste. **Stimme** Das Männchen »kullert« weithin hörbar etwa »urrurhurrhu...«.
Wissenswertes Birkhühner leben hauptsächlich im nordischen Tannenwald. Aber es gibt auch Reliktvorkommen in norddeutschen Mooren und alpinen Latschenregionen. Birkhühner sind polygam. Sie balzen gemeinsam auf Balzplätzen, die von den Weibchen besucht werden. Diese ziehen 7–8 erdfarbene Küken alleine auf. Nahrung sind Baumknospen und Beeren, aber auch kleine Insekten.

Auerhuhn
Tetrao urogallus
Hühner

Merkmale Gesamtlänge Männchen 86 cm, Weibchen 62 cm. Das Männchen ist etwa truthahngroß und damit der größte Hühnervogel Europas. Oberseite dunkel blaugrau bis schwarz, Brustschild grün schillernd, Flügel dunkelbraun. Rote Überaugenwülste. Weibchen mit rotbrauner, grob gebänderter Brust. **Stimme** Die Balzstrophe des Männchens besteht aus verschiedenen Lauten, die wie Messerwetzen, Pfropfenknallen oder Glucksen klingen.
Wissenswertes Jeder Hahn markiert mit einem weithin hörbaren Gesang (»Schlag«) und einer imposanten Balzstellung ein Revier im Hochwald von Mittelgebirgen und Alpen. Die Hennen kommen zur Begattung zum Balzplatz. Die 5–12 Jungen zieht das Weibchen allein auf. Anfangs werden sie v. a. mit Ameisen gefüttert.

Rebhuhn
Perdix perdix
Hühner

Merkmale Gesamtlänge 30 cm. Kleines rundliches Huhn mit hell rostfarbenem Gesicht. Oberseits graubraun mit gelblicher Strichelung. Unterseits graubräunlich mit einem dunklen Hufeisenfleck. Weibchen etwas matter gefärbt als Männchen. **Stimme** Der Revierruf des Männchens klingt wie »kjerrik« und erinnert an eine rostige Türangel. Aufgescheuchte Hühner fliegen ab mit »kerrititit«-Rufen.
Wissenswertes Das Rebhuhn war einst ein Steppenvogel. Dann hat es sich die kleinräumige mitteleuropäische Kulturlandschaft mit Hecken und Säumen erschlossen. Das Nest ist unter Ranken versteckt, das brütende Weibchen wegen seiner Tarnfärbung kaum zu sehen. Die 6–25 Jungen bleiben lange im Familienverband, ernähren sich aber vom ersten Tag an allein mit Sämereien.

Wachtel
Coturnix coturnix
Hühner

Merkmale Gesamtlänge 18 cm. Fast schwanzloses, rundliches kleines Huhn. Oberseite mit hellen und dunklen Streifen. Unterseite rahmfarben. Brust fleckig. Heller Scheitel mit dunklem Mittelstreif. Kehle des Männchens schwarz, des Weibchens ockerfarben.
Stimme Typischer dreisilbiger »Wachtelschlag«, wird oft wiederholt, klingt wie »pickwerwick«.
Wissenswertes Die versteckt lebenden Wachteln sind häufiger zu hören als zu sehen. Der kleinste europäische Hühnervogel bewohnt Wiesenlandschaften und Felder mit Klee, Luzerne oder Getreide. Die Henne brütet in einer Bodenmulde 7–14 schwarzbraun marmorierte Eier aus. Sie füttert die Brut zunächst mit Ameisenpuppen, später mit Würmern, Schnecken und Sämereien. Die Jungen sind Nestflüchter, nach etwa 19 Tagen flugfähig, nach 4–7 Wochen selbstständig.

Jagdfasan
Phasianus colchicus
Hühner

Merkmale Gesamtlänge Männchen bis 89 cm, Weibchen bis 63 cm. Haushuhnähnlich mit langem spitzen Schwanz. Männchen sehr bunt: Kopf dunkelgrün oder metallisch blau glänzend, rote Hautlappen um die Augen, kleine Federohren. Restliches Gefieder rotbraun mit schwärzlicher Fleckung oder Bänderung. Häufig ein weißer Halsring. Weibchen mehr tarnfarben. **Stimme** Der Revierruf ist ein lautes »gögök«.
Wissenswertes Die Färbung der Fasane ist heute sehr variabel. Dieser Vogel wurde seit dem Mittelalter mehrfach ausgesetzt, um Bestände für die Jagd zu erhalten. Je nach Zuchtlinien variieren deshalb die Federkleider. Jeder Hahn hat mehrere Hennen, die alleine etwa 8–12 Küken aufziehen. Fasane ernähren sich überwiegend von pflanzlicher Kost, von Sämereien, weichen Früchten, aber auch grünen Pflanzenteilen.

Fischadler
Pandion haliaetus
Habichtartige

Merkmale Gesamtlänge 55 cm. Etwa bussardgroßer Greifvogel. Oberseite schwarzbraun. Unterseite weiß. Brustband gefleckt. Kopf mit dunklem Band vom Auge zum Rücken, am Hinterkopf aufrichtbare weiße Federhaube. Weibchen wie Männchen gefärbt, aber deutlich größer. **Stimme** Erregtes »jhp-jihp«.
Wissenswertes Wenn der Fischadler mit weichen Flügelschlägen fast nach Möwenart über das Wasser fliegt, ist er mit den angewinkelten Schwingen und der weißen Unterseite unverwechselbar. Hat er einen Fisch entdeckt, rüttelt er und stößt mit ausgestreckten Fängen herab. Er trägt den Fisch immer in Längsrichtung. Der Reisighorst wird auf hohen Bäumen gebaut und viele Jahre benutzt. Die meist 3 Eier werden etwa 35 Tage lang bebrütet. Weite Seengebiete und große Flusslandschaften sind sein Lebensraum.

Schwarzmilan
Milvus migrans
Habichtartige

Merkmale Gesamtlänge 56 cm. Schlanker Greifvogel. Oberseite einheitlich dunkelbraun, Kopf und Nacken etwas heller. Unterseite rötlich braun. Sehr typisches Flugbild: Flügel stets gewinkelt gehalten, Schwanz wenig gegabelt. Weibchen wie Männchen gefärbt, aber etwas größer. **Stimme** Schrilles »wihäää«, ähnlich wie Mäusebussard.
Wissenswertes Dem Schwarzmilan begegnet man an größeren Gewässern und in Sumpfgebieten, die mit Wäldern oder Hecken umstanden sind. Als Spezialisten von toten oder geschwächten Fischen segeln sie elegant knapp über dem Wasser und greifen diese geschickt von der Wasseroberfläche. Schwarzmilanhorste sind oft mit Papier- oder Plastikresten aus der Umgebung ausgekleidet. Die Winterquartiere liegen in Zentralafrika.

Rotmilan
Milvus milvus
Habichtartige

Merkmale Gesamtlänge 61 cm. Bussardgroßer schlanker Greifvogel. Kopf grauweiß. Gefieder überwiegend rotbraun. Im Flug gut sichtbar: Schwanz tief gegabelt, Flügel oft stark angewinkelt. Weibchen wie Männchen. **Stimme** Ein etwas klagendes »wiähwihewihewihe«.
Wissenswertes Der Rotmilan bewohnt Laubwälder, offenes Gelände, Heckenlandschaften und Auwälder. Wegen seines gegabelten Schwanzes nennt man ihn auch Gabelweihe. Oft nimmt er anderen Greifvögeln Beute ab, sammelt Aas von der Autobahn oder jagt Krähen. Nicht selten brüten Rotmilane in der Nähe oder zusammen mit Graureihern. Das Nest aus Reisig und Knüppeln liegt oft auf hohen Eichen und wird mit Plastikresten verziert. Die 2–3 Jungen bleiben fast 2 Monate im Nest.

Wespenbussard
Pernis apivorus
Habichtartige

Merkmale Gesamtlänge 55 cm. Wirkt wie ein schlanker Mäusebussard. Charakteristisch und im Flugbild von unten zu sehen: Bänderung an der Unterseite der Schwingen, 2 schmale und 1 breite dunkle Endbinde auf dem Schwanz. Körperfärbung sehr unterschiedlich: Oberseite dunkelbraun. Oberkopf schieferbraun. Unterseite dunkelbraun mit großen rotbraunen Flecken und Bändern. Augen gelb. Weibchen wie Männchen gefärbt, aber deutlich größer. **Stimme** Typischer Flugruf des Männchens ist ein hohes »plilihe«.

Wissenswertes Der Wespenbussard liebt große, etwas unordentliche Laub- und Mischwälder mit Lichtungen oder eingestreuten Wiesen. Er ist ein ausgesprochener Nahrungsspezialist und gräbt mit den Füßen Hummel- und Wespennester aus. Vor den Stichen schützen ihn schlitzförmige Nasenlöcher und Hornplatten auf den Läufen. Sein Horst liegt auf hohen Bäumen in Waldrandnähe. Manchmal nutzt er auch verlassene Nester anderer Greifvögel. Die 2 Jungen werden mit ganzen Waben voller Wespenlarven gefüttert.

Rohrweihe
Circus aeruginosus
Habichtartige

Merkmale Gesamtlänge 52 cm. Das etwas buntere Männchen hat einen braunen Rücken, braune Schultern und einen hellgrauen Schwanz. Seine Unterseite ist braunrot, der Kopf gelblich gestreift. Das Weibchen ist einfarbig dunkelbraun, einzige Ausnahme bilden der rahmgelbe Kopf und die rahmgelben Schultern. **Stimme** Häufig stumm, manchmal ein klagendes »quiäh«.

Wissenswertes Rohrweihen bewohnen offene Landschaften mit Gewässern und großen Schilfgebieten. Typisch ist ihr langsam gleitender Suchflug niedrig über Schilfwäldern. Ihre Beute besteht aus Wasservögeln und Bisamratten. Gelegentlich betreiben sie eine Ermüdungsjagd. Dabei zwingen sie Wasservögel so lange zum Tauchen, bis sie die erschöpften Tiere einfach von der Wasseroberfläche greifen können. Der Horst wird im Schilf angelegt. Beide Altvögel füttern die 3–6 Jungen. Die Küken sind mit 8 Wochen flugfähig. Rohrweihen ziehen schon im August in das tropische Afrika und kehren erst Ende April zurück.

Kornweihe
Circus cyaneus
Habichtartige

Merkmale Gesamtlänge 47 cm. Elegant und wendig jagende, kontrastreich gefärbte Weihe. Männchen hellgrau mit weißem Bauch und Bürzel, Flügelspitzen schwarz. Weibchen an der Oberseite einfarbig braun, Unterseite rötlich braun und längs gestreift, mit auffallend weißem Bürzelfleck und dunkel gebändertem Schwanz. **Stimme** Ruft wenig, manchmal im Flug »piiu« oder etwas meckernd »kje-kje«.

Wissenswertes Offenes Gelände mit Büschen und Baumgruppen, Heideflächen, Moore, Wiesen und Ackerland sind der Lebensraum der Kornweihe. Sie ist spezialisiert auf Kleinsäuger und Kleinvögel. Je nach Witterung stellen Feldmäuse oder Lerchen und Ammern die Nahrung, die im tiefen Suchflug erbeutet wird. Meist baut das Weibchen den Bodenhorst allein. Während des Brütens wird das Weibchen vom Männchen mit Nahrung versorgt. Dabei fliegt es dem Männchen ein Stück entgegen und übernimmt die Beute. Den Winter verbringen Kornweihen meist im Mittelmeerraum.

Seeadler
Haliaeetus albicilla
Habichtartige

Merkmale Gesamtlänge 70–90 cm. Wuchtiger Adler mit brettartig ausgebreiteten Schwingen und keilförmigem, leuchtend weißem Schwanz. Gefieder einfarbig dunkelbraun, Kopf etwas heller. Auffallend großer, gelber Schnabel. Geschlechter gleich. **Stimme** Lang gezogenes Jauchzen beider Partner wie »kjau-kjau«, oft im Duett.

Wissenswertes Große Seen und Flüsse, ausgedehnte Teichgebiete und Meeresküsten sind das Habitat der Seeadler. Dort jagen sie entweder von einem Aussichtsposten auf Beute lauernd oder sie gehen auf Suchflug. Ihre Nahrung besteht aus Fisch oder Wassergeflügel, allen voran Blesshühnern. Beide Partner bauen einen mächtigen Horst aus dicken Knüppeln auf hohen Bäumen wie Eichen, Buchen oder Pappeln. Meist ziehen sie 2 Junge groß, die erst mit 90 Tagen flügge werden. Durch intensiven Schutz und das Vermeiden von Störungen am Horst haben sich Seeadler in Norddeutschland wieder vermehrt und zur Zeit stabile Bestände erreicht.

Bartgeier
Gypaetus barbatus
Habichtartige

Merkmale Gesamtlänge 110 cm. Mächtiger Geier mit langen Flügeln. Oberseite glänzend schwarzgrau mit weißen Tropfenlinien. Bauchseite hell rostfarben. Kopf rahmfarben mit schwarzem Fleck zwischen Auge und Schnabel. Am Schnabelgrund schwarzer Federbart. Typisches Flugbild: spitz zulaufende schwarze Flügel, langer keilförmiger Schwanz. Weibchen wie Männchen, aber größer. **Stimme** Meist stumm, während der Balz pfeifend wie »fiijj«. **Wissenswertes** Schluchtenreiche Hochgebirge und zerklüftete Felsen sind der Lebensraum der Bartgeier. Sie sind darauf angewiesen, frisch tote Beutetiere zu finden, die sie mitsamt den Knochen verwerten. Im Hochgebirge sind das Gämsen, Steinböcke, Wildschafe oder auch Almvieh. Bartgeier leben in Dauerehe. Beim Balzflug in großer Höhe übersteigen sich beide Partner in der Luft. Dann dreht sich der untere auf den Rücken, beide verhaken ihre Fänge und lassen sich im Taumelflug fast bis zur Erde trudeln. Pro Jahr wird meist nur 1 Junges aufgezogen. Nestlingsdauer etwa 110 Tage.

Sperber
Accipiter nisus
Habichtartige

Merkmale Gesamtlänge Männchen 30 cm, Weibchen 38 cm. Männchen an der Oberseite blaugrau, an Brust- und Bauchseite mit rostrotem Streifenmuster. Weibchen an der Oberseite dunkel graubraun, an der Unterseite mit bräunlicher Querbänderung auf schmutzigweißem Grund. Sehr typisches Flugbild: relativ kurze gerundete Schwingen und langer Schwanz mit 4–5 Querbinden. **Stimme** Am Nest hell und anhaltend »gigigi«. **Wissenswertes** Wie kein anderer Greifvogel beherrscht der Sperber den schnellen Pirschflug unter Ausnutzung aller Konturen. Selbst innerhalb von Ortschaften fliegt er knapp über Zäune und Hecken und überrascht Singvögel wie Sperlinge und Grünfinken. Sein Lebensraum sind kleinere Fichtenstangenhölzer in der Landschaft, Parks mit Nadelbäumen, aber auch Nadel- und Mischwälder. Dicht am Stamm bauen beide Partner ein flaches Reisignest. Das Weibchen bebrütet die 4–5 Eier allein. Das Männchen versorgt es in dieser Zeit mit Beute, die es auf einem Rupfplatz in Nestnähe übergibt.

Habicht
Accipiter gentilis
Habichtartige

Merkmale Gesamtlänge Männchen 50 cm, Weibchen 60 cm. Männchen oben graubraun, Weibchen schiefergrau. Unten beide eng waagrecht gebändert. Im Flug sichtbar: sehr langer Schwanz, weiße Unterschwanzdecken, breite, etwas abgerundete Flügel. **Stimme** Bei Störungen am Horst »gikgikgik«. **Wissenswertes** Der Habicht ist ein Überrumpelungsjäger und bei der Jagd zu akrobatischen Flugwendungen fähig. Beim schnellen Anflug nutzt er alle Geländekonturen, um seine Beutetiere zu überraschen. Dies sind beim Männchen Kleinvögel bis Taubengröße, beim Weibchen Rabenvögel, Kaninchen oder Eichhörnchen. In abwechslungsreichen Wäldern bauen Habichte in Altbäumen ein großes Nest, das sie ständig mit frischen Nadelzweigen auslegen. Das Weibchen ist während des Brütens flugunfähig, da es in dieser Zeit mausert. Es wird ebenso wie die 3–4 Jungen vom Männchen mit Nahrung versorgt. Habichte sind sehr standorttreu. Sie bleiben auch im Winter in ihrem Revier.

Mäusebussard
Buteo buteo
Habichtartige

Merkmale Gesamtlänge 54 cm. Gedrungen wirkender Greifvogel mit kleinem rundlichen Kopf. Gefiederfärbung sehr variabel, reicht von dunkelbraun bis fast ganz weiß. Oberseite meist braun, Unterseite hellbraun mit dunkler Längs- und Querzeichnung. Schwanz mit engen, waagrechten, dunklen Binden. Schnabel und Beine gelb. Weibchen wie Männchen gefärbt, aber etwas größer. Typisches Flugbild: Beim Segeln wird der Schwanz halbrund gefächert und die Flügelspitzen wie Finger gespreizt. **Stimme** Während der Balz rufen beide katzenartig »hijäh«. **Wissenswertes** Der häufigste Greifvogel Mitteleuropas ist ein Ansitzjäger. Stundenlang lauert er auf niedrigen Warten wie Weidezäunen, tiefen Ästen oder gar Erdhaufen auf Beute, die er zu Fuß oder im Gleitflug überrascht. Der Hauptteil seiner Nahrung sind Feldmäuse. Aber er nimmt auch Amphibien, Reptilien, Insekten und Würmer. Der Horst mit 2–3 Eiern wird oft auf einzeln stehenden Bäumen im Hochwald angelegt.

Steinadler
Aquila chrysaetos
Habichtartige

Merkmale Gesamtlänge 80 cm. Mächtiger dunkelbrauner Greifvogel mit gelben Füßen. Kopf und Nacken dunkelbraun mit leichtem Goldglanz. Geschlechter gleich, Weibchen aber größer. Typisches Flugbild: segelt mit leicht V-förmig angehobenen Flügeln. Junge Steinadler: weiße Flügelabzeichen, weißer Schwanz mit schwarzer Endbinde. **Stimme** Ähnlich Bussard »hijäh«.
Wissenswertes Menschenleere Gegenden in der Taiga Nordeuropas und das alpine Hochgebirge sind die typischen Lebensräume des Steinadlers. Seine Beutetiere sind Großsäuger wie Rentier, Gämse, Reh und Hirsch, im Sommer häufig Murmeltiere. Die mächtigen Horste liegen in Felsnischen oder auf Bäumen. 1–2 Junge pro Jahr, deren Nestlingszeit mehr als 2 Monate beträgt.

Turmfalke
Falco tinnunculus
Falken

Merkmale Gesamtlänge 34 cm. Der Turmfalke rüttelt im Flug regelmäßig und oft. Männchen: Oberseite rotbraun mit schwarzen Flecken und schwarzen Flügelenden, Unterseite rahmfarben und dunkel gefleckt, Scheitel und Nacken grau, Schwanz grau mit breiter schwarzer Endbinde. Weibchen und Jungvögel: Oberseite braun und gefleckt, sonst einheitlich braun, Schwanz ohne deutliche Endbinde. **Stimme** Häufig Rufreihen zur Brutzeit wie »kikiki«.
Wissenswertes Den häufigsten Falken Mitteleuropas trifft man in den unterschiedlichsten Biotopen. Vom Moor bis zur Großstadt gelang diesem Greifvogel die Besiedlung. Turmfalken ernähren sich hauptsächlich von Mäusen und anderen Kleintieren wie Heuschrecken oder Käfer. Das Weibchen brütet allein 4–6 Eier in 30 Tagen aus.

Wanderfalke
Falco peregrinus
Falken

Merkmale Gesamtlänge Männchen 40 cm, Weibchen 46 cm. Der größte Falke Mitteleuropas trägt einen ausgeprägten Bartstreif. Gefieder oberseits schiefergrau, unterseits rahmfarben mit sehr enger schwarzer Bänderung. Weibchen etwas dunkler gefärbt, wesentlich größer. Flugbild: lange, sichelförmige, spitz zulaufende Flügel. **Stimme** Am Brutplatz schnelles »kek-kek«.
Wissenswertes Der Wanderfalke stellt kaum Bedingungen an den Lebensraum, solange dort reiches Vogelleben und ein sicherer Brutplatz vorhanden sind. Seine Nahrung besteht fast ausschließlich aus Vögeln. Von den insgesamt 210 Arten, die er erbeutet, liegt der Schwerpunkt bei Haustauben und Staren. Nach Messungen kann seine Jagdgeschwindigkeit 380 km/h betragen.

Graugans
Anser anser
Entenvögel

Merkmale Gesamtlänge 80 cm. Große, im Licht oft silbergrau wirkende Gans. Rückenfedern hell gesäumt. Unterseite nicht gebändert. Schnabel orange. Füße fleischfarben, bei Jungvögeln grau. Unterschwanz weiß. Geschlechter gleich. Typisches Flugverhalten: Graugänse fliegen, wie andere Wildgänse, in Keilformation. **Stimme** Schnattert wie die Hausgans »ga-gang-gang«, im Flug lautes Trompeten wie »aang-ong-ong«.
Wissenswertes Die Graugans lebte ursprünglich in Mitteleuropa v. a. östlich der Elbe, hat sich aber mittlerweile sehr weit verbreitet. Größere Schilfsümpfe, große Teichgebiete, Seenplatten mit Sumpfwiesen und anschließenden Wiesen und Feldern werden besiedelt. Die Nahrung ist rein vegetarisch, aber sehr abwechslungsreich: Sumpfpflanzen, Wildkräuter, Klee, Raps und Sämereien. Ein Gänsepaar bleibt lebenslang zusammen. Die Gans baut aus Pflanzen ein großes Nest und bebrütet darin alleine 5–6 Eier. Der Ganter wacht. Der Familienverband bleibt bis zur nächsten Brutzeit zusammen.

Kanadagans
Branta canadensis
Entenvögel

Merkmale Gesamtlänge 95 cm. Fast schon schwanenartig große Gans mit schwarzem Kopf, schwarzem Hals und weißem Kinnband. Oberseite braun. Unterschwanz weiß. Beide Geschlechter gleich. Jungvögel mit Kinnfleck.
Stimme Lautes klangvolles Trompeten wie »ah-hong«.
Wissenswertes Diese nordamerikanische Gänseart wurde mit mehreren Rassen im 17. Jahrhundert in Europa häufig als Parkvogel gehalten. Seitdem sind viele Tiere verwildert und besiedeln in großen Scharen neben Parks zunehmend auch Teichgebiete und Seen. Zusätzlich treffen an Nord- und Ostsee im Winter große Scharen von Kanadagänsen aus Skandinavien ein. Das recht große Nest wird meist auf kleinen Inseln angelegt. Es besteht aus Pflanzenmaterial und ist mit Daunen ausgepolstert. Die 5–6 Eier werden etwa 1 Monat bebrütet. Die Jungen verlassen sofort nach dem Schlüpfen das Nest und folgen den Eltern auf das Wasser. Im Alter von 9 Wochen sind sie flugfähig, verbleiben aber bis zum folgenden Frühjahr im Familienverband.

Nonnengans
Branta leucospis
Entenvögel

Merkmale Gesamtlänge 63 cm. Schwarze Gans mit völlig weißem Gesicht, deshalb auch Weißwangengans genannt. Hals schwarz. Rücken dunkelgrau mit weißlichen Federsäumen. Geschlechter gleich. **Stimme** Heisere Rufe wie »kwäkwäkwä« oder »gockgockgock«.
Wissenswertes Die sehr geselligen Nonnengänse bewohnen das arktische Eurasien. Sie brüten auf kargen Felsgebieten und unzugänglichen Klippen. Auf diesen oft nur im Flug zu erreichenden Brutplätzen bebrüten die Weibchen allein etwa 30 Tage lang das Gelege aus 3–5 Eiern. Die Männchen bewachen Weibchen und Gelege und verteidigen sie heftig gegen Skuas (Raubmöwen) und Eisfüchse. Nach dem Schlüpfen springen die Küken von den bis zu 30 m hohen Klippen. Von Mitte Oktober bis Anfang April ziehen diese Meergänse ins norddeutsche Wattenmeer. Dort leben sie oft mit anderen Gänsearten vergesellschaftet. Sie fressen Seegräser sowie Wintersaat, Klee und andere Pflanzen von Feldern und Wiesen.

Ringelgans
Branta bernicla
Entenvögel

Merkmale Gesamtlänge 58 cm. Dunkle, an Kopf und Hals schwarze Gans mit typischem weißen Fleck an beiden Halsseiten, der oft nur aus der Nähe zu sehen ist. Rücken schiefergrau bis schwärzlich, Hinterende weiß. 2 Rassen: westliche Rasse mit scharf abgesetztem hellem Bauch, östliche Rasse mit dunklem Bauch. Weibchen wie Männchen, etwas kleiner. **Stimme** Häufig nasales »rott-rott-rott«.
Wissenswertes Ringelgänse verbringen die Monate September–April an den Küsten Europas, die westliche Rasse von Irland bis England, die östliche Rasse von Deutschland bis Frankreich. In großen Scharen beweiden sie bei Ebbe Seetang und Seegräser, bei Flut die Salzwiesen der Halligen und Marschen. Hier bevorzugen sie Strandwegerich, fressen davon aber nur die frischen Triebe. Sie kehren auf die gleiche Wiese erst zurück, wenn diese nachgewachsen sind. Ringfunde zeigen, dass Ringelgänse von den europäischen Küsten in die Tundra Sibiriens fliegen, um dort zu brüten.

Höckerschwan
Cygnus olor
Entenvögel

Merkmale Gesamtlänge 152 cm. Großer schneeweißer Wasservogel. Schnabel orangerot, schwarzer Höcker an der Schnabelwurzel, der zur Brutzeit beim Männchen deutlicher ausgeprägt ist als beim Weibchen. Beim Schwimmen wird der Hals S-förmig gehalten. Jungtiere grau. **Stimme** Gelegentliches Schnarren wie »kiorr« oder Zischen. Die Flügelschläge verursachen ein weithin hörbares, rhythmisches Geräusch wie »kwau-kwau-kwau«.
Wissenswertes Schwerster Schwimmvogel Europas, kommt nur noch in Skandinavien wild vor. Die meisten Höckerschwäne stammen von ausgesetzten Ziervögeln, die verwilderten. Sie brüten an Binnengewässern mit flachen Ufern und einer ausgedehnten Verlandungszone. Die besten Nistplätze werden heftig umkämpft. Zum Nestbau trägt das Männchen große Mengen an Schilf und anderen Wasserpflanzen herbei, die das Weibchen zu einem großen Haufen aufschichtet. Die Nestmulde wird mit Dunen ausgekleidet. Häufig 5–7 Junge, die den Eltern schwimmend folgen. Höckerschwäne sind reine Pflanzenfresser.

Singschwan
Cygnus cygnus
Entenvögel

Merkmale Gesamtlänge 152 cm. Gestalt und Größe sehr ähnlich dem Höckerschwan. Deutlich unterschiedlich ist der gelbe Schnabel ohne Höcker, aber mit schwarzer Spitze. Weibchen wie Männchen. Jungtiere graubraun, Schnabel fleischfarben, ebenfalls mit schwarzer Spitze. **Stimme** Im Flug melodisch posaunende Rufe wie »anghö«. Kein Fluggeräusch.
Wissenswertes Diese nordischen Schwäne aus der Taiga sind in Mitteleuropa nur Wintergäste und Durchzügler. Sie überwintern häufig an den Küsten von Nord- und Ostsee, oft in großen Schwärmen und vermischt mit Höckerschwänen. In strengen Wintern ziehen sie bis zu den Seen des Voralpenlandes. In den Mooren der Taiga bauen sie zur Brutzeit ein großes Nest aus Schilfrohr und Riedgräsern und bebrüten darin 5–6 Eier. Kurz nach dem Schlüpfen folgen die graubraunen Jungtiere den Eltern auf das Wasser. Singschwäne sind reine Pflanzenfresser. Sie ernähen sich von Wollgräsern und Laichkräutern, im Winter von Getreidepflanzen und Rapsblättern.

Brandgans
Tadorna tadorna
Entenvögel

Merkmale Gesamtlänge 61 cm. Bunte Gans der Meeresküsten. Kopf und Hals grünschwarz, Schnabel rot, Brustbinde breit, rostrot, Flanken und Rücken weiß, Flügel schwarz, Beine hellrot. Beide Geschlechter gleich, Männchen jedoch mit rotem Höcker auf dem Schnabel.
Stimme Zur Balz hohe Pfeiflaute des Männchens wie »tju-tju...tirr«, Weibchen schnatternd wie »ak-ak-ak-ak«.
Wissenswertes Auf den Watt- und Schlickflächen der Nordsee suchen die Brandgänse mit pendelnden Kopfbewegungen nach Meeresmuscheln und Schnecken. Nach einer aufwändigen Gruppenbalz kehren die Brutpaare an alte Stammplätze in den Dünen zurück. Die Weibchen brüten oft in Kaninchenhöhlen oder Felsspalten. Die Männchen halten davor Wache. Nach dem Schlupf der 8–12 Jungen werden diese zum Wasser geführt. Dort werden große Kükenscharen von wenigen Alttieren beaufsichtigt. Die übrigen Alttiere, oft bis zu 100 000, versammeln sich vor der Weser- und Emsmündung zum Mausern.

Gänsesäger
Mergus merganser
Entenvögel

Merkmale Gesamtlänge 66 cm. Schlank mit langem, schmalen, roten Schnabel und roten Füßen. Männchen: schwarzgrüner Kopf, lockerer Nackenschopf, schwarzer Rücken. Weibchen: überwiegend grau, tiefbrauner Kopf, struppiger Nackenschopf, weiße Kehle.
Stimme Männchen etwas quakend »körr-korr«, Weibchen kurz »aik-aik«.
Wissenswertes Den Winter verbringen Gänsesäger an der Nord- und Ostseeküste sowie auf eisfreien Binnengewässern. Ihre Brutgebiete liegen in Skandinavien, kleinere Relikte in den Alpen. Zur Brutzeit suchen sie fischreiche Gewässer mit altem Baumbestand in der Nähe. Sie brüten in Baumhöhlen. Die 7–14 Jungen werden am 2. Lebenstag zum Wasser geführt. Gänsesäger jagen Fische bis zu einer Länge von 15 cm. Sie beobachten diese mit eingetauchtem Kopf, schwimmen sehr wendig hinterher und können bis zu 40 Sekunden tauchen. Im Schnabel besitzen sie zahlreiche, rückwärts gerichtete Häkchen, um Fische mühelos festhalten zu können.

Stockente
Anas platyrhynchos
Entenvögel

Merkmale Gesamtlänge 58 cm. Häufigste Wildente Europas. Männchen mit typisch flaschengrünem Kopf, weißem Halsband, gelbem Schnabel, kastanienbrauner Brust, braungrauem Rücken, lockenartigen Schwanzfedern. Weibchen tarnfarben bräunlich gefleckt. Beide Geschlechter im Flug mit metallisch blau glänzendem Flügelspiegel. **Stimme** Variationsreich, meist »räb-räb-räb«. **Wissenswertes** Die Stammmutter aller Hausenten neigt zur Bastardierung. Auf Parkteichen sind häufig viele Kreuzungen mit Zierentenformen in vielen Farbvarianten zu beobachten. Im Freiland brüten Stockenten oft an kleinsten Gewässern. Im Winter sind sie in großen Mengen an eisfreien Parkseen zu beobachten. Ihre Nahrung ist sehr vielseitig. Sie reicht von Wasserpflanzen über Würmer, Schnecken, Kaulquappen und Fische bis zu Fröschen, sowie kleinen Mäusen. Im Wasser seihen sie mit pendelnden Kopfbewegungen oft kleinste Nahrungspartikel aus dem Schlamm. Das Nest liegt in Bodennähe, manchmal aber auch auf Balkonen.

Knäkente
Anas querquedula
Entenvögel

Merkmale Gesamtlänge 38 cm. Sehr kleine Ente. Männchen mit auffällig dickem, weißem, sichelförmigem Überaugenstreif und silbergrauen Flanken mit darüber herabhängenden Schmuckfedern. Weibchen unauffällig braungrau gemustert. Sehr typisch: beim Auffliegen zeigen Männchen und Weibchen grüne Spiegel im Flügel. **Stimme** Ruft wenig, die Männchen lassen gelegentlich ein schnarrendes »klerrb« hören. **Wissenswertes** Knäkenten besiedeln Kleinstgewässer, Überschwemmungswiesen und vegetationsreiche Teichgebiete, ebenso stille Altarme von Flüssen. Ihre Nahrung ist sehr vielseitig, sie besteht häufig aus Wasserlinsen, Froschlaich oder Samen von Wasserpflanzen, die sie mit vorgestrecktem Hals von der Wasseroberfläche abseihen (schlabbern). Knäkenten leben sehr versteckt. Ihr Nest liegt oft abseits der Gewässer im Trockenen, in dichter Vegetation verborgen. Die 6–12 Eier werden 22 Tage lang bebrütet. Die Jungen sind Nestflüchter und im Alter von 6 Wochen bereits flügge. In Mitteleuropa von März bis Oktober anzutreffen.

Schnatterente
Anas strepera
Entenvögel

Merkmale Gesamtlänge 51 cm. Fein graubraun gemusterte Schwimmente mit bräunlichen Flügeldecken. Wichtigstes Kennzeichen: beide Geschlechter im Flug mit leuchtend weißem Flügelspiegel. Männchen: Schnabel schwarz, Hinterende schwarz (»schwarzes Heck«). Weibchen ähnlich wie weibliche Stockente, graubraun gemustert und unauffällig. **Stimme** Männchen oft mit grunzendem Pfeifen und knarrendem »räp-räp«. Das Weibchen schnattert »räck-räck«. **Wissenswertes** Schnatterenten besiedeln oft nährstoffreiche Binnengewässer mit Verlandungszonen. Sie seihen die Nahrung aus dem flachen Wasser oder fressen Sprosse von Wasserpflanzen. Im Sommer versammeln sich viele Männchen zu Balzgesellschaften. Später beziehen sie mit den Weibchen paarweise ihre Brutgewässer. Das Nest wird an trockenen Stellen in dichter Vegetation gebaut und mit Daunen gepolstert. Die 8–12 Jungen führt das Weibchen 7 Wochen bis zum Flüggewerden.

Schellente
Bucephala clangula
Entenvögel

Merkmale Gesamtlänge 46 cm. Kräftige Tauchente mit dickem, großem, fast dreieckigem Kopf. Augen leuchtend gelb. Männchen: schwarzweiß, Kopf schwarzgrün glänzend. Unverwechselbar durch runden weißen Fleck vor dem Auge. Weibchen: graumeliertes Gefieder, Kopf schokoladenbraun ohne weißen Fleck. Im Flug beide mit großen weißen Feldern in den Flügeln. **Stimme** Meist stumm, gelegentlich nasale Laute. Beim schnellen Auffliegen sind klingelnde Fluggeräusche zu hören. **Wissenswertes** Schellenten bewohnen Binnengewässer mit hohen alten Bäumen in der Nachbarschaft. Sie sind die typischen Tauchenten der Seen der nördlichen Nadelwaldzone. Oft brüten sie 6–8 m hoch in alten Spechthöhlen. Das Weibchen brütet alleine 6–11 Eier aus. Die frisch geschlüpften Küken verlassen nach einem Lockruf des Weibchens die Bruthöhle und springen zu Boden. Schellenten tauchen nach Wasserschnecken, Muscheln, Krebsen und Insektenlarven.

Kolbenente
Netta rufina
Entenvögel

Merkmale Gesamtlänge 56 cm. Rundköpfige Tauchente. Männchen mit rotbraunem Kopf, rotem Auge, rotem Schnabel, brauner Oberseite und weißem Schulterfleck (Bild). Weibchen überwiegend graubraun, mit hellen Wangen und dunklem Scheitel. **Stimme** Lautes »brät«, ruft wenig.
Wissenswertes Der Lebensraum der Kolbenenten sind flache Teiche und nährstoffreiche Seen. Hier finden diese Tauchenten Unterwasserpflanzen wie Laichkräuter und Armleuchteralgen. Eine Besonderheit ist das Balzfüttern: Der balzende Erpel taucht und bietet dann der Partnerin Wasserpflanzen an. Im Sommer sind große Mausergesellschaften auf dem Bodensee zu sehen. Sie überwintern am Mittelmeer.

Löffelente
Anas clypeata
Entenvögel

Merkmale Gesamtlänge 51 cm. Ente mit typisch löffelartigem Schnabel, besiedelt Flachseen. Männchen mit glänzend grünem Kopf, weißer Brust und braunen Flanken. Weibchen graubraun, mit blauem Schulterfleck. **Stimme** Gutturale Rufe wie »klack-klack« oder Quaken wie »wa-ak-ak«.
Wissenswertes Die Löffelente ist auf den Flachseen der norddeutschen Tiefebene sehr häufig, da sich hier viel feines Plankton bildet. Die Tiere besitzen mit langen dünnen Lamellen im Schnabel einen Reusenapparat, mit dem sie die Wasseroberfläche nach Kleinlebewesen duchseihen. Während der Brut in der Verlandungszone bewachen die Erpel die brütenden Weibchen. Löffelenten überwintern im Mittelmeergebiet.

Krickente
Anas crecca
Entenvögel

Merkmale Gesamtlänge 35 cm. Sehr kleine Gründelente mit hellgrünem Flügelspiegel. Männchen: Kopf kastanienbraun mit grün schimmerndem Seitenstreif. Weibchen: braun und gelblich geflecktes Gefieder. **Stimme** Melodischer Pfiff »krückkrück«. Fliegt mit pfeifendem Flügelgeräusch.
Wissenswertes Kleine seichte und zugewachsene Gewässer sind der bevorzugte Lebensraum dieser sehr kleinen Ente. Sie ernährt sich im Sommer von Wasserinsekten, Schnecken und Muscheln, im Winter vegetarisch. Krickenten leben meist sehr heimlich. Sie überwintern auch in Mitteleuropa, in stillen Winkeln großer Seen. Die Partner finden sich zwischen Herbst und Frühjahr und beziehen im April gemeinsam Brutplätze.

Tafelente
Aythya ferina
Entenvögel

Merkmale Gesamtlänge 46 cm. Tauchente, die mit einem Sprung abtaucht. Männchen: Kopf kastanienbraun, Brust und Schwanz schwarz, Rücken und Seiten silbergrau, Augen leuchtend rot. Weibchen: Kopf und Brust dunkelbraun, Rumpf graubraun. **Stimme** Weibchen »rarr-rarr«, ruft wenig.
Wissenswertes Tafelenten brauchen große nährstoffreiche, mindestens 1–2 m tiefe Flachseen. Dort tauchen sie nach Blüten, Trieben oder Wurzelteilen. Im Bodenseegebiet und auf norddeutschen Küstengewässern überwintert sie in sehr großer Zahl. Von November bis März balzen die Erpel und werfen dabei den Kopf ruckartig auf den Rücken.

Reiherente
Aythya fuligula
Entenvögel

Merkmale Gesamtlänge 43 cm. Kleine Tauchente. Männchen: schwarz mit leuchtend weißen Flanken, violett schimmernder Kopf mit kleinem Schopf (Bild), Bernsteinauge. Weibchen: einfarbig braun, Flanken aufgehellt. Beide im Flug mit typisch weißem Flügelband. **Stimme** Zumeist stumm.
Wissenswertes Reiherenten brüten auf Baggerseen, Parkteichen oder langsam fließenden Gewässern mit schützender Vegetation. Sie fressen Wasserschnecken, Muscheln und kleine Fische. Ihre Küken lassen sie schnell allein, denn die Weibchen suchen bald Mauserplätze auf, sie sind dann fast 2 Monate flugunfähig. Reiherenten überwintern auf Seen Mitteleuropas.

Mandarinente
Aix galericulata
Entenvögel

Merkmale Gesamtlänge 43 cm. Ostasiatische, sehr bunte Ente. Männchen: Kopf mit langer Haube und orangefarbenen Schmuckfedern, Schnabel rot. Weibchen: Oberseite graubraun, Schnabel grau, weißer Augenring mit Strich zum Nacken. Einst Parkente, in England verwildert. **Stimme** Im Flug pfeifend »wrrick«.
Wissenswertes In Südengland leben heute weit über 1000 Mandarinentenpaare. In Mitteleuropa dagegen ist die ostasiatiche Art noch selten. Meist leben die Vögel halb verwildert auf Parkseen. Sie fressen Würmer, Schnecken, Insekten und Nüsse und brüten in Baumhöhlen. Ihre Eier legen sie auf den blanken Höhlenboden. Die Jungen springen oft aus 20 m Höhe auf die Erde.

Graureiher
Ardea cinerea
Reiher

Merkmale Gesamtlänge 90 cm. Häufigster, großer Reiher. Oberseite grau, Unterseite weißlich. Gelbe Augen mit schwarzem Überaugenstreif. 2 lange Schmuckfedern am Hinterkopf. Sehr typisch: im Flug ist der Kopf S-förmig eingezogen, an den Flügelsäumen heben sich die schwarzen Schwungfedern deutlich vom Oberkörpergrau ab. Weibchen wie Männchen.
Stimme Laut krächzend »chrääk«, oft beim Abfliegen zu hören.
Wissenswertes Graureiher leben an Gewässern aller Art. Dort lauern sie bewegungslos Fischen auf, die sie mit ihrem dolchartigen Schnabel ohne Mühe erbeuten. Sie nutzen dabei selbst kleinste Tümpel und sogar Gartenteiche. Auf Feldern fangen sie Mäuse, aber auch Reptilien und Insekten. Graureiher nisten auf hohen Bäumen.

Silberreiher
Casmerodius albus
Reiher

Merkmale Gesamtlänge 89 cm. Etwa so groß wie Graureiher, aber reinweiß. Vom Rücken hängen filigrane Schmuckfedern herab. Schnabel zur Brutzeit schwarz, sonst gelb. Geschlechter gleich. **Stimme** Meist nur krächzend wie »rhä«.
Wissenswertes Silberreiher bewohnen großflächige Seen mit ausgedehnten Schilffeldern, stille Altwässer und Flussmündungen. In Europa brüten sie nur in der Ungarischen Tiefebene und am Neusiedler See. Außerhalb der Brutzeit sind sie weit verbreitet. Silberreiher schreiten langsam durch flaches Wasser, wo sie mit blitzartigem Zustoßen kleine Fische erbeuten. Sie sind Koloniebrüter im Schilf. Beide Eltern beteiligen sich an der Aufzucht der 3–4 Jungen. Den Winter verbringen Silberreiher meist in Afrika, nur wenige bleiben im Mittelmeerraum.

Rohrdommel
Botaurus stellaris
Reiher

Merkmale Gesamtlänge 76 cm. Plump wirkender Reihervogel mit dickem Hals. Gefieder durchwegs Schilffarben und längs gebändert. Kopfplatte schwarz. Kehle weiß. Füße grün. Geschlechter gleich. **Stimme** Sehr tiefes, dumpfes, weithin hörbares »u-wump«. Klingt fast wie ein Nebelhorn.
Wissenswertes Die Rohrdommel ist nur sehr selten zu sehen. Manchmal fliegt sie fast eulenartig mit weichen Flügelschlägen über den Schilfwald oder schleicht zur Nahrungssuche am Schilfrand entlang. Sie erbeutet Fische, Frösche, Molche und Wasserinsekten, die sie durch blitzschnelles Zustoßen fängt. Bei Störungen stellt sich die Rohrdommel bewegungslos mit empor gestrecktem Schnabel in das Schilf (Pfahlstellung) und ist dann kaum zu entdecken. Sie überwintert in West- und Südeuropa.

Weißstorch
Ciconia ciconia
Störche

Merkmale Gesamtlänge 102 cm. Großer, überwiegend weißer Vogel mit schwarzen Schwingen, rotem Schnabel und roten Beinen. Geschlechter gleich. Sehr typisches Flugbild: fliegt mit lang ausgestrecktem Hals, die Beine reichen weit über den Schwanz hinaus. **Stimme** Meist stumm, bei Begrüßung am Horst lautes Schnabelklappern bei zurückgelegtem Hals.
Wissenswertes Feuchte Wiesen, Sümpfe und ausgedehnte Niederungen braucht der Weißstorch zum Überleben. Langsam schreitend fängt er dort Mäuse, Maulwürfe, Ringelnattern und Frösche, oft auch Heuschrecken. Weißstörche bauen große Reisighorste ursprünglich in hohe Bäume und als Kulturfolger oft auch auf Häuser, Scheunen oder Kamine. Die Paare haben eine große Nestbindung. Sie kehren jedes Jahr zum gleichen Nest zurück. Die Trockenlegung landwirtschaftlicher Flächen vertreibt den Weißstorch aus Mitteleuropa. In Osteuropa sind die Bestände dagegen wieder leicht steigend. Weißstörche überwintern in den Steppen Afrikas südlich der Sahara.

Schwarzstorch
Ciconia nigra
Störche

Merkmale Gesamtlänge 97 cm. Überwiegend schwarzer Storch mit metallischem Glanz. Bauchseite reinweiß, Beine und Schnabel rot. Beide Geschlechter gleich. **Stimme** Im Flug ein melodisches »wüüo«, klappert wenig.
Wissenswertes Meist entdeckt man den Schwarzstorch nur, wenn er stundenlang über alte Laub- und Nadelwälder segelt. Dieser scheue Vogel sucht unberührte Gegenden mit Waldbächen, Tümpeln und Altarmen. Dort jagt er im seichten Wasser Fische, Frösche und Molche. Schwarzstörche bauen ihren Reisighorst auf hohe Eichen oder Kiefern. Manchmal nisten sie auch in alten, von ihnen ausgebauten Greifvogelnestern. Sie benutzen ihre Nester jahrelang. Die 3–5 Eier werden von beiden Partnern bebrütet. Die Jungen brauchen etwa 70 Tage zum Flüggewerden. Im Herbst ziehen Schwarzstörche über den Bosporus nach Ostafrika. Auf dem langen Weg in ihr Winterquartier nutzen sie Thermiken zum Segeln und sparen so Energie. Schwarzstörche ziehen in kleinen Familientrupps etwa einen Monat nach den Weißstörchen.

Kormoran
Phalacrocorax carbo
Kormorane

Merkmale Gesamtlänge 90 cm. Gänsegroßer schwarzer Wasservogel. Großer Schnabel mit Endhaken. Grüne Augen. Metallisch glänzender Schimmer auf dem Gefieder. Zur Brutzeit mit weißem Fleck am Beinansatz. Sehr typisches Flugbild: schmale Flügel, Hals und Schwanz etwa gleich lang. Weibchen wie Männchen. **Stimme** Am Brutplatz lautes Krähen, sonst meist stumm.
Wissenswertes Kormorane sind Fischjäger. Sie schwimmen oft mit untergetauchtem Kopf und spähen nach Beute. Unter Wasser sind sie dank rudernder Fußbewegungen sehr schnell. Fische packen sie mit dem Hakenschnabel im Bereich der Kiemen und schlucken sie ganz. Einen Großteil der Nahrung machen Aale aus. Nach dem Tauchen stehen sie oft stundenlang mit ausgebreiteten Schwingen, um diese im Wind zu trocknen. Sie brüten an den Küsten von Nord- und Ostsee sowie an küstennahen Binnenseen, oft in Saatkrähen- oder Graureiherkolonien. Durch ihren ätzenden Kot sterben die Horstbäume ab.

Basstölpel
Sula bassana
Tölpel

Merkmale Gesamtlänge 90 cm. Großer schlanker Seevogel mit überwiegend weißem Gefieder und schwarzen Flügelspitzen. Kräftiger, langer, spitzer Schnabel. Pfirsichartige Färbung von Hals und Kopf. Geschlechter gleich. **Stimme** Am Brutfelsen raue, kehlige Laute wie »arrr« oder »kirra-kirra-kirra«.
Wissenswertes Basstölpel leben an abgelegenen Felsen und Klippen des Nordatlantik. Von diesen stürzen sie sich aus mehr als 30 m Höhe mit angelegten Flügeln senkrecht ins Meer, um Fische zu erbeuten. Sie brüten in riesigen Kolonien. Der Abstand zum Artgenossen ist oftmals nur gerade so groß, dass beide sich mit dem Schnabel nicht verletzen können. Die Nester der Basstölpel sind unordentliche Bauten aus Tang und Gras. Die Jungvögel stürzen sich noch flugunfähig von den Klippen und schwimmen dann auf das offene Meer hinaus. Ihr braunes Jugendkleid legen sie nur langsam ab: erst mit 5 Jahren tragen sie das weiße Federkleid der Erwachsenen.

Eissturmvogel
Fulmarus glacialis
Sturmtaucher

Merkmale Gesamtlänge 48 cm. Silbermöwenähnlicher Vogel, aber mit dickem Kopf und Hals und einer typischen Nasenröhre auf dem Schnabel. Von Möwen im Flug sehr leicht zu unterscheiden: es fehlen die schwarzen Flügelspitzen. Flügelschlagen selten, Eissturmvögel segeln meist. Geschlechter gleich.
Stimme Im Flug tiefes »kuu«, in der Kolonie Gackern und Grunzen wie »aak-aak-aar«.
Wissenswertes Eissturmvögel sind Hochseevögel, die mit geringstem Aufwand fast schwerelos schweben. Nur an Land sind sie sehr unbeholfen. Hier nehmen sie beim Watscheln die Flügel zu Hilfe. Auf dem Meer leben Eissturmvögel von toten Fischen und vom Fett toter Robben und Wale. Sie können aber auch lebende Tintenfische oder Quallen erbeuten. Ihre Brutgebiete liegen auf den steilen Vogelfelsen Englands, Irlands oder Spitzbergens. Männchen und Weibchen bebrüten abwechselnd jeweils mehrere Tage hintereinander das einzige Ei. Das Junge wird nur einmal täglich gefüttert und nur im 1. Lebensmonat gehudert.

Haubentaucher
Podiceps cristatus
Lappentaucher

Merkmale Gesamtlänge 48 cm. Im Frühling und Sommer unverwechselbar durch eine schwarze, zweizipfelige Haube und eine rostbraune Halskrause. Hals und Unterseite weiß, Oberseite schwarz. Im Ruhekleid ist das weiße Gesicht und der weißliche Hals typisch, die Haube ist nur angedeutet. Weibchen wie Männchen. **Stimme** Quorrend »gröck-gröck«.
Wissenswertes Seen und Teiche mit reicher Ufervegetation sind das typische Brutrevier der Haubentaucher. Dort fangen sie tauchend kleine Fische dicht unter der Oberfläche. Während der Balz schwimmt das Paar mehrmals am Tag aufeinander zu, streckt sich dicht und genau gegenüber hoch aus dem Wasser (Pinguinpose) und überreicht sich kopfschüttelnd Pflanzenmaterial. Beide Taucher bauen im Schilfgürtel ein Schwimmnest aus Wasserpflanzen. Die 3–4 Eier bebrüten beide abwechselnd. Die gestreiften Dunenjungen können sofort schwimmen, lassen sich aber oft auf dem Rücken der Eltern tragen. Viele Haubentaucher bleiben auch im Winter in den Brutgebieten.

Zwergtaucher
Tachybaptus ruficollis
Lappentaucher

Merkmale Gesamtlänge 27 cm. Kleinster europäischer Taucher. Wirkt rundlich wie ein Federball. Kleiner Kopf, dunkelgraue Oberseite, rotbrauner Hals mit einem typischen weißen Fleck am Schnabelgrund. Im Winterkleid Kopf und Oberseite dunkelbraun. Geschlechter gleich. **Stimme** Lautes, helles Trillern wie »bi-ri-ri-ri-ri-ri«.
Wissenswertes Zwergtaucher bewohnen Teiche, Tümpel und schlammige Seen mit reichlich Ufervegetation sowie langsam fließende Flüsse. Sie sind selten zu sehen, aber stets an dem lauten, typischen Triller, der die Paare zusammenhält, zu erkennen. Beide Partner bauen ein recht großes Schwimmnest für die 4–6 Eier, die sie beim kurzzeitigen Verlassen mit Pflanzenmaterial abdecken. Die Dunenjungen werden unter den Flügeln eines Elterteils transportiert und vom anderen etwa 1 Monat gefüttert. Zwergtaucher ernähren sich von Wasserinsekten, Schnecken, Krebsen und kleinen Fröschen. Den Winter verbringen sie auf eisfreien Gewässern.

Sterntaucher
Gavia stellata
Seetaucher

Merkmale Gesamtlänge 50–60 cm. Etwa haubentauchergroß. Kopf und Halsseiten aschgrau, Vorderhals rot, Oberseite dunkel, wenig gemustert, Auge rot, Schnabel etwas aufgeworfen. Weibchen wie Männchen, aber kleiner.
Stimme Gänseartig »grä-grä-grä«, im Brutrevier »miaoo«.
Wissenswertes Sterntaucher besiedeln die Tundraseen Skandinaviens, Sibiriens und Spitzbergens. Im Winter sieht man sie auch auf großen Binnenseen Mitteleuropas. Als meisterliche Taucher holen sie ihre Nahrung oft aus 9 m Tiefe. Es sind Fische, Muscheln, Krebse, Frösche und Insekten. Zur Balzzeit zeigen sie eindrucksvolle Rituale. Sie heben die Brust weit aus dem Wasser, während Kopf und Schnabel nach unten zeigen. In dieser Pose laufen beide Partner sehr schnell über das Wasser und fliegen dann gemeinsam über das Brutrevier. Das Nest wird in der niedrigen Vegetation am Ende eines kleinen Fluchtganges angelegt. Die 2 Jungen sind nach 6 Wochen flügge.

Zu Wasser und zu Land: Amphibien und Reptilien

Amphibien und Reptilien sind die beiden Gruppen der Wirbeltiere, die den Übergang vom Leben im Wasser zu einem Leben auf dem Land dokumentieren. Während allen Amphibien gemeinsam ist, dass sie sowohl im Wasser als auch auf dem Land leben (daher der Name Amphibien, abgeleitet von dem griechischen Wort »amphibios«), leben Reptilien überwiegend auf dem Land.

Amphibien

Amphibien oder Lurche sind die ursprünglichsten Wirbeltiere und waren in der Evolution die ersten Tiere, die sich auf vier Beinen fortbewegten. Man unterteilt sie in die folgenden drei Ordnungen: Schwanzlurche, Blindwühlen und Froschlurche.

Dass sie auf die Nähe von Gewässern angewiesen bzw. vom Wasser abhängig sind, hängt mit ihrer Atmung zusammen. Denn ihre Haut ist oft so dünn, dass ein Großteil des Gasaustausches eben durch diese stattfindet. Darüber hinaus ist sie wichtig für den Wasserhaushalt: Amphibien trinken nicht, sondern ersetzen verlorenes Wasser direkt über die Haut. Da sie sehr salzwasserempfindlich ist, sind Amphibien außerdem auf das Süßwasser beschränkt. Nur Kreuz- und Wechselkröte können Brackwasser tolerieren.

Die drüsige Haut schützt den im Wald lebenden Feuersalamander (Salamandra salamandra) *vor Austrocknung.*

Viele Amphibienarten sind sehr langlebig. In Gefangenschaft wurden Kröten bis zu 30 Jahre alt, Feuersalamander lebten sogar 50 Jahre lang.

Schwanzlurche

Zu den Schwanzlurchen gehören Molche und Salamander. Ihr Körper ist lang gestreckt, der Kopf flach, die Vorderextremitäten umfassen stets nur vier Finger.

Männchen und Weibchen vieler Molcharten sind unterschiedlich gefärbt. Die zeitlich wechselnden Trachten spielen bei Partnerfindung und Balz eine entscheidende Rolle. Schwanzlurche haben eine aquatische Phase in ihrer Entwicklung. In dieser Zeit werden aus den Eiern lang gestreckte Larven mit drei Paaren äußerer Kiemen. Im Gegensatz zu den Kaulquappen der Froschlurche entwickeln sich bei Molchen und Salamandern zuerst die Vorderbeine, danach die Hinterbeine. Die Entwicklung der Larven kann bei Molchen und Salamandern aber auch ganz anders verlaufen. Feuer- und Alpensalamander beispielsweise sind lebend gebärend. Schwanzlurche sind sehr winterfest, einige vertragen sogar zeitweises Einfrieren.

Kaulquappe

Dem Grasfrosch (Rana temporaria) *erlauben seine langen Hinterbeine weite Sprünge. Seine Kaulquappen entwickeln sich im Wasser.*

Froschlurche

Der Körperbau der Froschlurche zeigt eine Anpassung an die springende Lebensweise und ist stark spezialisiert. Die kräftigen Hinterbeine besitzen durch die stark verlängerten Fußwurzelknochen ein zusätzliches Sprunggelenk. Diese Knochen setzen direkt hinter den hinteren Zehen an und ergeben einen Hebel zum schnellen Abdrücken vom Boden. Ebenso ist der Schultergürtel modifiziert und fängt über die Arme den Sprung auf.

Sehr typisch für die Froschlurche ist ihre Metamorphose beim Übergang vom Wasser- zum Landleben. Im Frühjahr suchen Frösche Süßwasserstellen auf und legen ihre Eier im Wasser ab. Die Methoden der Eiablage sind unterschiedlich: Bei den Fröschen sind es so genannte Laichklumpen, bei den Kröten Eischnüre. Aus ihnen schlüpfen kleine Larven mit Schwänzen – die Kaulquappen.

Sie entwickeln zunächst Hinterbeine, erst kurz vor dem Verlassen des Wassers brechen ihre schon im Verborgenen angelegten Vorderbeine durch. Danach geht der Jungfrosch zum Landleben über und verliert seinen Schwanz. Wegen ihrer Abhängigkeit von der Hautatmung und der Aufnahme von Wasser über die Haut müssen sich Froschlurche auch an Land stets an feuchten Stellen aufhalten.

Froschlurche haben besondere Methoden der Kommunikation entwickelt: Sie erzeugen mit dem Kehlkopf quakende Laute und verstärken diese mit ausstülpbaren Schallblasen. Häufig bilden die Männchen vieler Arten zu Beginn der Laichzeit weithin hörbare Chöre, um die Weibchen zu den Laichgewässern zu locken oder mit einem Werberuf zur Paarung aufzufordern. Die Froschlaute insgesamt sind sehr vielseitig: Es gibt Revier- oder Kampfrufe, einen Befreiungsruf gegen Umklammerung fremder Männchen und sogar einen Schmerzschrei, wenn ein Frosch von einer Schlange ergriffen wird.

Langsame Froschlurche, die eher laufen statt springen und eine warzige Haut tragen, nennt man Kröten. Häufig schützen sich diese Tiere mit ätzenden Sekreten vor Fressfeinden.

Die heimischen Froschlurche sind die am meisten durch den Verkehr gefährdeten Amphibien, da sie im März oder April immer zu den gleichen Teichen oder Tümpeln wandern und dabei auf den sonnenwarmen Straßen sitzen bleiben.

Zur Paarungszeit trägt der Teichmolch (Triturus vulgaris) *leuchtende Farben und einen welligen Kamm.*

Ein lang gestreckter und agiler Nachfahre der Saurier: die Zauneidechse (Lacerta agilis).

Reptilien

Die Klasse der Reptilien umfasst heute etwa 6000 Arten weltweit. Sie gliedert sich in vier Ordnungen: Schildkröten, Krokodile, Echsen und Schlangen. Der Begriff »Reptilien« leitet sich von dem lateinischen Wort »reptilis« für »kriechen« ab. Oft werden Reptilien auch als Kriechtiere bezeichnet. Wie die Amphibien sind Reptilien wechselwarme Wirbeltiere.

Sie weisen drei verschiedene Grundbaupläne auf: Es gibt einen Schildkrötentyp, bei dem ein Panzer den Rumpf umschließt, einen schlangenförmigen Typ mit langem runden Körper ohne Extremitäten und schließlich einen echsenförmigen Gestaltstyp. Bei diesem ist der Kopf vom Rumpf durch einen Hals getrennt, der Körper ist schlank, der Schwanz meist lang. Die Beine können gut entwickelt sein wie bei der Zauneidechse oder auch zurückgebildet wie bei der Blindschleiche.

Bei vorwiegend landbewohnenden Reptilien ist die Haut trocken, drüsenarm und mit stark verhornten Schuppen besetzt. Die Oberhaut wird von Zeit zu Zeit als Ganzes abgestreift wie bei den Schlangen (Natternhemd), oder fetzenweise abgelöst wie bei den Echsen. Schildkröten und Krokodile schilfern die Haut nur ab.

Reptilien sind lungenatmende Landbewohner, besuchen aber gelegentlich das Wasser. Ausnahmen bilden hier nur die Meeresschildkröten und Seeschlangen, die zum Wasserleben übergegangen sind.

Alle Reptilien entwickeln sich direkt aus Eiern ohne Metamorphose und ohne Larvenstufen, wie es die Kaulquappen der Amphibien darstellen.

Schildkröten

Die heute bekannten etwa 220 Schildkrötenarten leben vorwiegend in tropischen und subtropischen Gebieten. In Europa sind es nur wenige Arten, die jedoch ebenfalls den typischen Bauplan aufweisen:

Der kurze Körper ist von einem knöchernen, gewölbten Rückenpanzer sowie einem flachen Bauchpanzer umhüllt. Verbunden werden sie durch Knorpel, die eine »Brücke« bilden.

Schildkröten sind zahnlos, besitzen jedoch scharfkantige Hornscheiben zum Zerkleinern der Nahrung. Landschildkröten erschließen sich damit vor allem pflanzliche Kost, wasserbewohnende Arten dagegen tierische. Ihre Eier legen die Tiere stets auf dem Land ab, sie werden dann einfach von der Sonne ausgebrütet.

Schlangen

Die Schlangen sind mit 2800 Arten weltweit vorwiegend in den Tropen und Subtropen verbreitet. In Europa kommen nur knapp 30 Arten vor. Ihr Körper ist lang gestreckt und beinlos. Die schlängelnde Fortbewegung wird ermöglicht durch eine große Anzahl von Wirbeln, deren Zahl zwischen 200 und 400 liegen kann. Sie erfolgt in seitlichen Wellenlinien mithilfe starker Muskeln, die sich abwechselnd zusammenziehen und erschlaffen. Die Körpertemperatur der Schlangen ist weitgehend von den äußeren Temperaturen abhängig. Um sich aufzuwärmen, sonnen sich die Tiere häufig zu einem Kreis aufgerollt.

Ihre Beute müssen sie als Ganzes verschlingen. Dabei helfen ihnen beweglich miteinander verbundene Schädelknochen, die das Maul sehr dehnbar machen. Zwei Drittel aller Schlangen erwürgen ihre Beute, ein Drittel tötet sie mittels Gift. Schlangen zehren sehr lange von ihrer Nahrung und können bei Kältestarre monatelang ohne Futter auskommen. Ihre Eier legen sie in feuchtwarme Verstecke. Manche Arten betreiben Brutpflege oder sind sogar lebend gebärend wie die Vipern.

Kröten – hier die Kreuzkröte (Bufo calamita) *– laufen eher als dass sie springen. Große Schallblasen verstärken die Balzlaute.*

Echsen

Echsen sind weltweit mit etwa 3000 Arten entwickelt. Davon leben etwa 50 Arten in Europa. Die bekannteste fossile Echse war der über zehn Meter lange Mosa-Saurier. Heute erreichen Echsen nur noch eine maximale Größe von drei Metern wie der Komodo-Waran, die kleinste ist ein nur vier Zentimeter langer Gecko.

Echsen haben weniger Wirbel als Schlangen. Meist sind es 24, die dennoch eine große Beweglichkeit zulassen. Im Allgemeinen haben Echsen einen besonders langen Schwanz, der von vielen Arten an bestimmten Stellen der Schwanzwirbel bei Gefahr abgeworfen und erneuert werden kann.

Die meisten Echsen leben räuberisch. Kleine Arten wie Zaun- oder Smaragdeidechse sind Insektenfresser und verwerten gelegentlich auch Früchte. Sie bewegen sich meist schlängelnd, wobei ihre vier Beine die Bewegung abwechselnd nach vorne treiben. Nur die Blindschleiche besitzt keine anschiebenden Beine mehr.

Beinlose Reptilien: die Schlangen. Doch über 200 Wirbel geben den Tieren wie dieser Ringelnatter (Natrix natrix) *eine unvergleichliche Beweglichkeit.*

Ringelnatter
Natrix natrix
Nattern

Merkmale Gesamtlänge Männchen 55–75 cm, Weibchen 85–150 cm. Schlangengestalt. Gelbe, manchmal weiße Halbmondzeichnungen hinter dem Kopf. Rücken schiefergrau bis braun, mit schwarzen Flecken. Bauchseite schmutzig weiß, mit dunkler Zeichnung. Augen mit runder Pupille. **Stimme** Bedrängte Ringelnattern zischen.
Wissenswertes Die Ringelnatter ist ein Reptil der Tümpel, Teiche, Bäche und Seen. Dort sieht man die häufige, aber sehr scheue Schlange besonders in den Morgenstunden elegant schwimmen. Sie fängt bevorzugt Froschlurche an Land und im Wasser. Für den Menschen ist die Schlange völlig harmlos. Fühlt sich eine Ringelnatter bedroht, stellt sie sich auf dem Rücken liegend tot und stößt eine stinkende Flüssigkeit aus.

Würfelnatter
Natrix tesselata
Nattern

Merkmale Gesamtlänge Männchen bis zu 80 cm, Weibchen 60–80 cm. Kopf spitzschnäuzig. Oberseite variabel, mit Grau-, Oliv- oder Brauntönen oder Mischfarben wie Blaugrün oder Graugrün. Vom Rücken bis zur Schwanzspitze mit 3–5 Längsreihen viereckiger dunkler Flecken. **Stimme** Bedrängt zischen sie kräftig.
Wissenswertes Diese für den Menschen harmlosen Nattern bewohnen warme Regionen wie das Nahetal, den größten Teil des Balkans und Südeuropa. Dort jagen sie fast ausschließlich in fließenden Gewässern kleine Fische, Molche oder Kaulquappen. Häufig liegen sie auch aufgerollt und untergetaucht im Fluss und kommen nur zum Atmen empor. Im Sommer legt das Weibchen 5–25 Eier in lockere Erde. Die Jungtiere sind etwa 16 cm lang.

Schlingnatter
Coronella austriaca
Nattern

Merkmale Gesamtlänge 60–80 cm. Männchen kleiner als Weibchen. Oberseite grau, braun oder oliv, mit dunklen Doppelflecken (kein Zickzack-Muster wie bei Kreuzottern!). Kopf mit sehr typischem seitlichen dunklen Streifen von der Nasenöffnung durch das Auge bis zum Hals. Pupillen rund.
Wissenswertes Diese träge und scheue Schlange bewohnt trockene, warme Regionen. Man findet sie im sandigen Hügelland, in der Heide und auf Waldlichtungen. Sie jagt Eidechsen und Blindschleichen, aber auch Vögel und Nagetiere. Ihre Beutetiere überwältigt sie, indem sie diese umschlingt uns erdrückt. In die Enge getrieben beißt sie sofort zu, ist aber ungiftig. Paarungszeit ist das Frühjahr. Im Spätsommer bringt das lebend gebärende Weibchen 2–15 Junge zur Welt.

Kreuzotter
Vipera berus
Ottern

Merkmale Gesamtlänge Männchen 40–55 cm, Weibchen 50–65 cm. Sehr variable Färbung und Zeichnung. Männchen oben weiß oder grüngrau, auch olivbraun und sogar schwarz. Weibchen sandgelb, rot- und kupferfarben oder dunkelbraun. Beide Geschlechter mit deutlichem Zickzackband auf dem Rücken. Sehr typisch: V- oder X-Zeichnung auf dem Kopf. Pupille senkrecht. **Stimme** Warnendes Zischen. **Wissenswertes** Diese wärmebedürftige Schlange bewohnt Moore, Heidebestände, Lichtungen und Waldränder. Dort jagt sie tagsüber Kleinsäuger oder Eidechsen, die sie mit einem Giftbiss tötet. Das Gift der Kreuzotter ist für erwachsene Menschen weit weniger gefährlich als angenommen. Dennoch sollte man nach einem Biss umgehend den Arzt aufsuchen. Kreuzottern haben traditionelle Paarungsplätze, die sie nach ausgiebigem Sonnen aufsuchen. Nach einer Entwicklungszeit von etwa 8–10 Wochen werden 5–18 voll entwickelte Junge geboren. Die Monate Oktober–März verbringen Kreuzottern in Winterstarre.

Aspisviper
Vipera aspis
Ottern

Merkmale Gesamtlänge 50–60 cm. Sehr ähnlich der Kreuzotter. Grundfärbung variabel, reicht von hellgrau bis rostrot. Vom Nacken bis zur Schwanzspitze dunkle Querbinden. Sehr typisch: dicker Kopf, im Umriss dreieckig, deutlich vom Körper abgesetzt. Pupille senkrecht. **Stimme** Angegriffene Tiere zischen. **Wissenswertes** Aspisvipern leben im südwestlichen Europa, besonders in Frankreich und Italien. Dort bewohnen sie vorzugsweise südexponierte, windgeschützte Steilhänge, die von Sträuchern durchsetzt sind. Die Tiere jagen tags und nachts kleine Nagetiere. Diese gemächlichen Schlangen versuchen sich bei Störung zu verkriechen. Es gibt aber auch ohne Zischwarnung zubeißende Exemplare. Die Aspisviper ist giftig, ihre Giftwirkung ist der der Kreuzotter ähnlich. Natürliche Feinde sind Igel, Marder, Iltis und Milane. Die Weibchen gebären Ende August 2–12 Jungschlangen, die 16–25 cm lang sind. Den Winter verbringen Aspisvipern an einem kalten trockenen Ort in Winterstarre.

Mauereidechse
Podarcis muralis
Eidechsen

Merkmale Gesamtlänge Männchen bis 20 cm, Weibchen bis 18 cm. Zierliche Eidechse mit flachem zugespitzten Kopf und dünn auslaufendem Schwanz. Oberseite braungrau bis grünlich, insgesamt aber sehr variabel, Männchen mit schwarzen Flecken oder gitterartigen Strukturen. Bauchseite ebenfalls variabel: weißgelb oder rötlich, aber auch mit orangefarbenem Marmormuster. Weibchen ähnlich. **Wissenswertes** Stark besonnte Stellen wie die Mauern von Weinbergen oder alten Häusern sowie Straßenränder und Eisenbahntrassen sind der Lebensraum dieser lebhaften Eidechsenart. Dort huscht sie mit größter Geschwindigkeit an senkrechten Wänden auf und ab oder versteckt sich in Schlupflöchern. Sie fängt sehr flink Insekten, frisst aber auch Spinnen. Mehrmals im Sommer vergräbt das Weibchen 2–8 Eier im Boden, die von der Sonne ausgebrütet werden. Von November–März dauert die Winterruhe in unseren Breiten, in den Mittelmeerländern ist sie kürzer.

Zauneidechse
Lacerta agilis
Eidechsen

Merkmale Gesamtlänge bis 25 cm, meist jedoch kleiner. Kurzer Kopf und kräftig gebauter Rumpf. Männchen an den Seiten leuchtend grün, Weibchen braun. Beide Geschlechter mit hell punktiertem dunklen Längsband auf dem Rücken. Männchen unten hellgrün, Weibchen weißlich mit dunklen Punkten. **Wissenswertes** Zauneidechsen bewohnen trockenes Gelände. Besonders gerne halten sie sich an alten Eisenbahndämmen, Wegrändern, Hecken und in Heideflächen auf. Während des Sonnens spreizen sie oft ihre Rippen ab und vergrößern so die Körperoberfläche. Diese sehr flinke Eidechse jagt Insekten, die sie vor dem Fressen heftig schüttelt. Zur Paarungszeit kämpfen die Männchen mit Rivalen und versuchen mit ihren grünen Flanken zu imponieren. Von Ende Mai bis Anfang Juni vergräbt das Weibchen 5–15 Eier in dem warmen Sand. Die Jungen schlüpfen etwa 3 Monate später. Den Winter verbringen Zauneidechsen in einem frostfreien Bodenversteck in Winterstarre.

Smaragdeidechse
Lacerta viridis
Eidechsen

Merkmale Gesamtlänge Männchen bis 35 cm, Weibchen bis 33 cm (nur wenn Schwanz unverletzt), beide jedoch meist kleiner. Große untersetzte Eidechse mit insgesamt lebhaft grünem Rücken. Weibchen eher bräunlich grün. Unterseiten einheitlich gelblich. Männchen mit blauer Kehle.
Wissenswertes Die Smaragdeidechse lebt vorwiegend in Südeuropa. Es gibt jedoch einige Vorkommen an den Steilhängen der Donau und in Brandenburg. Diese sehr scheue und unglaublich schnelle Eidechse ist eigentlich nur am Morgen und frühen Abend beim Sonnen zu beobachten. Ihr Lebensraum sind Halbtrockenrasen und Heckenstreifen sowie Waldlichtungen. Hier erlegt sie am Boden Regenwürmer, Schnecken und selbst junge Nager, meist jedoch Insekten. Diese Eidechsen sind sehr ortstreu. Sie haben einen Aktionsradius von nur etwa 50 Metern. Im Mai vergräbt das Weibchen 6–20 Eier in einer tiefen Erdhöhle. Nach 2 Wochen schlüpfen die Jungen. Die Winterruhe verbringen die Tiere häufig in alten Mäusegängen oder in Steinspalten.

Waldeidechse
Lacerta vivipara
Eidechsen

Merkmale Gesamtlänge bis 18 cm, meist aber kleiner. Beide Geschlechter oben mittelbraun mit weißen Flecken und Streifen, die dunkel umrahmt sind. Männchen unten orange, mit zahlreichen schwarzen Flecken. Weibchen unten zitronengelb, ohne Flecken.
Wissenswertes Die Waldeidechse bewohnt Mittel- und Nordeuropa. Sie ist weniger kälteempfindlich als andere Eidechsen. Ihre Lebensräume sind feuchte Waldränder, Lichtungen, Heideland, aber auch Nordseedünen und Moore. Dort sonnt sie sich häufig auf Baumstümpfen oder herabgefallenen dicken Ästen und flüchtet schon bei der kleinsten Beunruhigung. Ihre Beutetiere sind Spinnen und Bodeninsekten. Das Weibchen behält seine 3–10 befruchteten Eier so lange im Körper, bis die Jungen die Eihüllen verlassen. Deshalb nennt man sie die »lebend gebärende« Eidechse. Dieses Verhalten ermöglicht der Art das Überleben in kalten skandinavischen Regionen. Die Waldeidechse überwintert oft gemeinsam mit Blindschleichen, Kreuzottern und Erdkröten in trockenen Erdlöchern.

Blindschleiche
Anguis fragilis
Schleichen

Merkmale Gesamtlänge bis zu 50 cm, meist kleiner. Goldglänzende Eidechse ohne Beine. Männchen einheitlich gefärbt. Weibchen mit dunkelbraunen Flanken und manchmal dunklem Rückenstreifen. Kopf stets eidechsenähnlich.
Wissenswertes Fast in ganz Europa bewohnen diese beinlosen Eidechsen feuchte Stellen auf Weideland und Waldlichtungen. Sie leben auch unter Brettern im Garten. Als Nahrung nehmen sie v. a. Nacktschnecken und Regenwürmer. Diese Tiere sind meist abends und bei feuchtem Wetter aktiv. Am Tag verkriechen sie sich unter Steinen, Laub oder in den Erdgängen von Nagetieren. Die lebend gebärende Art bringt im Spätsommer 5–25 Junge zur Welt. Den Winter verbringen Blindschleichen oft in Gruppen unter dicken Wurzeln oder in Komposthaufen. Wegen ihres schlangenähnlichen Aussehens werden sie häufig erschlagen. Der Name Blindschleiche leitet sich ab vom Körperglanz (Blendschleiche). Terrarientiere wurden bis zu 50 Jahre alt.

Europäische Sumpfschildkröte
Emys orbicularis
Sumpfschildkröten

Merkmale Einzige Schildkröte Mitteleuropas, die im Binnenland lebt. Rückenpanzer bis 30 cm, meist jedoch nur 20–25 cm, kräftig aufgewölbt, mit gelben sternförmigen Flecken oder Sprenkeln auf dunklem Grund, häufig mit einem hellen Längsstreifen auf der Rückenmitte. Deutlich sichtbarer, langer Schwanz, besonders beim Männchen.
Wissenswertes Die scheue Sumpfschildkröte lebt in stehenden oder langsam fließenden, sehr pflanzenreichen Gewässern. Oft sonnt sie sich hier auf schwimmenden Baumstämmen. Besonderes Merkmal ist dabei ihr nach oben gerichteter Kopf. Bei der geringsten Störung taucht sie lautlos ab. Sie ernährt sich von Wasserinsekten, Molchen, Kaulquappen und kleinen Fischen, verwertet aber auch Pflanzen. Die meiste Lebenszeit verbringt sie im Wasser. Auch die Paarung findet hier statt. Im Juni vergräbt das Weibchen ein Gelege aus 5–15 Eiern an Land in sandigem Boden. Oft wandert es mehrere Tage, um einen geeigneten Platz zu finden.

Wasserfrosch
Rana esculenta
Echte Frösche

Merkmale Größe Männchen bis 8 cm, Weibchen bis 10 cm. Körper schlank. Schnauze spitz. Oberseite meist grasgrün, mit dunklen Flecken. Unterseite meist weißlich, ungefleckt. Von Auge bis Körperende jeweils ein bronzefarbener Streifen (Drüsenleiste). Zwischen den Augen ein hellgrüner Streifen bis zum Körperende. Hinterbeine oben mit großen Flecken oder Bändern. Männchen mit 2 hellen Schallblasen hinter dem Mund. **Stimme** Im Mai–Juni laute Konzerte aus Quaklauten, besonders klangvoll am Abend und bei Nacht.

Wissenswertes Frühjahr und Sommer verbringen Wasserfrösche in Seen und Tümpeln. Diese europaweit verbreitete Art wird heute als Kreuzung zwischen Seefrosch und Teichfrosch angesehen. Im April und Mai legen die Weibchen bis zu 11 000 Eier, aus denen nach etwa 1 Woche die Kaulquappen schlüpfen. Diese fressen vor allem Algen. Der erwachsene Wasserfrosch fängt Insekten, Würmer oder kleine Krebse mit einer langen Zunge, die er aus dem Maul schleudern kann. Den Winter verbringen Wasserfrösche in Erdhöhlen.

Seefrosch
Rana ridibunda
Echte Frösche

Merkmale Größte europäische Froschart. Größe 10–18 cm. Rücken olivgrün bis olivbraun, zahlreiche kleine Warzen. Helle Längslinie auf dem Rücken, deutlich schwächer als beim Wasserfrosch. Hinterbeine hellgrau, mit dunklen Querbändern. Bauch weiß, mit dunkler Marmorzeichnung. Männchen mit grauen Schallblasen hinter den Mundwinkeln. **Stimme** Lautes Keckern aus kurzen »ä-ä-ä-ä-ä«-Lauten.
Wissenswertes Sumpfiges Gelände im mittleren und südlichen Europa ist der Lebensraum des Seefrosches. Die Tiere leben vorwiegend im Wasser, sonnen sich aber täglich einige Stunden an Land. Im April oder Mai legen die Weibchen Laichklumpen aus 1000–10 000 Eiern ins Wasser. Nach etwa 1 Woche schlüpfen die Kaulquappen, die Jungfrösche werden mit 2–3 Jahren geschlechtsreif. Der Seefrosch erbeutet Insekten, Schnecken und Würmer mit seiner klebrigen Zunge. Frösche müssen sehr viel Beute machen, um Schlechtwetterperioden zu überstehen. Den Winter verbringen sie im Bodenschlamm ihres Teichs.

Grasfrosch
Rana temporaria
Echte Frösche

Merkmale Größe bis 10 cm, meist deutlich kleiner. Gedrungen, runde Schnauze. Gemeinsam mit Moor- und Springfrosch ist der für alle Braunfrösche typische dunkle Schläfenfleck. Färbung variabel, Oberseite meist hellbraun bis dunkelrotbraun, dunkle Flecken und Tupfen. Hinterbeine dunkel quer gebändert. Geschlechter bis auf Unterseite gleich, Männchen hier weißlich, Weibchen orangefarben bis rötlich, gefleckt. **Stimme** Knurrende und grunzende Rufreihen (»Knurrkonzerte«).

Wissenswertes Der Grasfrosch ist der häufigste und am weitesten verbreitete Frosch Europas. Die meiste Zeit verbringt er an Land. Hier bewohnt er alle feuchten Stellen im Flachland und Gebirge. Nach dem Winter ist er der erste Frosch in den Laichgewässern. Das Weibchen legt im flachen Wasser zwischen 2000 und 4000 Eier ab, die eine große gallertartige Massen bilden. Im Juni verlassen die etwa 1 cm großen Jungfrösche das Gewässer und verbringen das Jahr zwischen feuchtem Laub und Gras.

Moorfrosch
Rana arvalis
Echte Frösche

Merkmale Größe bis 8 cm, meist etwas kleiner. Sehr ähnlich dem Grasfrosch. Mit braunem Schläfenfleck (»Räubermaske«) und deutlich spitz zulaufender Schnauze. Oberseite hell- bis dunkelbraun. Bauch gelblich weiß, mit kleinen Flecken. Weibchen wie Männchen aussehend, letzteres aber zur Laichzeit auch blau gefärbt. **Stimme** Häufig sind Rufe wie »blub-blub«.
Wissenswertes Moorfrösche bewohnen die nördlichen und mittleren Teile Europas, sowie nach Osten hin sogar Sibirien. Den größten Teil des Jahrs leben sie in feuchten Wiesen, Mooren oder Wäldern. Im Frühjahr gehen sie in Teiche. Dort finden sich die Paare. Die Weibchen legen ab Ende März etwa 2000 Eier, die zum Gewässergrund sinken. Im Sommer verwandeln sich die Kaulquappen zu Jungfröschen, die das Gewässer wieder verlassen. Sie überwintern unter Moos und Pflanzenpolstern, aber auch am Gewässergrund. Moorfrösche jagen bei Dämmerung und nachts Insekten und Würmer.

Springfrosch
Rana dalmatina
Echte Frösche

Merkmale Größe bis 9 cm, meist jedoch nur bis 6 cm, Männchen kleiner als Weibchen. Auffallend schlanker Frosch. Oberseite hellbraun, manchmal auch grasgrün, mit oder ohne dunkle Flecken. Brauner Schläfenfleck (»Räubermaske«). Unterseite einheitlich gelblichweiß. Besonderes Kennzeichen: sehr lange Hinterbeine. Männchen ohne Schallblasen. **Stimme** Schnelle Rufreihen aus »ko-ko-ko«-Lauten. **Wissenswertes** Diese Froschart besiedelt südliche Teile Europas wie Frankreich, Italien, sowie Griechenland bis hin zum westlichen Iran. Der Land bewohnende Frosch lebt in Brombeergestrüpp und in Laub an Waldrändern. Er meidet das Wasser. Auffällig sind seine Sprünge, die 2 m weit reichen. Im Frühjahr sucht der Springfrosch in Massenwanderungen Laichgewässer auf. Die Weibchen legen etwa 1000 Eier ab und heften diese an Unterwasserpflanzen am Gewässergrund. Die Kaulquappen sind unten weiß, oben dunkel gefleckt. Nach etwa 3 Monaten verwandeln sie sich zu Jungfröschen, die das Gewässer wieder verlassen.

Laubfrosch
Hyla arborea
Baumfrösche

Merkmale Größe bis 5 cm. Ovaler Frosch mit glatter Oberseite, deren Färbung je nach äußeren Bedingungen wechselt, von grasgrün bis dunkelgrün, grau oder sogar hellgelb, manchmal treten auch blaue Exemplare auf. Bauchseite weiß und »gekörnt«. Beine sehr lang, mit Haftscheiben an Fingern und Zehen. Männchen mit sehr großer Schallblase am Kinn, die im aufgeblasenen Zustand größer ist als der Kopf. **Stimme** Sehr lautes »äpp-äpp-äpp«. **Wissenswertes** Pflanzenreiche Gewässer im offenen Gelände sind der bevorzugte Lebensraum des Laubfroschs. Als ausgezeichneter Kletterer verbringt er die meiste Zeit auf den Blättern von Brombeeren und sonnt sich. Nachts wird er aktiv und jagt fliegende Insekten. Die Männchen rufen von Ende März bis Mitte Juni in milden Nächten ihre lauten Chöre. Die Weibchen legen Laichklumpen von Walnussgröße im Wasser ab. Dabei werden sie von den Männchen umklammert, die oft selbst die Eier an Wasserpflanzen festheften. Nach der Eiablage verlassen die Tiere das Gewässer.

Erdkröte
Bufo bufo
Kröten

Merkmale Größe bis 15 cm. Männchen meist nur bis 8 cm. Kröte mit plumpem gedrungenen Körper. Kopf breit, vorne abgerundete Schnauze, waagrechte Pupille. Haut mit warzigen Drüsen übersät, trocken. Meist braun, manchmal auch sandfarben, oft dunkel oder rötlich marmoriert. Männchen mit Schwielen an den ersten drei Fingern. **Stimme** Paarungsruf wie »oeck-oeck-oeck«. **Wissenswertes** Erdkröten sind nachtaktive Landbewohner. Sie besiedeln die unterschiedlichsten Lebensräume einschließlich menschlicher Siedlungen. Erdkröten sind sehr ortstreu und bewohnen oft den gleichen Unterschlupf. Bei warmem regnerischen Wetter verlassen sie ihr Versteck, um Insekten oder Nacktschnecken zu jagen. Im März wandern sie oft in Massen zu den stets gleichen Laichtümpeln. Das Weibchen legt 2000–6000 Eier in bis zu 2 m langen Laichschnüren ab. Je nach Wetter entwickeln sich die Kaulquappen in 10–16 Tagen. Im Juni oder Juli verlassen sie als Jungkröten das Wasser.

Kreuzkröte
Bufo calamita
Kröten

Merkmale Größe bis 10 cm. Gedrungene Kröte mit grünbraun marmorierter Oberseite, oft mit rötlichen Warzen. Typisch ist ein weißgelber Längsstreifen in der Rückenmitte. Unterseite gelblich grau mit bräunlichen Flecken. **Stimme** Sehr lautes »örrp-örrp-örrp«. Die knarrenden Rufe sind über 1 km weit zu hören. **Wissenswertes** Diese Kröten bevorzugen trockene, sandige Böden und graben sich an der Nordsee gerne in Dünen ein. Im Binnenland bewohnen sie Kiesgruben oder Truppenübungsplätze. Ihre Beute sind hauptsächlich Insekten. Mit ihren kurzen Hinterbeinen springen Kreuzkröten nicht. Um Feinden zu entkommen, rennen sie sehr schnell. Von April–Juni legen die Weibchen in Eischnüren 2000–4000 Eier in kleine Pfützen oder Tümpel. Die Verluste an Eiern und Kaulquappen betragen oft mehr als 90%, da die Laichgewässer zu schnell austrocknen. Zur Überwinterung graben sich Kreuzkröten tief in den Boden ein.

Wechselkröte
Bufo viridis
Kröten

Merkmale Größe Männchen bis 8 cm, Weibchen bis 10 cm. Kräftige Kröte mit wechselnder Färbung (Name). Oft oberseits dunkelgrüne Flecken auf hellem Grund und einige rötliche Warzen. Insgesamt ist diese Körperzeichnung ein unverwechselbar großfleckiges Muster. Unterseits sind sie weiß bis cremefarben. **Stimme** Lang gezogene melodische Triller, erinnern an den Gesang von Kanarienvögeln.
Wissenswertes Die vorwiegend nachtaktiven Wechselkröten bevorzugen steppenartig trockenes Gelände. Sie bewohnen Dünen, Sandgruben und sandige Teiche sowie menschliche Siedlungen. Sie bewegen sich mit schnellen Sprüngen und können auch klettern. Zwischen April–Juni suchen Wechselkröten Wasserstellen auf, aus denen die trillernden Rufe der Männchen zu hören sind. Die Weibchen hängen ihre etwa 1000–2000 Eier in Laichschnüren an Wasserpflanzen auf. Die Nahrung der Wechselkröten besteht v. a. aus Würmern, Schnecken und Insekten. Winterruhe halten die Tiere unter Steinen und Pflanzenwuchs.

Knoblauchkröte
Pelobates fuscus
Krötenfrösche

Merkmale Größe Männchen bis 6 cm, Weibchen bis 8 cm. Plumper Körper mit auffallend kurzem Kopf, stark vorstehenden Augen und schaufelförmigen Hinterbeinen. Färbung variabel: Oberseite gelblich braun, mit olivbraunen und rötlichen Flecken und Punkten. Unterseite meist weiß. Nimmt man ein Tier in die Hand, sondert es starken Knoblauchgeruch ab. **Stimme** Häufig sind »wock-wock-wock«-Laute zu hören.
Wissenswertes Die Knoblauchkröte besiedelt als einstige Steppenart vorwiegend Kultursteppen mit weichen sandigen Böden. Hier gräbt sie sich mit ihrer »Schaufel« am Hinterfuß senkrecht in den Untergrund. Den Tag verbringt sie in ihrem Bodenversteck. Nachts fängt sie Insekten, Spinnen und Schnecken. Nur zur Laichzeit im April–Mai besuchen Knoblauchkröten Teiche und tiefe Gräben. Jedes Weibchen legt 1000 Eier in einer dicken Laichschnur an Wasserpflanzen. Die dunkelbraunen Kaulquappen sind mit 10–12 cm ungewöhnlich groß, die sich daraus entwickelnden Jungtiere jedoch nur 3,5–4 cm lang.

Geburtshelferkröte
Alytes obstetricans
Scheibenzüngler

Merkmale Größe 4,5 cm. Im Unterschied zur Erdkröte senkrechte Pupille. Plumper Körper mit kurzen Beinen. Oberseite gelb bräunlich bis oliv, mit dunklen grünlichen und roten Flecken (können auch fehlen). Unterseite weißlich. **Stimme** Paarungsrufe sind melodisch kurze Pfiffe, die wie kleine Glocken klingen (»Glockenfrosch«).
Wissenswertes Diese Krötenart lebt gesellig in Steinbrüchen, Kies- und Sandgruben, sowie in alten Mauern im südwestlichen Europa. Die Geburtshelferkröte ist der einzige Froschlurch Mitteleuropas, bei dem die Männchen die Eischnüre der Weibchen an den Hinterbeinen ca. 3 Wochen lang mit sich tragen. In dieser Zeit besuchen die Männchen nachts ein Wasserloch, um die Eischnüre zu befeuchten. Bei einem dieser Wasseraufenthalte schlüpfen die Larven. Bei Dämmerung jagt die Geburtshelferkröte Nacktschnecken, Regenwürmer und Tausendfüßer. Den Winter verbringen die Tiere gemeinsam unter Steinen und verrottenden Baumstämmen.

Gelbbauchunke
Bombina variegata
Scheibenzüngler

Merkmale Größe 4–5 cm. Flacher Körper. Graugrüner bis brauner, tarnfarbener Rücken mit kräftigen Warzen. Bauch mit hellgelben und schwarzen Flecken.
Stimme Leise Rufe wie »ung-ung-ung«, deshalb der Name »Unke«.
Wissenswertes Ton- und Lehmgruben, Wasser gefüllte Wagenspuren, Tümpel und Gräben sind der bevorzugte Lebensraum der Gelbbauchunken. Dort treiben die Froschlurche mit gestreckten Armen und Beinen an der Wasseroberfläche. Bei der kleinsten Störung tauchen sie ab. In lebensbedrohlichen Situationen wölben sie ihren Rücken nach oben, zeigen ihre gelbe Unterseite und sondern ein ätzendes Hautsekret ab. Die Weibchen legen nur etwa 100 Eier, laichen aber mehrmals in einem Sommer ab. Die Eier werden einzeln an Wasserpflanzen befestigt. Die kleinen Larven sind rötlich und braun getüpfelt. Ende Juli verwandeln sich die Kaulquappen in Kröten, die im Freiland 13–15 Jahre, in Terrarien 27 Jahre alt werden können.

Teichmolch
Triturus vulgaris
Salamander und Wassermolche

Merkmale Größe bis 11 cm, Männchen kleiner als Weibchen. Körper schlank, Schwanz seitlich abgeflacht, Haut glatt bis fein gekörnt. Männchen zur Balzzeit mit wellenförmigem Rückenkamm. Oberseite braun bis olivbraun, Unterseite gelb bis rosa, mit schwarzen Flecken.
Wissenswertes Gräben und Tümpel, auch Gartenteiche und Kiesgrubengewässer sind der Lebensraum der Teichmolche zur Fortpflanzungszeit. Außerhalb der Paarungszeit leben die Tiere in Landverstecken. Beim Paarungsspiel im Frühjahr übernimmt das Weibchen ein Samenpaket vom Männchen und befruchtet damit die Eier. Dann wickelt es die befruchteten Eier einzeln in Wasserpflanzen. Bis zum September halten sich die Larven im Wasser auf. Die Jungtiere begeben sich an Land.

Fadenmolch
Triturus helveticus
Salamander und Wassermolche

Merkmale Größe bis 9 cm, meist jedoch kleiner. Schlanker Körper mit seitlich zusammengedrücktem Schwanz. Männchen zur Paarungszeit mit einem deutlich sichtbaren Faden (5–10 mm lang) am Schwanzende. Von der Schnauzenspitze bis über den Kopf dunkle Längsstreifen. Sehr typisch: dunkler Streifen, der sich durch das Auge zieht. Körperoberseite gelblich bis olivbraun. Bauch weißlich, mit orangefarbenem Längsband.
Wissenswertes Der Fadenmolch besiedelt zur Paarungszeit langsam fließende Bäche, Gräben und v. a. beschattete stehende Gewässer. Später leben Molche und Jungtiere an Land. Der Paarung geht ein Hochzeitstanz voraus, bei dem das Männchen schräg vor der Partnerin schwimmt. Dann legt das Weibchen Eier an Wasserpflanzen.

Bergmolch
Triturus alpestris
Salamander und Wassermolche

Merkmale Größe Männchen bis 8 cm, Weibchen bis 12 cm. Lang gestreckter Körper mit seitlich zusammengedrücktem Schwanz. Oberseite dunkel marmoriert auf bläulichem, gelbbraunem oder dunkelbraunem Grund. Bauchseite orangefarben und ungefleckt. Männchen zur Paarungszeit mit gelbschwarz gebändertem Kamm auf der Rückenlinie.
Wissenswertes Langsam fließende und stehende Gewässer im mittleren Bergland sind der Lebensraum der Bergmolche vom Frühjahr bis zum Sommer. Oft werden in dieser Zeit auch wassergefüllte Wagenspuren angenommen. Den Rest des Jahres leben die nachtaktiven Tiere an feuchten Stellen an Land. Ihre Laichzeit ist April–Mai. Die Eier werden einzeln an Wasserpflanzen gelegt. Die Larven überwintern häufig im Wasser.

Kammmolch
Triturus cristatus
Salamander und Wassermolche

Merkmale Größe Männchen bis 14 cm, Weibchen bis 18 cm. Lang gestreckter Molch mit kräftigem Rumpf und seitlich zusammengedrücktem Schwanz. Oberseite schwarzbraun, mit schwarzen Flecken. Unterseite gelb bis orangefarben, häufig schwarz gefleckt. Männchen im Frühjahr mit auffälligem gezackten Hautkamm auf Rücken und Schwanz. Typisch: Kamm mit tiefem Einschnitt vor dem Schwanz.
Wissenswertes Kammmolche suchen im Frühjahr sonnige pflanzenreiche stehende Gewässer. Dort führen die Männchen eindrucksvolle Balztänze auf. Die Weibchen legen die Eier einzeln an Wasserpflanzen. Nach 2 Wochen schlüpfen die Larven. Sie besitzen auffällig lange Finger und Zehen. Im Hochsommer verkriechen sich Kammmolche in feuchten Schlupfwinkeln an Land.

Feuersalamander
Salamandra salamandra
Salamander und Wassermolche

Merkmale Größe bis 28 cm, meist aber deutlich kleiner. Lang gestreckter Körper mit kräftigen Beinen und auffällig rundem Schwanz. Meist glänzend schwarz, 2 Varianten: der gefleckte Feuersalamander mit gelben bis orangefarbenen Flecken im östlichen und südlichen Mitteleuropa sowie der gebänderte Feuersalamander mit gelben Bändern auf dem Rücken im nördlichen Mitteleuropa.
Wissenswertes Schattige und feuchte Laubwälder im Hügel- und Bergland, durchsetzt mit Bächen und Quellen sind der typische Lebensraum des Feuersalamanders. Dort setzt das lebend gebärende Weibchen im Frühling oder Sommer etwa 15–50 Larven ins Wasser. Diese tragen bereits Beine und äußere Kiemen. Der Feuersalamander ist nachtaktiv. Am Tag versteckt er sich unter Moospolstern.

Alpensalamander
Salamandra atra
Salamander und Wassermolche

Merkmale Größe 13–16 cm. Einfarbig schwarz ohne Flecken. Rumpf und Schwanz mit Querfurchen. Kopf abgeflacht. Schnauze abgerundet. Hinter den Augen auffällige Drüsenwülste. Rundlicher kurzer Schwanz.
Wissenswertes Dieser Salamander lebt an feuchten schattigen Stellen im Gebirge an der oberen Waldgrenze. Er ist nicht auf Gewässer angewiesen. Die Paarung wird im Sommer an Land vollzogen. Die Larvenzeit und die Umwandlung zum Salamander erfolgt im Körper des Weibchens: Nach einer Tragzeit von 2–3 Jahren kommen 2 voll enwickelte Jungtiere (3–4 cm lang) zur Welt. Der Alpensalamander jagt nach Regenfällen oder während der Dunkelheit nach Schnecken, Würmern und Käfern. Die Winterruhe dauert von Oktober bis März. Nach der Schneeschmelze verpaaren sich die Tiere.

Was Fische zu Fischen macht

Unter Fischen versteht man eine Tiergruppe innerhalb des Stammes der Wirbeltiere (Chordata), die ständig im Wasser lebt und mithilfe von Kiemen atmet. Systematisch betrachtet handelt es sich aber nicht um eine in sich abgeschlossene Verwandtschaftsgruppe.
Zum Unterstamm der so genannten Kieferlosen (Agnatha) gehören die im Meer verbreiteten Inger sowie die in Salz- und Süßwasser vorkommenden Neunaugen. Ihnen fehlt im Gegensatz zu allen anderen Wirbeltieren, den Kiefertieren (Gnathostomata), ein Gesichtsschädel mit Ober- und Unterkiefer. Die aalförmigen Neunaugen besitzen im Übrigen nicht neun Augen, ihr Name leitet sich von den an den beiden Körperseiten liegenden sieben Kiemenöffnungen, dem Auge sowie einer Nasenöffnung her.
Bereits seit dem Devon vor etwa 400 Millionen Jahren haben sich die Klassen der Knorpelfische und die der Knochenfische unabhängig voneinander entwickelt. Die räuberischen Knorpelfische leben ausschließlich im Meer, ihre bekanntesten Vertreter sind die Haie und Rochen. Schädel, Wirbelsäule und Flossenskelett bestehen aus Knorpelmasse, die allerdings durch Einlagerung von Kalk oft sehr fest ist.

Genau genommen zählen Neunaugen (Pungitius pungitius) *nicht zu den Fischen, sondern sind eine eigenständige Gruppe der Wirbeltiere.*

Ihnen gegenüber stehen die Knochenfische mit einem knöchernen Innenskelett. Eine relativ ursprüngliche Gruppe innerhalb der Knochenfische sind wiederum die Störartigen mit ihren äußeren Knochenplatten. Mitte des Trias vor etwa 180 Millionen Jahren begann der Siegeszug der Knochenfische im engeren Sinne. Sie stellen mit über 95 % den Großteil aller Fischarten, ihre Artenzahl beträgt weltweit etwa 25 000. Sie haben fast alle Lebensräume des Meeres und des Süßwassers besiedelt, sind mit bizarren Formen und speziellen Leuchtorganen sogar bis in die Tiefsee vorgedrungen, sie bewohnen reißende Stromschnellen und sogar austrocknende Tümpel.

Der Körperbau

Fische können sehr unterschiedlich aussehen und ihr Körperbau erlaubt uns meist erste Rückschlüsse auf ihre Lebensweise. Eine spindel- oder torpedoförmige Gestalt haben Fische, die in der Freiwasserregion oder in rasch fließenden Gewässern leben. Die schlanke Körperform bietet der Strömung den geringsten Widerstand. Typische Beispiele hierfür sind Forellen, Heringe, Dorsche oder Haie. Hochrückige, seitlich abgeflachte Fische wie beispielsweise Brachsen und Karauschen finden wir eher in strömungsberuhigten Uferbereichen. Hier erlaubt ihnen ihre Körperform ein gemächliches Manövrieren zwischen den vielfältigen Unterwasserstrukturen. Arten, die dauerhaft am Gewässergrund leben, haben dagegen meist einen bauchseits abgeflachten Körper wie zum Beispiel die Knurrhähne, Grundeln und Welse, oder aber sind völlig platt wie Schollen, Flundern und Rochen. Die schlangenförmige Gestalt der Neunaugen und Aale schließlich ermöglicht eine relativ langsame, aber ausdauernde Fortbewegung.
Der Fischkörper wird in drei Partien gegliedert: Der Kopf beginnt an der Schnauzenspitze und endet am Hinterrand des Kiemendeckels. Dabei bezeichnet man den vor den Augen liegenden Abschnitt als Schnauze. Zwischen Kopf und Afteröffnung liegt der Rumpf, der Bereich bis zum Ende der Schwanzflosse schließlich wird als der Schwanz bezeichnet.
Für die meisten Fischarten ist eine Haut mit gleichmäßig verteilten Schuppen typisch. Die Form und insbesondere die Anzahl der Schuppen über eine bestimmte Strecke hinweg sind eine wertvolle Hilfe bei der Artbestimmung eines Fisches. Schuppen können zudem zur Altersbestimmung herangezogen werden, da sie ähnlich wie Baumstämme Jahresringe bilden. Es gibt aber auch Arten, die schuppenlos sind, zum Beispiel die Welse und Groppen. Bei Aalen, Quappen und Schlammpeitzgern hingegen sind die Schuppen einfach nur nicht sichtbar, da sie sehr klein und tief in der Haut verborgen sind.
Wichtiges Kennzeichen aller Fische sind deren Flossen. Die meisten Fische besitzen paarige Brust- und Bauchflossen sowie jeweils eine unpaare Rücken-, After- und Schwanzflosse. Die Lage der einzelnen Flossen am Körper sowie deren Anordnung zueinander sind bei den einzelnen Fischarten recht unterschiedlich und stellen wichtige Bestimmungsmerkmale dar.

Die urtümlich anmutenden Störe (Acipenser sturio) *zeichnen sich durch äußere Knochenplatten aus.*

Flossen dienen als Antriebs- und Steuerungsorgane, ihre Stabilität bekommen sie durch die Flossenstrahlen. Man unterscheidet hier zwei Ausbildungen: Die so genannten Hart- oder Stachelstrahlen sind ungegliedert, starr, hart und oft spitz. Ihre Aufgabe ist das Aufrichten der Flossen, deshalb befinden sie sich im vorderen Bereich der jeweiligen Flosse. Die Weich- oder Gliederstrahlen dagegen sind zum Flossenrand hin mehrfach geteilt, sie fühlen sich weich an und spannen die Flossenhaut fächerförmig auf.
Einige Fischarten wie Forellen, Zwergwelse und Lachse verfügen über eine weitere, strahlenlose Flosse zwischen Rücken- und Schwanzflosse. Sie wird als Fettflosse bezeichnet.
Eine Besonderheit des Fischkörpers ist das so genannte Seitenlinienorgan. Äußerlich sichtbar wird dieses Organ durch eine feine Linie durchlöcherter Schuppen entlang der Rumpfmitte. Bei den meisten Arten beginnt es am Kiemen-

Grundbauplan eines Fisches: die Namen der Körperabschnitte und Flossen am Beispiel des Bachsaiblings (Salvelinus fontinalis)

Die erste Rückenflosse der Barsche besitzt spitze Stachelstrahlen.

deckel und zieht sich bis hin zur Schwanzwurzel. Mithilfe des Seitenlinienorgans sind Fische in der Lage, Wasserströmungen und Druckwellen wahrzunehmen und zu analysieren. Dies ermöglicht ihnen zum Beispiel, Bewegungen anderer Fische auch in größerer Entfernung zu erkennen.

Die Lebensweise

Alle Fische leben im Wasser. Hier schwimmen sie, atmen, ruhen sich aus, pflanzen sich fort, fressen oder werden gefressen. Hinsichtlich ihrer Lebensweise unterscheiden sich die einzelnen Arten oft ganz erheblich voneinander. Gesellige Arten wie Heringe, Dorsche, Makrelen, Rotfedern, Rotaugen, Moderlieschen und Ukeleien bevorzugen das Leben im Schwarm, der ihnen Schutz bietet. Viele Haie, Hechte, Welse und Forellen dagegen leben außerhalb der Laichzeit als Einzelgänger. Dann bilden sie oft sogar Reviere, die sie gegen Artgenossen verteidigen.

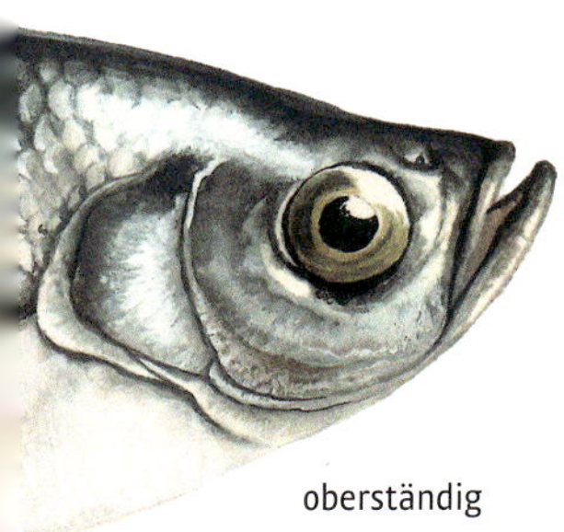

oberständig

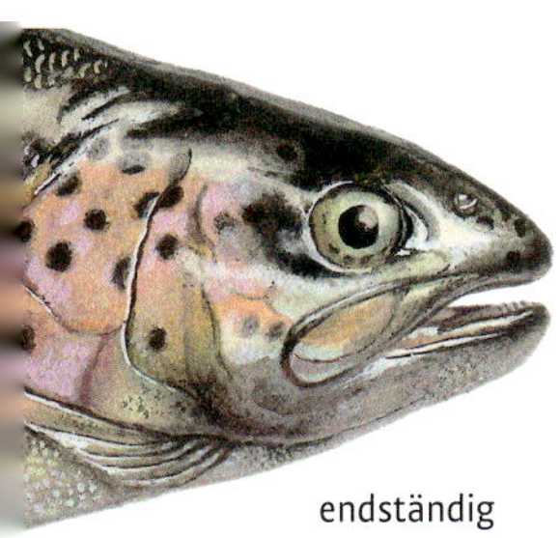

endständig

unterständig

Ein wichtiges Merkmal sind die unterschiedlichen Maulstellungen: oberständiges Maul (Ziege), endständiges Maul (Regenbogenforelle) und unterständiges Maul (Schnäpel)

Viele Fischarten sind bei der Futtersuche nicht allzu wählerisch und fressen sowohl tierische als auch pflanzliche Kost, sie werden Allesfresser genannt. Fast nur von Pflanzen leben Rotaugen und Nasen sowie die bei uns eingeführten Graskarpfen. Pflanzliches und tierisches Plankton wird von vielen Jungfischen gefressen, von ausgewachsenen Fischen hingegen eher selten.

Ein wenig irreführend ist die Unterteilung in »Raubfische« und »Friedfische«. Gemeint ist, dass die so genannten Raubfische wie Haie, Dorsche, Barsche und Hechte zumindest ab einem gewissen Alter fast nur andere Fische erbeuten. Aber wirklich friedlich lebt die Heerschar der als Friedfische bezeichneten Arten auch nicht: Es gibt kaum einen Fisch, der nicht Jagd macht auf Insektenlarven, Kleinkrebse, Würmer, Muscheln oder auch Schnecken.

Fortpflanzung

Zur Fortpflanzungszeit finden sich die geschlechtsreifen Tiere meist in mehr oder weniger großen Schwärmen an geeigneten Laichplätzen ein. Die Weibchen geben ihre Eier ins Wasser ab oder heften sie beispielsweise an Steine oder Pflanzen. Die Eier werden auch als Rogen bezeichnet und die weiblichen Fische entsprechend als Rogner. Die Männchen nennt man Milchner. Sie geben ihren Samen, die »Milch« über den Eiern ab, und es kommt zur Verschmelzung von Ei- und Samenzelle. Da dieser Vorgang im freien Wasser und nicht wie bei vielen anderen Wirbeltieren im Körper des Weibchens stattfindet, spricht man von einer äußeren Befruchtung.

In den meisten Fällen werden die Eier sich selbst überlassen, es gibt aber auch verschiedene Beispiele für eine mehr oder weniger intensive Brutpflege, besonders eingehend untersucht beim Stichling. Aus den befruchteten Eiern schlüpfen je nach Art innerhalb nur weniger Tage oder Wochen die kleinen Fischchen. Sie werden oft als Larven oder als Brut bezeichnet. An ihrem Bauch fällt der so genannte Dottersack auf, aus dem sie sich für die ersten Tage ihres Lebens mit Nahrung versorgen. Ist dieser Vorrat aufgebraucht, müssen sich die winzigen Tierchen selbst ernähren, meist in Form von tierischem oder pflanzlichem Plankton.

Fische auf Wanderschaft

Eine sehr gängige Einteilung der Süßwasser-Fischarten geht von deren Wanderverhalten während der Fortpflanzungsperiode aus: Standfische (stationäre Fische) entfernen sich im Laufe ihres Lebens nicht sonderlich weit von ihrem Standort. Beispiele hierfür sind Hechte, Rotfedern, Schleien und Elritzen.

Wanderfische hingegen nehmen Wanderungen von Hunderten und Tausenden von Kilometern auf sich, um ihre Laichplätze aufzusuchen. Barben, Quappen, Bachforellen und andere wandern beispielsweise stromaufwärts in schnell fließende Gewässerabschnitte, verlassen aber im Gegensatz zu den folgenden Arten den Lebensraum Süßwasser nicht.

Aale sind katadrom: Sie ziehen zum Laichen aus den Flüssen ins Meer.

Ziehen die Fische aber zum Laichen vom Süßwasser ins Meer, bezeichnet man sie als katadrome Wanderfische. Bekanntestes Beispiel dafür ist der Aal: Während der Fress- und Wachstumsphase lebt er im Süßwasser, um schließlich zur Fortpflanzung in die Sargasso-See im Westatlantik zu wandern. Die Larven des Aals werden vom Golfstrom erfasst und gelangen auf diesem Weg quer über den Atlantik zurück an die Küsten Europas, von wo sie in die Binnengewässer aufsteigen. Lachse, Meerforellen, Maifische, Störe, Fluss- und Meerneunaugen und etliche andere Arten dagegen gehören zu den anadromen Wanderfischen: Sie verbringen den größten Teil ihres Lebens im Meer und ziehen zur Fortpflanzung in die ins Meer einmündenden Süßwasserflüsse.

Lachse sind anadrom: Zur Laichzeit wandern sie aus dem Meer ins Süßwasser.

Seezunge
Solea vulgaris
Plattfische

Merkmale Länge 30–40 cm, maximal bis 60 cm. Lang-ovaler, stark abgeflachter Körper mit vorne abgerundetem Kopf. Oberfläche durch bedornte Schuppen rau. Kleine, halbkreisförmig gebogene Mundspalte. Oberseite gräulich bräunlich mit unregelmäßigen dunklen Flecken und Punkten marmoriert, Unterseite weißlich. Lebt vorwiegend in 10–60 m Wassertiefe auf sandigem und schlammigem Grund. Im Nordostatlantik, in Nord- und Ostsee und im Mittelmeer.
Wissenswertes Die frisch geschlüpften Larven der Plattfische sind zunächst nur etwa 3 mm lang und sehen wie »normale« Fischchen aus. Ab einer Länge von 1 cm aber wandert ein Auge auf die andere Körperseite, man unterscheidet links- und rechtsäugige Arten. Die nun entstandene »Augenseite« wird zur künftigen Oberseite und ist dunkel pigmentiert, die Unterseite meist farblos. Die Tiere werden extrem hochrückig und beginnen auf einer Körperseite liegend ihr Bodenleben. Die Rücken- und Afterflossen bilden einen an den Seiten liegenden Flossensaum. Wegen ihres guten Fleisches geschätzte Speisefische.

Steinbutt
Psetta maxima
Plattfische

Merkmale Länge 40–70 cm, in seltenen Fällen bis zu 1 m. Nahezu kreisrunder stark abgeflachter Körper. Endständiges großes Maul mit vorstehendem Unterkiefer. Augenseite ohne Schuppen, aber mit unregelmäßig verteilten, isoliert stehenden, flachen Knochenhöckern. Färbung der Oberseite wird dem jeweiligen Untergrund angepasst und variiert von gräulich braun bis zu dunkelbraun mit gelblicher, grünlicher, schwärzlicher oder bräunlicher Fleckenzeichnung. Bewohnt Sand- und Geröllgrund vom Flachwasser bis in ca. 80 m Tiefe. Kommt im Nordostatlantik, in Nord- und Ostsee und im Mittelmeer vor.
Wissenswertes Der Steinbutt ernährt sich überwiegend von bodenlebenden Fischen wie Sandaalen und Grundeln, daneben von Krebsen und Muscheln. Während der Fortpflanzungszeit von April–August werden vom Weibchen 10–15 Millionen etwa 1 mm große Eier ins freie Wasser abgegeben, wo die 2–3 mm großen Larven nach etwa 8 Tagen schlüpfen und sich zunächst von Plankton ernähren. Der Steinbutt ist ein geschätzter Speisefisch.

Scholle, Goldbutt
Pleuronectes platessa
Plattfische

Merkmale Länge 40–60 cm, selten bis zu 1 m. Ovaler stark abgeflachter Körper mit oberständigem Maul und glatter Haut. Reihe aus 4–9 Knochenhöckern von den Augen bis zum Beginn der Seitenlinie. Oberseite bräunlich, gräulich oder sandfarben mit rundlichen orangegelben Flecken, Unterseite weißlich, selten mit dunklen Flecken. Lebt auf Sand- und Schlickgrund von der Strandzone bis in 200 m Tiefe. Lebt im Nordostatlantik, in Nord- und Ostsee und im Mittelmeer.
Wissenswertes Die am Boden lebenden Schollen bedecken sich zur Tarnung mit Sand und kleinen Steinchen, die sie durch kräftiges Schlagen ihrer Flossen hoch wirbeln. Sie ernähren sich von Würmern, Kleinkrebsen und dünnschaligen Muscheln und Schnecken. Während der Fortpflanzungszeit von Dezember bis Mai unternehmen die Tiere mitunter weite Wanderungen in bestimmte Laichgebiete. Jungschollen leben im Flachwasserbereich der Küsten. Schollen zählen zu den wirtschaftlich wichtigsten Speisefischen.

Flunder
Platichthys flesus
Plattfische

Merkmale Länge 20–30 cm, selten bis 50 cm. Ovaler fast scheibenförmiger, stark abgeflachter Körper. Haut am Kopf, an den Flossensäumen und entlang der Seitenlinie durch bedornte Hautwarzen rau (siehe Scholle, links). Oberseite meist olivgrün bis bräunlich mit gelblichen Flecken. Auf Sand- und Schlickgrund vom Flachwasser bis in etwa 100 m Tiefe. Kommt im Nordostatlantik, in Nord- und Ostsee und im Mittelmeer vor. Ist als einziger heimischer Plattfisch auch im Süßwasser der Unter- und Mittelläufe ins Meer einmündender Flüsse zu finden.
Wissenswertes Flundern sind gesellig lebende, nachtaktive Bodenfische. Tagsüber vergraben sie sich oft im sandigen oder schlammigen Boden. Durch eine in gewissen Grenzen mögliche Farbanpassung an den Untergrund können sie sich perfekt tarnen. Sie laichen in der Zeit von Januar–April im Meer. Viele Jungfische wandern danach für einige Jahre in die Flussmündungen und sogar bis in die Mittelläufe der Flüsse, wo sie sich von Kleintieren wie Schnecken, Muscheln und Würmern ernähren.

Dreistachliger Stichling
Gasterosteus aculeatus
Stichlinge

Merkmale Länge 5–8 cm. Maul klein, endständig. 1. Rückenflosse zu 3 aufrichtbaren Stacheln umgeformt. Rücken und Flanken grünlichgrau, dunkel marmoriert, Bauch weißlich. Männchen zur Paarungszeit mit rot gefärbter Kehle, Brust und Bauch. In stehenden und langsam fließenden Gewässern sowie an Meeresküsten.

Neunstachliger Stichling, Zwergstichling
Pungitius pungitius
Stichlinge

Merkmale Länge 4–7 cm. Maul leicht oberständig. Meist 9–10 einzeln stehende, aufrichtbare Rückenstacheln. Rücken und Seiten grünlichgrau, dunkel marmoriert, Bauch weißlich. Männchen zur Laichzeit schwarz mit weißem Bauchstachel. In kleinen Gewässern, seltener in Flüssen und Seen, auch im Brackwasser.

Seestichling
Spinachia spinachia
Stichlinge

Merkmale Länge 10–20 cm. Lang gestreckt, extrem dünner Schwanzstiel. Schnauze lang, spitz. Vorderer Teil der Rückenflosse besteht aus 14–17 kurzen Stacheln. Bräunlich oder grünlich, Männchen mit gelblichem Vorderkörper. In der Algenregion bis in 10 m Tiefe in Nordostatlantik, Nord- und Ostsee, in Gezeitentümpeln.

Westgroppe, Mühlkoppe, Groppe
Cottus gobio
Groppen

Merkmale Länge 10–15 cm. Körper keulenförmig, nach hinten stark verjüngt, schuppenlos, breiter Kopf. Großes, endständiges Maul. Grundfärbung gräulich bräunlich, dunkel marmoriert. Große Brustflossen, kurze, brustständige Bauchflossen, geteilte Rückenflosse. In schnell fließenden Gewässern, sauerstoffreichen Seen.

Seeskorpion
Myoxocephalus scorpius
Groppen

Merkmale Länge 20–30 cm (in der Arktis bis 60 cm). Körper keulenförmig, breiter Kopf, weites Maul. 2 Rückenflossen. Über und unter der Seitenlinie je 1 Reihe Knochenhöcker. Gräulich bräunlich mit dunklen Flecken, Männchen zur Paarungszeit mit rotem Bauch. In der Seegras- und Algenzone von Atlantik, Nord- und Ostsee.

Roter Knurrhahn
Trigla lucerna
Knurrhähne

Merkmale Länge 25–60 cm. Kopf groß, Körper nach hinten schmaler. 2 Rückenflossen. Die vorderen 3 Strahlen der Brustflossen fingerähnlich frei beweglich. Rötlich mit dunklen Querbinden auf Rücken. Erzeugen mit Schwimmblase dumpfe, knurrende Geräusche. Nordostatlantik, Nordsee, Mittelmeer, in 20–300 m Tiefe.

Makrele
Scomber scombrus
Makrelen

Merkmale Länge 30–40 cm, max. bis 50 cm. Körper torpedoförmig, spitze Schnauze, weites Maul, große Augen. Grünlich bis bläulich mit dunklen Streifenmuster auf Rücken und oberen Flanken. 2 Rückenflossen. Kräftige Freiwasserfische, die in großen Schwärmen wandern. Ostatlantik, Nord- und Ostsee, Mittelmeer.

Petermännchen
Trachinus draco
Drachenfische

Merkmale Länge 20–40 cm. Kopf groß, Mundspalte weit, schräg nach oben gerichtet. Augen hoch am Kopf. Rücken und Flanken gelblich braun, dunkle Querstreifen, Bauch weißlich. Rückenflosse mit Giftstacheln. Einzelgänger. Bodenfisch, tags bis zu den Augen im Sand vergraben. Nordostatlantik, Nordsee, Mittelmeer.

Kleiner Sandaal, Tobiasfisch
Ammodytes tobianus
Sandaale

Merkmale Länge bis 20 cm. Aalförmig langgestreckt, langer Kopf, spitze Schnauze, sehr lange Rückenflosse. Rücken grünlich oder bläulich, Flanken gelblich, Bauch silberglänzend. Schwarmfisch, tagsüber meist im Sand vergraben. Von der Flachwasserzone bis in 30 m Tiefe. Nordostatlantik, Nordsee, westliche Ostsee.

Flussbarsch
Perca fluviatilis
Barsche

Merkmale Länge 15–30 cm, max. bis 50 cm. Körper etwas hochrückig. Maul endständig. Grünlich gräulich, an den Seiten 5–9 dunkle Querbinden. Bauch-, After- und Teile der Schwanzflosse rötlich. Rückenflosse zweigeteilt, vordere mit schwarzem Fleck am Hinterrand. Süßwasserfisch, auch im Brackwasser der Ostsee.

Zander
Stizostedion lucioperca
Barsche

Merkmale Länge 40–60 cm, max. bis 130 cm. Spindelförmig, Kopf zugespitzt. Silbrig gräulich, Bauch weißlich. Jungfische auf den Seiten dunkle Querbänder. Auf den Flossen viele dunkle Punkte. Bis hinter die Augen reichende Mundspalte. Rückenflosse zweigeteilt. In größeren Fließgewässern, Seen, Brackwasser.

Kaulbarsch
Gymnocephalus cernus
Barsche

Merkmale Länge 10–15 cm, max. bis 25 cm. Körper gedrungen, seitlich abgeflacht. Kopf groß, Augen auffällig groß, Maul endständig. Hellbräunlich mit vielen dunklen Flecken. Rückenflosse ungeteilt. In stehenden oder langsam fließenden Gewässern, verbreitet im Brackwasser der Flussmündungen und der Ostsee.

Gewöhnlicher Sonnenbarsch
Lepomis gibbosus
Sonnenbarsche

Merkmale Länge 10–20 cm, max. bis 30 cm. Hochrückig, scheibenförmig abgeplattet. Bläulich grünlich schillernd. Am Kiemendeckel schwarzer und oft zusätzlich roter Fleck. Rückenflosse lang, ungeteilt. Ursprünglich aus Nordamerika, bei uns in stehenden und langsam fließenden Gewässern, im Süden häufiger.

Wolfsbarsch, Seebarsch
Dicentrarchus labrax
Wolfsbarsche

Merkmale Länge 40–70 cm, max. bis 1 m. Körper spindelförmig. Rücken grünlich, Flanken silbrig, Bauch weißlich. Kiemendeckel mit 2 starken Stacheln und schwarzem Fleck. 2 etwa gleich lange Rückenflossen. Räuberischer Schwarmfisch. Ostatlantik, Nordsee, Mittelmeer, auch in größeren Flussmündungen.

Quappe, Trüsche
Lota lota
Dorsche

Merkmale Länge 30–60 cm, max. bis 1 m. Körper vorn walzenförmig, hinten seitlich zusammengedrückt, Maul groß, leicht unterständig. 1 Bartel in der Mitte des Unterkiefers, 2 kleinere Barteln an den Nasenlöchern. Hellbräunlich, dunkel marmoriert. In stehenden und fließenden Gewässern, auch im Brackwasser.

Schellfisch
Melanogrammus aeglefinus
Dorsche

Merkmale Länge 30–70 cm, max. bis 1 m lang. Körper stromlinienförmig, Kopf relativ lang, Maul unterständige mit 1 kurzer Bartel am Unterkiefer. 3 Rücken- und 2 Afterflossen. Schwarze Seitenlinie, schwarzer Fleck über der Brustflosse. In Bodennähe, meist in 30–100 m Tiefe. Nordatlantik, Nordsee, seltener Ostsee.

Dorsch, Kabeljau
Gadus morrhua
Dorsche

Merkmale Länge 40–70 cm, max. bis 1,5 m. Körper stromlinienförmig, Kopf relativ lang, Maul unterständig mit 1 langen Bartel am Unterkiefer. 3 Rücken- und 2 Afterflossen. Rötlich, bräunlich oder gräulich mit dunklen Tupfen, Seitenlinie hell. Wirtschaftlich wichtiger Speisefisch. Nordatlantik, Nord- und Ostsee.

Grasnadel
Syngnathus typhle
Seenadeln

Merkmale Länge bis 30 cm. Körper schlangenförmig, Schnauze pinzettenartig, Maul seitlich abgeflacht. Rücken und Flanken grünlich oder bräunlich. Weibchen legen Eier in Bruttasche des Männchens, wo sie sich entwickeln. Leben gut getarnt in Seegras- und Tangwiesen. Nordostatlantik, Nord- und Ostsee, Mittelmeer.

Hornhecht
Belone belone
Hornhechte

Merkmale Länge 40–60 cm, max. bis 90 cm. Körper pfeilartig langgestreckt, Schnauze spitz, schnabelartig verlängert. Rückenflosse am Körperende. Rücken bläulich grünlich, Flanken silbrig, Bauch weißlich. Gräten grün. Räuberischer Schwarmfisch an der Wasseroberfläche. Nordostatlantik, Nord- und Ostsee, Mittelmeer.

Zwergwels, Katzenwels
Ictalurus nebulosus
Zwergwelse

Merkmale Länge 20–45 cm. Körper hinten seitlich abgeflacht, schuppenlos, Kopf groß, 8 Barteln. Rücken dunkelgrau bräunlich, Flanken unregelmäßig marmoriert, Bauch weißlich. Zwischen Rücken- und Schwanzflosse Fettflosse. Heimat Nordamerika, bei uns eingebürgert in stehenden und langsam fließenden Gewässern.

Wels, Waller
Silurus glanis
Welse

Merkmale Länge 1–2 m, max. bis 3 m. Körper massig, schuppenlos, Kopf groß, Maul riesig, Augen klein. 2 lange Barteln am Oberkiefer, 4 kürzere am Unterkiefer. Gräulich, dunkler marmoriert. Afterflosse reicht bis zur Schwanzflosse. Rückenflosse winzig. Langsam fließende und stehende Gewässer, Brackwasser der Ostsee.

Steinbeißer, Dorngrundel
Cobitis taenia
Schmerlen

Merkmale Länge 5–10 cm, max. bis 12 cm. Seitlich zusammengedrückt. Gelblich sandfarben, dunkel marmoriert, Längsreihen dunkler Flecken. Maul klein, unterständig, 6 Barteln an der Oberlippe. Aufrichtbarer, zweispitziger Dorn unter jedem Auge. In klaren stehenden und fließenden Gewässern mit sandigem Boden.

Bachschmerle, Bartgrundel
Barbatula barbatula
Schmerlen

Merkmale Länge 8–15 cm, max. bis 18 cm. Lang gestreckt, walzenförmig. Gräulich bräunlich, unregelmäßig dunkel marmoriert. Helle, gut erkennbare Seitenlinie. Unterständiges Maul mit 6 Barteln an der Oberlippe. Aufrichtbarer, stumpfer Dorn unter jedem Auge. In schnellfließenden Gewässern und sauberen Seen.

Schlammpeitzger
Misgurnus fossilis
Schmerlen

Merkmale Länge 15–25 cm, max. 30 cm. Sehr lang gestreckt, vorn drehrund, hinten seitlich zusammengedrückt. Hellbräunlich, dunkelbraune Längsstreifen und Flecken. Maul klein, unterständig, 6 längere Barteln am Ober-, 4 kürzere am Unterkiefer. In stehenden und langsam fließenden Gewässern mit schlammigem Grund.

Karpfen
Cyprinus carpio
Karpfenfische

Merkmale Länge 30–50 cm, max. 120 cm. Zuchtformen: Schuppenkarpfen (vollständiges Schuppenkleid), Spiegelkarpfen (Schuppen bis auf wenige große reduziert), Lederkarpfen (Schuppen fehlen). 2 lange und 2 kurze Barteln an der Oberlippe. Heimat Asien, heute weit verbreitet. In warmen, pflanzenreichen Gewässer.

Karausche, Moorkarpfen
Carassius carassius
Karpfenfische

Merkmale Länge 15–30 cm, max. bis 50 cm. Gedrungen, seitlich stark abgeflacht. Im Alter und gut genährt extem hochrückig, fast rund. Bräunlich bronzefarben. Endständiges Maul ohne Barteln. Rückenflosse lang. In vielen Gewässertypen verbreitet, auch in Kleinstgewässern wie Gräben und Tümpeln.

Graskarpfen, Grasfisch, Weißer Amur
Ctenopharyngodon idella
Karpfenfische

Merkmale Länge 70–80 cm, max. bis 120 cm. Körper lang gestreckt, spindelförmig, Kopf breit. Silbrig grau, Rücken etwas dunkler. Maul leicht unterständig, ohne Barteln. Große, dunkel gerandete Schuppen, dadurch netzartig gezeichnet. Ursprünglich Flüsse und Seen in China, durch Besatz über ganz Europa verbreitet.

Schleie
Tinca tinca
Karpfenfische

Merkmale Länge 20–40 cm, max. bis 60–70 cm. Körper kräftig, gedrungen. Oben dunkel- bis olivgrün, Bauch grünlich gelblich, insgesamt mit Messingglanz. Kleine, tief in die Haut eingebettete Schuppen. Maul endständig mit 2 kurzen Barteln. Pflanzenreiche Seen, Teiche und Flüsse, auch im Brackwasser der Ostsee.

Brachsen, Brassen, Blei
Abramis brama
Karpfenfische

Merkmale Länge 25–50 cm, max. bis 80 cm. Körper extrem hochrückig, seitlich abgeflacht. Rücken dunkelgrau, Seiten silbriggrau, Bauch hell. Ältere Tiere oft mit Bronzeschimmer. Zu Rüssel ausstülpbares Maul. In stehenden oder langsam fließenden Gewässern mit schlammigem Boden, auch im Brackwasser der Ostsee.

Barbe, Flussbarbe
Barbus barbus
Karpfenfische

Merkmale Länge 30–60 cm, max. bis 90 cm. Körper schlank, lang gestreckt, Bauch abgeplattet. Schnauze spitz zulaufend, Maul unterständig, Lippen wulstig, 4 Barteln. Meist nachtaktiv, v.a. in rasch fließenden, sauerstoffreichen Gewässerabschnitten mit kiesigem und steinigem Grund. In größeren Fließgewässern.

Plötze, Rotauge
Rutilus rutilus
Karpfenfische

Merkmale Länge 20–30 cm, max. bis 45 cm. Seitlich abgeflacht, Maul klein, endständig. Grausilbrig, am Rücken dunkler. Flossen gelblich bis rötlich. Iris rot (Name!). Häufige Schwarmfische in stehenden und langsam fließenden, pflanzenreichen Gewässern, auch im Brackwasser der Ostsee und in Flussmündungen.

Rotfeder
Scardinius erythrophthalmus
Karpfenfische

Merkmale Länge 20–30 cm, max. 45 cm. Körper hochrückig, seitlich abgeflacht. Messingfarben. Bauch-, After- und Schwanzflossen rötlich. Fressen Algen und weichblättrige Wasserpflanzen. Schwarmfisch in stehenden oder langsam fließenden Gewässern, oft in Gruppen dicht unter der Wasseroberfläche.

Nase
Chondrostoma nasus
Karpfenfische

Merkmale Länge 25–50 cm, max. bis 60 cm. Rücken gräulich, Flanken silbrig, Bauch weißlich, Flossen meist rötlich. Nasenartig (Name!) vorstehende Schnauze, Maul unterständig, scharfe, verhornte Unterlippe, raspeln damit Algenaufwuchs von Steinen und Wurzeln. Gesellig in Bodennähe schneller Fließgewässer.

Hasel
Leuciscus leuciscus
Karpfenfische

Merkmale Länge 15–25 cm, max. 30 cm. Maul klein, leicht unterständig. Rücken dunkel gräulich, Flanken silbrig, Bauch weißlich. Brust-, Bauch- und Afterflosse blass gelblich. Bevorzugt strömungs- und sauerstoffreiche, sandig-kiesige Gewässerabschnitte in Bächen, schnellen Flüssen und durchflossenen Seen.

Döbel, Aitel, Dickkopf
Leuciscus cephalus
Karpfenfische

Merkmale Länge 30–50 cm, max. bis 70 cm. Körper kräftig, fast drehrund. Kopf breit, Maul groß. Rücken dunkel gräulich, Flanken silbrig, Bauch gelblich. Brust-, Bauch- und Afterflossen rötlich. Schuppen groß, dunkel gesäumt, dadurch netzartige Zeichnung. Nahe der Oberfläche in strömungsreichen Fließgewässern.

Rapfen, Schied
Aspius aspius
Karpfenfische

Merkmale Länge 40–70 cm, max. bis 110 cm. Silbrig, Oberseite dunkler. Brust-, Bauch- und Afterflosse oft rötlich. Maul groß, oberständig, Mundspalte weit, bis unter die Augen reichend. Einziger heimischer Karpfenfisch, der sich rein räuberisch ernährt. Strömungsliebend. In Flüssen, auch im Brackwasser der Ostsee.

Gründling
Gobio gobio
Karpfenfische

Merkmale Länge 8–15 cm, max. bis 20 cm. Lang gestreckt, spindelförmig. Rücken bräunlich, Seiten heller mit Längsreihe dunkler, oft bläulich schimmernder Flecken. Maul unterständig mit 2 Barteln. Durchwühlen den Boden und fressen wirbellose Kleintiere. Gesellig, tagaktiv. In rasch strömenden Bächen und Flüssen.

Elritze
Phoxinus phoxinus
Karpfenfische

Merkmale Länge 5–10 cm, max. bis 15 cm. Rücken grau grünlich, Flanken etwas heller mit dunklen Querbinden und goldglänzendem Längsband. Bauch hell. Männchen zur Laichzeit mit roter Unterseite. Maul klein, endständig. Schwarmfische. In klaren, sauerstoffreichen Fließgewässer und stehenden Gewässern.

Bitterling
Rhodeus amarus
Karpfenfische

Merkmale Länge 5–6 cm, max. 9 cm. Hochrückig, seitlich abgeflacht. Rücken graugrün, Flanken silbrigrosa glänzend, blaugrüne Längsbinde. Maul klein, endständig. Die Weibchen legen ihre Eier in Teich- oder Flussmuscheln (Symbiose). In pflanzenreichen Uferzonen langsam fließender und stehender Gewässer.

Schneider
Alburnoides bipunctatus
Karpfenfische

Merkmale Länge 10–12 cm, max. bis 16 cm. Rücken bräunlich, Seiten heller, Bauch silbrig. Seitenlinie oben und unten schwarz gesäumt, erinnert an »Doppelnaht« (Name!). Ansatzstellen der Brust-, Bauch- und Afterflossen orange. Geselliger Schwarmfisch in schnell fließenden Bäche und Flüsse seltener in Seen.

Ukelei, Laube
Alburnus alburnus
Karpfenfische

Merkmale Länge 10–20 cm, max. 25 cm. Langgestreckt, seitlich abgeflacht. Rücken graugrünlich, Flanken und Bauch silberglänzend. Maul oberständig, steil nach oben gerichtete Mundspalte. In kleinen Schwärmen nahe der Wasseroberfläche langsam fließender und stehender Gewässer, auch im Brackwasser der Ostsee.

Moderlieschen
Leucaspius delineatus
Karpfenfische

Merkmale Länge 6–8 cm, max. 12 cm. Schlank, gestreckt. Rücken graugrün, Flanken silbrig mit bläulichen Längsstreifen. Maul oberständig. Kurze, unvollständige Seitenlinie, reicht nur über die ersten 7–12 Schuppen. Schwarmfisch im Uferbereich von Seen, in pflanzenreichen Teichen, in langsam fließenden Gewässern.

Aal, Flussaal
Anguilla anguilla
Flussaale

Merkmale Länge Männchen 50–60 cm, Weibchen max. 130–150 cm. Schlangenförmig. Haut schleimig. Wandern zur Fortpflanzung vom Süßwasser ins Meer, Lebenszyklus beginnt in der Sargassosee im Atlantik. Ursprünglich nur in mit Meeren in Verbindung stehenden Gewässern, durch Besatz auch in isolierten Seen.

Hecht
Esox lucius
Hechte

Merkmale Länge Männchen max. 1 m, Weibchen max. 1,50 m. Lang gestreckt. Maul breit, entenschnabelartig. Bräunlich grünliche Grundfärbung mit dunkleren Querbinden auf den Flanken. Ansitzjäger, lauert getarnt und bewegungslos auf vorbeiziehende Beute. In Seen und Flüssen, auch im Brackwasser der Ostsee.

Äsche
Thymallus thymallus
Äschen

Merkmale Länge 25–35 cm, max. 55 cm. Kopf relativ klein, Maul spitz. Kleine Fettflosse zwischen Rücken- und Schwanzflosse. Sehr hohe, lange Rückenflosse, beim Männchen fahnenartig verlängert. In schnell fließenden Bächen und Flüssen mit guter Wasserqualität und mit kiesigem Grund (Äschenregion).

Regenbogenforelle
Oncorhynchus mykiss
Lachsfische

Merkmale Länge 25–50 cm, max. bis 70 cm. Fettflosse zwischen Rücken- und Schwanzflosse. Viele schwarze Punkte auf Kopf, Rücken, Rücken- und Schwanzflosse. Regenbogenfarbenes Längsband auf den Flanken. Heimat Nordamerika, nach Besatzmaßnahmen in allen Gewässertypen Europas. Beliebter Angelfisch.

Atlantischer Lachs
Salmo salar
Lachsfische

Merkmale Länge 60–100 cm, max. bis 150 cm. Kleine Fettflosse zwischen Rücken- und Schwanzflosse. Männchen zur Laichzeit mit hakenförmigem Unterkiefer (»Laichhaken«). Anadromer Wanderfisch, steigt zum Laichen aus dem Meer weit in die Flüsse auf. Nordostatlantik, Nord- und Ostsee.

Bachforelle
Salmo trutta fario
Lachsfische

Merkmale Länge 20–40 cm, max. 60 cm. Fettflosse zwischen Rücken- und Schwanzflosse. Variabel gefärbt. Typisch: olivbraune Oberseite, hellere Seiten, weiß gelblicher Bauch. Flanken mit hell gesäumten, roten Punkten. In kühlen, sauerstoffreichen Bächen und Flüssen bis zu den Quellregionen, im Gebirge bis 2500 m Höhe.

Maräne, Renke, Felchen
Coregonus spec.
Renken

Merkmale Länge je nach Art 15–60 cm, max. bis 80 cm. Seitlich abgeflacht, Fettflosse. Kopf relativ klein, Maul end- oder leicht unterständig, kleine Mundspalte. Einfarbig silberglänzend. Überwiegend in tiefen, nährstoffarmen Seen Norddeutschlands sowie der Voralpen- und Alpen. Viele lokale und ökologische Formen.

Hering
Clupea harengus
Heringe

Merkmale Länge bis 35 cm. Schlank, seitlich abgeflacht, ohne Seitenlinie. Rücken grau oder grünlich, Flanken silbrig glänzend. Wandert in riesigen Schwärmen. Tagsüber meist in tieferen Wasserschichten, steigt nachts an die Oberfläche. Beliebter und wirtschaftlich wichtiger Speisefisch. Nordatlantik, Nord- und Ostsee.

Sterlet
Acipenser ruthenus
Störe

Merkmale Länge 40–60 cm, max. bis 1 m. Kleinste Störart. Typische haifischähnliche Störgestalt mit langer, spitzer nach oben gebogener Schnauze. Körper mit 5 Längsreihen von Knochenplatten. Maul unterständig, 4 lange Bartfäden. Grundfisch, ganzjährig im Süßwasser von größeren Fließgewässern und Seen.

Nagelrochen
Raja clavata
Rochen

Merkmale Länge 50–60 cm, max. 1,2 m. Vergrößerte Brustflossen und abgeflachter Kopf bilden rautenförmige Körperscheibe. Langer Schwanzstiel mit 2 Rückenflossen. Oben auf Rumpf und Schwanz viele Dornen. Augen auf der Ober-, Mund und Kiemenöffnungen auf Unterseite. Ostatlantik, Nord- und Ostsee, Mittelmeer.

Kleingefleckter Katzenhai
Scyliorhinus canicula
Haie

Merkmale Länge 60–80 cm, selten bis 1 m. Langgestreckt. 2 Rückenflossen. Schnauze kurz abgerundet. Rücken und Flanken bräunlich gelb, dunkle Fleckenmarmorierung. Gesellig, bodenorientiert. Fressen Muscheln, Schnecken, Krebse und kleinere Fische. Küstenregion von Nordostatlantik, Nordsee, Mittelmeer.

Bachneunauge
Lampetra planeri
Rundmäuler

Merkmale Länge 10–17 cm. Körper bleistiftdünn, wurmförmig. Haut schuppenlos, schleimig. Kieferloses, rundliches Saugmaul, wenige stumpfe Hornzähne. Die »Neun Augen« sind 1 Nasenöffnung, 1 Auge und 7 Kiemenöffnungen. Die blinden Larven (Querder) leben im Grund vergraben. In Bächen und kleinen Flüssen.

Meister der Anpassung: Insekten

Mit weltweit etwa einer Million beschriebenen Arten sind die Insekten die bei weitem artenreichste aller Tiergruppen. Man kann sogar davon ausgehen, dass mindestens die gleiche Zahl an Arten bisher noch unentdeckt geblieben ist. Allein in Deutschland sind bisher über 30 000 Insekten-Arten bekannt, und ständig werden auch in unseren gut erforschten Naturräumen weitere Arten neu entdeckt.

Insekten sind in fast allen Lebensräumen zu finden, an Land ebenso wie im Süßwasser; einzig das Meer haben sie so gut wie gar nicht besiedelt. Der ungeheure Erfolg dieser Tierklasse erklärt sich aus zwei Gründen: Der eine ist ihre hohe Entwicklungsgeschwindigkeit – viele Fliegen benötigen von einer Generation bis zur nächsten unter günstigen Bedingungen keine zwei Wochen. Der andere Grund ist ihr Bauprinzip: Der Insektenkörper setzt sich bis in die »Fuß«-spitzen aus festen, teilweise miteinander verwachsenen Ringen zusammen, die ihn stützen und die inneren Organe wirksam vor ungünstigen Einflüssen von außen schützen. Diese Hülle besteht aus weichem Chitin sowie Sklerotin, einem gehärteten Eiweißstoff. Untereinander sind diese Ringe durch biegsame Gelenkhäute verbunden, sodass die Beweglichkeit gewährleistet ist. Der Name Insekten – was soviel heißt wie die »Eingeschnittenen« – nimmt wie der früher übliche Name Kerbtiere Bezug auf diese Gliederung in einzelne Ringe.

Der Körper ist in die drei Abschnitte unterteilt: Kopf, Brust (Thorax) und Hinterleib (Abdomen).

Leben in verschiedenen Welten: Die Larven der Köcherfliegen (Trichoptera) entwickeln sich im Wasser in einem schützenden Köcher aus Steinen oder Pflanzenteilen. Die erwachsenen Tiere sind Landbewohner.

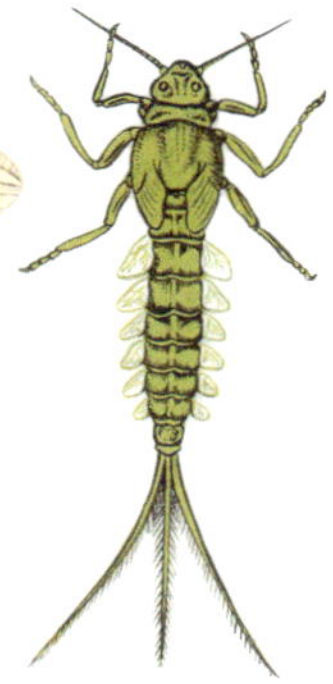

Erwachsene Eintagsfliegen (Baetis spec.) und ihre Larve sehen sehr verschieden aus. So hat die Larve z. B. Kiemenblätter und meist drei, das erwachsene Tier dagegen oft nur zwei Schwanzfäden.

Während der Kopf außer den Augen die Fühler (Antennen) und Mundwerkzeuge trägt, befinden sich an der Brust, die sich in Vorder-, Mittel- und Hinterbrust gliedert, die Fortbewegungsorgane (drei Paar Beine und ein bis zwei Paar Flügel); der Hinterleib schließlich birgt in sich die meisten inneren Organe.

Hochentwickelte Sinnesorgane: Augen und Fühler

Die Augen der Insekten sind fast immer als Facettenaugen entwickelt, die sich wabenartig aus oft mehreren tausend Einzelaugen zusammensetzen. Jedes Einzelauge liefert einen Bildpunkt; das ganze Bild erscheint daher mehr oder weniger grob gerastert. Die Abbildungsleistung ist zwar oft deutlich schlechter als bei Linsenaugen, doch dafür können viele Insekten mit einer sehr viel höheren zeitlichen Auflösung ihrer Augen aufwarten als etwa wir Menschen: Einer Fliege etwa würde ein Kinofilm nicht in bewegten Bildern, sondern lediglich als schnell ablaufender Diavortrag erscheinen. Viele Insekten besitzen zusätzlich zwei bis drei Punktaugen auf der Stirn: Sie dienen dazu, über den Lichteinfall die Aktivität der Tiere im Tagesverlauf zu regeln.

Die Fühler wiederum sind nicht nur Tastorgane; sie dienen meist auch als Geruchsorgane. Auch hier können viele Insekten mit schier unvorstellbaren Leistungen aufwarten: Das Männchen des Nachtpfauenauges kann ein Weibchen aus mehreren Kilometern Distanz »erschnuppern« und zielgerichtet ansteuern. Manche Mücken können sogar mit den Fühlern hören. Diese werden aber nur vom Flugton der Weibchen in Schwingungen versetzt.

In vielfältigen Varianten: die Mundwerkzeuge

Die Mundwerkzeuge der Insekten setzen sich ursprünglich – wie etwa bei Käfern und Heuschrecken – aus paarigen, als Beißzangen entwickelten Oberkiefern und ebenfalls paarigen, aber mit seitlichen Tastern ausgerüsteten Unterkiefern sowie einer auch mit Tastern ausgestatteten Unterlippe zusammen. Sie können in sehr mannigfaltiger Weise zu stechenden oder mehr leckenden Saugorganen umgewandelt sein. Derartige Stechwerkzeuge sind uns von Mücken oder Stechfliegen nur allzu gut bekannt. Bei Bienen und Schmetterlingen dagegen kommen ganz unterschiedlich aufgebaute Mundwerkzeuge vor: Sie sind zu einem Rüssel umgebildet und sind leckend-saugend. Insekten mit solchen Mundwerkzeugen können lediglich flüssige Nahrung aufnehmen.

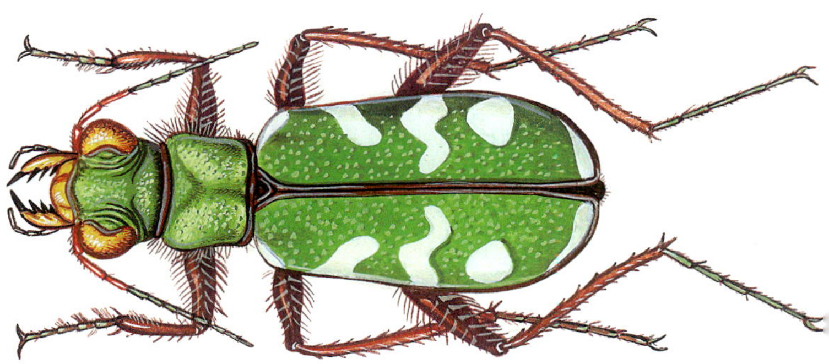

Der Sandlaufkäfer (Cicindela spec.) zeigt den typischen Körperbau der Insekten: Er ist in Kopf, Brust und Hinterleib gegliedert. Seine im Boden auf Beute lauernde Larve sieht ganz anders aus.

Beine und Flügel

Bei den Beinen lässt sich ein einheitlicher Grundbauplan feststellen. Sie sitzen mit einem meist kugeligen Hüftglied an der Unterseite der Brustsegmente. Es folgen der kurze Schenkelring und der oft kräftig entwickelte Schenkel, nach dem Kniegelenk die Schiene und der meist aus fünf Ringen zusammengesetzte Fuß, der fast immer mit zwei Krallen endet. Auch bei den Beinen gibt es viele Sonderbildungen, etwa hin zu Grab-, Schwimm-, Sprung- oder auch Fangbeinen.

Die Flügel, die den ursprünglichsten Insekten, etwa den Springschwänzen, noch fehlen, sind meist in zwei häutigen oder stärker versteiften Paaren an den beiden hinteren Brustsegmenten entwickelt, können aber ebenfalls stark abgewandelt oder vollkommen zurückgebildet sein.

Die Facettenaugen der Mosaikjungfer (Aeshna spec.) *bestehen aus bis zu 30 000 Einzelaugen: So können Insekten schnelle Bewegungen sehr gut wahrnehmen.*

So wurde das vordere Paar bei den Käfern zu harten Flügeldecken, das hintere bei den Zweiflüglern wie den Fliegen dagegen zu winzigen so genannten Schwingkölbchen umgewandelt. Auch diese Schwingkölbchen sind für den Flug notwendig: Ohne sie kann eine Fliege keine koordinierten Flugbewegungen mehr durchführen.

Die inneren Organe

Zu den wichtigsten inneren Organen gehören das schlauchförmige Herz, das vom Hinterleib bis in den Brustabschnitt reicht, der Darmtrakt, die Geschlechtsorgane, das strickleiterartige Nervensystem und das aus Schläuchen zusammengesetzte Atmungssystem. Diese Tracheen genannten Schläuche münden in seitlichen Öffnungen der einzelnen Rumpfringe nach außen und befördern die Atemluft über feinste Verzweigungen in alle Bereiche des Körpers.

Wundersame Verwandlung: von der Larve zum Insekt

Die feste äußere Körperhülle erlaubt nur ein Wachstum im Rahmen der Dehnbarkeit der Verbindungshäute zwischen den einzelnen Ringen. Damit sie stärker wachsen können, müssen sich Insekten deshalb von Zeit zu Zeit häuten und sich dabei jeweils einen etwas größeren Panzer zulegen.

Eine Häutung ist aber nicht immer nur mit einer Größenzunahme verbunden; vielfach erfolgt dabei auch ein Gestaltwandel, der als Metamorphose bezeichnet wird. Einfachere Insekten, etwa die Heuschrecken und Libellen, verwandeln sich dabei von der ungeflügelten Larve in das (meist) geflügelte Erwachsenenstadium, die Imago. Bei den Heuschrecken ist die Lebensweise von Larve und Imago recht ähnlich: Beide sind landlebend und haben die gleiche Ernährungsweise. In diesem Fall ähneln die einzelnen Larvenstadien bis auf die zunächst noch fehlenden Flügel bereits der Imago. Anders bei den Libellen: Hier lebt die Larve im Wasser, die Imago dagegen an Land. Beide sehen grundverschieden aus und sind daher nur bei entsprechenden Kenntnissen der gleichen Art zuzuordnen.

Komplizierter liegen die Verhältnisse bei den höher entwickelten Insektenordnungen, etwa den Käfern und Schmetterlingen. Hier verwandelt sich die Larve nicht direkt in die Imago, sondern häutet sich zunächst in ein nur schwach bewegliches Ruhestadium, die Puppe. In dieser Puppe finden die tiefgreifenden Umwandlungsprozesse vom »Fressstadium« der Larve, in das stets völlig anders aussehende »Fortpflanzungsstadium«, die Imago, statt. Dieser Umwandlungsprozess kann so weit führen, dass die erwachsenen Tiere gar keine Mundwerkzeuge mehr besitzen, also keine Nahrung mehr aufnehmen können. Diese Imagines widmen sich in ihrem kurzen Erwachsenendasein dann nur noch der Fortpflanzung.

Beispiele sind u.a. viele Schmetterlinge. Vergleichbare Erscheinungen gibt es aber auch z.B. bei den Eintagsfliegen. Die mit einem Puppenstadium verbundene Entwicklung bezeichnet man als vollständige Metamorphose, eine solche ohne Puppe als unvollständige Metamorphose.

Die Raupe des Taubenschwänzchens (Macroglossum stellatarum) *muss eine vollständige Verwandlung durchmachen, bevor sie zum erwachsenen Schmetterling wird.*

Erfolgreich und allgegenwärtig

Die ungeheuer vielfältigen Anpassungsmöglichkeiten ihres Körperbaus in Verbindung mit der vielfach sehr hohen Entwicklungsgeschwindigkeit sind offenbar das besondere Erfolgsrezept der Insekten. Sie führten dazu, dass sie sehr schnell auf Veränderungen in der Umwelt reagieren und jeweils den neuen Bedingungen angepasste Formen ausbilden konnten – viel schneller, als dies den Vertretern anderer Tiergruppen möglich war.

Mit ihrer Allgegenwärtigkeit werden sie dabei dem Menschen nicht selten lästig und richten auf Kulturflächen bisweilen sogar schwere Schäden an. Zugleich stellen sie aber für eine Vielzahl anderer Tiere die wichtigste Lebensgrundlage dar. Und nicht zuletzt haben auch die Insekten zahlreiche Vertreter hervorgebracht, die ihrerseits anderen Insekten nachstellen und so verhindern, dass andere Arten sich übermäßig vermehren – sehr viel wirksamer als wir Menschen dies mit Bekämpfungsmaßnahmen tun könnten.

Ein Beispiel für eine unvollständige Metamorphose ist der Warzenbeißer (Decticus verrucivorus): *Die Larven sehen fast genauso aus wie die erwachsenen Tiere – hier ein Weibchen mit dem typischen säbelförmigen Legebohrer.*

Schafbiesfliege
Oestrus ovis
Dasselfliegen

Merkmale Länge 10–12 mm. Gedrungen, graubraun, kurze, glänzende Behaarung. Kopf blasenartig aufgetrieben, Mundwerkzeuge weitgehend zurückgebildet.
Wissenswertes Lebt v. a. an Waldrändern, in offenem Gelände. Die Larven entwickeln sich in der Nasen- und Rachenhöhle von Schafen und Ziegen. Werden ausgewachsen ausgeniest und verpuppen sich. Nicht häufig.

Igelfliege
Tachina fera
Raupenfliegen

Merkmale Länge 9–16 mm. Breit gebaut, gelbroter Hinterleib mit dunkler Längsbinde und hinten mit stachelartigen Borsten.
Wissenswertes Diese in Wäldern nicht seltene Fliege entwickelt sich als Larve in Schmetterlingsraupen, v. a. solchen der Nonne, des Schwammspinners und des Großen Kohlweißlings. Ausgesprochen nützlich.

Graue Fleischfliege
Sarcophaga carnaria
Fleischfliegen

Merkmale Länge 13–15 mm. Grau mit dunklen Längsstreifen auf dem Brustabschnitt und dunklen Würfelflecken auf dem Hinterleib.
Wissenswertes Überall häufig. Die Larven entwickeln sich offenbar nur in Regenwürmern, vor deren Gängen die Eier abgelegt werden. Die geschlüpften Larven dringen zu mehreren in den Wurm ein.

Blaue Schmeißfliege
Calliphora vicina
Schmeißfliegen

Merkmale Länge 8–12 mm. Graublau bis schwarzblau. Hinterleib mit dunklen Schillerflecken.
Wissenswertes Diese auch als »Brummer« bekannte, überall häufige Fliege kommt regelmäßig auch in Häusern vor. Hier legt sie nicht selten ihre Eier an rohes oder gekochtes Fleisch. Regelmäßig Massenentwicklungen in länger nicht geleerten Mülltonnen.

Goldfliege
Lucilia caesar
Schmeißfliegen

Merkmale Länge 7–11 mm. Grüngolden glänzend.
Wissenswertes Die überall häufige Goldfliege ist oft auf Blüten zu beobachten, aber auch an Exkrementen und verwesenden Substanzen. Die Larven entwickeln sich an fauligem Fleisch, gelegentlich auch in offenen Wunden. Manchmal werden sie (neben denen verwandter Arten) für spezielle Wundtherapien eingesetzt.

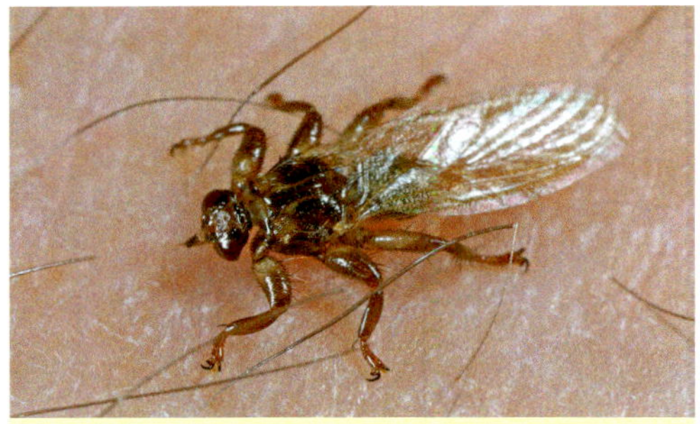

Hirschlausfliege
Lipoptena cervi
Lausfliegen

Merkmale Länge 5–6 mm. Körper und Beine stark abgeflacht, glänzend dunkelbraun.
Wissenswertes Die ganzjährig ausgewachsene Art schwärmt v. a. im Herbst oft an Waldrändern. Sie sticht Hirsche und Rehe, auch Menschen. Ist ein Wirt gefunden, wirft sie die Flügel ab. Das Weibchen bringt fertig entwickelte Larven zur Welt, die sich bald verpuppen.

Stubenfliege
Musca domestica
Echte Fliegen

Merkmale Länge 6–8 mm. Grau, Hinterleib gelblich, oben und an der Spitze schwarz gezeichnet.
Wissenswertes Die v. a. in Häusern überall häufige Art geht regelmäßig an flüssige oder zuckerhaltige Speisereste, die sie mit ihrem stempelartigen Rüssel aufnimmt. Dabei kann sie zahlreiche Krankheitskeime übertragen. Ihre Maden entwickeln sich in Stallmist und anderen zerfallenden Substanzen.

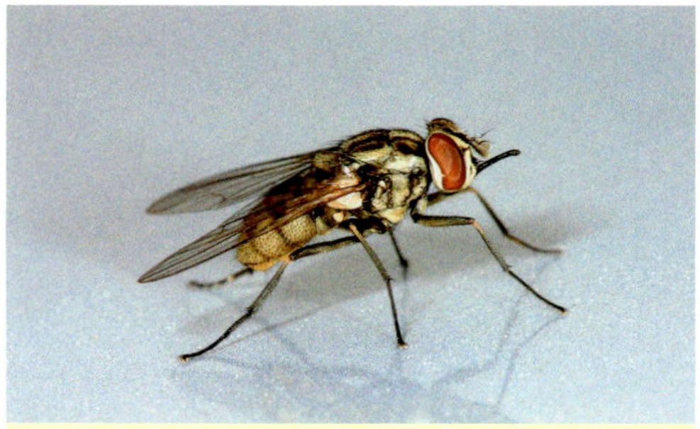

Wadenstecher
Stomoxys calcitrans
Echte Fliegen

Merkmale Länge 6–8 mm. Grau, dunkel gescheckt. Gerade vorgestreckter Stechrüssel.
Wissenswertes Die v. a. in der Nähe von Stallungen und Pferdekoppeln häufige Fliege ist leicht mit der Stubenfliege zu verwechseln, kann aber, anders als diese, sehr unangenehm stechen. Sie setzt sich im Unterschied zu ihr an Vertikalflächen meist mit dem Kopf nach oben ab (die Stubenfliege umgekehrt).

Dungfliege
Scatophaga stercoraria
Dungfliegen

Merkmale Länge 5–10 mm. Männchen pelzig goldgelb, Weibchen grünlich gelb behaart.
Wissenswertes Die Art besucht oft Blüten, fängt aber auch andere kleine Insekten und saugt sie mit ihrem spitzen Rüssel aus. Sie legt ihre mit schmalen Seitenflügeln ausgestatteten Eier auf der Oberfläche von frischen Kuhfladen ab. Die bis 10 mm langen Maden entwickeln sich im Dung.

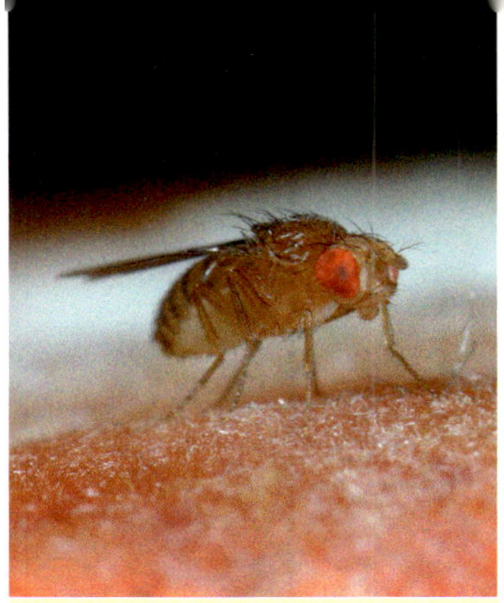

Taufliege
Drosophila melanogaster
Taufliegen

Merkmale Länge um 2 mm. Gelbbraun mit leuchtend roten Augen. Hinterleib nach hinten stark verdunkelt.
Wissenswertes Überall häufig, v. a. in Wohnungen regelmäßig. Die bis 8 mm lange Larve entwickelt sich z. B. in gärendem Obst oder in Resten von Bier, Wein oder Essig. Die Fruchtbarkeit ist enorm: Ein einziges Weibchen kann im einem Monat mehrere Millionen Nachkommen hervorbringen. Da sie außerdem stark zu Mutationen neigen, eignen sie sich hervorragend als Labortiere für genetische Versuche.

Rostfarbige Dickkopffliege
Sicus ferrugineus
Dickkopffliegen

Merkmale Länge 8–10 mm. Kopf auffallend groß, hell gelblich. Hinterleib rostbraun und im hinteren Teil stark nach unten gebogen. Saugrüssel zunächst nach vorn, vor der Spitze dann wieder nach hinten geknickt.
Wissenswertes Fliegt von Juni–August nicht selten auf Wiesen und an Waldrändern und besucht hier regelmäßig Blüten. Die Entwicklung erfolgt parasitisch. Die Fliegen legen ihre Eier einzeln an Hummeln ab. Die Larven fressen zunächst im Hinterleib und bohren sich dann in den Brustabschnitt ein.

Mistbiene
Eristalis tenax
Schwebfliegen

Merkmale Länge 14–16 mm. Sehr bienenähnlich. An den Seiten des 2. Hinterleibssegments je 1 gelbroter Fleck.
Wissenswertes Die überall häufige, fast ganzjährig auftretende Art ist wie die meisten Schwebfliegen ein eifriger Blütenbesucher. Ihre Larve ist als »Rattenschwanzlarve« bekannt. Sie besitzt am Hinterende ein aus 3 Teilen zusammengesetztes Atemrohr, das teleskopartig bis auf etwa 10 cm Länge gestreckt werden kann und lebt v. a. in Jauchepfützen und anderen stark verunreinigten Gewässern.

Hummel-Waldschwebfliege
Volucella bombylans
Schwebfliegen

Merkmale Länge 11–15 mm. Groß, pelzig behaart. Erinnert sehr an eine Hummel. Hinterleib schwarz mit roter oder gelb und schwarz mit weißer Spitze.
Wissenswertes Fliegt Mai–August auf Waldwiesen und an Waldrändern, stellenweise nicht selten. Ihre Larven entwickeln sich in unterirdisch angelegten Hummelnestern von abgestorbenen Hummellarven und anderen Abfallstoffen. Die verschiedenen Farbformen dieser Fliege bevorzugen aber offenbar nicht die ihnen in der Färbung entsprechenden Hummelarten.

Gewöhnliche Stiftschwebfliege
Sphaerophoria scripta
Schwebfliegen

Merkmale Länge 9–12 mm. Sehr langer, schmaler Hinterleib. Hinterleibssegmente vorn und hinten mit dunkler Querbinde, die hinteren zusätzlich mit dunklem Längsstreifen.
Wissenswertes Die Fliege kommt von März–Oktober an Waldrändern und auf Wiesen fast überall häufig vor. Sie besucht eifrig Blüten und kann dank ihres schmalen Körperbaus auch ziemlich engröhrige Blüten nutzen, etwa die vom Natternkopf. Die Larven entwickeln sich in Blattlauskolonien.

Hainschwebfliege
Episyrphus balteatus
Schwebfliegen

Merkmale Länge 8–12 mm. Hinterleibssegmente 2–4 am Hinterrand mit schwarzer Binde, Segment 2 davor mit schwarzem Kreuz, die folgenden mit schmaler, in der Mitte unterbrochener Linie.
Wissenswertes Diese wohl häufigste heimische Schwebfliege ist fast das ganze Jahr hindurch zu beobachten. Die weißlich und grau gezeichnete madenartige Larve ergreift mit ihren Mundhaken Blattläuse und saugt sie aus. Die Art wird oft zur biologischen Bekämpfung von Blattläusen eingesetzt.

Gefleckte Tanzfliege
Empis tesselata
Tanzfliegen

Merkmale Länge 11–13 mm. Langer, nach unten gerichteter Saugrüssel. Flügel beim Männchen verdunkelt und deutlich breiter als beim Weibchen.
Wissenswertes Von Mai–August ziemlich häufig an Waldrändern. Das Männchen fängt zur Paarungszeit ein Beutetier, tötet es mit seinem Rüssel und tanzt damit (meist in einem kleineren Schwarm) in der Luft auf und ab. Wird ein Weibchen angelockt, kommt es mit der durch das »Brautgeschenk« abgelenkten Partnerin zur Paarung.

Großer Wollschweber
Bombylius major
Wollschweber

Merkmale Länge 9–12 mm. Pelzig braun behaart. Gerade vorgestreckter, fast körperlanger Saugrüssel. Flügel am Vorderrand mit schwarzer Binde.
Wissenswertes Die sehr hummelähnliche Fliege ist von April–Juni meist nicht selten v. a. an Waldrändern und in lichten Wäldern zu beobachten. Sie saugt im Schwebflug mit dem langen Rüssel Nektar. Das Weibchen wirft die Eier im Flug vor den Eingängen von Wildbienennestern ab, in denen sich die Larven als Parasiten entwickeln.

Trauerschweber
Hemipenthes morio
Wollschweber

Merkmale Länge 6–11 mm. Glänzende, schwarze Fliege. Etwas abgeflachter Körper. Flügel an der Basis schwarz, schräg abgesetztes Spitzenteil durchsichtig.
Wissenswertes Diese mit dem Wollschweber verwandte Art kommt von Juni–August v. a. an Waldrändern vor. Tritt nach Massenentwicklungen von Schmetterlingsraupen manchmal recht häufig auf. Die Larven entwickeln sich parasitisch in Raupenfliegen- oder Schlupfwespenlarven, die ihrerseits in Raupen parasitieren, sind also »Sekundärparasiten«.

Gelbe Raubfliege
Laphria flava
Raubfliegen

Merkmale Länge 15–25 mm. Groß, sehr kräftig. Kurzer, schräg nach unten gerichteter Saugrüssel. Körper hummelartig gelb und braun behaart.
Wissenswertes Diese etwas gefährlich wirkende Art kommt von Juni–September meist nicht selten an sonnigen Waldrändern und -wegen vor. Sie lauert auf einer Sitzwarte (z. B. an einem Baumstamm) und stürzt sich von dort aus blitzschnell auf vorbeifliegende Beutetiere, die sie mit ihren dicht bestachelten Beinen ergreift und anschließend auf ihrem Sitzplatz aussaugt.

Schnepfenfliege
Rhagio spec.
Schnepfenfliegen

Merkmale Länge 8–14 mm. Schlanker Körper, Flügel dunkel gefleckt. Hinterleib gelbbraun, oben mit schwarzen Dreiecken und schwarzer Spitze.
Wissenswertes Die Schnepfenfliege ist ziemlich häufig von Mai–September an Waldwegen und -rändern zu beobachten. Sie sitzt meist an Baumstämmen oder auf liegendem Totholz und lauert hier auf vorbeifliegende Beutetiere. Diese werden im Flug ergriffen und mit dem sehr kurzen Rüssel ausgesaugt. Die Larven entwickeln sich ebenfalls räuberisch im Waldboden.

Goldaugenbremse
Chrysops relictus
Bremsen

Merkmale Länge 9–11 mm; Augen leuchtend grün mit rundlichen, violetten Flecken. Flügel in Ruhelage schräg abgespreizt, etwa mittig mit breiter, schwarzer Querbinde.
Wissenswertes Fast überall häufig. Fliegt von Mai–September v. a. in offenem Gelände. Nur die Weibchen sind Blutsauger. Sie stechen auch den Menschen, besonders bei sonnigem, warmem Wetter. Der Stich ist recht schmerzhaft. Die Larven entwickeln sich in feuchten Böden und ernähren sich offenbar von zerfallenden, organischen Substanzen.

Regenbremse
Haematopota pluvialis
Bremsen

Merkmale Länge 8–12 mm. Flügel fein dunkel gefleckt, in Ruhelage über dem Hinterleib zusammengelegt. Augen mit einem Muster aus geschlängelten roten, grünen und violetten Binden.
Wissenswertes Überall häufig an Waldrändern und in offenem Gelände. Sie ist v. a. bei schwül-warmer Witterung sehr aktiv und landet fast geräuschlos; sie lässt sich aber im Vergleich etwa zu Stechmücken beim Saugen leicht erschlagen. Daher stammt vermutlich der volkstümliche Name »Blindfliege«.

Chamäleonfliege
Stratiomys chamaeleon
Waffenfliegen

Merkmale Länge 12–16 mm. Hinterleib auffallend breit, deutlich abgeflacht, mit großen, gelben Seitenflecken. Ragt seitlich weit unter den Flügeln heraus.
Wissenswertes Die auffallende, große Art fliegt von Juni–September und ist auf Feuchtwiesen und in Gewässernähe gebietsweise nicht selten. Die bis 5 cm lange, schmal spindelförmige Larve schwimmt an der Oberfläche meist kleinerer Gewässer und strudelt mit ihren Mundwerkzeugen Nahrung herbei.

Buchengallmücke
Mikiola fagi
Gallmücken

Merkmale Länge 4–5 mm. Auffallend langbeinige Mücke. Fühler lang, schmal. Hinterleib blutrot gefärbt.
Wissenswertes Die fast überall häufige Mücke fliegt bereits von März–Mai v. a. an Waldrändern und in lockeren Laubwäldern in der Nähe von Rotbuchen. Das Weibchen legt seine Eier in die Blätter sich gerade öffnender Buchenknospen. Später bilden sich auf der Blattoberseite an den Eiablagestellen zugespitzte, bis 12 mm hohe Gallen. Diese sind zunächst grün, später meist rot und enthalten je eine 3–4 mm lange Larve. Meist lösen sich diese Gallen kurz vor dem Laubfall oder fallen mit dem Blatt im Herbst zu Boden. Die Larve oder Puppe überwintert in der unten durch eine dünne Membran verschlossenen Galle. Diese Membran wird später von der schlüpfenden Mücke durchstoßen. Gallmücken sind mit über 800 heimischen Vertretern die artenreichste Familie Gallen erzeugender Insekten. Zu ihr zählen auch Arten, die sich in Gallen anderer Arten entwickeln.

Märzfliege
Bibio spec.
Haarmücken

Merkmale Länge 8–10 mm. Fliegenähnliche, stark behaarte Mücke. Männchen (linkes Tier) mit viel größeren Augen als das Weibchen (rechtes Tier).
Wissenswertes Erscheinen oft in großer Zahl im zeitigen Frühjahr (März–Mai) an Waldrändern und in offenem Gelände, auch in Gärten. Ihre Larven entwickeln sich im Boden, können durch Wurzelfraß schädlich sein.

Kriebelmücke
Simulium spec.
Kriebelmücken

Merkmale Länge 3–6 mm. Mücke mit untersetztem Körper. Saugrüssel kurz und kräftig.
Wissenswertes Treten von Mai–August v. a. nahe von Fließgewässern auf. Ihr Stich ist recht schmerzhaft. Der dabei abgegebene Speichel kann starke Schwellungen hervorrufen. Die Larven entwickeln sich in meist etwas verunreinigten Fließgewässern.

Gewöhnliche Zuckmücke
Chironomus spec.
Zuckmücken

Merkmale Länge 10–14 mm; Männchen mit dicht buschig gefiederten, Weibchen mit fadenförmigen Fühlern.
Wissenswertes Die fertigen Mücken fressen nicht. Die Männchen tanzen fast ganzjährig an Gewässern. Der Flugton der Weibchen lässt ihre Fühler schwingen. Die roten Larven leben am Gewässergrund in Gespinströhren. Sie sind eine sehr wichtige Fischnahrung.

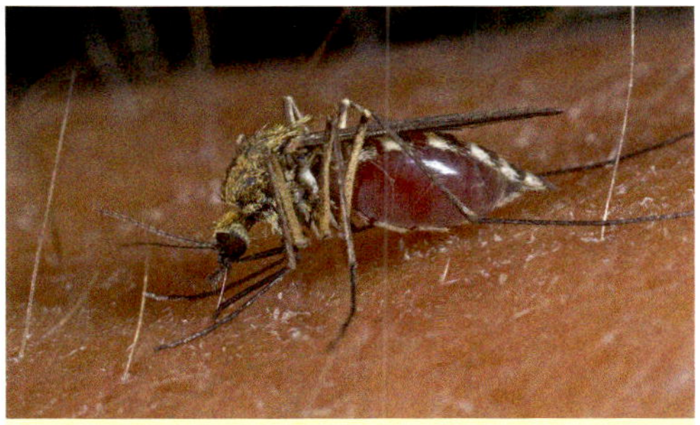

Stechmücke
Aedes spec.
Stechmücken

Merkmale Länge 7–9 mm. Weibchen: langer Stechrüssel, zugespitzter Hinterleib, saugt Blut. Männchen: pinselartige Mundteile, trinkt Blütennektar.
Wissenswertes Überall häufig. Die Larven entwickeln sich in Kleingewässern (Regentonnen). Sie hängen mit dem Atemrohr schräg unter dem Wasserspiegel und strudeln mit den Mundwerkzeugen Nahrung herbei.

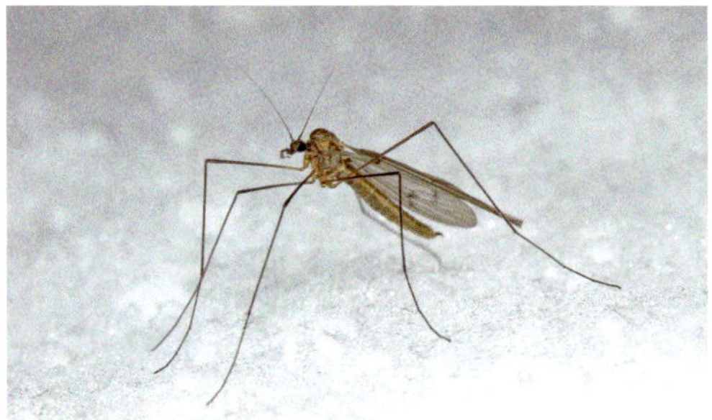

Wintermücke
Trichocera hiemalis
Wintermücken

Merkmale Spannweite 11–13 mm. Sehr zarte, langbeinige Mücke. Lange, dünne Fühler.
Wissenswertes Die recht kälteresistenten, fast überall häufigen Tiere fliegen von Oktober–April. Sie bilden auch an milden Wintertagen kleine Schwärme und tanzen gern im Sonnenlicht. Ihre Larven ernähren sich am Erdboden von zerfallenden Pflanzenresten.

Kohlschnake
Tipula spec.
Schnaken

Merkmale Spannweite 25–50 mm. Auffallend groß. Sehr lange, dünne Beine.
Wissenswertes Trotz ihrer Größe völlig harmlos; häufig. Kann mit ihren schwach entwickelten Mundwerkzeugen nur Wasser oder Nektar aufnehmen. Ihre fußlose Larve ernährt sich v. a. von Falllaub und Wurzeln; kann bei Massenauftreten Schäden anrichten.

Vogelfloh
Ceratophyllus spec.
Flöhe

Merkmale Länge 2–3 mm. Dunkelbraun und ohne Flügel. Körper seitlich stark zusammengedrückt.
Wissenswertes Der Vogelfloh ist v. a. in Nistkästen häufig anzutreffen. Er saugt nicht nur bei Vögeln, sondern z. B. auch beim Menschen Blut, v. a. in ausgehungertem Zustand. Seine weißlichen, fußlosen Larven entwickeln sich in Vogelnestern und ernähren sich hier von Abfallstoffen.

Skorpionsfliege
Panorpa communis
Schnabelfliegen

Merkmale Spannweite 25–30 mm. Kopf schnabelartig verlängert, 2 dunkel gefleckte Flügelpaare. Männchen mit aufgebogener Hinterleibszange.
Wissenswertes Die Art fliegt von Mai–August und kommt ziemlich häufig an Waldrändern vor. Sie ernährt sich v. a. von toten Insekten. Das Männchen ergreift mit seiner an einen Skorpionsstachel erinnernden Zange das Weibchen zur Paarung.

Schneefloh
Boreus hyemalis
Schnabelfliegen

Merkmale Länge um 3,5 mm. Schwarz mit grünlichem Metallglanz. Männchen (Bild) schmal sichelförmige Flügelstummel, Weibchen langer Legebohrer.
Wissenswertes Die im Allgemeinen nicht seltene Art ist von Oktober–April v. a. an Waldrändern anzutreffen. Sie ist an milden Wintertagen oft auf der Schneeoberfläche zu beobachten und ernährt sich offenbar von Moosen und pflanzlichen Abfallstoffen.

Russischer Bär
Euplagia quadripunctaria
Bärenspinner

Merkmale Spannweite 45–55 mm. Vorderflügel schwarz, blaugrün glänzend mit schrägen, weißgelben Streifen, die vor der Flügelspitze ein weißes »V« bilden. Hinterflügel rot mit 3–4 schwarzen Flecken.
Wissenswertes Der tagaktive Falter ist auch als »Spanische Fahne« bekannt. Er fliegt von Juli–September an wärmebegünstigten Stellen, etwa an sonnigen Wald- und Wegrändern sowie auf etwas verbuschten Trockenrasen. Er ist bei uns nicht häufig, tritt aber in manchen Jahren gebietsweise auch in größerer Zahl auf. Manchmal kommt es sogar örtlich zu Massenentwicklungen. Im Gegensatz zu fast allen übrigen Bärenspinnern besitzt er einen gut entwickelten Saugrüssel und ist ein eifriger Blütenbesucher, v. a. am Wasserdost (Bild). Die bis 50 mm lange, schwarzgraue Raupe trägt eine gelbliche Rückenlinie, weiße Seitenflecke und kurze, hellbraune Borstenbüschel. Sie frisst zunächst vorwiegend an Kräutern, überwintert als Jungraupe und ernährt sich dann meist von Blättern von Himbeeren und anderen Holzgewächsen. ▽

Blutbär
Tyria jacobaeae
Bärenspinner

Merkmale Spannweite 32–42 mm. Vorderflügel blauschwarz mit rotem Streifen und 2 Punkten, Hinterflügel rot mit schwarzem Vorder- und Außenrand.
Wissenswertes Die Art fliegt von Mai–August an trockenen, zuweilen auch etwas feuchten, offenen Stellen und ist nur gebiets- und jahrweise häufiger. Die gelb und schwarz geringelten, nur schwach behaarten Raupen entwickeln sich v. a. am Jakobs-Kreuzkraut sowie an Huflattich oder Pestwurz. Gelegentlich kommt es zur Massenentwicklung. ▽

Schönbär
Callimorpha dominula
Bärenspinner

Merkmale Spannweite 40–50 mm. Vorderflügel schwarzblau schillernd, mit weißen und an der Flügelbasis weißgelben, rundlichen Flecken, Hinterflügel rot mit schwarzen Flecken.
Wissenswertes Tagaktiv. Kommt vorzugsweise an etwas feuchten und kühleren Stellen im süddeutschen Bergland vor, etwa auf Sumpfwiesen und in lichten Wäldern. Fliegt von Juni–August. Die schwarze, mit gelben Längsbinden und weißen Punkten gezeichnete Raupe entwickelt sich an vielen verschiedenen Sträuchern und Kräutern. ▽

Brauner Bär
Arctia caja
Bärenspinner

Merkmale Spannweite 45–65 mm. Vorderflügel dunkelbraun mit Netz aus breiten, weißen Linien, Hinterflügel leuchtend hellrot mit schwarzblau glänzenden, runden Flecken.
Wissenswertes Nachtaktiv. Ziemlich verbreitet an offenen bis halbschattigen, meist etwas feuchten Orten, regelmäßig auch in Siedlungen. Flugzeit Juni–September. Tagsüber ruht er mit zusammengeklappten Flügeln und wird meist übersehen, fliegt aber gern nach Mitternacht künstliche Lichtquellen an. Bei Störung spreizt er die Vorderflügel und präsentiert die grellroten Hinterflügel (links). Zugleich erscheint im Nacken eine rote Querbinde, aus der ein unangenehm riechendes Sekret abgesondert wird. Der Name »Bärenspinner« bezieht sich auf die pelzig behaarte Raupe der meisten Arten. Beim Braunen Bär ist sie besonders lang und dicht fuchsrot, schwarz und weißgrau behaart (rechts). Sie entwickelt sich an Kräutern und Sträuchern und verpuppt sich in einem mit Haaren vermischten Gespinst. ▽

Weiße Tigermotte
Spilosoma lubricipeda
Bärenspinner

Merkmale Spannweite 30–42 mm. Flügel weiß mit ziemlich gleichmäßig verteilten, schwarzen Punkten.
Wissenswertes Recht häufig in offenen bis halbschattigen Lebensräumen sowie regelmäßig im Siedlungsbereich anzutreffen. Fliegt von Mai–September in 1–2 Generationen. Die graubraune, dicht dunkelbraun behaarte Raupe trägt einen meist scharf abgesetzten, hellen Rückenstreifen und entwickelt sich an sehr verschiedenen Kräutern und Holzgewächsen. ▽

Wegerichbär
Parasemia plantaginis
Bärenspinner

Merkmale Spannweite 32–38 mm. Vorderflügel schwarz mit schrägen, weißen Binden, die vor der Flügelspitze eine weiße »4« bzw. deren Spiegelbild bilden. Hinterflügel weißlich, gelb oder rot, sehr variable schwarze Fleckung.
Wissenswertes Flugzeit Mai–August, v. a. auf Feuchtwiesen und Waldlichtungen. Nur stellenweise häufiger. Männchen fliegen tagsüber, Weibchen fast nur abends. Die sehr flinken Raupen sind fuchsrot, schwarz und grau behaart und fressen an verschiedenen Pflanzen. ▽

Gestreifter Grasbär
Spiris striata
Bärenspinner

Merkmale Spannweite 30–40 mm. Vorderflügel sehr schmal, hellgelb mit schmalen, schwarzen Streifen, Hinterflügel gelb mit schwarzer Binde am Vorder- und Außenrand.
Wissenswertes Recht unauffällig, tagaktiv. Fliegt von Juni–August an offenen, warmen Stellen mit sandigem oder steinigem Boden, v. a. im südlichen und östlichen Deutschland. Die Männchen sind scheu und flugtüchtig, die Weibchen eher träge. Die schwarze, mit roter Rückenlinie gezeichnete Raupe frisst vorwiegend an Gräsern. ▽

Weißfleckwidderchen
Syntomis phegea
Bärenspinner

Merkmale Spannweite 30–45 mm. Vorderflügel ca. doppelt so lang wie Hinterflügel, beide schwarz mit ovalen, weißen Flecken. Hinterleib mit 2 gelben Ringen.
Wissenswertes Der bei uns seltene, stark an die Widderchen der Gattung *Zygaena* erinnernde Falter kommt an wärmebegünstigten, offenen bis halbschattigen Stellen vor und fliegt von Juni–August. Seine pelzig schwarzgrau behaarte Raupe ist eine typische Bärenraupe. Sie frisst an krautigen Pflanzen, etwa an Wegerich und Löwenzahn. ▽

Rotkragen-Flechtenbär
Atolmis rubricollis
Bärenspinner

Merkmale Spannweite 25–35 mm. Körper und Flügel schwarz, nur ein Halskragen und hinterer Teil des Hinterleibs rot oder orange.
Wissenswertes Vorwiegend nachtaktiv, manchmal auch tagaktiv. Kommt v. a. in Nadelwäldern vor und ist bei uns recht häufig. Er neigt gelegentlich zur Massenvermehrung. Die Flugzeit reicht von Mai–Juli. Die Raupe ist dunkelgrau mit heller Marmorierung und roten Punktwarzen. Sie lebt v. a. auf Zweigen von Nadelbäumen und ernährt sich hier vom Flechtenbewuchs. ▽

Goldafter
Euproctis chrysorrhoea
Trägspinner

Merkmale Spannweite 28–38 mm. Flügel weiß, manchmal schwach dunkel gefleckt. Hinterleib mit dichtem goldbraunem Afterbusch, besonders beim Weibchen.
Wissenswertes Der nachtaktive Falter fliegt von Juni–August v. a. an Waldrändern und Alleen und war früher deutlich häufiger. Bei Störungen stellt er sich tot und präsentiert seinen Afterbusch. Das Weibchen bedeckt mit der goldenen Behaarung später das Eigelege. Die rot und weiß gescheckten Raupen fressen sehr gern an Apfel- und Birnbäumen.

Kleiner Bürstenspinner
Orgyia antiqua
Trägspinner

Merkmale Männchen Spannweite 25–30 mm, dunkelbraune Vorderflügel mit weißem Fleck. Weibchen sackförmig, mit winzigen Flügelstummeln.
Wissenswertes Überall häufig. Fliegt von Juni–Oktober in 2 Generationen. Das Weibchen lockt auf seinem Kokon sitzend mit einem Duftstoff das Männchen zur Paarung (Bild). Die sehr bunte Raupe trägt 4 gelbe oder graue Rückenpinsel und weitere schwarze und weiße Haarbüschel. Sie frisst an vielen verschiedenen Bäumen und Sträuchern.

Buchen-Streckfuß
Calliteara pudibunda
Trägspinner

Merkmale Spannweite 37–47 mm. Vorderflügel hellgrau, mit dunklen Zackenbinden, oft mit breiter, dunkler Mittelbinde. Vorderbeine verlängert und dicht behaart.
Wissenswertes In Laubwäldern ziemlich häufig. Flugzeit April–Juli. Lange Vorderbeine in Ruhelage meist nach vorn gestreckt. Die Raupe trägt 4 rasierpinselartige gelbe, weiße oder rötliche Haarbüschel und einen weiteren roten oder schwarzen Haarpinsel am Hinterende. Lebt an Laubbäumen und Sträuchern.

Schwammspinner
Lymantria dispar
Trägspinner

Merkmale Spannweite 32–60 mm. Weibchen mit weißen, schwarz gezeichneten Flügeln. Männchen mit braunen Flügeln.
Wissenswertes Fliegt von Juni–August v. a. in Eichenwäldern. In manchen Jahren Massenvermehrung. Das Weibchen bedeckt das Eigelege mit der wolligen Behaarung seines Hinterleibs (Bild). Raupe sehr variabel, meist bunt gezeichnet, frisst v. a. an Eichen, doch auch an anderen Laubhölzern. Bei Massenvermehrung Kahlfraß ganzer Wälder möglich.

Nonne
Lymantria monacha
Trägspinner

Merkmale Spannweite 34–55 mm. Beide Geschlechter ähnlich dem Schwammspinnerweibchen, doch Flügel stärker schwarz gezeichnet, manchmal sogar fast ganz schwarz.
Wissenswertes Fliegt Juni–September. In Laub- und Nadelwäldern gebietsweise recht häufig. Raupe mit dunklem, auf dem 8. Segment durch hellen Fleck unterbrochenem Rückenband. Frisst an Laub- und Nadelbäumen. Neigt zur Massenvermehrung mit Kahlfraß, aber nur in Nadelholz-Monokulturen.

Hausmutter
Noctua pronuba
Eulen

Merkmale Spannweite 45–55 mm. Vorderflügel meist mit 1 runden und 1 nierenförmigen Fleck, Hinterflügel gelb mit schwarzer Binde.
Wissenswertes Nachtaktiv. Fliegt von Juni–Oktober mit einer Ruhepause im Sommer. Kommt in Wäldern wie in offenem Gelände und Gärten überall häufig vor. Die grün oder hellbraun gefärbte Raupe trägt eine feine, helle Rückenlinie und in der hinteren Körperhälfte 2 schwarze Fleckenreihen. Sie ernährt sich von zahlreichen verschiedenen Kräutern und Holzgewächsen.

Violett-Gelbeule
Xanthia togata
Eulen

Merkmale Spannweite 27–30 mm. Vorderflügel dottergelb mit rotvioletter Querbinde und ebenso gefärbten kleineren Flecken.
Wissenswertes Nachtaktiv, ziemlich häufig. Fliegt von August–Oktober v. a. an Waldrändern und auf Feuchtwiesen mit Weidengebüschen. Die Eier überwintern an Weidenzweigen. Die unscheinbar braun gefärbten Raupen bohren sich im Frühjahr in Weidenkätzchen ein und fallen mit diesen später zu Boden. Danach fressen sie an Brombeeren und verschiedenen anderen Pflanzen.

Achateule
Phlogophora meticulosa
Eulen

Merkmale Spannweite 45–50 mm. Vorderflügel am Außenrand gezackt, mittig mit dunkler, dreieckiger Zeichnung.
Wissenswertes Der fast überall häufige Falter fliegt jährlich in meist 2 Generationen von April–November. Er legt seine Flügel in Ruhe etwas in Falten und erinnert so an welkes Laub. Raupe hellgrün oder bräunlich gefärbt, mit seitlichen dunklen Schrägstreifen und dunkler Rückenlinie gezeichnet. Frisst v. a. an verschiedenen Kräutern, daneben aber auch an Sträuchern und Farnen.

Pyramideneule
Amphipyra pyramidea
Eulen

Merkmale Spannweite 40–52 mm. Vorderflügel graubraun mit rußfarbenem Mittelfeld, das außen durch eine helle Querbinde begrenzt wird; im Mittelfeld ein heller Ring.
Wissenswertes Nachtaktiv. In Wäldern, Parks und Gärten recht häufig. Fliegt Juni–September. Ihre blaugrüne mit feinen, weißen Punkten gezeichnete Raupe trägt eine helle, seitliche Längsbinde und vor dem Hinterende einen kegelförmigen Höcker. Sie entwickelt sich an verschiedenen Laubbäumen und Sträuchern, z. B. an Weiden und Eschen.

Brauner Mönch
Shargacucullia verbasci
Eulen

Merkmale Spannweite 45–50 mm. Auf dem Brustabschnitt ein hoher, kapuzenartiger Haarschopf. Vorderflügel am Vorderrand dunkel rotbraun, dahinter hellbraun bis weißlich.
Wissenswertes Nachtaktiv. Häufig in offenem, trockenem Gelände. Fliegt von April–Juni. Anders als die meisten Eulenfalter fliegt er kaum ans Licht und ist tagsüber angesichts seiner hervorragenden Tarnfärbung und Körpergestalt sehr schwer zu finden. Im Gegensatz dazu gehört seine bis 50 mm lange Raupe zu den auffälligsten Erscheinungen unter den heimischen Schmetterlingsraupen. Sie trägt bei weißgrauer Grundfärbung auf jedem Segment 3 gelbe Flecken, die von schwarzen Punkten und Strichen eingerahmt werden, und frisst an Königskerzen, seltener an Braunwurz. Mit dieser Drohfärbung weist sie Verfolger auf ihre Giftigkeit hin, die sie sich durch Inhaltsstoffe aus ihren Futterpflanzen erworben hat. Ähnliche Drohfärbungen kommen auch bei anderen Schmetterlingsraupen vor. ▽

Gammaeule
Autographa gamma
Eulen

Merkmale Spannweite 35–40 mm. Rücken des Brustabschnitts mit einem breiten Haarschopf. Vorderflügel mit silbrig weißer »Gamma«-Zeichnung.
Wissenswertes Überall häufig. Fast das ganze Jahr über zu beobachten. Gehört zu den typischen Wanderfaltern und fliegt jedes Frühjahr von Südeuropa aus zu uns, kann aber auch in Mitteleuropa erfolgreich überwintern. Seine hellgrüne, mit weißer Seitenlinie gezeichnete Raupe frisst an vielen verschiedenen Pflanzen, oft an Kohl und Kopfsalat.

Eisenhut-Höckereule
Euchalcia variabilis
Eulen

Merkmale Spannweite 33–38 mm. Vorderflügel graubraun mit rosa Zeichnung und 4 weißen Querlinien fast parallel zum Außenrand. Brust mit höckerartigen Haarschöpfen.
Wissenswertes Nachtaktiv, recht selten. Fliegt von Juni–August meist in feucht-schattigen Bergwäldern. Raupe gelb, mit hell- und dunkelgrauen Längsbinden und schwarzen Punkten. Lebt an Eisenhut oder Akeleiblättriger Wiesenraute. Im Frühjahr zwischen den zusammengefalteten Blättern zu finden. ▽

Braune Tageule
Euclidia glyphica
Eulen

Merkmale Spannweite 25–30 mm. Vorderflügel graubraun mit dunklen Querbinden. Hinterflügel dunkelbraun mit gelblicher Zeichnung.
Wissenswertes Der (anders als fast alle übrigen Arten seiner Familie) tagaktive, recht scheue Falter ist ziemlich häufig von April–Juli auf Wiesen und Magerrasen anzutreffen. Er fliegt jährlich meist in 2 Generationen. Seine auffallend schmale, hellbraune, seitlich mit heller Seitenbinde gezeichnete Raupe frisst an verschiedenen Schmetterlingsblütlern.

Zackeneule
Scoliopteryx libatrix
Eulen

Merkmale Spannweite 40–45 mm. Vorderflügel am Außenrand gezackt, zimtbraun mit orangener und weißer Zeichnung.
Wissenswertes Überall häufig. Kommt in Laubwäldern, Kiesgruben und Gärten vor. Fliegt von Juni–Oktober meist in 2 Generationen, überwintert und erscheint dann nochmals von März–Mai. Der Falter überwintert gern in Höhlen und ist dann oft völlig von Wassertropfen bedeckt. Raupe gelbgrün, mit weißgelber Seitenlinie gezeichnet. Lebt an verschiedenen Weiden- und Pappelarten.

Großer Eichenkarmin
Catocala sponsa
Eulen

Merkmale Spannweite 60–70 mm. Vorderflügel rindenartig gezeichnet, etwa in der Mitte des Vorderrandes eine helle Fläche und in ihrer Mitte eine rundliche Zeichnung. Hinterflügel karminrot mit 2 schwarzen Binden.
Wissenswertes Der schöne, in den meisten Gebieten recht seltene Falter kommt v. a. in lockeren, etwas feuchten und warmen Eichenwäldern vor. Nachtaktiv, fliegt von Juli–September. Tagsüber ruht er mit geschlossenen Flügeln an Baumrinde und ist dort durch die rindenfarbige Zeichnung seiner Vorderflügel hervorragend getarnt. Wird er beunruhigt, spreizt er die Flügel auseinander und präsentiert seine grellrot gefärbten Hinterflügel. Er nutzt den damit verbundenen Überraschungseffekt, um unmittelbar darauf blitzschnell davonzufliegen. Seine deutlich abgeflachte, grünlich braun bis grau gefärbte Raupe frisst an Eichenlaub. Sie ist ebenfalls nachtaktiv und schmiegt sich am Tag eng an einen Zweig oder Baumstamm. Durch Haarfransen an den Körperseiten verschwimmt sie dabei vollkommen mit ihrer Umgebung. ▽

Pfeileule
Acronicta psi
Eulen

Merkmale Spannweite 30–40 mm. Vorderflügel hellgrau, seltener graubraun mit schwarzen z. T. pfeilförmigen Zeichnungen.
Wissenswertes Nachtaktiv. Recht häufig v. a. an Waldrändern und Gebüschen. Fliegt meist in 2 Generationen von April–September. Raupe sehr auffällig, am Rücken mit gelbem Längsband, seitlich mit schwarzer Binde mit roten Flecken sowie einem fingerförmigen, schwarzen Zapfen oben auf dem 4. Segment. Frisst an Laubbäumen und Sträuchern.

Mondvogel
Phalera bucephala
Zahnspinner

Merkmale Spannweite 48–65 mm. Flügel grau mit rundem, gelben Spitzenfleck. Kopf und Vorderseite des Brustabschnitts ebenfalls gelb.
Wissenswertes Nachtaktiv. Fliegt von Mai–August. Meist an Waldrändern und Gebüschen häufig. Ruht tagsüber an Zweigen und täuscht durch seine gelben Zeichnungen Abbruchstellen morscher Äste vor. Seine gelbe, mit feinen, schwarzen Längsstreifen gezeichnete Raupe lebt sehr gesellig an Laubbäumen (v. a. Birken, Eichen) und Sträuchern.

Palpenspinner
Pterostoma palpina
Zahnspinner

Merkmale Spannweite 35–52 mm. Kiefertaster stark verlängert, buschig behaart, gerade nach vorn gestreckt. Hellbraune Flügel, nur schwach gezeichnet.
Wissenswertes Nachtaktiv, recht häufig. Kommt v. a. an Waldrändern vor. Fliegt meist in 2 Generationen von April–August. Ruht tagsüber an Zweigen und ist hier durch seine ungewöhnliche Gestalt gut getarnt. Raupe hellgrün, seitlich weiß gestreift, frisst v. a. an Weiden- und Pappelarten.

Kamelspinner
Ptilodon capucina
Zahnspinner

Merkmale Spannweite 30–45 mm. Brustabschnitt mit kegelförmigem Haarschopf, der an einen Kamelhöcker erinnert.
Wissenswertes Nachtaktiv, in den meisten Gebieten häufig, v. a. an Waldrändern und Gebüschen. Fliegt jährlich in 2 Generationen von Mai–August. Raupe gelbgrün oder rötlich, trägt kurz vor dem Hinterende 2 spitze, rote Rückenhöcker. Ruht meist mit emporgehobenem Vorder- und Hinterende und frisst an Laubbäumen und Sträuchern.

Großer Gabelschwanz
Cerura vinula
Zahnspinner

Merkmale Spannweite 58–75 mm. Flügel weißgrau, vor dem Außenrand mit schmalen, schwarzen Bogenlinien.
Wissenswertes Nachtaktiv, häufig. Fliegt von April–Juli meist an etwas feuchten Stellen mit Pappel- und Weidenbeständen. Das Weibchen legt die halbkugeligen, braunen Eier meist paarweise auf der Blattoberseite von Pappeln und Weiden, den Futterpflanzen der Raupe, ab. Die bis 8 cm lange Raupe ist hellgrün mit schwarzbrauner, weiß gesäumter Rückenzeichnung, die in der Körpermitte jeweils dreieckig erweitert ist. Sie trägt am Hinterende eine lange Schwanzgabel. Bei Bedrohung zieht sie ihren Kopf zurück, sodass im Nacken ein roter Ringwulst mit 2 schwarzen Augenflecken erscheint. Zusätzlich werden an den Enden der Schwanzgabel rote Fäden ausgestülpt, die sich zitternd hin und her bewegen. Als letzte Steigerung des Imponierverhaltens kann die Raupe dem Angreifer aus einer schlitzförmigen Öffnung im Halsring einen Strahl Ameisensäure bis auf eine Entfernung von etwa 30 cm entgegenspritzen. ▽

Buchen-Zahnspinner
Stauropus fagi
Zahnspinner

Merkmale Spannweite 45–64 mm. Vorderflügel graubraun oder grau, mit oft etwas dunklerem, durch helle Zackenbinden abgesetztem Mittelfeld. Hinterflügel in der vorderen Hälfte wie die Vorderflügel, dahinter einheitlich grau gefärbt.
Wissenswertes Nachtaktiv, v. a. in Wäldern und Parks fast überall ziemlich häufig. Fliegt von April–August offenbar in 2 Generationen. Ruht tagsüber mit zusammengelegten Vorderflügeln und schiebt dabei die Hinterflügel etwa bis zur Hälfte seitlich unter den Vorderflügeln hervor. So wird die tarnfarbige vordere Hinterflügelhälfte sichtbar, während die einheitlich gefärbte hintere Hälfte verdeckt bleibt. Die sehr bizarre Raupe besitzt ein stark verlängertes 2. und 3. Beinpaar und ein kolbenartig verdicktes Hinterende, das in 2 Zipfel ausläuft. Sie ruht meist mit emporgestrecktem Vorder- und Hinterende und ist dann kaum noch als Schmetterlingsraupe kenntlich, sondern erinnert eher an eine gefährliche Fangschrecke. Sie entwickelt sich an vielen verschiedenen Laubbäumen und Sträuchern.

Eichen-Prozessionsspinner
Thaumetopoea processionea
Prozessionsspinner

Merkmale Spannweite 25–35 mm. Dicht wollig behaart, Flügel grau mit schmalen, etwas gewellten, dunklen Querbinden.
Wissenswertes Nachtaktiv, fliegt von Juli–September meist in etwas feuchten, warmen Eichenwäldern. War noch vor wenigen Jahren in Mitteleuropa eine ausgesprochene Seltenheit, hat sich aber in den letzten 2 Jahrzehnten stark ausgebreitet und in manchen Jahren zu einer echten Plage entwickelt. Seine an Eichen fressende, weißgraue Raupe trägt ein breites, schwarzes Rückenband und viele bis ca. 10 mm lange weiße Haarbüschel sowie am Rücken in dichten Polstern angeordnete winzige, nur etwa 1/3 mm lange Brennhaare. Sie werden bei Gefahr »abgeschossen«. Die mit bloßem Auge nicht sichtbaren Haare können auf der menschlichen Haut schwere allergische Reaktionen auslösen, v. a. in den Augen oder wenn sie eingeatmet werden. Die Raupen ruhen tags meist in Gespinstnestern und wandern abends in Prozessionen zu ihren Fraßplätzen.

Achat-Eulenspinner
Habrosyne pyritoides
Eulenspinner

Merkmale Spannweite 35–40 mm. Vorderflügel mit sehr ornamentalem Zeichnungsmuster – erinnert an geschliffenen Achat.
Wissenswertes Nachtaktiv, nicht selten. Fliegt von Mai–September. Er fliegt regelmäßig Lichtquellen an und ist oft morgens unter Straßenlaternen zu finden. Die dunkelbraune Raupe trägt seitlich am 1. Hinterleibssegment einen runden, weißen Fleck. Sie hält sich tagsüber meist verborgen und frisst nachts v. a. an Brombeeren und Himbeeren.

Heller Sichelflügler
Drepana falcataria
Sichelflügler

Merkmale Spannweite 27–35 mm. Vorderflügel am Ende sichelförmig gebogen, dunkler Augenfleck und vor der Ausbuchtung 1 violetter Fleck.
Wissenswertes Nachtaktiv, fliegt von April–August in 2 Generationen. Grüne Raupe mit braunem Rücken und auffällig zugespitztem Hinterende. Sie frisst v. a. an Erlen und Birken und hält sich tagsüber in einem tütenförmig zusammengerollten Blatt verborgen. Hat sie einen größeren Teil dieses Blatts verzehrt, wechselt sie auf ein neues über.

Großer Frostspanner
Erannis defoliaria
Spanner

Merkmale Spannweite Männchen (oberes Bild) 30–40 mm. Farbe sehr unterschiedlich, fast immer 1 schwarzer Punkt auf den Vorderflügeln. Weibchen ungeflügelt, hellgrau mit schwarzen Punkten.
Wissenswertes In Wäldern wie in offenem Gelände überall häufig. Flugzeit September–Dezember. Die Raupe (unteres Bild) ist eine typische Spannerraupe mit nur einem Paar Bauchfüßen. Sie frisst an verschiedenen Laubbäumen und Sträuchern, neigt zur Massenvermehrung und kann Schäden anrichten.

Kleiner Frostspanner
Operophtera brumata
Spanner

Merkmale Spannweite Männchen (oberes Bild) ca. 35 mm, einheitlich graue Flügel. Weibchen (unteres Bild) mit winzigen Flügelstummeln.
Wissenswertes Überall häufig. Fliegt meist erst nach den ersten Nachtfrösten im November und Dezember. Seine hellgrüne, mit schmalen, weißlichen Längsbinden gezeichnete Raupe wurde an ca. 50 verschiedenen Laubbäumen und Sträuchern gefunden. Sie neigt wie die des Großen Frostspanners zu Massenvermehrungen und kann dem Obstbau und der Forstwirtschaft schaden.

Birkenspanner
Biston betularius
Spanner

Merkmale Spannweite 35–60 mm. Flügel ziemlich lang, schmal, weiß mit zahlreichen schwarzen Punkten und Flecken, gelegentlich mit ganz schwarzen Flügeln.
Wissenswertes Nachtaktiv. Lebt v. a. in lockeren Laubwäldern und am Rand von Mooren, in den meisten Gebieten nicht selten. Fliegt von Mai–Juli. Raupe bis 60 mm lang, grün oder braun, mit Kopfkapsel mit 2 Spitzen. Sie frisst an Laubhölzern, besonders an Birken, Erlen und Eichen. Sie ruht an Zweigen und ist dort hervorragend getarnt.

Grünes Blatt
Geometra papilionaria
Spanner

Merkmale Spannweite 40–50 mm. Flügel hell blaugrün mit schmalen, aus weißen Stricheln zusammengesetzten Querbinden.
Wissenswertes Nachtaktiv, aber auch tags leicht aufzuscheuchen. Fliegt von Juni–August. Meist in Heide- und Moorgebieten, gebietsweise nicht selten. Raupe grün oder braun, ist für eine Spannerraupe ausgesprochen plump, trägt auf mehreren Segmenten spitze Rückenhöcker. Sie lebt v. a. an Birken und ähnelt in ihrer Gestalt sehr den Fruchtständen dieses Baumes.

Nachtschwalbenschwanz
Ourapteryx sambucaria
Spanner

Merkmale Spannweite 40–50 mm. Flügel blassgelb mit 2 schmalen, dunkleren Schrägstreifen, Hinterflügel in kurze Zipfel ausgezogen davor kleiner, roter Fleck.
Wissenswertes Nachtaktiv, sehr an einen Tagfalter erinnernd. V. a. in lockeren Wäldern und auch in Gärten. In den meisten Gebieten nicht selten. Flugzeit von Juni–August. Seine ausgesprochen lange und dünne, olivgrüne bis gelbgrüne Raupe erinnert sehr an einen Zweig und lebt an verschiedenen Sträuchern.

Prachtgrüner Bindenspanner
Colostygia pectinataria
Spanner

Merkmale Spannweite um 25 mm. Vorderflügel leuchtend grün mit dunklerem, durch weiße Wellenlinie abgesetztem Fleck an der Flügelbasis und ebenso gefärbter Mittelbinde, zudem mit schwarzen Flecken am Vorderrand.
Wissenswertes Nachtaktiv, recht häufig v. a. an Waldrändern und in Feuchtgebieten. Fliegt von Mai–Oktober in 1–2 Generationen. Raupe braun, am Rücken dunkel längsgestreift, lebt v. a. an Labkraut, frisst aber auch an anderen Kräutern. Sie überwintert.

Fleckenspanner
Pseudopanthera macularia
Spanner

Merkmale Spannweite 23–28 mm. Flügel gelb mit braunen, violett schimmernden Flecken, die teilweise in Querreihen angeordnet sind.
Wissenswertes An Waldrändern und in sonnigem, offenem Gelände. Gebietsweise, v. a. im südlichen und mittleren Deutschland, recht häufig. Flugzeit April–Juli. Er ist im Gegensatz zu den meisten Arten seiner Familie vorwiegend tagaktiv und ein eifriger Blütenbesucher. Seine grüne Raupe lebt an verschiedenen krautigen Pflanzen.

Fliederspanner
Apeira syringaria
Spanner

Merkmale Spannweite um 35 mm. Vorderflügel leicht wellig gefaltet, zimtbraun mit dunklerem Schrägstreifen, am Vorderrand mit 2 weißen Dreiecken.
Wissenswertes Nachtaktiv. In lockeren Laubwäldern, Gärten. Gebietsweise nicht selten. Fliegt von Mai–September in 1–2 Generationen. Raupe meist braun gefärbt mit 2 langen, gebogenen Rückendornen auf dem 7. Segment. Frisst an verschiedenen Laubhölzern, v. a. an Flieder und Heckenkirsche. ▽

Großer Waldportier
Hipparchia fagi
Edelfalter

Merkmale Spannweite 60–70 mm. Flügel oberseits dunkelbraun mit breiter, weißer Binde, die zum Vorderrand des Vorderflügels und zum Hinterrand des Hinterflügels undeutlicher wird.
Wissenswertes Der Falter fliegt von Juni–September an warmen, offenen Stellen und kommt in Mitteleuropa nur an wenigen klimatisch begünstigten Orten, im Mittelmeergebiet aber recht häufig vor. Er setzt sich gern an Baumstämmen ab. Seine gelbbraune, mit dunkleren Längsstreifen gezeichnete Raupe entwickelt sich an Gräsern.

Weißbindiger Mohrenfalter
Erebia ligea
Edelfalter

Merkmale Spannweite 37–45 mm. Flügel oben dunkelbraun mit 3–4 Augenflecken in orangeroter Querbinde. Hinterflügel unterseits mit einer weißen Binde.
Wissenswertes Der Falter fliegt im Juli und August v. a. in lockeren Wäldern und ist in den Mittelgebirgen und Alpen stellenweise nicht selten. Seine hell graubraune, nach hinten deutlich verschmälerte Raupe ist mit mehreren dunklen Längsstreifen gezeichnet und frisst ausschließlich an Gräsern. Sie hat eine zweijährige Entwicklung. ▽

Großes Ochsenauge
Maniola jurtina
Edelfalter

Merkmale Spannweite 40–48 mm. Flügel oben dunkelbraun. Männchen: Vorderflügel mit schwarzem Duftschuppenfleck und kleinem Augenfleck. Weibchen: orangebrauner Fleck und großes, weiß gekerntes Auge. Unterseite der Hinterflügel mit grauer Binde.
Wissenswertes Der überall ziemlich häufige Falter kommt v. a. auf Trockenwiesen und Moorwiesen vor und fliegt von Juni–September. Seine hellgrüne Raupe trägt ziemlich lange, kurz vor der Spitze nach hinten gebogene Haare und frisst an Gräsern.

Brauner Waldvogel
Aphantopus hyperanthus
Edelfalter

Merkmale Spannweite 35–42 mm. Flügeloberseite dunkelbraun mit sehr kleinen Augenflecken, Unterseite der Hinterflügel mit 5 sehr deutlichen, gelb umrandeten Augenflecken.
Wissenswertes Der Falter ist in lockeren Wäldern und offenem Gelände überall ziemlich häufig. Er fliegt von Juni–August und setzt sich meist mit geschlossenen Flügeln ab. Nur bei kühlem Wetter sonnt er sich gelegentlich auch mit geöffneten Flügeln. Seine hellbraune, mit dunkler Rückenlinie gezeichnete Raupe frisst an Gräsern.

Perlgrasfalter
Coenonympha arcania
Edelfalter

Merkmale Spannweite 28–35 mm. Vorderflügel oben ockerfarben, mit breitem, dunklem Rand. Hinterflügel dunkelbraun, unterseits mit breiter, weißer Binde und 5–6 Augenflecken.
Wissenswertes Der Falter fliegt von Mai–August v. a. an Waldrändern und in etwas verbuschtem Gelände. Er ist in vielen Gegenden selten geworden und setzt sich immer mit geschlossenen Flügeln ab. Die hellgrüne Raupe trägt 4 weiße Längsstreifen und am Hinterende 2 rosa Spitzen. Sie frisst an Gräsern. ▽

Mauerfuchs
Lasiommata megaera
Edelfalter

Merkmale Spannweite 35–45 mm. Flügel oberseits orangebraun mit dunklen Zackenbinden, Unterseite der Hinterflügel grau marmoriert, vor dem Rand mit 7 Augenflecken.
Wissenswertes Der Falter fliegt von April–Oktober jährlich in 2–3 Generationen an sonnigen, offenen Stellen, v. a. solchen mit sandigem oder felsigem Untergrund. Er besucht regelmäßig Blüten, v. a. rote und violette. Seine grüne, mit weißen Seitenstreifen gezeichnete Raupe entwickelt sich an Gräsern. ▽

Waldbrettspiel
Pararge aegeria
Edelfalter

Merkmale Spannweite 32–42 mm. Flügel oben dunkelbraun mit weißgelbem Fleckenmuster, Hinterflügel mit 3–4 hell gekernten Augenflecken.
Wissenswertes Überall recht häufig, fliegt von April–September in 2 Generationen. Lebt in lockeren Wäldern. Die Männchen besetzen Sitzwarten auf sonnenbeschienenen Blättern und verteidigen ihr Revier gegen Eindringlinge. Raupe hellgrün mit 1 dunklen, hell eingefassten Rückenstreifen und sehr kurzer Behaarung. Sie frisst an Gräsern.

Schachbrettfalter
Melanargia galathea
Edelfalter

Merkmale Spannweite 37–52 mm. Flügel oben mit schwarzweißem Schachbrettmuster, Unterseite mehr grau, Hinterflügel mit einer Reihe kleiner Augenflecke.
Wissenswertes Überall recht häufig, v. a. auf Wiesen. Fliegt von Juni–August. Die Männchen suchen im Gras gezielt nach frisch geschlüpften Weibchen. Diese lassen die Eier bei der Eiablage einfach zu Boden fallen. Raupe grün oder hellbraun, seitlich hell und dunkel gestreift, entwickelt sich an Gräsern. ▽

Kleiner Schillerfalter
Apatura ilia
Edelfalter

Merkmale Spannweite 50–60 mm. Flügel oben schwarzbraun mit weißen oder – bei der Farbform »Rotschiller« (Bild) – gelblichen Bindenzeichnungen. Männchen mit je nach Lichteinfall veränderlichem Blauschiller. Vorder- und Hinterflügel jeweils mit einem hell umringten, schwarzen Punkt.
Wissenswertes Fliegt im Juni und Juli in feuchten Wäldern, v. a. in Auwäldern, und ist stellenweise nicht selten. Er besucht niemals Blüten, sondern saugt an Kot, Kadavern und anderen übelriechenden Nahrungsquellen. Er lässt sich auch mit stark riechendem Käse anlocken. Die hellgrüne Raupe trägt 2 lange, am Ende etwas gegabelte Kopfhörner und erinnert dadurch an eine Nacktschnecke. Sie entwickelt sich an Zitterpappeln, seltener an Salweiden und überwintert als Jungraupe frei an Zweigen der Futterpflanze. Der ähnliche, nur wenig größere Große Schillerfalter *(Apatura iris)* trägt nur auf dem Hinterflügel einen hell umrandeten, dunklen Punkt. Bei ihm sind außerdem die Flügelbinden stets weiß, niemals gelblich gefärbt. Seine Raupe lebt stets an Salweiden. ▽

Kleiner Eisvogel
Limenitis camilla
Edelfalter

Merkmale Spannweite 45–52 mm. Flügel oberseits schwarzbraun mit breiter, weißer Fleckenbinde. Unterseite weiß mit roter Saumbinde und darin 2 schwarzen Punktreihen.
Wissenswertes Fliegt von Juni–August in feuchten Wäldern und kommt gebietsweise recht häufig vor, v. a. im Bergland. Er saugt nur selten an Blüten, häufiger dafür an feuchten Bodenstellen oder an Tierkot sowie an den zuckerhaltigen Ausscheidungen von Blattläusen. Die grüne, mit braunen Rückendornen ausgestattete Raupe entwickelt sich an Heckenkirschen. Die Jungraupe frisst zunächst an der Blattspitze beiderseits der Mittelrippe. In den Fresspausen benutzt sie die stehen gebliebene Mittelrippe als Sitzplatz und verlängert sie noch mit eigenen Kotkrumen zur »Kotrippe«. Später beißt sie den größten Teil des Blattes ganz ab, biegt die beiden dreieckigen, übrigen Teile der Blattbasis tütenförmig zusammen und benutzt dieses »Hibernarium« als Winterquartier. Zuvor hat sie den Blattstiel am Zweig festgesponnen, damit das Hibernarium im Herbst nicht zu Boden fällt. ▽

Roter Scheckenfalter
Melitaea didyma
Edelfalter

Merkmale Spannweite 30–40 mm. Flügel oberseits beim Männchen (linkes Bild) leuchtend rotorange, beim Weibchen Vorderflügel meist mehr grau, Hinterflügel orangebraun. Unterseite cremeweiß mit orangefarbenen Binden und schwarzen Punkten und Strichen.
Wissenswertes Fliegt von Juni–August auf warmen Felssteppen und steinigen Trockenrasen. Er kommt v. a. in Süddeutschland gebietsweise nicht selten vor, ist aber vielerorts (z. B. in der Oberrheinischen Tiefebene) stark zurückgegangen; im Mittelmeerraum ist er fast überall häufig. Er bildet bei uns nur 1 Generation im Jahr aus, in Südeuropa dagegen meist 2–3 Generationen. Die Raupe ist ähnlich bunt wie der Falter. Sie trägt auf weißem Grund feine, dunkle Linien und 2 Reihen orangefarbener Flecke, auf denen jeweils weißspitzige Rückendorne sitzen. Sie frisst an Kräutern, z. B. Leinkraut oder Wegerich, und sucht zur Überwinterung leere, vertrocknete Fruchtkapseln von Kräutern auf. Sie verpuppt sich im Frühjahr oder Frühsommer. ▽

Goldener Scheckenfalter
Euphydryas aurinia
Edelfalter

Merkmale Spannweite 35–40 mm. Flügel oberseits dunkelbraun mit orangefarbener und hell gelblicher Bindenzeichnung; orangefarbige Binde vor dem Rand der Hinterflügel mit schwarzer Punktreihe.
Wissenswertes Auffällig, fliegt von Mai–Juli v. a. auf Feuchtwiesen im Alpenvorland, viel seltener auch weiter nördlich. Von Trockenrasen, auf denen er früher oft vorkam, ist er fast überall verschwunden. Seine schwarze Raupe ist am Rücken mit zahlreichen weißen Punkten, an den Seiten mit einer weißen, schwarz punktierten Längsbinde gezeichnet. Sie entwickelt sich meist am Teufelsabbiss, aber auch an Skabiosen sowie (v. a.in den Alpen) an Enzian-Arten. In höheren Lagen der Alpen tritt eine viel blassere, deutlich kleinere Form auf, die von vielen Autoren als eigene Art betrachtet wird. Da sich in Zuchtversuchen aber zeigte, dass das veränderte Aussehen nur auf die anderen Umweltbedingungen zurückzuführen ist, lässt sich diese Ansicht nicht aufrechterhalten. ▽

C-Falter
Polygonia c-album
Edelfalter

Merkmale Spannweite 42–50 mm. Ähnelt etwas dem Kleinen Fuchs, doch ohne blaue Flecke und mit tief eingebuchteten Flügelrändern. Flügelunterseite gelblich oder braun mit weißer C-förmiger Zeichnung.
Wissenswertes Überall recht häufig; fliegt von Februar–Oktober v. a. an Waldrändern. Überwintert ausgewachsen. Die Eier werden einzeln abgelegt. Raupe orangebraun, schwarz gezeichnet, im hinteren Teil des Rückens silbrig weiß. Entwickelt sich an Brennnessel, Salweide und weiteren Holzgewächsen. ▽

Landkärtchen
Araschnia levana
Edelfalter

Merkmale Spannweite 28–40 mm. Frühjahrsgeneration (linkes Bild) mit orangebrauner, Sommergeneration (rechtes Bild) mit schwarzer Flügeloberseite. Unterseite mit buntem Linienmuster, ähnlich einer Landkarte.
Wissenswertes Fast überall ziemlich häufig; fliegt von April–September in 2 Generationen v. a. an Wald- und Wegrändern. Die beiden Generationen unterscheiden sich so deutlich in ihrer Farbgebung, dass man sie für 2 verschiedene Arten halten könnte. Dabei lässt sich das unterschiedliche Aussehen der Falter allein auf die Bedingungen (v. a. Temperatur und Tageslänge) zurückführen, denen die Puppen ausgesetzt waren: Die Frühjahrsfalter schlüpfen aus überwinterten Puppen, die Sommerfalter dagegen aus Sommerpuppen. Die Eier werden in kleinen Türmchen an der Blattunterseite der Futterpflanze (ausschließlich Brennnessel) abgelegt. Die Raupen sind schwarz mit feinen weißen Punkten und einer seitlichen, braunen Fleckenreihe. Anders als die Raupen des Tagpfauenauges tragen sie auch auf der Kopfkapsel verzweigte Dornen.

Kleiner Fuchs
Aglais urticae
Edelfalter

Merkmale Spannweite 40–50 mm. Flügel oberseits orangebraun, am Rand mit blauer Fleckenreihe, Hinterflügel mit schwarzer Basalhälfte.
Wissenswertes In offenem Gelände überall häufig; fliegt von Februar–Oktober in 2–3 Generationen. Er überwintert ausgewachsen in einem Versteck, z. B. in einem Keller oder Erdloch. Oft verlässt er bereits sein Winterquartier, wenn draußen noch Schnee liegt. Die schwarze Raupe ist mit gelben Längsbinden gezeichnet und entwickelt sich ausschließlich an Brennnesseln.

Tagpfauenauge
Inachis io
Edelfalter

Merkmale Spannweite 50–55 mm. Oberseite rostrot mit 1 großen Augenfleck auf jedem Flügel, Unterseite grau und schwarz marmoriert.
Wissenswertes In offenem Gelände fast überall häufig; fliegt von Februar–Oktober. Bildet in wärmebegünstigten Lagen meist 2, sonst meist nur 1 Generation im Jahr aus. Die ausgewachsenen Falter überwintern in Höhlen und Kellern. Im Frühjahr erfolgt die Eiablage an der Blattunterseite der Brennnessel, der bei uns einzigen Futterpflanze, in einem dichten Haufen. Die Raupen sind schwarz mit weißen Punkten und leben fast bis zum Ende der Entwicklung gesellig in einem Gespinst. Erst im letzten Stadium zerstreuen sie sich und suchen einen verborgenen Platz zur Verpuppung, etwa an einem dürren Pflanzenstängel. Hier spinnen sie ein Sitzpolster, an dem sie sich mit dem letzten Beinpaar festheften und den Körper nach unten baumeln lassen. Bei der Puppenhäutung hakt sich die Puppe in dieses Polster ein und hängt dann als Stürzpuppe ebenfalls frei nach unten.

Großer Fuchs
Nymphalis polychloros
Edelfalter

Merkmale Spannweite 50–55 mm. Ähnelt dem Kleinen Fuchs, Hinterflügel aber nur mit einem schwarzen Fleck am Vorderrand.
Wissenswertes Wärmeliebend; v. a. in lockeren Wäldern, an Waldrändern, auch in Gärten. In den meisten Gebieten recht selten. Fliegt von Juni–Oktober und nach der Überwinterung wieder von Februar–Juni. Er saugt v. a. an blutenden Bäumen. Raupe dunkelgrau, am Rücken rostrot gefärbt, frisst gesellig an Salweide und weiteren Bäumen und Sträuchern. ▽

Trauermantel
Nymphalis antiopa
Edelfalter

Merkmale Spannweite 55–75 mm. Flügel dunkelbraun mit gelbem Rand, davor eine blaue Fleckenreihe.
Wissenswertes Fast überall selten geworden; v. a. in feuchten Laubwäldern in eher kühlen Gebieten. Fliegt von Juli–Oktober und nach der Überwinterung von Februar–Juni. Er geht kaum an Blüten, saugt dafür gern an blutenden Bäumen, im Frühjahr auch an Weidenkätzchen. Die schwarze, am Rücken rot gefleckte Raupe lebt gesellig in Raupennestern an Birken und Weiden. ▽

Distelfalter
Vanessa cardui
Edelfalter

Merkmale Spannweite 45–60 mm. Vorderflügel mit schwarzer, weiß gefleckter Spitze, übrige Flügelfläche wie die Hinterflügel gelbbraun mit schwarzen Flecken.
Wissenswertes Der Distelfalter ist ein typischer Wanderfalter, der jahrweise in sehr unterschiedlicher Häufigkeit aus dem Mittelmeergebiet nach Mitteleuropa einfliegt. Die ersten Falter können ab April auftreten; die letzten sieht man im September, meist in offenem, trockenem Gelände, etwa auf Trockenwiesen oder in Kiesgruben. Die Raupe ist gelblich oder grünlich mit dunkleren, oft auch roten Zeichnungen. Sie entwickelt sich meist an Disteln oder Brennnesseln, kann sich aber auch von zahlreichen anderen Pflanzen ernähren. Sie lebt in einem lockeren Gespinst an der Futterpflanze. Einige der bei uns geschlüpften Falter wandern zurück, die übrigen sterben spätestens bei Wintereinbruch. Anders als Tagpfauenauge, Kleiner Fuchs und wohl auch der Admiral sind Distelfalter offenbar nicht in der Lage, sich zur Winterruhe in ein Versteck zurückzuziehen.

Admiral
Vanessa atalanta
Edelfalter

Merkmale Spannweite 50–60 mm. Vorderflügel oben: rote Querbinde, weiß gefleckte Spitze. Unterseite der Hinterflügel schwarz und braun marmoriert.
Wissenswertes Auch der Admiral ist ein typischer Wanderfalter, der jedes Jahr von Süden aus nach Mitteleuropa einfliegt, um hier eine Nachfolgegeneration hervorzubringen. Die ersten Falter erscheinen ab April; die letzten Exemplare sind regelmäßig noch im Oktober zu beobachten. Die Falter sind eifrige Blütenbesucher, gehen aber auch gern an blutende Bäume oder im Herbst an gärendes Fallobst. Die Eier werden einzeln ausschließlich an Brennnesseln abgelegt. Die gelbgrau bis schwarz gefärbte Raupe trägt seitlich meist eine Reihe großer, gelber Flecke, die aber auch fehlen können. Sie hält sich meist in einem zusammengerollten, am angenagten Stiel nach unten geknickten Blatt verborgen, in dem später auch die Verpuppung erfolgt. Bei uns geschlüpfte Falter fliegen im Spätsommer zurück. Gelegentlich scheinen aber auch einzelne Falter bei uns erfolgreich zu überwintern.

Braunfleckiger Perlmuttfalter
Boloria selene
Edelfalter

Merkmale Spannweite 28–38 mm. Flügel oben gelbrot mit gewinkelten Strichen, parallel zum Flügelrand mit je 1 Reihe aus Punkten und Winkelflecken. Unterseite der Hinterflügel mit 3 weißen Perlmuttflecken.
Wissenswertes V. a. auf Feuchtwiesen, in den meisten Gebieten nicht selten. Fliegt von Mai–September meist in 2 Generationen. Raupe graubraun, schwarz marmoriert. 2 lange, nach vorn gerichtete Kopfdorne. Entwickelt sich an Veilchen. ▽

Kleiner Perlmuttfalter
Issoria lathonia
Edelfalter

Merkmale Spannweite 35–45 mm. Flügel oben mit vielen runden, schwarzen Flecken. Unterseite der Hinterflügel mit sehr großen, weißen Perlmuttflecken.
Wissenswertes Fliegt v. a. in offenem, wenig genutztem Gelände. Erscheint von März–September in 2–3, möglicherweise sogar 4 Generationen. In den meisten Gegenden nicht selten. Seine graubraune, ziemlich kurz gelbbraun bedornte Raupe frisst v. a. am Acker-Stiefmütterchen. ▽

Kaisermantel
Argynnis paphia
Edelfalter

Merkmale Spannweite 55–65 mm. Flügeloberseite leuchtend orangebraun mit schwarzem Flecken- und Streifenmuster. Männchen (linkes Bild) mit schwarzen Duftschuppenstreifen auf den 4 hinteren Längsadern der Vorderflügel. Unterseite der Hinterflügel grünlich mit silbrig weißen Schrägstreifen.
Wissenswertes Größter heimischer Perlmuttfalter. Auf Waldlichtungen und an Waldrändern im Allgemeinen nicht selten. Fliegt von Juni–September. Nur bei Weibchen gelegentlich eine grünlich graue Form (forma *valesina*). Bei der Balz fliegt das Männchen unter dem Weibchen durch und stimuliert es mit dem Lockstoff aus seinen Duftschuppen. Das Weibchen landet kurz darauf und fordert dann das Männchen mit einem Lockstoff zur Paarung auf. Die Eier werden anschließend nahe der Futterpflanze (Veilchen) einzeln an Baumstämmen abgelegt. Die Raupen sind dunkelbraun mit 2 gelben Rückenstreifen und 1 langen Dornenpaar am Kopf. ▽

Silbergrüner Bläuling
Polyommatus coridon
Bläulinge

Merkmale Spannweite 30–35 mm. Hinterflügel-Unterseite mit weißem, spießförmigem Fleck und weißem Längswisch. Flügeloberseite beim Männchen hell silbrig blau, oft leicht grünlich, beim Weibchen braun.
Wissenswertes Auf Kalktrockenrasen recht häufig. Fliegt Juli–September. Raupe grün, gelb gezeichnet, an Hufeisenklee, wird stets von Ameisen begleitet. ▽

Violetter Waldbläuling
Polyommatus semiargus
Bläulinge

Merkmale Spannweite 25–30 mm. Männchen (Bild) oberseits leuchtend blau mit dunklen Flügeladern, Weibchen dunkelbraun. Unterseite grau mit weiß umrandeten, schwarzen Punkten.
Wissenswertes Nicht selten. Fliegt Mai–September in 2–3 Generationen. Raupe hellgrün, seitlich hell gestreift, entwickelt sich an rotblühenden Kleearten. ▽

Storchschnabelbläuling
Aricia eumedon
Bläulinge

Merkmale Spannweite 26–30 mm. Hinterflügel-Unterseite mit schwarzen, weiß umrandeten Punkten, weißer Längswisch. Flügeloberseite dunkelbraun.
Wissenswertes Ziemlich selten. Fliegt Juni–Juli auf Feuchtwiesen und in feuchten Wäldern. Lebt fast nur auf dem Sumpfstorchschnabel und dem Blutstorchschnabel, den Futterpflanzen seiner Raupe. ▽

Zwergbläuling
Cupido minimus
Bläulinge

Merkmale Mit 18–22 mm Spannweite kleinster heimischer Bläuling. Flügelunterseite hell graublau mit schwarzen, hell umrandeten Punkten, Oberseite dunkelbraun, beim Männchen oft mit blaugrünem Schimmer.
Wissenswertes Gebietsweise häufig z. B. auf Trockenrasen, in Kiesgruben. Fliegt April–Juli. Raupe weißlich, frisst nur an Blüten und Früchten des Wundklees. ▽

Brombeerzipfelfalter
Callophrys rubi
Bläulinge

Merkmale Spannweite 24–28 mm. Flügel oberseits schwarzbraun, unterseits hellgrün mit einer Binde aus feinen, weißen Strichen.
Wissenswertes Fliegt von April–Juli an Waldrändern und am Rand von Mooren. Gebietsweise nicht selten, setzt sich stets mit geschlossenen Flügeln ab. Raupe grün, hell gestreift, an Sträuchern und Kräutern. ▽

Blauer Eichenzipfelfalter
Neozephyra quercus
Bläulinge

Merkmale Spannweite 28–33 mm. Flügel beim Männchen oberseits blau, beim Weibchen (Bild) nur mit 2 blauen Flecken. Hinterflügel mit Zipfel.
Wissenswertes Am Rand von Eichenwäldern und Gebüschen meist nicht selten; fliegt von Juni–August. Hält sich meist in den Baumwipfeln auf, daher selten zu beobachten. Raupe braun, frisst nur an Eichen. ▽

Nierenfleck-Zipfelfalter
Thecla betulae
Bläulinge

Merkmale Spannweite 32–37 mm. Hinterflügel mit Zipfel. Oberseite der Vorderflügel beim Weibchen (Bild) mit nierenförmigem, gelbrotem Fleck.
Wissenswertes Der auffallende Falter kommt an Waldrändern und Hecken ziemlich häufig vor, wird aber selten beobachtet. Die Flugzeit reicht von Juni–September. Seine hellgrüne, gelb gestreifte Raupe lebt an Schlehen und Zwetschgen. ▽

Kleiner Feuerfalter
Lycaena phlaeas
Bläulinge

Merkmale Spannweite 22–27 mm. Vorderflügel rotorange mit dunklen Würfelflecken. Hinterflügel dunkelbraun mit orangefarbener Randbinde.
Wissenswertes Der Falter fliegt von April–Oktober in bis zu 4 Generationen und kommt an offenen, sandigen Stellen gebietsweise recht häufig vor. Seine grüne oder rötliche, meist mit einer roten Rückenlinie gezeichnete Raupe entwickelt sich an Sauerampfer. ▽

Würfelfalter
Hamearis lucina
Bläulinge

Merkmale Spannweite 25–28 mm. Erinnert sehr an einen Scheckenfalter. Flügel dunkelbraun mit gelben Würfelflecken. Unterseite der Hinterflügel mit 2 weißen Fleckenbinden.
Wissenswertes Nicht häufig. Fliegt v. a. an sonnigen Waldrändern, doch auch am Rand von Mooren. Fliegt April–Juni. Die deutlich behaarte, hellbraune Raupe ist asselförmig und lebt an Schlüsselblumen. ▽

Zitronenfalter
Gonepteryx rhamni
Weißlinge

Merkmale Spannweite 50–55 mm. Flügel etwas eckig, blattartig. Beim Männchen (Bild) kräftig zitronengelb, beim Weibchen mehr grünlich.
Wissenswertes Der Falter kommt an Waldrändern und in lockeren Wäldern nicht selten vor, ist aber gebietsweise deutlich zurückgegangen. Die Flugzeit reicht von Juli–Oktober und nach der Überwinterung wieder von Februar–Juli. Die ausgewachsenen Falter können dabei das erstaunliche Alter von mehr als 12 Monaten erreichen, von denen sie allerdings mehrere Monate reglos in Kältestarre zubringen. Die Tiere überwintern völlig frei in der Vegetation dicht über dem Erdboden, meist an etwas feuchten, halbschattigen bis schattigen Stellen. Die Raupe ist am Rücken dunkelgrün, seitlich weißlich grün gefärbt und entwickelt sich an Faulbaum und Kreuzdorn. Sie ruht stets auf der Mittelrippe des von ihr befressenen Blattes und ist hier durch ihre Färbung hervorragend getarnt. Am leichtesten ist sie noch durch ihre charakteristischen Fraßspuren zu entdecken.

Goldene Acht
Colias hyale
Weißlinge

Merkmale Spannweite 35–45 mm. Flügeloberseite beim Männchen leuchtend gelb, beim Weibchen mehr weißlich gelb, an der Spitze der Vorderflügel mit breiter schwarzer Binde. Unterseite der Hinterflügel mit einer hell gekernten roten »8«.
Wissenswertes In offenem, trockenem Gelände fast überall ziemlich häufig. Fliegt von Mai–Oktober in 2–3 Generationen. Die grüne, seitlich mit einer hellen Binde gezeichnete Raupe entwickelt sich an verschiedenen Schmetterlingsblütlern, z. B. an Klee und Luzerne. ▽

Grünader-Weißling
Pieris napi
Weißlinge

Merkmale Spannweite 35–45 mm. Flügeloberseite weiß, beim Männchen mit 1 kleinen, beim Weibchen mit 2 deutlich größeren Punkten auf dem Vorderflügel. Unterseite der Hinterflügel mit graugrünen Schuppenreihen auf den Adern.
Wissenswertes Ziemlich häufig an Waldrändern, auf Wiesen und an Straßenrändern. Fliegt von April–September in 2–3 Generationen. Raupe grün mit gelben Ringen um die Atemöffnungen. Entwickelt sich an Kreuzblütlern, doch fast nie an Kulturpflanzen.

Großer Kohlweißling
Pieris brassicae
Weißlinge

Merkmale Spannweite 50–65 mm. Vorderflügelspitze oberseits mit breitem, schwarzem Saum, beim Weibchen außerdem mit 2 schwarzen Punkten. Flügelunterseite gelblich weiß.
Wissenswertes Früher überall sehr häufig, v. a. auf Kulturflächen sowie auf Trockenrasen, aber in den letzten Jahren deutlich seltener geworden. Er fliegt von April–Oktober meist in 3 aufeinanderfolgenden Generationen. Die Weibchen legen ihre Eier im Frühjahr in kleinen Gruppen, manchmal sogar einzeln, später im Jahr dann in immer größeren Gruppen an den Futterpflanzen (Kreuzblütler, vor allem Kohl und Raps, aber auch Kapuzinerkresse) ab. Raupe grünlich gelb mit schwarzen Punkten und gelber Rückenlinie. Neigt manchmal zu Massenvermehrungen und kann an Gemüsekulturen große Schäden anrichten. Meist treten aber wenig später parasitische Wespen auf, die die Raupen stark dezimieren. Beim sehr ähnlichen Kleinen Kohlweißling *(Pieris rapae)* ist der schwarze Flügelspitzensaum schmäler.

Baumweißling
Aporia crataegi
Weißlinge

Merkmale Spannweite 50–65 mm. Flügel weiß mit kontrastreich abgesetztem, schwarzem Adernetz.
Wissenswertes Der einst häufige Falter fliegt Mai–September in offenem, mit Gebüschen durchsetztem Gelände, etwa im Randbereich von Mooren, ist aber heute selten geworden. Seine graue, an den Seiten gelblich gestreifte Raupe entwickelt sich an holzigen Rosengewächsen. Sie überwintert als Jungraupe zu mehreren in einem an der Pflanze festgesponnenen Blatt. ▽

Aurorafalter
Anthocaris cardamines
Weißlinge

Merkmale Spannweite 35–45 mm. Vorderflügel beim Männchen (Bild) mit orangefarbenem Spitzenfleck, der dem Weibchen fehlt. Unterseite der Hinterflügel grünlich marmoriert.
Wissenswertes Überall recht häufig, v. a. auf feuchten Wiesen und in lockeren, feuchten Wäldern. Fliegt von April–Juni. Seine schlanke, hell blaugrüne, an den Seiten weißlich gefärbte Raupe lebt v. a. an Knoblauchsrauke und Wiesenschaumkraut. Sie frisst zunächst Blüten und Früchte, später auch die Blätter. ▽

Schwalbenschwanz
Papilio machaon
Ritterfalter

Merkmale Spannweite 50–75 mm. Grundfarbe kräftig gelb. Hinterflügel geschwänzt, am Innenwinkel mit unten rotem, oben blauem Augenfleck. **Wissenswertes** Der schöne Falter lebt in offenem, trockenem Gelände, regelmäßig auch in Gärten und ist in den letzten Jahren wieder häufiger geworden, nachdem seine Bestände zwischenzeitlich stark zurückgegangen waren. Er fliegt von April–September in jährlich meist 2, gelegentlich sogar 3 Generationen. Die Raupe ist hellgrün mit schwarzen Querbinden und roten Punkten. Sie kann bei Bedrohung (z. B. wenn sie angefasst wird) eine leuchtend gelbe Nackengabel ausstülpen, der ein intensiver, unangenehmer Geruch entströmt. Sie frisst an verschiedenen Doldengewächsen, besonders an Dill, Kleiner Bibernelle und Gartenmöhre. Verpuppt sich in eine durch einen Spinnfaden um die Körpermitte gehaltene, mit dem Kopf aufwärts gerichtete Gürtelpuppe. Während die Puppen der Sommergeneration meist grün gefärbt sind, sind die überwinternden Puppen der Frühjahrsgeneration fast immer braun. ▽

Segelfalter
Iphiclides podalirius
Ritterfalter

Merkmale Spannweite 50–70 mm. Flügel blassgelb mit schwarzer Streifenzeichnung, die sich von den Vorderflügeln auf die Hinterflügel fortsetzt. Hinterflügel sehr lang geschwänzt, am Innenwinkel mit unten blauem, oben rotem Augenfleck.
Wissenswertes Anspruchsvoller Falter, kommt nur an sehr warmen, offenen Stellen vor, v. a. auf steinigen Trockenrasen. Er ist bei uns selten und in der letzten Zeit von vielen früheren Vorkommensorten verschwunden. Im Mittelmeergebiet gehört er dagegen nach wie vor zu den häufigen Arten. Er fliegt jährlich je nach Klimabedingungen in 1–2 Generationen von April–August. Die Falter sammeln sich manchmal an unbewachsenen Bergkuppen und führen einen gemeinsamen Balzflug, das sogenannte »hill-topping« auf. Die sehr gedrungen wirkende, grüne oder gelbliche Raupe trägt feine, rote Punkte und an den Seiten gelbe Schrägstreifen. Sie lebt an Schlehen, Weißdorn und weiteren strauchigen Rosengewächsen. Sie verpuppt sich an Zweigen oder Steinen in eine grüne oder braune Gürtelpuppe. ▽

Schwarzer Apollo
Parnassius menmosyne
Ritterfalter

Merkmale Spannweite 45–60 mm. Flügel weiß; Vorderflügel mit 2 kleinen schwarzen Flecken und glasig durchsichtigen Spitzen, ganz ohne rote Flecke. Wird oft mit dem Baumweißling verwechselt, der aber dunkle Flügeladern und keine durchsichtigen Flügelspitzen besitzt.
Wissenswertes Überall selten, hochgradig gefährdet; fliegt im Bergland auf blütenreichreichen Wiesen nahe Lerchensporn-Beständen. Kommt bei uns v. a. in der Rhön, auf der Schwäbischen Alb und in den Alpen (bis in ca. 2000 m Höhe) vor; fliegt von Mai–Juli. Die etwas abgeflachte, schwarze Raupe trägt an den Seiten je eine Reihe gelber Punkte und frisst v. a. am Mittleren Lerchensporn, aber auch an anderen Lerchensporn-Arten. Sie schlüpft im Vorfrühling aus dem meist bereits im Frühsommer ablegten Ei. Sie frisst nachts, tags sonnt sie sich gern auf dürren Blättern. Im Mai verpuppt sie sich als Ausnahme unter den Tagfaltern in einem pergamentartigen, weißen Kokon am Boden. ▽

Roter Apollo
Parnassius apollo
Ritterfalter

Merkmale Spannweite 65–75 mm. Vorderflügel an den Spitzen transparent, Hinterflügel oberseits mit meist 2, unterseits mit mehr roten Augenflecken.
Wissenswertes In den Alpen (meist unterhalb von 2000 m) recht selten, außerhalb der Alpen (z. B. auf der Schwäbischen und Fränkischen Alb und im Moseltal) sehr selten. Er fliegt Mai–September an felsigen Hängen sowie auf blütenreichen Wiesen und Trockenrasen. Die Tiere sind sehr standorttreu und bleiben meist an ihrem Geburtsort. Deshalb konnten sich an verschiedenen Fundorten Lokalrassen mit abweichendem Zeichnungsmuster ausbilden. Die Falter saugen gern an Distelblüten und können sich bei gutem Wetter sehr ausdauernd mit elegantem Segelflug in der Luft halten. Die Raupe ist schwarz mit orangefarbenen Seitenflecken, lässt sich aber nicht ganz sicher von der des Schwarzen Apollos unterscheiden. Sie frisst allerdings ausschließlich am Weißen Mauerpfeffer. ▽

Rostfarbiger Dickkopffalter
Ochlodes sylvanus
Dickkopffalter

Merkmale Spannweite 25–32 mm. Flügel orangebraun, Vorderflügel oberseits vor der Spitze mit undeutlichem, hellem Fleckenmuster, auch Unterseite der Hinterflügel mit nicht sehr deutlichen, gelblichen Flecken. Beim Männchen (Bild) Vorderflügel oberseits zusätzlich mit schwarzem Längsstreifen.
Wissenswertes Der Falter kommt auf Wiesen, an Waldrändern und in lockeren Wäldern recht häufig vor. Seine Flugzeit reicht von Juni–August. Er zeigt eine für viele Dickkopffalter typische Ruhehaltung, indem er die Vorderflügel nach außen schräg aufstellt und darunter die Hinterflügel flach ausbreitet. Der dunkle Flügelstreifen des Männchens besteht aus Duftschuppen. Das Weibchen legt die kugeligen, weißen Eier einzeln an der Oberseite von Grasblättern ab. Die Raupe ist hell grünlich mit dunklerem Rückenstreifen und dunkelbrauner, hell gestreifter Kopfkapsel. Sie verspinnt Grasblätter zu einer Röhre, in der sie sich aufhält. Sie überwintert in ihrem Schlupfwinkel und verpuppt sich im Frühjahr am Erdboden zwischen Grasresten in einem Gespinst.

Kommafalter
Hesperia comma
Dickkopffalter

Merkmale Spannweite 25–30 mm. Ähnlich dem Rostfarbigen Dickkopffalter, doch Spitzen der Vorderflügel oberseits dunkelbraun mit kontrastreich abgesetzten, hellen Flecken. Auch Unterseite der Hinterflügel deutlich hell gefleckt.
Wissenswertes Der Falter kommt v. a. an sonnigen, trockenen Stellen wie Trockenrasen und Felssteppen vor und ist fast überall deutlich seltener als der oft mit ihm verwechselte Rostfarbige Dickkopffalter. Er fliegt von Juni–September. Raupe dunkelbraun, lebt an Gräsern. ▽

Kleiner Würfeldickkopf
Pyrgus malvae
Dickkopffalter

Merkmale Spannweite 18–22 mm. Flügel schwarzbraun mit weißen Würfelflecken, am Rand mit schwarzweiß gescheckten Fransen.
Wissenswertes Fliegt April–Juli auf trockenen und feuchten, niedrig bewachsenen Flächen und ist gebietsweise recht häufig. Der Artname »malvae« (und damit der daraus abgeleitete, früher übliche Name Malvendickkopf) ist irreführend, da sich die gelbgrüne, braunköpfige Raupe ausschließlich an Rosengewächsen entwickelt, etwa an Fingerkräutern und Odermennig. ▽

Gelbwürfeliger Dickkopffalter
Carterocephalus palaemon
Dickkopffalter

Merkmale Spannweite 22–28 mm. Flügeloberseite dunkelbraun mit Reihen gelber Würfelflecke, Unterseite der Hinterflügel gelbbraun mit dunkel umrandeten, weißgelben Flecken.
Wissenswertes Fliegt an halbschattigen Waldrändern und auf blütenreichen Wiesen und Trockenrasen. Kommt v. a. im Bergland gebietsweise recht häufig vor. Flugzeit April–Juli. Während die Falter offenes Gelände bevorzugen, leben die Raupen v. a. an schattigen Stellen, etwa an Waldwegen. Die Raupe ist verglichen mit Raupen anderer Arten dieser Familie auffallend schmal. Sie ist grün mit schmalen, weißen Längsstreifen und dunkelbrauner Kopfkapsel. Bis zum vorletzten Stadium trägt sie vor dem Hinterende einen länglichen, schwarzen Fleck, der sie gut kennzeichnet, aber im letzten Stadium fehlt. Sie rollt ein Grasblatt nach unten zu einer halb offenen Röhre zusammen und frisst vom Rand her dreieckige bis trapezförmige Löcher. Sie überwintert im letzten Stadium in ihrer Röhre und verpuppt sich im Frühjahr.

Spiegelfleck-Dickkopffalter
Heteropterus morpheus
Dickkopffalter

Merkmale Spannweite 30–35 mm. Flügel oberseits schwarzbraun mit kleinen, gelblichen Flecken vor den Spitzen der Vorderflügel. Unterseite der Hinterflügel gelb mit weißen, schwarz umrandeten Spiegelflecken.
Wissenswertes Unverwechselbar. Sein Verbreitungsschwerpunkt liegt im nördlichen Osteuropa. Von dort reicht ein Zipfel über Ostdeutschland bis in die norddeutsche Tiefebene, ein weiterer, sehr schmaler Zipfel über Norditalien bis ins Tessin. Inselförmig abgesprengte Verbreitungsgebiete gibt es in Holland sowie im westlichen Teil Frankreichs und Nordspaniens. In diesen Gebieten ist der Falter teils recht häufig, fehlt in anderen Gegenden aber völlig. Er hat eine markante, hüpfende Flugweise und setzt sich meist mit geschlossenen Flügeln ab. Fliegt von Juni–August an den Standorten des Pfeifengrases, der bevorzugten Futterpflanze seiner Raupe. Diese ist hellgrün mit brauner, heller gestreifter Kopfkapsel und verbirgt sich in einem zusammengerollten Grasblatt. ▽

Mittlerer Weinschwärmer
Deilephila elpenor
Schwärmer

Merkmale Spannweite 45–60 mm. Vorderflügel olivgrün mit rosarotem Vorderrand und 3 rosa gefärbten, schrägen Binden. Hinterflügel rot mit schwarzer Binde. Hinterleib oben mit rosafarbiger Fleckenreihe.
Wissenswertes In Wäldern und offenem Gelände, auch in Gärten überall häufig. Flugzeit von Mai–August. Da der Falter nachtaktiv ist, ist er trotz seiner Häufigkeit nicht oft zu beobachten. Die Raupe ist grün oder schwarzbraun. Sie trägt auf den beiden vorderen Segmenten augenartige, schwarze Flecke und am Hinterende ein kurzes, spitzes Horn. Sie frisst vorwiegend an Weidenröschen, Nachtkerze und Springkraut, in Gärten meist an Fuchsien. Bei Beunruhigung zieht sie den Kopf zurück, so dass sich der Brustabschnitt aufbläht und dort die Augenflecke bedrohlich in Erscheinung treten. Der etwas kleinere Kleine Weinschwärmer *(D. porcellus)* ist nur am Vorder- und Hinterrand des Vorderflügels rosa gezeichnet. Seiner an Labkraut lebenden Raupe fehlt das Horn am Hinterende. Die Art lebt v. a. auf Trockenrasen.

Wolfsmilchschwärmer
Hyles euphorbiae
Schwärmer

Merkmale Spannweite 55–75 mm. Vorderflügel hellbraun, vorn mit dunklen Flecken, hinten mit dunkler Längsbinde. Hinterflügel rot mit schwarzer Randlinie.
Wissenswertes Nachtaktiv, nur an warmen, trockenen Stellen; bei uns ziemlich selten, in Südeuropa dagegen häufig. Er ist wie die meisten Schwärmer ein sehr guter Flieger, der v. a. in warmen Jahren auch wandern kann. Flugzeit Mai–August. Bei Beunruhigung zeigt er ein sehr auffälliges Drohverhalten (Bild): Er spreizt seine Vorderflügel weit auseinander, so dass die sonst verdeckten, roten Hinterflügel sichtbar werden und krümmt den Hinterleib stark nach unten. So macht er offensichtlich auf seine Giftigkeit aufmerksam, die auf Inhaltsstoffe der hochgiftigen Futterpflanze der Raupe zurückzuführen sein dürfte. Diese ernährt sich ausschließlich von Wolfsmilch-Arten, meist von der Zypressen-Wolfsmilch. Auch die Raupe ist sehr auffallend gelb, rot, schwarz und weiß gefleckt und trägt, wie die meisten Schwärmerraupen am Hinterende ein langes Horn. ▽

Taubenschwänzchen
Macroglossum stellatarum
Schwärmer

Merkmale Spannweite 36–50 mm. Vorderflügel unscheinbar grau marmoriert, Hinterflügel leuchtend gelborange. Hinterleib seitlich mit weißen Haarflecken.
Wissenswertes Tagaktiv. In offenem Gelände aller Art, auch in Gärten, in manchen Jahren ziemlich häufig; wurde bei uns schon zu allen Jahreszeiten beobachtet. Typischer Wanderfalter, fliegt fast jedes Jahr aus Südeuropa ein und bringt bei uns eine neue Generation hervor. Die Raupen sind grün mit weißen und gelben Längsstreifen und einem blauen, gelbspitzigen Horn. Sie fressen an Labkraut. In warmen Jahren kann es zu einer starken Vermehrung kommen. Dann schwirren im Sommer sehr viele Falter in den Städten um Balkonkästen und saugen im Flug mit ihrem langen Rüssel Nektar aus den Blüten. Von Laien werden sie oft mit Kolibris verwechselt. Viele der bei uns geschlüpften Falter wandern im Spätsommer in den Süden zurück, andere versuchen, bei uns zu überwintern, was aber meist misslingt.

Hummelschwärmer
Hemaris fuciformis
Schwärmer

Merkmale Spannweite 40–47 mm. Flügel fast unbeschuppt und glasartig durchsichtig, nur am Rand mit einem rotbraun beschuppten Saum. Körper ziemlich plump, hummelartig pelzig behaart. Hinterleib vorn mit breiter rotbrauner Querbinde, dahinter seitlich mit gelben und schwarzen Haarflecken.
Wissenswertes Fliegt nicht selten an Waldrändern und in offenem Gelände und kommt auch in Gärten vor. Flugzeit von Mai–August. Er ist wie das Taubenschwänzchen tagaktiv und saugt, wie für Schwärmer typisch, nur im Flug Nektar aus Blütenkelchen. Durch seine pelzige Behaarung kann er dabei leicht mit einer Hummel verwechselt werden. Die Raupe ist leuchtend hellgrün mit 2 hellen Rückenlinien und hat meist einen scharf abgesetzt rotbraun gefärbten Bauch. Sie entwickelt sich v. a. an Heckenkirschen. Der viel seltenere Skabiosenschwärmer *(H. tityus)* trägt vorn am Hinterleib eine schwarze Binde und ist dahinter orangebraun behaart. Seine Raupe lebt an Skabiosengewächsen. ▽

Kiefernschwärmer
Hyloicus pinastri
Schwärmer

Merkmale Spannweite 65–80 mm. Vorderflügel graubraun mit dunkleren, kurzen Längsstreifen. Brustabschnitt oben mit 2 schwarzen Längsstreifen. Seiten des Hinterleibs mit schwarz-weißem Fleckenmuster.
Wissenswertes Meist in Nadelwäldern, aber auch in Mooren, Parks und Gärten; in den meisten Gegenden recht häufig. Flugzeit von April–August in jährlich 1–2 Generationen. Er ist v. a. nachaktiv, beginnt aber oft bereits in der Dämmerung Blüten anzufliegen, etwa solche von Geißblatt-Arten und Seifenkraut. Die Paarung erfolgt dagegen erst spät in der Nacht. Manchmal sitzen die Paare noch morgens an Kieferstämmen, wo sie durch ihre Färbung bestens getarnt sind. Die Eier werden einzeln oder in kleinen Gruppen an den Nadeln der Futterpflanze (Wald-Kiefer oder Fichte, gelegentlich auch andere Nadelbäume) abgelegt. Die Raupe ist grün (selten braun) mit feinen, schwarzen Ringen und weißlichen Längsflecken. Sie ist durch ihr Zeichnungsmuster auf der Fraßpflanze kaum zu entdecken. Sie verpuppt sich in einer kleinen Höhle am Erdboden.

Ligusterschwärmer
Sphinx ligustri
Schwärmer

Merkmale Spannweite 90–120 mm. Hinterflügel rosa mit 3 schwarzen Binden. Hinterleib seitlich rosa und schwarz gefleckt.
Wissenswertes Einst häufig. Lebt v. a. an Waldrändern, auch in Siedlungen an Ligusterhecken, ist aber fast überall selten geworden. Flugzeit Mai–August. Die grüne Raupe trägt an den Seiten weiße und rote Schrägstreifen, am Hinterende ein gelbes oder schwarzes Horn. Sie entwickelt sich an Liguster, Esche und weiteren Laubhölzern und ruht meist mit sphinxartig erhobenem Vorderkörper. ▽

Totenkopfschwärmer
Acherontia atropos
Schwärmer

Merkmale Spannweite 80–120 mm. Hinterflügel gelb, auf dem Brustabschnitt totenkopfähnliche Zeichnung.
Wissenswertes Typischer Wanderfalter; stammt aus Afrika und dem südlichsten Europa, bei uns nur in warmen Jahren von Mai–Oktober anzutreffen. Er dringt oft in Bienenstöcke ein, um mit seinem sehr kurzen Rüssel Honig zu saugen. Seine ausgestreckt bis 15 cm lange Raupe ist gelb oder grün mit blauen Schrägstreifen, selten braun, und entwickelt sich meist an Kartoffelkraut. Die Puppen sterben bei uns im Winter ab.

Windenschwärmer
Agrius convolvuli
Schwärmer

Merkmale Spannweite 80–120 mm. Vorderflügel graubraun mit einem unregelmäßigen dunkleren Streifen- und Fleckenmuster. Hinterleib rot mit schwarzen Querbinden.
Wissenswertes Aus Afrika und Südeuropa stammender Wanderfalter, fliegt in warmen Jahren nach Mitteleuropa ein. Er tritt bei uns von Juni–Oktober meist in offenem Gelände auf und ist in manchen Jahren nicht selten. Seine bis 12 cm lange, braune oder grüne, dunkel schräg gestreifte Raupe frisst an Winden.

Pappelschwärmer
Laothoe populi
Schwärmer

Merkmale Spannweite 65–90 mm. Flügel grau-, rot- oder gelbbraun mit dunklen Querlinien, Hinterflügel mit rundem, braunrotem Fleck.
Wissenswertes Nachtaktiv. An Waldrändern und in Gebüschen. Fliegt von April–August in 1–2 Generationen. Er schiebt die Ränder der Hinterflügel unter den Vorderflügeln hervor und erinnert an ein trockenes Blatt. Die blaugrüne Raupe trägt seitlich gelbe Schrägstreifen und am Hinterende ein gelbes Horn. Sie frisst an Pappeln und Weiden.

Abendpfauenauge
Smerinthus ocellata
Schwärmer

Merkmale Spannweite 70–80 mm. Vorderflügel graubraun mit dunklerer Marmorierung, Hinterflügel mit blauem, schwarz gekerntem Augenfleck, daneben gelb und rosa.
Wissenswertes Nachtaktiv. Fliegt Mai–Juli v. a. an Gewässerufern und in feuchten Wäldern, in den meisten Gebieten recht häufig. Da sein Saugrüssel verkümmert ist, kann er als ausgewachsener Schmetterling keine Nahrung mehr aufnehmen. Tagsüber ruht er an Baumrinde und ist durch Form und Zeichnung seiner zusammengeklappten Vorderflügel gut getarnt. Wird er aber gestört, spreizt er die Vorderflügel auseinander und präsentiert seine Hinterflügel mit den grell gefärbten Augenflecken (Bild). Gleichzeitig führt er mit seinem Körper schaukelnde Bewegungen aus, die den bedrohlichen Eindruck noch verstärken. So erschreckt er Feinde. Die Raupe ähnelt der des Pappelschwärmers, besitzt aber ein hellblaues Horn. Sie frisst ebenfalls an Pappeln und Weiden, aber auch an Apfelbäumen. ▽

Kleines Nachtpfauenauge
Saturnia pavonia
Pfauenspinner

Merkmale Spannweite 60–85 mm. Auf jedem Flügel 1 großer Augenfleck. Männchen (Bild) mit grauen Vorder- und gelben Hinterflügeln und stark gekämmten Fühlern, beim Weibchen alle Flügel grau.
Wissenswertes Lebt v. a. in Heide- und Trockenrasengebieten, aber auch in Mooren und lockeren Wäldern. In den meisten Gegenden nicht selten. Flugzeit von März–Mai. Das Männchen ist tagaktiv und sucht in rasantem Flug nach einem Weibchen. Dieses entsendet einen Lockstoff, den das Männchen mit seinen stark gefiederten Antennen wahrnimmt. Die Duftwahrnehmung kann dabei über eine Entfernung von mehreren Kilometern erfolgen. Das nachtaktive Weibchen legt seine Eier kurz nach der Paarung an die Zweige der Futterpflanze, meist Schlehen oder andere Sträucher. Die Raupe ist in den ersten Stadien schwarz, später leuchtend grün mit rosa oder gelben Punkten. Sie spinnt zur Verpuppung einen recht festen Kokon mit einer Reusenöffnung, die später das Schlüpfen des Falters ermöglicht, aber ein Eindringen von Feinden verhindert. ▽

Nagelfleck
Aglia tau
Pfauenspinner

Merkmale Spannweite 55–85 mm. Flügel ockergelb bis dunkelbraun, jeder mit einem blauen Augenfleck.
Wissenswertes Fliegt von April–Juni in Laubwäldern, v. a. in Buchenwäldern, und ist gebietsweise nicht selten. Das Männchen sucht wie das des Kleinen Nachtpfauenauges tagsüber mithilfe seines Geruchssinns nach dem Weibchen. Die unbehaarte, hellgrüne Raupe ist seitlich mit gelben Streifen gezeichnet. Sie entwickelt sich vorwiegend an Buchen, gelegentlich auch an anderen Laubbäumen. ▽

Birkenspinner
Endromis versicolora
Birkenspinner

Merkmale Spannweite 50–60 mm. Grundfärbung der Flügel beim Männchen (Bild) dunkel-, beim Weibchen hellbraun, mit einem Muster aus weißen und schwarzen Strichen.
Wissenswertes Lebt v. a. in lockeren Birkenwäldern, besonders im Randbereich von Mooren. Nicht häufig. Fliegt von März–Mai. Das Männchen hat das gleiche Suchverhalten wie bei den vorangegangenen Arten. Die hellgrüne Raupe ist mit gelbweißen Schrägstreifen gezeichnet und entwickelt sich meist an Birken. ▽

Kupferglucke
Gastropacha quercifolia
Glucken

Merkmale Spannweite 52–65 mm. Flügel meist rotbraun mit violettem Schimmer und feinen dunklen Wellenlinien, am Außenrand wellenförmig eingebuchtet.
Wissenswertes Nachtaktiv. Lebt v. a. am Rand von Mooren und in Hecken, ist aber fast überall selten geworden. Fliegt von Juni–August. Schiebt beim Sitzen die Ränder der Hinterflügel unter den Vorderflügeln hervor. Raupe abgeflacht, seitlich lang befranst. Lebt an Schlehen und anderen Sträuchern. ▽

Grasglucke
Euthrix potatoria
Glucken

Merkmale Spannweite 40–65 mm. Grundfärbung ockergelb bis rotbraun, beim Männchen (Bild) meist dunkler als beim Weibchen. Vorderflügel mit 2 dunklen Linien, einer Zackenbinde vor dem Außenrand und 2 kleinen weißen Flecken.
Wissenswertes Nachtaktiv. Fliegt von Juni–August v. a. in Feuchtgebieten, lockeren Wäldern. Raupe dunkelgrau, mit gelben und weißen Haarflecken; frisst an Gräsern. Nimmt oft Wasser auf und wird daher auch »Trinkerin« genannt.

Brombeerspinner
Macrothylacia rubi
Glucken

Merkmale Spannweite 38–68 mm. Vorderflügel beim Männchen (Bild) dunkel graubraun oder rotbraun, beim Weibchen stets graubraun. Bei beiden Geschlechtern mit 2 schmalen, hell gelblichen Querlinien.
Wissenswertes Flugzeit Mai–Juli in offenem Gelände, z. B. in Mooren und auf Trockenrasen. Raupe dicht schwarzbraun behaart, in jüngeren Stadien an den Segmenteinschnitten hell geringelt, frisst an Kräutern und Holzgewächsen. Sie überwintert ausgewachsen.

Ringelspinner
Malacosoma neustria
Glucken

Merkmale Spannweite 23–39 mm. Vorderflügel ockergelb bis dunkelbraun, in der Flügelmitte eine breite, hell oder dunkel begrenzte Querbinde, meist dunkler ist als die Grundfärbung.
Wissenswertes Meist an Waldrändern und in Gebüschen, daneben auch in Obstgärten; fliegt von Juni–August. Galt früher als Obstbaumschädling, ist aber längst nicht mehr so häufig wie früher. Raupe sehr bunt, weiß, orange und schwarz längsgestreift, blauköpfig. Frisst an verschiedenen Laubhölzern.

Graszünsler
Catoptria permutatella
Zünsler

Merkmale Spannweite um 24 mm. Vorderflügel zimtbraun mit einer weißen Längsbinde, die durch 2 schräge Querstreifen unterbrochen ist.
Wissenswertes Ziemlich häufig; fliegt von Juni–August z. B. an Waldrändern. Ruht am Tag an Kiefernzweigen, fliegt v. a. in der Dämmerung. Die Raupe lebt am Boden in einer Gespinströhre und frisst Moose.

Dörrobstmotte
Plodia interpunctella
Zünsler

Merkmale Spannweite 13–20 mm. Vorderflügel braunrot mit metallisch blauen Streifen, nahe der Flügelbasis mit breiter gelbbrauner Querbinde.
Wissenswertes V. a. in Wohnungen weit verbreitet, aber auch im Freiland. Fliegt von Mai–Oktober. Die Raupe ernährt sich von Getreideprodukten und Trockenfrüchten. Bei starker Vermehrung sehr lästig.

Johannisbeer-Glasflügler
Synanthedon tipuliformis
Glasflügler

Merkmale Spannweite 15–21 mm. Flügel durchsichtig, nur am Rand und in einem Streifen außerhalb der Flügelmitte beschuppt. Hinterleib mit gelben Ringen, an der Spitze blauschillernder Haarpinsel.
Wissenswertes Tagaktiv, von Mai–August nicht selten in Gärten und an Waldrändern. Seine Raupe entwickelt sich im Mark von Johannisbeerzweigen.

Sechsfleckwidderchen
Zygaena filipendulae
Widderchen

Merkmale Spannweite 30–38 mm. Vorderflügel schwarz mit Blauschimmer und 6 roten Flecken, Hinterflügel rot mit schwarzer Saumbinde.
Wissenswertes Tagaktiv. Fliegt Mai–September in sonnigem Ödland. In den meisten Gegenden häufigste Widderchen-Art. Raupe gelb, mit 2 schwarzen Fleckenpaaren pro Segment. Entwickelt sich an Hornklee. ▽

Veränderliches Widderchen
Zygaena ephialtes
Widderchen

Merkmale Spannweite 30–40 mm. Ähnlich dem Sechsfleckwidderchen, doch Hinterleib mit rotem Ring und Fühler mit weißen Spitzen.
Wissenswertes Fliegt Juni–August, auf Trockenrasen, in Kiesgruben, Gärten, gebietsweise nicht selten. Raupe gelb mit schwarzen Flecken und schwarzem Rückenstreifen. Entwickelt sich an der Bunten Kronwicke. ▽

Thymianwidderchen
Zygaena purpuralis
Widderchen

Merkmale Spannweite 28–35 mm. Vorderflügel mit 3 roten Längsstreifen, der mittlere mit beilförmig erweitertem Ende.
Wissenswertes Fliegt von Mai–August, in Süddeutschland häufiger als im Norden. Raupe graugelb, olivgrün oder bräunlich, auf jedem Segment mit 1 gelben und 1 schwarzen Punktpaar. Frisst nur an Thymian. ▽

Bergkronwicken-Widderchen
Zygaena fausta
Widderchen

Merkmale Spannweite um 25 mm. Mit gelb umrandetem, rotem Fleckenmuster auf den Vorderflügeln, rotem Halsring und breiter, roter Binde auf dem Hinterleib.
Wissenswertes Selten. Fliegt Juli–August an wärmebegünstigten Waldsäumen mit reichen Beständen der Berg-Kronwicke (Raupenfutter). Raupe hellgrün, schwarz und gelb gezeichnet, rosa Nackenschild. ▽

Sonnenröschen-Grünwidderchen
Adscita geryon
Widderchen

Merkmale Spannweite um 20 mm. Vorderflügel einfarbig grünmetallisch, Hinterflügel schwarzgrau. Fühler des Männchens (rechtes Tier) deutlich gekämmt, die des Weibchens (linkes Tier) normal.
Wissenswertes Fliegt von Juni–August, auf Trockenrasen und alpinen Grasheiden. Raupe hellgrau, mit dunkleren Längsbinden. Frisst an Sonnenröschen, zunächst in einer Blattmine, später frei auf dem Blatt. ▽

Federgeistchen
Pterophorus pentadactylus
Federmotten

Merkmale Spannweite 26–34 mm. Sehr zart und ganz weiß. Vorderflügel in 2, Hinterflügel in 3 federartige Abschnitte gespalten.
Wissenswertes Überall recht häufig. Dämmerungs- und nachtaktiv, v. a. an Wegrändern, in Gärten. Fliegt von Mai–September in 1–2 Generationen. Die hellgrüne, weiß behaarte Raupe frisst an Windenarten, besonders an der Acker-Winde.

Prachtwickler
Olethreutes ochridella
Wickler

Merkmale Spannweite 14–18 mm. Vorderflügel orangefarbig, prächtiges Muster aus blauschillernden Binden, schwarzen Streifen, weißgelben Flecken.
Wissenswertes Fliegt von Mai–August v. a. auf Waldlichtungen und an Gebüschen. In den meisten Gegenden nicht selten. Raupe dunkelbraun, lebt am Boden, ernährt sich von welken Blättern und Falllaub.

Weidenbohrer
Cossus cossus
Holzbohrer

Merkmale Spannweite 65–80 mm. Vorderflügel hellgrau mit zimtbrauner Fleckung und feinem, schwarzem Linienmuster.
Wissenswertes Nachtaktiv. Fliegt von Mai–August an Weidenbeständen sowie in Gärten. Nicht selten. Raupe bis 10 cm lang, rötlich, riecht unangenehm nach Essig, bohrt Fraßgänge in Weiden u. a. Bäumen.

Traubenkirschen-Gespinstmotte
Yponomeuta evonymellus
Gespinstmotten

Merkmale Spannweite 22–26 mm. Vorderflügel sehr schmal, weiß mit 5 schwarzen Punktreihen.
Wissenswertes An Waldrändern fast überall häufig, fliegt von Juni–August. Die Raupen leben sehr gesellig fast nur an Traubenkirschen und überziehen diese mit dichten, weißen Gespinsten. Dabei kommt es nicht selten zum völligen Kahlfraß der Sträucher.

Kleiner Rauch-Sackträger
Psyche casta
Sackträger

Merkmale Männchen mit einfarbig rauchbraunen Flügeln, Spannweite 10–14 mm. Weibchen madenartig, flügellos, gelbbraun mit dunklem Kopf, 4–5 mm lang.
Wissenswertes Überall häufig. Fliegt von Mai–Juli. Raupe lebt in mit trockenen Halmstücken bedecktem Gespinstsack. Das Weibchen sitzt auf dem Gespinstsack und lockt mit Duftstoffen ein Männchen herbei.

Kleidermotte
Tineola bisselliella
Echte Motten

Merkmale Spannweite 12–16 mm. Vorderflügel ockergelb mit leichtem Metallglanz.
Wissenswertes Fliegt von Mai–September. Lebt außer in Wohnungen z. B. in Vogelnestern. Nahrung der Raupe waren ursprünglich wohl Abfallstoffe in Nestern. Heute wird sie überall schädlich durch Fraß an Stoffen. Pro Jahr können sich 2–4 Generationen entwickeln.

Kastanienminiermotte
Cameraria ochridella
Miniermotten

Merkmale Spannweite 7–9 mm. Vorderflügel gelblich mit weißen, schwarz gesäumten Streifen.
Wissenswertes Erst 1986 in Südosteuropa entdeckt, hat sich rasant ausgebreitet. An Wuchsorten von Rosskastanien heute fast überall häufig. Fliegt von April–September. Die Raupen leben in runden Blattminen, die bei starkem Befall die Blätter vertrocknen lassen.

Degeers Langhornmotte
Nemophora degeerella
Langhornmotten

Merkmale Spannweite 16–23 mm. Fühler bei Männchen (Bild) von ca. vierfacher, bei Weibchen von eineinhalbfacher Flügellänge. Vorderflügel gelb mit braunen Längsstreifen und gelber Querbinde.
Wissenswertes Fast überall häufig. Fliegt von Mai–Juli v. a. an Waldrändern. Die Raupen minieren zuerst in den Blättern verschiedener Kräuter und leben danach am Boden in einem Köcher aus Pflanzenteilen.

Heidekraut-Wurzelbohrer
Phymatopus hecta
Wurzelbohrer

Merkmale Spannweite 22–36 mm. Vorderflügel des Männchens hell rotbraun mit weißlichen, die des Weibchens graubraun mit dunklen Querbinden.
Wissenswertes An Waldrändern und auf Wiesen häufig. Fliegt von Mai–Juli. Das Männchen lockt die Partnerin mit pinselartigen Duftorganen an den Hinterbeinen (Bild). Raupen weißlich, leben im Boden an den Wurzeln verschiedener Pflanzen, z. B. Brennnesseln.

Dotterblumen-Urmotte
Micropterix calthella
Urmotten

Merkmale Spannweite 7–10 mm. Flügel grüngolden glänzend, Stirn mit großem, gelbem Haarschopf.
Wissenswertes Im Mai und Juni auf feuchten Wiesen und Waldlichtungen stellenweise recht häufig. Anders als die meisten Schmetterlinge besitzen diese Falter keinen Saugrüssel, sondern beißende Mundwerkzeuge. Sie besuchen besonders gern Hahnenfußblüten, deren Pollen sie verzehren.

Gelbfühler-Köcherfliege
Limnephilus flavicornis
Köcherfliegen

Merkmale Spannweite 26–37 mm. Erinnert an einen Nachtfalter, Flügel aber wie bei allen Köcherfliegen unbeschuppt. Vorderflügel schmal, schräg abgestutzt, hellbraun mit kleinen dunklen Flecken.
Wissenswertes Überall häufig. Am Ufer kleinerer stehender Gewässer, fliegt von Mai–Oktober. Vorwiegend nachtaktiv, hat wie alle Köcherfliegen verkümmerte Mundwerkzeuge. Die im Wasser lebende, Pflanzen fressende Larve baut einen Köcher aus zusammengesponnenen Pflanzenteilen.

Braune Teichköcherfliege
Anabolia nervosa
Köcherfliegen

Merkmale Spannweite 27–34 mm. Flügel an der Spitze abgerundet, braun und ohne deutliche Zeichnung.
Wissenswertes An stehenden und fließenden Gewässern, auch Fischteichen recht häufig. Fliegt im September und Oktober. Die Larve baut aus kleinen Steinchen und Holzstücken einen röhrenförmigen Köcher, an dem sie außen einige längere, meist holzige Pflanzenteile in Längsrichtung festspinnt. Hierdurch werden die Köcher ausgesprochen sperrig und können vermutlich kaum noch von Fischen verschluckt werden.

Zottige Winterköcherfliege
Chaetopteryx villosa
Köcherfliegen

Merkmale Spannweite 16–26 mm. Flügel ziemlich kurz und breit, einheitlich hellbraun, auf den Adern mit langen, schwarzen Haaren.
Wissenswertes Lebt v. a. am Ufer schnellfließender Bäche, besonders im Bergland recht häufig. Flugzeit von September–Dezember. Die Tiere sind oft noch nach dem ersten Wintereinbruch aktiv und dann regelmäßig auf der Schneeoberfläche unterwegs. Die Larve baut einen geraden oder etwas gebogenen Köcher aus Steinchen, dem außen kleine Holzstücke angesetzt sind.

Langhorn-Köcherfliege
Mystacides azurea
Köcherfliegen

Merkmale Spannweite 14–16 mm. Fühler weißlich, an der Basis dunkel geringelt, beim Männchen dreimal so lang wie der Vorderflügel, beim Weibchen etwas kürzer. Flügel schwarz mit stahlblauem Glanz, Augen rot.
Wissenswertes Fliegt von Juni–September. Gebietsweise nicht selten am Ufer stehender und langsam fließender Gewässer. Die Männchen tanzen in der Abenddämmerung in kleinen Schwärmen. Die Larve baut einen geraden Köcher aus Sandkörnern, außen oft mit Tannennadeln u. ä. Pflanzenteilen.

Trichternetz-Köcherfliege
Neureclipsis bimaculata
Köcherfliegen

Merkmale Spannweite 12–21 mm. Flügel grau behaart, mit 2 gelblichen Flecken.
Wissenswertes Meist nicht häufig. Lebt an Fließgewässern, v. a. an Ausflüssen größerer Seen und Teiche. Fliegt im Juli und August. Die Larve baut wenige Meter unterhalb der Austrittsstelle ein trompetenförmig geschwungenes, bis ca. 10 cm großes Trichternetz. Darin fangen sich tierische und pflanzliche Reste, die über den Ausfluss fortgeschwemmt werden und als Nahrung dienen.

Siebnetz-Köcherfliege
Hydropsyche spec.
Köcherfliegen

Merkmale Spannweite 18–30 mm. Mehrere schwer unterscheidbare Arten, meist mit dunklem Körper und hellen, undeutlich gezeichneten Flügeln.
Wissenswertes An Fließgewässern häufig. Larven bräunlich, seitlich etwas zusammengedrückt, bauen ein unregelmäßiges am Grund oder einem größeren Stein festsitzendes Steingehäuse. Vor dessen Öffnung spannen sie ein etwa 1 cm großes, feinmaschiges Siebnetz zum Abfangen von Schwebteilen.

Raubköcherfliege
Rhyacophila spec.
Köcherfliegen

Merkmale Spannweite 15–35 mm. Viele schwer bestimmbare Arten mit unterschiedlichen Färbungen und Flügelzeichnungen.
Wissenswertes Mehrere Arten sind an steinigen Bächen verbreitet, v. a. im Bergland. Larven deutlich abgeflacht, kriechen in der Strömung auf Steinen umher und jagen dort andere Insektenlarven. Erst zur Verpuppung bauen sie an der Unterseite von Steinen ein eiförmiges, aus kleinen Steinchen zusammengesetztes Gehäuse.

Maskenköcherfliege
Sericostoma personatum
Köcherfliegen

Merkmale Spannweite 20–33 mm. Schwarz mit einfarbig braunen Flügeln. Männchen mit verbreiterten Kiefertastern, die wie eine Maske das Gesicht bedecken.
Wissenswertes An unverschmutzten Bächen und Flüssen recht häufig, v. a. im Bergland. Fliegt von Juli–September. Die Larve baut einen sehr schmalen, leicht gebogenen, zur Spitze deutlich verschmälerten, bis 15 mm langen Köcher, aus sehr feinen Sandkörnchen zusammengesetzt, außen fast völlig glatt.

Honigbiene
Apis mellifera
Bienen

Merkmale Körperlänge 11–18 mm. Hinterleib mit hellbraunen Filzbinden, vorn oft gelb oder rötlich. Schiene der Hinterbeine mit »Körbchen« (einer von Borsten begrenzten, kahlen Fläche auf der Schiene) und stark vergrößertem 1. Fußglied.
Wissenswertes Die Art kann sich bei uns im Freiland nicht dauerhaft halten. Sie wird aber als wichtige Bestäuberin und Honiglieferantin in Bienenstöcken gezüchtet. Sie lebt in mehrjährigen Staaten mit bis zu 80 000 Arbeiterinnen und nur 1 Königin. Die Arbeiterinnen sammeln Pollen in den »Körbchen«, außerdem Nektar im Kropf und verarbeiten diesen weiter zu Honig. Die Männchen (»Drohnen«) entwickeln sich im Frühjahr und begatten Jungköniginnen an einem genau festgelegten »Drohnensammelplatz«. Diese übernehmen anschließend das Regiment in dem Stock, in dem sie geboren wurden (aber nur 1 pro Volk). Zuvor zieht die Altkönigin mit einem Teil des Volkes aus, um an einem anderen Ort einen neuen Staat zu gründen. Die Königin kann 4–5 Jahre alt werden, eine Arbeiterin nur ca. 1 Monat. ▽

Steinhummel
Bombus lapidarius
Bienen

Merkmale Körperlänge 12–22 mm. Ganz schwarz behaart, nur die letzten Hinterleibssegmente mit roter Behaarung, Männchen außerdem mit schmaler gelber Haarbinde vorn auf dem Brustabschnitt.
Wissenswertes In mehr oder weniger offenem Gelände überall häufig. Fliegt von April–Oktober. Die Art nistet ober- oder unterirdisch, gern z. B. in Vogelnistkästen oder alten Mäusenestern. Die Staaten sind wie bei allen Hummeln einjährig. Nur begattete Weibchen überwintern und begründen als Jungköniginnen im Frühjahr einen neuen Staat. In der Nestgründungsphase baut die Königin zunächst aus Wachs (das sie in Drüsen produziert und an den Bauchplatten des Hinterleibs ausscheidet) einen Honigtopf und zieht dann in einer großen, ebenfalls aus Wachs hergestellten Zelle die ersten Larven heran. Diese entwickeln sich zu den ersten, sehr kleinen Arbeiterinnen. Diese übernehmen anschließend alle Brutpflege- und Nestbauaktivitäten, sodass die Königin sich ganz der Eiablage widmen kann und die Volksgröße rasch zunimmt. ▽

Erdhummel
Bombus terrestris
Bienen

Merkmale Körperlänge 11–23 mm. Brustabschnitt und Hinterleib vorn mit gelber, Hinterleib außerdem hinten mit weißer Haarbinde.
Wissenswertes In lockeren Wäldern und offenem Gelände fast überall häufig. Flugzeit von April–Oktober. Die Art nistet meist in unterirdischen Hohlräumen, v. a. in verlassenen Mäusenestern. Hat mit bis zu 600 Arbeiterinnen pro Nest die größte Volksstärke unter den heimischen Hummelarten. Nicht leicht von ähnlichen Arten zu unterscheiden. ▽

Wiesenhummel
Bombus pratorum
Bienen

Merkmale Körperlänge 9–17 mm. Brustabschnitt und Hinterleib vorn meist mit gelber Binde, die 3 letzten Hinterleibsringe rot behaart.
Wissenswertes Überall häufig. Die ersten Jungköniginnen erscheinen oft schon Anfang März, vor allen anderen Hummelarten. Ab Mitte März Nestgründung. Im Juni schlüpfen die ersten Geschlechtstiere, spätestens Ende Juli geht das Volk – bis auf die überwinternden begatteten Weibchen – zugrunde. Volksstärke: max. 120 Tiere. ▽

Ackerhummel
Bombus pascuorum
Bienen

Merkmale Körperlänge 9–18 mm. Ohne deutliche Haarbinden, dicht gelbrot, im vorderen Teil des Hinterleibs mehr graubraun behaart.
Wissenswertes In offenem Gelände überall häufig. Fliegt von April–Oktober. Die Eier werden wie bei allen Hummeln zu 5–15 in einer aus Wachs gebauten Brutzelle abgelegt. Zur Versorgung der Larven werden außen mit Pollen gefüllte Wachstaschen angebaut, zu denen sich die Larven durch die Wand hindurch vorarbeiten. So vergrößert sich die Zelle allmählich zu einem blasigen, am Ende etwa 2 cm großen Gebilde, in dem sich die Larven dann in ihren Kokons verpuppen. Nach der Verpuppung entfernen die Arbeiterinnen das Wachs von der Oberfläche der Kokons, um es wieder als Baumaterial zu verwenden. Auch die nach dem Schlupf der Hummeln (ca. 3–4 Wochen nach der Eiablage) zurückgebliebenen leeren Kokons werden wieder verwertet; sie bekommen einen Kragen aus Wachs und dienen fortan als Honigtöpfe. ▽

Waldhummel
Bombus sylvarum
Bienen

Merkmale Körperlänge 10–18 mm. Brust vorn und hinten gelbbraun, in der Mitte schwarz behaart. Hinterleib vorn mit gelblichen Binden, hinten rot behaart.
Wissenswertes Nicht sehr häufig, in offenem Gelände. Fliegt von April–Oktober. Besitzt wie die Ackerhummel einen fast körperlangen Rüssel und erreicht daher auch den Nektar vieler langsporniger Blüten. ▽

Schmarotzerhummel
Psithyrus rupestris
Bienen

Merkmale Körperlänge 15–25 mm. Sehr ähnlich der Steinhummel, aber Flügel dunkelbraun mit deutlichem Blauschiller.
Wissenswertes Nicht häufig. Fliegt April–September in offenem Gelände. Das Weibchen legt im Nest der Steinhummel seine Eier ab und lässt die Brut von den Wirtsarbeiterinnen betreuen. ▽

Blaue Holzbiene
Xylocopa violacea
Bienen

Merkmale Körperlänge 20–28 mm. Größte heimische Wildbiene. Glänzend blauschwarz, kurze, graue Behaarung, Flügel dunkelbraun mit deutlichem Blauschiller.
Wissenswertes Nur an warmen, sonnigen Stellen, v. a. in Siedlungen. Fliegt ab August, überwintert und erscheint dann wieder von April–Juli. Die Nester werden in selbst genagten Gängen in Totholz angelegt. ▽

Gewöhnliche Pelzbiene
Anthophora plumipes
Bienen

Merkmale Körperlänge 14–16 mm. Gleicht kleiner Hummel. Pelzig gelbbraun, Weibchen oft schwarz.
Wissenswertes Recht häufig. Fliegt März–Juni an besonnten Steilflächen und alten Mauern. Gräbt kurze Neströhren, v. a. in festen lehmigen Böden. Nistet oft in individuenreichen Kolonien. Die Steilwände erscheinen oft von den Neströhren völlig durchlöchert. ▽

Langhornbiene
Eucera nigrescens
Bienen

Merkmale Körperlänge 13–15 mm. Männchen (Bild) mit körperlangen Fühlern. Weibchen mit hellen Haarbinden auf dem Hinterleib.
Wissenswertes Fliegt April–Juni an sonnigen Wald- und Wegrändern. Stellenweise recht häufig. Sammelt nur an Schmetterlingsblütlern, v. a. der Zaunwicke. Die Männchen suchen hier nach Weibchen. ▽

Gelbe Wespenbiene
Nomada flava
Bienen

Merkmale Körperlänge 9–14 mm. Sehr wespenähnlich, Hinterleib gelb und schwarz gebändert, vorn rostrot. Schwer von sehr ähnlichen Arten zu unterscheiden.
Wissenswertes Fliegt von April–Juni in sonnigem, offenem Gelände. Stellenweise nicht selten. Schmuggelt ihre Eier in die Nester verschiedener Sandbienen-Arten ein, etwa bei der Rotpelzigen Sandbiene. ▽

Zweifarbige Mauerbiene
Osmia bicolor
Bienen

Merkmale Körperlänge 9–11 mm. Kopf und Brustabschnitt beim Weibchen (Bild) schwarz, Hinterleib fuchsrot. Männchen mit graubraunen und roten Haaren.
Wissenswertes Auf Trockenrasen meist nicht selten. Fliegt von März–Juni. Die Art baut ihre fast immer einzelligen Nester stets in leere Schneckenhäuser und bedeckt diese anschließend mit einem oft faustgroßen Haufen aus Grashalmen oder Kiefernnadeln. ▽

Große Wollbiene
Anthidium manicatum
Bienen

Merkmale Körperlänge 11–18 mm. Ziemlich untersetzt, gelb und schwarz gezeichnet. Weibchen (Bild) deutlich kleiner als das Männchen.
Wissenswertes An Waldwegen, in Kiesgruben und Gärten recht häufig. Fliegt Juni–September. Die Art besucht vorzugsweise Lippenblütler. Das Weibchen schabt die Wolle stark behaarter Pflanzen ab und baut daraus in Hohlräumen wattebauschartige Brutzellen. ▽

Totholz-Blattschneiderbiene
Megachile willoughbiella
Bienen

Merkmale Körperlänge 12–16 mm. Hinterleib etwas abgeflacht, mit schwachen hellen Haarbinden.
Wissenswertes Fliegt Juni–September. Recht häufig an Waldrändern, in offenem Gelände und auch in Gärten. Sie schneidet als Baumaterial für ihre Brutzellen ovale (für die Wände) und runde Ausschnitte (für die Deckel) aus Blättern von Bäumen und Sträuchern. Sie besucht vorwiegend Schmetterlingsblütler. ▽

Hosenbiene
Dasypoda hirtipes
Bienen

Merkmale Körperlänge 13–15 mm. Hinterleib mit weißen Haarbinden. Weibchen mit sehr lang und dicht behaarten Hinterbeinen.
Wissenswertes An offenen, sandigen Stellen ziemlich häufig. Fliegt von Juli–September. Das Weibchen gräbt ein bis über einen halben Meter tiefes Nest, über dessen Öffnung sich ein bis etwa 10 cm breiter Sandhügel auftürmt. Es sammelt Pollen und Nektar ausschließlich an Korbblütlern, v. a. an zungenblütigen wie Wegwarte und Habichtskraut, und kann in seinen »Höschen« an den Hinterbeinen große Pollenmengen transportieren. Die Art nistet meist in größeren Kolonien; an günstigen Stellen liegen oft mehrere hundert Nester dicht beieinander. ▽

Winzige Furchenbiene
Lasioglossum pauxillum
Bienen

Merkmale Körperlänge 5–6 mm. Sehr unscheinbare, dunkel gefärbte Wildbiene mit weißlichen Haarflecken am 2. und 3. Hinterleibssegment. Weibchen mit unbehaarter Furche auf dem letzten Segment. Nur schwer von vielen sehr ähnlichen Arten zu unterscheiden.
Wissenswertes An sonnigen, offenen Stellen mit lehmigem Boden, etwa auf sehr lückig bewachsenen Trockenrasen. Ziemlich häufig. Fliegt von März–September und bildet kleine Staaten, die aus einer Königin und meist etwa 5 Arbeiterinnen bestehen. Der Aushub des Bodennestes wird zu einem bis 5 cm hohen Kamin aufgetürmt, in dessen Öffnung ein Wächter die zurückkehrenden Bienen kontrolliert. Oft findet man viele Nester auf engem Raum. ▽

Blutbiene
Sphecodes albilabris
Bienen

Merkmale Körperlänge 11–14 mm. Kopf und Brustabschnitt schwarz. Hinterleib bis auf das schwarze letzte Segment rot, Flügel deutlich verdunkelt. Viele sehr ähnliche, aber meist deutlich kleinere Arten.
Wissenswertes Fliegt von Juli–September und dann wieder von April–Juni auf meist lockersandigen, offenen Flächen, v. a. in Sandgruben und Dünengelände, ist aber überall ziemlich selten. Nur die Weibchen überwintern, nachdem sie sich im Sommer gepaart haben. Sie dringen im Frühjahr vorzugsweise in Brutzellen der hier nicht vorgestellten, in lockeren Sandböden nistenden Frühlings-Seidenbiene ein, verzehren die Eier der Wirtsbiene und legen die eigenen an deren Stelle. ▽

Weiden-Sandbiene
Andrena vaga
Bienen

Merkmale Körperlänge 10–14 mm. Schwarz, Kopf und Brustabschnitt weißgrau behaart.
Wissenswertes Lebt v. a. auf offenen Sandböden, z. B. in Sandgruben und an Wegrändern. In den meisten Gegenden nicht selten. Fliegt von März–Mai. Nistet oft in Kolonien mit über 1000 Individuen. Das Weibchen gräbt einen ca. 50 cm senkrecht hinabführenden Gang, der am Ende in mehrere Brutzellen führt. Über dem Nest entsteht aus dem Aushub ein Sandhaufen mit schräg zur Seite gerichteter Öffnung, die von der Biene vor dem Abflug meist zugescharrt wird. Besucht nur Weidenblüten, deren Pollen sie mit den Haaren ihrer Hinterbeine und einer besonderen Hüftlocke transportiert. ▽

Rotpelzige Sandbiene
Andrena fulva
Bienen

Merkmale Körperlänge 12–13 mm. Am Rücken pelzig fuchsrot, unterseits und am Kopf schwarz behaart.
Wissenswertes Ziemlich auffällig. An Waldrändern und in offenem Gelände, v. a. aber im Siedlungsbereich verbreitet und vielerorts häufig. Fliegt von März–Mai. Die Art ist auf keine bestimmten Blüten spezialisiert, zeigt aber in Gärten eine Vorliebe für blühende Stachel- und Johannisbeeren. Die Larve ist nach wenigen Wochen ausgewachsen. Dann spinnt sie sich in einen Kokon ein und überdauert den Sommer als Ruhelarve, verpuppt sich schließlich und häutet sich im Spätsommer zur fertigen Biene. Diese überwintert im Nest und verlässt die Brutzelle erst im nächsten Frühjahr. ▽

Gewöhnliche Seidenbiene
Colletes daviesanus
Bienen

Merkmale Körperlänge 8–9 mm. Kopf und Brustabschnitt hellbraun behaart. Hinterleibssegmente mit weißen Haarbinden.
Wissenswertes In offenem Gelände fast überall häufig, auch in Siedlungen. Fliegt von Juni–August. Das Weibchen sammelt Pollen und Nektar nur an Korbblütlern, v. a. an Rainfarn und Schafgarbe, und transportiert ihn mit den behaarten Hinterbeinen. Gräbt Nistgänge v. a. in besonnte Steilwände, auch in Wände von mit Lehm verputzten Gebäuden, ja sogar in porösen Sandstein; oft in sehr großen Kolonien. Die in Linien angeordneten Brutzellen werden innen mit dem pergamentartig aushärtenden Speichel ausgekleidet. ▽

Gewöhnliche Sandwespe
Ammophila sabulosa
Grabwespen

Merkmale Körperlänge 14–24 mm. Körper ausgesprochen langgestreckt. 1. Hinterleibsring zu einem schmalen Stiel verlängert. Hinterleib vorn rot, hinten schwarz mit leichtem Blauschimmer.
Wissenswertes In offenen, sandigen Gebieten recht häufig. Fliegt von Mai–Oktober in offenbar 2 aufeinander folgenden Generationen. Sie gräbt einen senkrecht hinabführenden Gang, der sich dicht unter der Erdoberfläche zu einer geräumigen Nestkammer erweitert und verschließt diesen mit einem Stein oder Erdbrocken. Dann fängt sie 1–2 Raupen, lähmt sie durch einen Stich ins Nervensystem und trägt sie Bauch oben zum Nest. Oft sind die erbeuteten Raupen deutlich größer als die Wespe.

Geschnäbelte Kreiselwespe
Bembix rostrata
Grabwespen

Merkmale Körperlänge 15–22 mm. Gelbschwarz gezeichnet mit grünen Augen und schnabelförmig verlängerter Oberlippe.
Wissenswertes Recht selten. Lebt auf lockeren, offenen Sandflächen, v. a. auf Dünen an der Küste und im Binnenland. Fliegt Juli–September. Gräbt im lockeren Sandboden einen schräg hinabführenden Gang, der sich nach 10–15 cm zur Nestkammer erweitert. Vor jedem Abflug wird das Nest sorgfältig zugescharrt. Zur Versorgung der Brut fängt sie Fliegen, von denen sie für jede Larve bis zu 50 Stück herbeiträgt. Bei jeder Rückkehr zum Nest scharrt sie die Öffnung mit blitzschnellen, synchronen Bewegungen der Vorderbeine frei und hält dabei mit dem 2. Beinpaar die Beute. ▽

Sandknotenwespe
Cerceris arenaria
Grabwespen

Merkmale Körperlänge 11–15 mm. Hinterleib mit breiten gelben Binden, die einzelnen Segmente vorn und hinten jeweils stufig verschmälert, sodass er in regelmäßigen Abständen eingeschnürt erscheint.
Wissenswertes Auf offenen Sandflächen, besonders in Sandgruben, ziemlich häufig. Fliegt Mai–September. Die Art nistet oft in großen Kolonien. Über den etwa 20 cm tiefen Nestern bilden sich Sandhaufen mit kraterförmiger, zentraler Öffnung, die beim Verlassen der Nester stets offen bleibt. Die Wespe versorgt ihre Brut mit Rüsselkäfern, die sie im Flug transportiert. Bei der Rückkehr schwebt sie kurz über dem Nest und stürzt sich dann mit einer Art Kopfsprung in die Nestöffnung.

Bienenwolf
Philanthus triangulum
Grabwespen

Merkmale Körperlänge 8–17 mm. Hinterleib gelb mit schwarzen Querbinden. Kopf auffallend groß, vorn mit gelber, dreispitziger Zeichnung.
Wissenswertes Lebt v. a. auf offenen Sandböden. In den meisten Gebieten nicht selten. Fliegt von Juni–September. Die Wespe gräbt ihre Niströhren sehr gern in besonnte Steilflächen. Sie fängt zur Versorgung der Brut Honigbienen, die sie beim Blütenbesuch überwältigt und blitzschnell mit dem Stachel lähmt. Danach entleert sie den Honigmagen der Beute, indem sie deren Hinterleib von hinten zusammendrückt und den aus dem Mund quellenden Honig trinkt. In warmen Sommern entwickelt sich oft eine 2. Generation.

Frühlings-Wegwespe
Anoplius viaticus
Wegwespen

Merkmale Körperlänge 8–14 mm. Schlank und langbeinig. Hinterleib vorn rot mit schwarzen Binden, hinten schwarz.
Wissenswertes In offenem, sandigem Gelände recht häufig. Fliegt von Juli–September und von April–Juni. Nur das Weibchen überwintert. Es überwältigt im Frühjahr Wolfspinnen und lähmt sie durch einen Stich ins Nervensystem. Dann schleppt sie die Beute rückwärts laufend zum Nistplatz, gräbt eine Neströhre, zieht die Spinne hinein und legt an ihr ein Ei ab. Wie bei allen Wegwespen dient jeweils nur ein Beutetier als Nahrung für eine Larve. Daher sind die Spinnen oft erheblich größer als die Wespen, die sie überwältigt haben.

Tönnchenwegwespe
Auplopus carbonarius
Wegwespen

Merkmale Körperlänge 7–10 mm. Noch schlanker und langbeiniger als andere Wegwespen, ganz schwarz mit dunklen Flügeln.
Wissenswertes In offenem Gelände und Siedlungen recht häufig. Fliegt von Juni–August. Im Gegensatz zu fast allen übrigen Wegwespen gräbt sie keine Bodennester, sondern baut an versteckten Stellen (z. B. in leeren Schneckenhäusern) kleine Lehmtönnchen. Diese werden mit je einer erbeuteten Spinne bestückt und mit einem Ei belegt. Wurde eine Spinne überwältigt, werden dieser fast immer mehrere oder alle Beine abgebissen. Der Transport erfolgt meist vorwärts gehend, an schwierigen Wegstellen auch rückwärts.

Hornisse
Vespa crabro
Faltenwespen

Merkmale Körperlänge 18–35 mm. Körper außer schwarz und gelb auch rotbraun gezeichnet. Kopfschild (Fläche unter dem Fühleransatz) einfarbig gelb.
Wissenswertes V. a. in lockeren Wäldern, aber auch im Siedlungsbereich. In den meisten Gebieten nicht selten. Als Faltenwespe faltet sie im Sitzen die Vorderflügel einmal in Längsrichtung zusammen, sodass diese auffallend schmal erscheinen. Ihr bis etwa 70 cm hohes und 40 cm breites Nest wird meist an verborgenen Orten (z. B. in hohlen Bäumen) und wie bei allen staatenbildenden Faltenwespen im Frühjahr von einem befruchteten Weibchen, der späteren Königin, begründet. Die Art verhält sich außerhalb des Nestbereichs eher furchtsam. ▽

Gewöhnliche Wespe
Vespula vulgaris
Faltenwespen

Merkmale Körperlänge 11–19 mm. Kopfschild mit einem auf dem Kopf stehenden »T« gezeichnet. Gelber Streifen an der Vorderbrust nicht erweitert.
Wissenswertes Überall sehr häufig. Fliegt von April–Oktober. Das gelblich gefärbte Nest wird unterirdisch oder oberirdisch an verborgenen Stellen gebaut. Es kann bei unbehinderten Raumverhältnissen etwa 1 m breit werden und ist in der Regel breiter als hoch. Als Baumaterial dienen verwitterte Holzfasern, die mit Speichel vermischt und zu einer Art Papier verarbeitet werden. Die Volksstärke kann bei etwa 5000 Individuen liegen. Neben der Deutschen Wespe ist dies die einzige Wespenart, die an der Kaffeetafel sehr lästig werden kann.

Deutsche Wespe
Vespula germanica
Faltenwespen

Merkmale Körperlänge 13–19 mm. Kopfschild mit 3 schwarzen Punkten. Gelber Streifen an der Vorderbrust nach unten erweitert. Oberkiefer wie bei der Gewöhnlichen Wespe direkt unter den Augen ansetzend (Kurzkopfwespe).
Wissenswertes Überall sehr häufig. Fliegt von April–Oktober. Die Art ähnelt in der Nistweise und den meisten übrigen Lebensgewohnheiten sehr stark der Gewöhnlichen Wespe. Ihr Nest kann etwa die gleichen Dimensionen erreichen wie bei dieser, ist aber meist grau gefärbt. Sie kann durch ihre Vorliebe für zuckerhaltige Nahrungsmittel sehr lästig werden, ist aber auch durchaus nützlich, da sie ihre Brut mit Unmengen von Fliegen und anderen Insekten füttert.

Sächsische Wespe
Dolichovespula saxonica
Faltenwespen

Merkmale Körperlänge 11–18 mm. Kopfschild mit ankerförmiger Zeichnung. Zwischen Auge und Kiefer wie bei der Mittleren Wespe ein deutlicher Zwischenraum (Langkopfwespe).
Wissenswertes Fast überall häufig. Fliegt von Mai–September. Die Art baut ihr graues Nest oft auf Dachböden oder außen an Gebäuden, nie im Erdboden. Das Nest ist etwa so hoch wie breit und hat bis zu 30 cm Durchmesser. Vertilgt zahlreiche Insekten, geht nicht an Süßspeisen und wird daher nie lästig. Die ähnliche Waldwespe *(D. sylvestris)* trägt auf dem Kopfschild einen kleinen schwarzen Punkt, der aber auch fehlen kann. Sie lebt mehr in Wäldern.

Mittlere Wespe
Dolichovespula media
Faltenwespen

Merkmale Körperlänge 15–22 mm. Kopfschild mit dunklem Strich oder ohne Zeichnung. Brustabschnitt bei der Königin rot gezeichnet. Arbeiterinnen meist auffallend dunkel gefärbt und ohne rote Zeichnungen.
Wissenswertes Meist in gebüschreichem Gelände, auch in Parks und Gärten; aber fast überall ziemlich selten. Fliegt von Mai–September. Ihr Nest ist meist deutlich höher als breit und hat eine ziemlich feste, grau gefärbte äußere Hülle. Es wird meist an Sträuchern oder außen an Gebäuden befestigt. In der Nestgründungsphase ist der unten liegende Eingang oft zu einer nach unten gerichteten Röhre verlängert. Diese wird später von den Arbeiterinnen wieder abgebaut.

Zierliche Feldwespe
Polistes bischoffi
Faltenwespen

Merkmale Körperlänge 10–15 mm. Viel zierlicher als die anderen Staaten bildenden Wespen. Kopfschild bei Königin und Arbeiterinnen mit schwarzer Querbinde, beim Männchen ganz gelb. Fühler des Männchens an der Spitze eingerollt.
Wissenswertes Hat sich in den letzten Jahren in Süddeutschland in offenem Gelände, auch auf Feuchtwiesen, stark ausgebreitet. Baut eine offene, zur Seite gerichtete Wabe, die mit einem Stiel in Bodennähe an einer Pflanze befestigt wird und nur ca. 5 cm Durchmesser hat. Max. 30 Tiere pro Volk. Die Wespen sind im Nestbereich recht aggressiv. Die Stiche sind schmerzhaft, ihre Giftwirkung schwindet aber nach wenigen Minuten.

Rote Waldameise
Formica rufa
Ameisen

Merkmale Körperlänge 4–11 mm. Kopf und Brustabschnitt teilweise rot, Hinterleib schwarzbraun gefärbt.
Wissenswertes In Nadelwäldern, in den meisten Gegenden nicht selten. Baut v. a. aus Fichtennadeln bis über 1 m hohe Kuppelnester. Unter diesem oberirdischen Nestteil befindet sich ein etwa gleichgroßer unterirdischer Teil. Als Nahrung dienen vorwiegend Insekten, die mit vereinten Kräften ins Nest getragen werden. Zur Abwehr von Feinden wird Ameisensäure aus der Hinterleibsspitze versprüht. ▽

Rossameise
Camponotus ligniperda
Ameisen

Merkmale Körperlänge 6–18 mm, größte heimische Ameise. Brustabschnitt und vorderer Teil des Hinterleibs rotbraun, übriger Körper schwarz gefärbt.
Wissenswertes Gebietsweise ziemlich häufig an sonnigen Waldrändern. Die Art legt ihr Nest teils in Bäumen, teils am Boden unter Steinen an. Die geflügelten Geschlechtstiere verlassen im Frühjahr oder Frühsommer das Nest. Nach der Paarung wirft das Weibchen die Flügel ab und gründet ganz auf sich allein gestellt an einem versteckten Ort einen neuen Ameisenstaat.

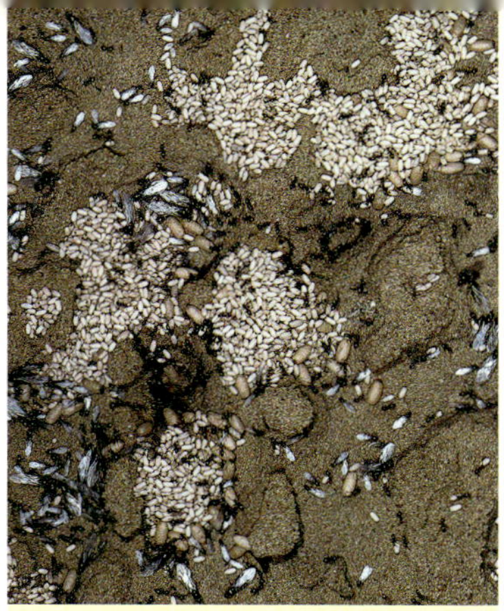

Schwarzgraue Wegameise
Lasius niger
Ameisen

Merkmale Körperlänge 3–9 mm. Färbung dunkelbraun bis fast schwarz. Ziemlich dichte, silbrige Behaarung.
Wissenswertes Überall sehr häufig – wohl die häufigste heimische Ameise. Sie baut ihre Nester im Erdboden (dann meist mit ziemlich brüchiger, reich gekammerter Erdkuppel) oder unter Baumrinde und ernährt sich in erster Linie von den zuckerhaltigen Ausscheidungen von Blatt- und Wurzelläusen. Deren Kolonien an den Pflanzen werden oft zum Schutz der »Milchkühe« mit kunstvollen Galerien aus Erde überdacht.

Gelbe Wegameise
Lasius flavus
Ameisen

Merkmale Körperlänge 2–9 mm. Bernsteingelb, zwischen Brustabschnitt und Hinterleib (wie bei allen *Lasius*-, *Formica*- und *Camponotus*-Arten) mit aufrechter, flacher Schuppe und ohne Giftstachel.
Wissenswertes In trockenem, grasigem Gelände ziemlich häufig. Die Art nistet in grasbewachsenen Erdhügeln, lebt weitgehend unterirdisch und ernährt sich von Ausscheidungen ihrer Wurzelläuse. Ihre Puppen sind wie bei fast allen Schuppenameisen von eiförmigen Kokons umgeben (im Bild die großen Kokons von Geschlechtstieren).

Glänzendschwarze Holzameise
Lasius fuliginosus
Ameisen

Merkmale Körperlänge 4–7 mm. Schwarz und auffallend stark glänzend.
Wissenswertes An Waldrändern und baumbestandenen Wegrändern meist nicht selten. Baut in hohlen Bäumen aus Holzspänen und Erde unter Zugabe von Sekreten und zuckerhaltigen Säften schwärzliche, kartonartige Nester. Ihre Nahrung besteht v. a. aus den Ausscheidungen baumbewohnender Blattläuse, zu deren Kolonien dicht bevölkerte Ameisenstraßen führen. Überwältigt auch Insekten und befördert die Beute ins Nest.

Ernteameise
Messor spec.
Ameisen

Merkmale Körperlänge 4–15 mm. Schwarz, Kopf oft rotbraun. Große Arbeiterinnen mit auffallend großen Köpfen.
Wissenswertes Die Arten dieser Gattung sind im Mittelmeergebiet fast überall häufig und kommen seit einiger Zeit auch am Oberrhein (z. B. in Mainz) vor. Ernähren sich v. a. von Samen, die sie auf sehr auffälligen Ameisenstraßen ins Nest tragen. Dort werden sie von der Hülle befreit, durchgekaut und eingespeichelt. Dabei wird die Stärke in Zucker umgewandelt.

Rote Knotenameise
Myrmica rubra
Ameisen

Merkmale Körperlänge 3,5–6,5 mm. Rotgelb, hinten am Brustabschnitt 2 spitze Dorne. Wie bei den *Messor*- und *Tetramorium*-Arten mit Giftstachel sowie 2 Knötchen zwischen Brustabschnitt und Hinterleib (»Knotenameise«).
Wissenswertes Fast überall häufig. Die Art baut ihr Nest mit einem Erdhügel oder unter Steinen und Holzstücken. Die Arbeiterinnen sind oft in Blattlauskolonien anzutreffen. Sie stechen unangenehm und verteidigen ihr Nest recht aggressiv.

Rasenameise
Tetramorium caespitum
Ameisen

Merkmale Körperlänge 2,5–8 mm. Dunkelbraun, am Brustabschnitt hinten mit 2 zahnartigen Höckern.
Wissenswertes In trockenem, sonnigem Gelände recht häufig. Die Art baut ihre Nester mit einem Erdhügel oder unter Steinen. Bis zu 80 000 Arbeiterinnen und 1 Königin pro Volk und Nest. Ernähren sich v. a. von Grassamen und Ausscheidungen von Blattläusen sowie Aas. Unverträglich gegenüber anderen Völkern der gleichen Art, leben in gegeneinander abgegrenzten Revieren.

Gewöhnliche Goldwespe
Chrysis ignita
Goldwespen

Merkmale Körperlänge 5–13 mm. Kopf und Brustabschnitt prächtig metallisch grün- und blauschillernd, Hinterleib rotgolden glänzend. Letztes Segment am Hinterrand mit 4 Zähnen.
Wissenswertes Ziemlich häufig z. B. an sonnigen Wegrändern, an Holzlagerplätzen und auch in Gärten. Die Art entwickelt sich parasitisch in den Nestern verschiedener einzeln lebender Wespenarten. Angaben zur Entwicklung in Nestern von Wildbienen beruhen offensichtlich auf Verwechslungen mit anderen, sehr ähnlichen Goldwespenarten. Die Weibchen halten sich immer wieder an den Nistplätzen ihrer Wirte auf, etwa an besonnten Lehmwänden und von Käferbohrlöchern durchsiebten Holzstapeln, und suchen dort nach geeigneten, unbewachten Brutzellen. Ist eine solche Zelle gefunden, legt die Goldwespe darin ein Ei ab und entfernt sich. Wird sie vom Wirt überrascht, kugelt sie sich zusammen und ist dann durch ihre starke Panzerung fast unangreifbar. Ihre Larve saugt später an der Wirtslarve, tötet sie aber erst, wenn diese ihre endgültige Größe erreicht hat.

Gewöhnliche Eichengallwespe
Cynips quercusfolii
Gallwespen

Merkmale Körperlänge 3–4 mm. Unscheinbar graubraun mit seitlich abgeflachtem Hinterleib.
Wissenswertes Überall häufig. Die Larven entwickeln sich im Sommer in meist rotbäckigen, bis etwa 2 cm großen kugeligen Gallen an der Unterseite von Eichenblättern (Bild oben), im Frühjahr in nur etwa 2 mm großen, dunkel purpurn behaarten Knospengallen (Bild unten). Die Frühjahrsgeneration besteht aus beiden Geschlechtern, aus den Sommergallen schlüpfen nur Weibchen, die durch Jungfernzeugung Eier entwickeln.

Gewöhnliche Rosengallwespe
Diplolepis rosae
Gallwespen

Merkmale Körperlänge um 4 mm. Schwarz mit rotem, seitlich zusammengedrücktem Hinterleib.
Wissenswertes Überall häufig. Fliegt im Mai und Juni. Männchen sind äußerst selten. Die in der Regel durch Jungfernzeugung produzierten Eier werden in Blattknospen von Rosen abgelegt (Bild oben). An der Eiablagestelle bilden sich im Sommer bis etwa 5 cm große, mit verzweigten, haarförmigen Fortsätzen besetzte, kugelige Gallen, die viele Larven enthalten und im Volksmund als »Schlafäpfel« bekannt sind (Bild unten).

Riesenschlupfwespe
Rhyssa persuasoria
Schlupfwespen

Merkmale Körperlänge 18–35 mm. Schwarz, Kopf, Brust und Hinterleib weiß gezeichnet, Beine rot. Weibchen mit mehr als körperlangem Legebohrer.
Wissenswertes In Nadelwäldern meist nicht selten. Fliegt von Juni–September. Die Art sucht mit ihren in den Fühlern liegenden Geruchsorganen nach im Nadelholz lebenden Holzwespenlarven. Dann treibt sie den Bohrer bis zur Wirtslarve ins Holz und legt neben ihr ein Ei ab. Die zweiklappige Scheide des Bohrers wird dabei zurückgeschoben.

Riesenholzwespe
Urocerus gigas
Holzwespen

Merkmale Körperlänge 15–40 mm, einer der größten Hautflügler. Hinterleib gelb, hinter dem Auge gelber Schläfenfleck. Legebohrer etwas kürzer als Körper.
Wissenswertes Gefährlich anmutend, aber völlig harmlos. In Nadelwäldern nicht selten. Fliegt von Juni–September. Legt ihre Eier mit dem Legebohrer in Nadelholz, gern in liegende Stämme und Holzklafter. Die Larven fressen während der mehrjährigen Entwicklung lange Gänge durchs Holz und schlüpfen oft erst, nachdem dieses bereits verbaut ist.

Große Birkenblattwespe
Cimbex femorata
Keulenblattwespen

Merkmale Körperlänge 17–23 mm. Körper breit und flach. Hinterleib oft teilweise rot oder gelblich. Fühler gekeult, zur Spitze hin gelblich aufgehellt.
Wissenswertes Ziemlich selten. An Waldrändern mit Birken. Fliegt Mai–August. Die Wespe nagt oft Ringfurchen in Birkenzweige und trinkt den austretenden Saft. Die bis 40 mm lange, grüne Larve hat eine dunkle Rückenlinie und einen gelben Kopf. Sie frisst ausschließlich an Birken. Bei Gefahr rollt sie ihren Körper spiralig zusammen. ▽

Braunwurzblattwespe
Tenthredo scrophulariae
Blattwespen

Merkmale Körperlänge 11–14 mm. Erinnert durch gelbschwarze Zeichnung stark an eine wehrhafte Faltenwespe, doch Hinterleib ohne Einschnürung. Fühler und Beine fast einfarbig gelb.
Wissenswertes An Waldwegen und Waldrändern ziemlich häufig. Fliegt von Mai–August. Die Art kann nicht stechen, gleicht aber Wespen und ist so vor Feinden geschützt (Mimikry). Ihre weiße, mit schwarzen Punkten gezeichnete Larve erinnert sehr an eine Schmetterlingsraupe und frisst an Braunwurz.

Gewöhnliche Ameisenjungfer
Myrmeleon formicarius
Netzflügler

Merkmale Spannweite 70–80 mm. 2 schmale, durchsichtige, dicht geaderte Flügelpaare. Fühler kurz und dick, an der Spitze nach außen gebogen.
Wissenswertes Vorwiegend dämmerungsaktiv. V. a. an sonnigen Waldrändern. Gebietsweise nicht selten. Fliegt von Mai–August. Ihre Larve, der bekannte Ameisenlöwe, wird etwa 10 mm lang und besitzt kräftige Saugzangen (Bild rechts). Er baut an besonnten, offenen Bodenstellen, etwa unter überhängenden Abbruchkanten oder im Regenschatten von Sträuchern, einen bis etwa 5 cm breiten Trichter, indem er sich in einer immer enger werdenden Spirale rückwärts gehend eingräbt und dabei mit dem Kopf den Sand nach außen schleudert. Er lauert am Grund des Trichters und streckt meist nur seine auseinandergespreizten Saugzangen aus dem Boden hervor. Kleinere Bodentiere, v. a. Ameisen, rutschen an den lockeren Wänden des Trichters hinab und werden sofort gepackt und ausgesogen. Die Verpuppung erfolgt nach meist zweijähriger Entwicklung in einem kugeligen, mit Erde bedeckten Kokon. ▽

Libellen-Schmetterlingshaft
Libelloides coccaius
Netzflügler

Merkmale Spannweite 42–55 mm. Flügel gelb und schwarz gezeichnet, Vorderflügel an der Spitze mit schwarzem Adernetz. Fühler sehr lang, an der Spitze knopfartig verdickt.
Wissenswertes Selten. Im süddeutschen Bergland an warmen, trockenen Stellen. Fliegt von Mai–Juli. Das schmetterlingsähnliche Tier ist sehr scheu und flugtüchtig und besonders bei warmem, sonnigem Wetter schwer zu beobachten. Im Sonnenschein breitet es beim Sitzen die Flügel meist auseinander, legt sie aber dachförmig übereinander, sobald eine Wolke erscheint. In dieser Sitzhaltung ist es sehr viel schwerer zu entdecken, verhält sich jetzt aber viel zutraulicher: Man kann den Halm, an dem der Haft sitzt, abpflücken, ohne dass dieser davonfliegt. Er versucht dafür, sich zu verstecken, indem er sich auf die abgewandte Halmseite dreht. Die Larve erinnert sehr an einen Ameisenlöwen, hat aber an den Hinterleibssegmenten seitlich abstehende, zapfenartige Fortsätze. Sie baut keinen Trichter, sondern jagt frei laufend am Boden kleinere Insekten. ▽

Blattlauslöwe
Drepanepteryx phalaenoides
Netzflügler

Merkmale Spannweite 22–32 mm. Hell rotbraun, Vorderflügel vor der Spitze typisch ausgeschnitten.
Wissenswertes Dämmerungs- und nachtaktiv. In lockeren Wäldern und auch in Gärten ziemlich häufig. Die Art überwintert ausgewachsen und ist fast ganzjährig zu beobachten. Im Sitzen wird der Kopf oft nach unten zwischen die Flügel geschoben, sodass das Tier fast vollkommen einem welken Blatt gleicht. Die Larve und das fertige Insekt ernähren sich fast nur von Blattläusen.

Gewöhnliche Florfliege
Chrysoperla carnea
Netzflügler

Merkmale Spannweite 15–30 mm. Grün oder gelbbraun, Augen goldgrün. Flügel dicht geadert, sehr zart.
Wissenswertes Fast überall häufig. Meist in offenem Gelände und Gärten. Ganzjährig zu finden, überwintert auf Dachböden. Dabei wechselt die sonst grüne Färbung nach gelbbraun, wird im Frühjahr aber wieder grün. Legt die gestielten Eier in der Nähe von Blattlauskolonien ab, der bevorzugten Nahrung der mit langen Saugzangen ausgerüsteten Larve.

Gewöhnliche Kamelhalsfliege
Phaeostigma notata
Kamelhalsfliegen

Merkmale Spannweite 20–32 mm. Kopf länglich, Vorderbrust stark verlängert, gelenkig mit dem restlichen Brustabschnitt verbunden.
Wissenswertes Von Mai–August v. a. an Waldrändern und in Gärten. Meist nicht selten. Der schmale Kopf ist durch die stark verlängerte Vorderbrust sehr beweglich, sodass z. B. kleine Beutetiere aus Rindenritzen und anderen Verstecken hervorgeholt werden können. Die abgeflachte Larve jagt unter Baumrinde nach Insektenlarven.

Schlammfliege
Sialis spec.
Schlammfliegen

Merkmale Spannweite 23–35 mm. Schwarzbraun, Flügel stark verdunkelt, mit dichtem Adernetz, in Ruhelage dachförmig. Mehrere schwer unterscheidbare Arten.
Wissenswertes Nahe mit Netzflüglern verwandt, ziemlich träge. Im Uferbereich stehender und fließender Gewässer fast überall häufig. Die Larve hat gegliederte Kiemenfäden an den Hinterleibsseiten und lebt im Schlamm. Sie ernährt sich von anderen Bewohnern des Gewässergrundes.

Eichelbohrer
Curculio venosus
Rüsselkäfer

Merkmale Körperlänge 7–9 mm. Rüssel sehr dünn, beim Weibchen (Bild) ca. körperlang, beim Männchen kürzer. Oberseite scheckig gelb und braun beschuppt.
Wissenswertes In Eichenbeständen von Mai–August nicht selten. Das Weibchen bohrt mit dem Rüssel junge Eicheln an und legt darin je ein Ei ab. Die Larve bohrt sich im Herbst heraus und überwintert im Boden.

Großer Pestwurzrüssler
Liparus glabrirostris
Rüsselkäfer

Merkmale Körperlänge 17–21 mm, größter heimischer Rüsselkäfer. Schwarz, auf den Flügeldecken würfelförmige, gelbliche Haarflecke.
Wissenswertes Von Mai–Juli an Bergbächen mit Pestwurzbeständen. In den Alpen und einigen Mittelgebirgen nicht selten. Frisst Huflattich- und Pestwurzblätter; die Larven entwickeln sich an den Wurzeln.

Brauner Fichtenrüssler
Hylobius abietis
Rüsselkäfer

Merkmale Körperlänge 8–13 mm. Schwarzbraun mit gelblichen Haarflecken, die auf den Flügeldecken in schrägen Reihen angeordnet sind.
Wissenswertes In Nadel- und Mischwäldern recht häufig. Wird 2–3 Jahre alt. V. a. an Kiefern, erzeugt dort Fraßschäden an der Rinde junger Zweige. Die Larve kann Jungbäume zum Absterben bringen.

Gefurchter Lappenrüssler
Otiorhynchus sulcatus
Rüsselkäfer

Merkmale Körperlänge 6–9 mm. Rüssel kurz, breit, vorn lappenartig. Schwarzgrau, Flügeldecken mit gekörnten Längsfurchen und gelblichen Haarflecken.
Wissenswertes An Waldrändern und in Gärten, auch in Wohnungen ganzjährig zu finden. Die Larven fressen an Pflanzenwurzeln und sind v. a. in Gärtnereien, in Balkonkästen und Blumentöpfen unangenehm.

Grünrüssler
Phyllobius spec.
Rüsselkäfer

Merkmale Körperlänge 5–10 mm. Rüssel ziemlich kurz, seitlich mit flacher Fühlerfurche. Am ganzen Körper grünmetallische oder kupferfarbene Schuppenhaare. Etwa 15 schwer unterscheidbare Arten.
Wissenswertes In Laubwäldern und Gebüschen häufig. Von April–Juli ausgewachsen. Die Larven fressen an Baumwurzeln.

Kornkäfer
Sitophilus granarius
Rüsselkäfer

Merkmale Körperlänge 3–4 mm. Dunkelbraun, Halsschild mit länglichen, in Reihen angeordneten Punkten.
Wissenswertes Gefürchteter Vorratsschädling, v. a. in Lagerhäusern. Das Weibchen nagt in Getreidekörner einen Bohrkanal, legt je 1 Ei hinein und verschließt das Bohrloch mit Bohrmehl und einem Sekret. Pro Jahr entwickeln sich 2–3 Generationen, manchmal auch mehr.

Birkenblattroller
Deporaus betulae
Blattroller

Merkmale Körperlänge 3–5 mm. Glänzend schwarz, Flügeldecken mit regelmäßigen Punktreihen. Rüssel etwa so lang wie der übrige Kopf.
Wissenswertes An Waldrändern fast überall häufig. Von April–Juli ausgewachsen. Das Weibchen stellt an Birken, seltener auch an anderen Laubhölzern, einen Blattwickel her, indem es eine Kurve schneidet und dann die Blattspitze zu einer Tüte zusammenrollt.

Haselblattroller
Apoderus coryli
Blattroller

Merkmale Körperlänge 6–8 mm. Kopf schwarz, Rüssel sehr kurz und breit. Halsschild und Flügeldecken rot.
Wissenswertes Markanter Käfer, in Laubwäldern meist nicht selten. Von Mai–September ausgewachsen. Als Nahrung und Versteck für die Larven trennt das Weibchen vorzugsweise Haselblätter bis etwas über die Mittelrippe hinaus durch und rollt die Spitze dann zu einem länglichen Tönnchen zusammen.

Buchdrucker
Ips typographus
Borkenkäfer

Merkmale Körperlänge 4–5 mm. Körperform kurz zylindrisch. Flügeldecken hinten mit einer von Zähnen begrenzten, schrägen Fläche.
Wissenswertes Von Mai–Juli ausgewachsen. In Nadelwäldern häufig. Entwickelt sich unter der Rinde kränkelnder oder abgestorbener Fichten. Der Käfer erzeugt ein typisches, an ein Ornament erinnerndes Fraßbild und kann Fichtenwälder zum Absterben bringen.

Kartoffelkäfer
Leptinotarsa decemlineata
Blattkäfer

Merkmale Körperlänge 7–11 mm. Flügeldecken gelb mit schwarzen Längsstreifen, übriger Körper gelbrot mit unregelmäßigem, dunklem Fleckenmuster. **Wissenswertes** Auf Kartoffeläckern und in Gärten recht häufig. Wird bis zu 2 Jahre alt, stammt aus den Rocky Mountains, wo er ursprünglich an einem wild wachsenden Nachtschattengewächs lebte. Mit der Ausweitung des Kartoffelanbaus bis in seine Heimat wechselte er auf diese Pflanze über und wurde gegen Ende des 19. Jahrhunderts nach Europa eingeschleppt, konnte sich hier aber nach intensiven Bekämpfungsmaßnahmen zunächst nicht weiter verbreiten. Erst in den 1930er Jahren konnte er nach Deutschland vorstoßen und sich wenig später im ganzen Land ausbreiten. Käfer und Larve fressen Kartoffelblätter und können bei starker Vermehrung ganze Felder kahl fressen. Pro Jahr bilden sich 1–2 Generationen. Ein Weibchen legt 500–2500 Eier an die Unterseite von Kartoffelblättern. Nur wenige Tiere fressen den Käfer und seine Larve. Hierzu gehören z. B. einige Laufkäfer und große Laubheuschrecken.

Pappelblattkäfer
Melasoma populi
Blattkäfer

Merkmale Körperlänge 10–12 mm. Schwarz mit grünem Metallglanz. Flügeldecken rot, an der äußersten Spitze schwarz.
Wissenswertes An Wald- und Wegrändern häufig. Fast ganzjährig zu finden, bildet im Jahr 2 Generationen. Die weißlich gefärbte, mit schwarzen, knopfartigen Warzen ausgestattete Larve entwickelt sich an verschiedenen Pappel- und Weidenarten. Sie kann bei Bedrohung ein nach Karbol riechendes Sekret abgeben. Die Puppe bleibt mit dem Hinterende in der letzten Larvenhaut.

Tatzenkäfer
Timarcha tenebricosa
Blattkäfer

Merkmale Körperlänge 15–20 mm, größter heimischer Blattkäfer. Schwarz mit leichtem Metallglanz, fein punktiert. Fußglieder recht breit (»tatzenartig«).
Wissenswertes An wärmebegünstigten Stellen auf Trockenrasen, gebietsweise nicht selten. Der Käfer ist von März–Juli ausgewachsen. Die ziemlich trägen Tiere laufen oft bereits an den ersten Vorfrühlingstagen am Boden umher und sondern bei Bedrohung einen gelben Tropfen ihrer Blutflüssigkeit ab. Die Larve frisst an Labkraut.

Schildkäfer
Cassida vibex
Blattkäfer

Merkmale Körperlänge 5–7 mm. Halsschild und Flügeldecken zu einem Schild abgeflacht, Kopf darunter weitgehend verborgen. Grün, entlang der Flügeldeckennaht eine dunkelbraune, nach vorn dreieckig erweiterte Binde.
Wissenswertes An Wald- und Wegrändern nicht selten. Larve grün, trägt an den Seiten verzweigte Dorne und auf einer nach vorn über den Körper eingeklappten Schwanzgabel einen Klumpen aus Häutungs- und Kotresten. Lebt z. B. an Disteln und Kletten.

Ameisen-Sackkäfer
Clytra laeviuscula
Blattkäfer

Merkmale Körperlänge 7–11 mm. Flügeldecken mit je 2 schwarzen Flecken.
Wissenswertes Z. B. an Waldrändern recht häufig. Mai–August ausgewachsen. Das Weibchen legt die Eier in eine aus Kotschüppchen geformte, an kleine Kieferzapfen erinnernde Hülle und lässt sie in der Nähe eines Ameisennests fallen (Bild). Die Ameisen tragen das Gebilde als Baumaterial ins Nest. Die Larve baut sich daraus ein festes Gehäuse, in das sie sich bei Gefahr zurückzieht, und ernährt sich von der Ameisenbrut.

Fallkäfer
Cryptocephalus spec.
Blattkäfer

Merkmale Körperlänge 4–6 mm. Wirkt etwas bucklig, Kopf teils unter Halsschild verborgen. Metallisch grün glänzend, bei weiteren Arten auch andere Färbung. Zahlreiche schwer bestimmbare Arten.
Wissenswertes An sonnigen Waldrändern recht häufig. Von Mai–Juli ausgewachsen. Die Eiablage ist ähnlich wie beim Ameisen-Sackkäfer. Die Larven leben mit ihrem Kotsack aber frei am Boden. Ihre Ernährungsweise ist bisher offenbar unbekannt. Sie verpuppen sich in ihrem Kotsack an niedrigen Pflanzen.

Schilfkäfer
Donacia spec.
Blattkäfer

Merkmale Körperlänge 7–12 mm. Auffallend schlank, grün oder kupfern glänzend, erinnert etwas an einen Bockkäfer. Viele schwer bestimmbare Arten.
Wissenswertes An Gewässerufern recht häufig. Die Larven entwickeln sich unter Wasser in den Stängeln verschiedener Wasserpflanzen. Sie zapfen die Luftgänge der Pflanzen an und versorgen sich so mit dem nötigen Sauerstoff. Die einzelnen Arten haben verschiedene Entwicklungspflanzen und lassen sich teils nach diesen unterscheiden.

Kleiner Pappelbock
Saperda populnea
Bockkäfer

Merkmale Körperlänge 9–15 mm. Kopf und Halsschild schwarz mit gelben Längsstreifen. Flügeldecken mit einem regelmäßigen Muster aus 8 oder 10 gelblichen Haarflecken.
Wissenswertes Im Mai und Juni ausgewachsen. An Wald- und Wegrändern meist nicht seltene Art, tritt aber aufgrund ihrer zweijährigen Entwicklung alle 2 Jahre deutlich häufiger auf. Sie entwickelt sich in Zitterpappeln, seltener in Salweiden. Das Weibchen nagt vor der Eiablage eine zur Zweigspitze offene, hufeisenförmige Figur mit kurzen Querfurchen und unten in der Mitte des Hufeisens das Eiloch, durch das die Eiablage unter die Rinde erfolgt. Die Schnittfurchen führen zur Bildung von Wundkallus, der der Larve als erste Nahrung dient. Später wandert sie in den Markkanal des Zweiges und nagt dort einen etwa 3–5 cm langen Gang. Zwischenzeitlich schwillt der Zweig knotig an, sodass die Eiablagestelle auch nach Jahren noch gut zu erkennen ist. Besonders Jungbäume werden durch diese Knotenbildung oft stark entstellt, manchmal sogar zum Absterben gebracht.

Leiterbock
Saperda scalaris
Bockkäfer

Merkmale Körperlänge 12–18 mm. Schwarz mit kontrastreicher Zeichnung aus gelber bis grünlicher Behaarung, die entlang der Flügeldeckennaht einen Längsstreifen mit quer dazu verlaufenden Seitenästen bildet.
Wissenswertes Von Mai–August in feuchten Wäldern. Gebietsweise nicht selten. Die Larve entwickelt sich in kränkelnden oder bereits abgestorbenen Laubhölzern, u. a. in Erlen, Weiden und Birken. Sie lebt in einem unregelmäßig gewundenen Gang zwischen Rinde und Holz. Die Entwicklung dauert 1–2 Jahre.

Distelbock
Agapanthia villosoviridescens
Bockkäfer

Merkmale Körperlänge 10–22 mm. Kopf und Halsschild schwarz mit gelben Längsstreifen. Flügeldecken grau mit feinen, gleichmäßig verteilten, gelblichen Filzflecken. Fühler lang, kontrastreich hell-dunkel geringelt.
Wissenswertes An Waldrändern und auf Wiesen fast überall häufig von Mai–September. Der Käfer ist v. a. auf Disteln, Doldengewächsen und anderen krautigen Pflanzen zu finden. Das Weibchen nagt zur Eiablage ein Loch in den Pflanzenstängel, das es mit Kot verstopft. Die Larve frisst sich im Stängel nach unten.

Zimmermannsbock
Acanthocinus aedilis
Bockkäfer

Merkmale Körperlänge 12–20 mm. Fühler sehr lang, beim Männchen (unteres Tier) etwa von fünffacher, beim Weibchen (oberes Tier) von zweifacher Körperlänge. Weibchen mit langer Legeröhre.
Wissenswertes In lockeren Kiefernwäldern stellenweise nicht selten. Von März–Mai auf frisch geschlagenen, liegenden Kiefernstämmen. Das Männchen hat von allen heimischen Käfern (relativ zur Körperlänge) die längsten Fühler. Die Larven entwickeln sich unter der Rinde abgestorbener Kiefern, seltener in Fichten oder Lärchen. Das Weibchen frisst vor der Eiablage ein Loch in die Rinde und bohrt dann mit der Legeröhre bis zum Bast, in den es die Eier legt. Die Larven fressen im Verlauf von 4 Monaten einen langen, unregelmäßig gewundenen Gang und verpuppen sich dann in einer flachen, rundlichen Puppenwiege. Der Käfer schlüpft noch vor dem Winter und bohrt sich im zeitigen Frühjahr durch ein ovales Flugloch ins Freie. Da er sich nur in Totholz entwickelt, richtet er keine großen Schäden an.

Gelbschultriger Linienbock
Oberea pupillata
Bockkäfer

Merkmale Körperlänge 16–18 mm. Auffallend schmal, erinnert an einen Weichkäfer. Beine, Halsschild und innerer Teil der Flügeldeckenbasis gelbrot. Flügeldecken sonst schwarz mit feiner grauer Behaarung. Halsschild seitlich jeweils mit länglichem, schwarzem Fleck.
Wissenswertes Von Mai–Juli stellenweise nicht selten an Waldrändern. Entwickelt sich in Heckenkirschen. Man findet den Käfer meist auf deren Blättern. Die Larve entwickelt sich in ihren Stämmen und Zweigen.

Erdbock
Dorcadion fuliginator
Bockkäfer

Merkmale Körperlänge 10–15 mm. Kompakt gebaut, mit spitzen Halsschild-Seitenhöckern. 3 verschiedene Farbvarianten: 1. mit einfarbig grauen, 2. mit braunen, grau gestreiften und 3. mit einfarbig schwarzen Flügeldecken.
Wissenswertes Flugunfähig. Von April–Juni ziemlich selten auf spärlich bewachsenen Magerrasen in Süddeutschland und Thüringen. Seine Flügeldecken sind miteinander verwachsen. Die Larven entwickeln sich unterirdisch an Graswurzeln. ▽

Eichenwidderbock
Plagionotus arcuatus
Bockkäfer

Merkmale Körperlänge 8–20 mm. Halsschild und Flügeldecken mit gelben, z.T. geschwungenen Querbinden und Punkten. Beine und Fühler ganz gelbrot.
Wissenswertes In Eichenwäldern von Mai–Juli recht häufig. Auf liegenden Eichenstämmen zu beobachten, nicht aber auf Blüten. Bei der Eiablage (in Rindenritzen) wird das Weibchen meist vom Männchen begleitet.

Gewöhnlicher Widderbock
Clytus arietis
Bockkäfer

Merkmale Körperlänge 7–14 mm. Halsschild und Flügeldecken schwarz mit gelber Bindenzeichnung, diese in der vorderen Flügelhälfte in Form eines Widderhorns. Fühler am Ende verdickt und geschwärzt.
Wissenswertes Auf Waldlichtungen recht häufig. Von Mai–Juli ausgewachsen. Besucht blühende Pflanzen. Die Larve entwickelt sich in totem Laubholz.

Gefleckter Schmalbock
Strangalia maculata
Bockkäfer

Merkmale Körperlänge 14–20 mm. Sehr schmal. Flügeldecken gelb mit sehr variabler, schwarzer Bindenzeichnung, vordere Binde meist unterbrochen.
Wissenswertes Von Mai–August auf Waldlichtungen und an Waldrändern fast überall häufig. Die Larven leben meist in morschem, am Boden liegendem Laubholz, selten auch in Nadelholz.

Kleiner Schmalbock
Strangalia melanura
Bockkäfer

Merkmale Körperlänge 6–9 mm. Schwarz. Flügeldecken beim Männchen gelbbraun, beim Weibchen (Bild) rot, mit schwarzer Naht und schwarzer Spitze.
Wissenswertes Auf Waldlichtungen und an Waldrändern überall häufig. Von Mai–September ausgewachsen. Regelmäßig auf Blüten zu finden. Entwickelt sich meist in totem Laubholz, auch in Nadelholz.

Roter Halsbock
Leptura rubra
Bockkäfer

Merkmale Körperlänge 10–20 mm. Männchen mit schwarzem Halsschild und gelbbraunen Flügeldecken. Weibchen (Bild) mit roten Flügeldecken und ebenso gefärbtem Halsschild.
Wissenswertes Von Mai–September in Wäldern überall häufig. Auf Doldenblüten und anderen blühenden Pflanzen zu finden. Entwickelt sich in totem Nadelholz.

Spürender Zangenbock
Rhagium inquisitor
Bockkäfer

Merkmale Körperlänge 10–21 mm. Halsschild seitlich mit spitzem Höcker. Graubraun. Flügel mit 2 schwarzen, nicht immer deutlichen Querbinden. Fühler sehr kurz.
Wissenswertes Von April–Juni in Nadelwäldern überall sehr häufig. Entwickelt sich unter der Rinde von totem Nadelholz, v. a. von Kiefern. Verpuppung in »Nest« aus Nagespänen zwischen Holz und Rinde.

Blauer Scheibenbock
Callidium violaceum
Bockkäfer

Merkmale Körperlänge 8–16 mm. Deutlich abgeflacht, metallisch blau oder violett, selten grünlich. Flügeldecken runzlig punktiert.
Wissenswertes In Nadelwäldern überall ziemlich häufig. Erscheint von Mai–August. Die Larve entwickelt sich in trockenem Nadelholz. Die Entwicklung ist zweijährig. Oft schlüpfen die Käfer in Häusern aus bereits verarbeitetem Holz.

Kleiner Kurzdeckenbock
Molorchus minor
Bockkäfer

Merkmale Körperlänge 6–16 mm. Flügeldecken nur halb so lang wie der Hinterleib, rotbraun mit hellem Schrägstrich, Hinterflügel freiliegend. Fühler lang, Hinterschenkel sehr dünn, zum Ende keulenförmig verdickt.
Wissenswertes Am Rand von Nadelwäldern und auf Waldlichtungen nicht selten. Von Mai–Juli ausgewachsen. Man findet den Käfer oft auf Doldenblüten. Die Larve entwickelt sich in totem Nadelholz.

Waldbock
Spondylis buprestoides
Bockkäfer

Merkmale Körperlänge 12–24 mm. Tiefschwarz mit auffallend kräftigen Kiefern und sehr kurzen Fühlern. Flügeldecken meist mit Längsrippen.
Wissenswertes In Nadelwäldern ziemlich häufig. Erscheint von Juni–September. Die Larve entwickelt sich vorzugsweise in Kiefern, seltener in anderen Nadelbäumen, meist in älteren Stümpfen und in feucht gelagertem, bereits von Pilzen befallenem Holz.

Alpenbock
Rosalia alpina
Bockkäfer

Merkmale Körperlänge 15–38 mm. Prächtig hellblau mit kontrastreich abgesetzter schwarzer Fleckenzeichnung. Fühler beim Weibchen (Bild) etwa körperlang, beim Männchen deutlich länger. **Wissenswertes** Im Bergland in lockeren Buchenwäldern. Überall selten. Der Käfer kommt bei uns nur in den Alpen und auf der Schwäbischen Alb vor und ist von Juli–September ausgewachsen. Die Larve entwickelt sich v. a. in totem Buchenholz, in toten Stämmen ebenso wie in abgestorbenen Ästen und Stammteilen noch lebender Bäume. Die Käfer werden stark von Klafterholz angezogen. Oft legen die Weibchen darin ihre Eier ab. Da die Entwicklung etwa 3 Jahre dauert, sind solche Eier in aller Regel verloren. Auf der anderen Seite bietet diese Vorliebe auch einen guten Ansatz zu gezielten Fördermaßnahmen für die hochgradig gefährdete Art. Auf der Mittleren Schwäbischen Alb etwa, wo speziell für den Alpenbock Buchenstämme und Holzklafter ausgelegt wurden, haben die Bestände wieder erfreulich zugenommen. In letzter Zeit tauchen hier die Tiere sogar mitten in Ortschaften auf. ▽

Hausbock
Hylotrupes bajulus
Bockkäfer

Merkmale Körperlänge 8–22 mm. Dunkelbraun mit feiner Behaarung und undeutlichen, hellen Filzflecken. Fühler ziemlich kurz. **Wissenswertes** Im Juni und Juli nicht selten in Nadelwäldern, aber auch in Gebäuden. Die Larve ist ein gefährlicher Schädling in verbautem Nadelholz, da sie dieses oft bis auf eine papierdünne Schicht an der Oberfläche zu Bohrmehl zerschrotet und damit schon Häuser zum Einsturz brachte. Die Entwicklung ist meist zweijährig, dauert bei Nahrungsmangel aber auch bis zu 12 Jahre.

Moschusbock
Aromia moschata
Bockkäfer

Merkmale Körperlänge 13–35 mm. Grün- bis blaumetallisch oder bronzefarben. Fühler beim Männchen (Bild) länger als der Körper, beim Weibchen etwas kürzer. **Wissenswertes** Gebietsweise gar nicht selten, besonders in Feuchtgebieten mit alten Weiden. Der tagaktive Käfer fliegt von Juni–September und ist oft auf Blüten, v. a. auf Doldenblüten, anzutreffen. Aus Duftdrüsen kann er ein moschusartig duftendes Sekret absondern. Die Larven entwickeln sich in meist noch lebenden Weiden. ▽

Heldbock
Cerambyx cerdo
Bockkäfer

Merkmale Sehr ähnlich dem Buchenspießbock, doch mit 24–53 mm Körperlänge im Durchschnitt deutlich größer. Schwarzbraun mit rotbraunen Flügeldeckenspitzen. Fühler beim Männchen (Bild) fast doppelt so lang wie der Körper, beim Weibchen etwa körperlang. **Wissenswertes** Meist in Stromtälern großer Flüsse an alten Eichen, aber überall selten geworden. Von Mai–August ausgewachsen. Die dämmerungs- und nachtaktiven Käfer verbergen sich tagsüber in den Fraßgängen ihrer Larven und fliegen abends zu blutenden Eichen. Die bis über 10 cm langen Larven entwickeln sich nur in den Stämmen alter, lebender Eichen. Sie fressen etwa 2 cm weite Gänge ins Holz. Dabei werden immer wieder dieselben Bäume (»Heldbockeichen«) zur Eiablage genutzt; die Stämme werden mit der Zeit förmlich durchsiebt und sterben oft ab. Früher wurden solche Bäume schnellstmöglich aus dem Bestand entfernt, um weiteren Befall zu verhindern. Dadurch ist der Käfer heute vom Aussterben bedroht. ▽

Buchenspießbock
Cerambyx scopolii
Bockkäfer

Merkmale Körperlänge 17–28 mm. Schwarz. Halsschild mit querliegenden, glänzenden Schwielen, seitlich mit spitzem Dorn. Fühler beim Weibchen (Bild) etwa körperlang, beim Männchen etwas länger. **Wissenswertes** An Waldrändern, in Streuobstwiesen. Stellenweise recht häufig, v. a. in warmen Gegenden. Der tagaktive Käfer besucht außer liegendem Totholz blühende Sträucher. Die Larven entwickeln sich in Eichen und Buchen, aber auch in Obstbäumen. ▽

Sägebock
Prionus coriarius
Bockkäfer

Merkmale Körperlänge 18–45 mm. Tiefschwarz mit breitem, abgeflachtem Körper. Halsschild seitlich mit mehreren Zähnen. Fühler beim Männchen (Bild) mit deutlich sägezahnartigen Gliedern, beim Weibchen nicht so deutlich. **Wissenswertes** Urtümlich wirkend, dämmerungs- und nachtaktiv. Erscheint von Juli–September v. a. in totholzreichen, alten Laubwäldern. Der Käfer läuft meist am Boden oder an Stämmen umher, kann aber auch gut fliegen. Die Larve entwickelt sich in morschem Totholz.

Hirschkäfer
Lucanus cervus
Hirschkäfer

Merkmale Körperlänge 25–75 mm, größter europäischer Käfer. Männchen mit geweihartigen Oberkiefern von etwa halber Körperlänge. Weibchen mit kurzen, kräftigen Oberkiefern. Fühler wie bei allen Hirschkäfer-Arten gekniet, mit langem Grundglied und kurz sägezahnartig beblätterter Keule.
Wissenswertes Unverwechselbare Art. Von Mai–August v. a. in Wäldern mit alten Eichen, fast überall selten geworden. Die Käfer lecken mit ihren pinselartigen unteren Mundteilen Baumsäfte auf, besonders an blutenden Eichen. Hier kämpfen die Männchen mit ihren gewaltigen Zangen um die besten Saugplätze und um die Weibchen. Die über 10 cm lange Larve entwickelt sich in 5–8 Jahren meist am morschen Wurzelholz abgestorbener Laubbäume, v. a. an Eichen, doch auch an Obstbäumen. Je nach den Entwicklungsbedingungen können sich Käfer recht unterschiedlicher Größe bilden. Im Mittelmeergebiet kommen fast immer nur kleine Männchen zur Entwicklung. Dieses Phänomen erklärt sich offenbar durch die hier viel schnellere Entwicklung. ▽

Zwerghirschkäfer
Dorcus parallelopipedus
Hirschkäfer

Merkmale Körperlänge 19–32 mm. Mattschwarz. Körper deutlich abgeflacht. Kopf des Männchens (Bild) etwa so breit wie das Halsschild, etwas vergrößerte, geweihartige Oberkiefer. Beim Weibchen Kopf deutlich schmäler. Fühler, wie für Hirschkäfer typisch, mit nach innen gezähnter Fühlerkeule.
Wissenswertes V. a. in etwas feuchten, eichen- und buchenreichen Laubmischwäldern, aber auch in Parks und Obstgärten. Fast überall der häufigste Vertreter seiner Familie. Von Mai–August ausgewachsen. Die tag- und nachtaktiven Käfer ernähren sich v. a. von ausfließenden Baumsäften, nagen daneben aber auch an Blättern und Baumrinde. Die Larven entwickeln sich in weißfaulem Laubholz, v. a. in Buchen, Weiden und Pappeln, doch auch in Eichen und Obstbäumen. Manchmal sind sie in größerer Zahl auf engem Raum zu finden, etwa 100 Larven in einem einzigen Baumstumpf. Recht unverträglich, gelegentlich kommt es unter ihnen sogar zu Kannibalismus. Auch gegenüber holzbewohnenden Ameisen verstehen sie sich gut zu verteidigen. ▽

Kopfhornschröter
Sinodendrom cylindricum
Hirschkäfer

Merkmale Körperlänge 12–16 mm. Schwarz, oft mit blauem Metallglanz. Körperform zylindrisch. Männchen (Bild) mit deutlichem, hinten rostrot behaartem Kopfhorn. Weibchen ohne Horn.
Wissenswertes Nicht häufig. In Laubwäldern mit viel morschem Holz. Von Mai–Juli ausgewachsen. Die Larve entwickelt sich v. a. in liegenden, stark vermoderten Stämmen, v. a. von Buchen. Manchmal sind Larven wie Käfer in Totholz recht zahlreich zu finden. Im Freien ist der Käfer eher selten. ▽

Waldmaikäfer
Melolontha hippocastani
Blatthornkäfer

Merkmale Körperlänge 22–26 mm, etwas kleiner als der Feldmaikäfer. Halsschild meist braun, Hinterleibsspitze (Pygidium) am Ende knopfartig erweitert. Sonst sehr ähnlich der anderen Art.
Wissenswertes Meist etwas seltener als Feldmaikäfer. Eher in Wäldern, aber auch im Kulturgelände zu finden. Fliegt von April–Juni. Auch diese Art neigt gebietsweise alle 4 Jahre zu Massenvermehrungen, etwa am Oberrhein. Dabei wurden über 100 Engerlinge pro Quadratmeter gezählt.

Feldmaikäfer
Melolontha melolontha
Blatthornkäfer

Merkmale Körperlänge 20–30 mm. Halsschild meist schwarz, Flügeldecken braun. Hinterleib seitlich mit dreieckigen, weißen Flecken. Hinterleibsspitze (Pygidium) zungenförmig, parallelseitig. Männchen (Bild) mit siebenblättrigem, ziemlich großem, Weibchen mit sechsblättrigem, viel kleinerem Fühlerfächer.
Wissenswertes An Waldrändern und in offenem Gelände in manchen Jahren gebietsweise immer noch recht häufig. Fliegt im Mai und Juni. Das Weibchen gräbt sich zur Eiablage in den Boden ein. Die weiße Larve (»Engerling«) entwickelt sich an Pflanzenwurzeln und kann bei Massenvermehrung auf Kulturflächen schwere Schäden anrichten. Auch die Käfer können durch Kahlfraß an Laubbäumen (v. a. an Eichen) schaden. Da die Entwicklung meist 4 Jahre dauert, können sich »Maikäferjahre« alle 4 Jahre wiederholen, bei sehr günstigen Bedingungen alle 3 Jahre. Die Larve verpuppt sich im Sommer in einer Erdhöhle. Der fertige Käfer schlüpft im Spätsommer und überwintert im Boden.

Walker
Polyphylla fullo
Blatthornkäfer

Merkmale Körperlänge 25–36 mm. Rotbraun oder schwarzbraun mit weißen, filzartigen Haarflecken. Männchen (Bild) mit sehr großem Fühlerfächer.
Wissenswertes Fast überall selten. Dämmerungs- und nachtaktiv. In sandigen, lockeren Kiefernwäldern. Ausgewachsen von Juli–August . Frisst v. a. Kiefernnadeln. Die Larven entwickeln sich an Graswurzeln. ▽

Junikäfer
Amphimallon solstitiale
Blatthornkäfer

Merkmale Körperlänge 14–18 mm. Deutlich behaart, Färbung einheitlich gelbbraun.
Wissenswertes An Waldrändern, in Gärten recht häufig. Fliegt im Juni und Juli. Die Larven entwickeln sich in 2–3 Jahren an Wurzeln und neigen zur Massenvermehrung. Die Käfer schwärmen oft in großer Zahl in der Abenddämmerung und leben nur wenige Tage.

Gartenlaubkäfer, Julikäfer
Phyllopertha horticola
Blatthornkäfer

Merkmale Körperlänge 8–11 mm. Schwarz mit blaugrünem Metallglanz. Flügeldecken rotbraun. Körper deutlich behaart.
Wissenswertes Tagaktiv. Fliegt im Juni und Juli. Überall häufig an Waldrändern, in Gärten und offenem Gelände. Oft zahlreich auf Sträuchern und Blüten, v. a. auf Wildrosen. Die Entwicklung ist ein- bis zweijährig.

Pinselkäfer
Trichius fasciatus
Blatthornkäfer

Merkmale Körperlänge 10–13 mm. Flügeldecken abgestutzt, etwas kürzer als Hinterleib, gelb mit 3 schwarzen Querbinden. Dicht weißlich und gelbbraun behaart.
Wissenswertes Tagaktiv. Im Bergland auf Waldlichtungen stellenweise nicht selten. Fliegt im Juni und Juli. Regelmäßig auf Doldengewächsen anzutreffen. Die Larven entwickeln sich in morschem Laubholz.

Gold-Rosenkäfer
Cetonia aurata
Blatthornkäfer

Merkmale Körperlänge 14–20 mm. Breit und flach. Leuchtend goldgrün mit schmalen, weißen Querstreifen im hinteren Teil der Flügeldecken.
Wissenswertes Tagaktiv. An Waldrändern nicht selten. Von Mai–Oktober ausgewachsen. Fliegt mit geschlossenen Flügeldecken; die Hinterflügel werden dabei aus einem seitlichen Schlitz geschoben. ▽

Nashornkäfer
Oryctes nasicornis
Blatthornkäfer

Merkmale Körperlänge von 20–43 mm, größter europäischer Blatthornkäfer. Glänzend rotbraun bis schwarzbraun. Männchen (Bild) mit meist langem Kopfhorn und muldenartig ausgehöhltem Halsschild.
Wissenswertes Nachtaktiv. Von Mai–August recht selten in Parks und Sägereien. Larve bis über 10 cm lang, in hohlen Bäumen, Sägemehl oder Kompost. ▽

Matter Pillendreher
Sisyphus schaefferi
Blatthornkäfer

Merkmale Körperlänge 8–10 mm. Kurzer, gedrungener Körper. Beine sehr lang, besonders die hinteren.
Wissenswertes In sehr warmem, steinigem Gelände. Bei uns selten. Die Tiere stellen v. a. aus Schafdung eine sehr regelmäßig geformte, gut 1 cm große Kugel her, die im Rückwärtsgang als Nahrungsvorrat einzeln, als Brutpille vom Paar gemeinsam über den Boden gerollt und anschließend vergraben wird.

Waldmistkäfer
Geotrupes stercorosus
Blatthornkäfer

Merkmale Körperlänge 12–19 mm. Schwarz, schwacher, blauer Metallglanz. Flügeldecken längs gefurcht.
Wissenswertes Überall häufig. In Wäldern, auch in offenem Gelände. Der Käfer schlüpft ab September, überwintert und lebt dann bis in den Juli. Er gräbt in der Nähe von Kothaufen (v. a. auch solchen von Menschen) einen etwa 7–8 cm tiefen Gang, den er mit dieser etwas unappetitlichen Larvennahrung füllt.

Stierkäfer
Typhoeus typhoeus
Blatthornkäfer

Merkmale Körperlänge 12–20 mm. Flügeldecken gefurcht. Halsschild des Männchens (Bild) mit 3 nach vorn gerichteten Dornen, die dem Weibchen fehlen.
Wissenswertes In offenen, sandigen Gebieten v. a. in Norddeutschland stellenweise recht häufig. Ausgewachsen Februar–Mai. Gräbt paarweise einen bis über 1,5 m tiefen Stollen, von dem waagerechte, mit Kaninchen- oder Schafdung gefüllte Brutgänge abzweigen. ▽

Scheinbockkäfer
Oedemera femorata
Scheinbockkäfer

Merkmale Körperlänge 8–10 mm. Erinnert an einen Bockkäfer. Körper schmal und ziemlich weich. Flügeldecken hellbraun, an den Spitzen weit auseinander klaffend. Männchen (Bild) mit stark verdickten Hinterschenkeln.
Wissenswertes Meist an Waldrändern gebietsweise recht häufig. Von Juni–August ausgewachsen. Die Tiere enthalten in ihrer Blutflüssigkeit als Schutz vor Verfolgern das sehr giftige Cantharidin. Man findet den Käfer oft auf Blüten. Die Larven entwickeln sich in Pflanzenstängeln.

Scharlachroter Feuerkäfer
Pyrochroa serraticornis
Feuerkäfer

Merkmale Körperlänge 10–14 mm. Oberseits einschließlich des Kopfes rot. Fühler beim Männchen kammzähnig, beim Weibchen (Bild) mit kürzeren Sägezähnen.
Wissenswertes An Waldrändern im allgemeinen nicht selten. Von Mai–Juli ausgewachsen. Der Käfer ist auf blühenden Sträuchern und Doldengewächsen zu finden. Die stark abgeflachten, am Hinterende 2 Dornen tragenden Larven leben unter der Rinde abgestorbener Bäume und stellen anderen Insektenlarven nach.

Schwarzer Maiwurm
Meloe proscarabaeus
Ölkäfer

Merkmale Körperlänge sehr unterschiedlich, 11–35 mm. Männchen meist deutlich kleiner als Weibchen. Schwarz mit leichtem Blauschimmer. Flügel deutlich verkürzt. Hinterleib besonders beim Weibchen stark aufgetrieben.
Wissenswertes Schwerfällig, nicht häufig. An offenen, meist sandigen Stellen. Von März–Juni ausgewachsen. Der Käfer lässt bei Beunruhigung oft an den Beingelenken Tropfen seiner gelben Blutflüssigkeit austreten, die das hochgiftige Cantharidin enthält. Parasitische Entwicklung in den Erdnestern bestimmter Sandbienenarten. Das Weibchen legt im Boden einige 1000 Eier ab. Die orange gefärbten, recht behänden Junglarven steigen an Pflanzenstängeln empor und bilden dort oft dicke Klumpen. Sie ersteigen zufällig vorbei kommende Sandbienen und lassen sich von diesen in ihre Nester tragen. Hier wandeln sie sich zu einem madenartigen, sehr plumpen Larvenstadium um, das sich von der Bienenbrut ernährt. Durch die mit dieser Entwicklung verbundenen hohen Unsicherheiten erklärt sich die ungewöhnlich hohe Eizahl dieses Käfers. ▽

Spanische Fliege
Lytta vesicatoria
Ölkäfer

Merkmale Körperlänge 9–21 mm. Weich, deutlich abgeflacht, leuchtend grün gefärbt.
Wissenswertes Bei uns recht selten. Im Juni und Juli an sehr warmen, sonnigen Orten. Meist im Gebüsch, ernährt sich v. a. von Eschenblättern. Das Blut des Käfers enthält Cantharidin. Daher wurde er früher zur Herstellung eines Gifttrunks verwendet. Seine Inhaltsstoffe dienen außerdem zur Herstellung Blasen ziehender Pflaster. Die Larven entwickeln sich in Wildbienennestern.

Mehlkäfer
Tenebrio molitor
Schwarzkäfer

Merkmale Körperlänge 12–18 mm. Ähnlich einem Laufkäfer. Kopf breit und flach, Flügeldecken mit Längsfurchen. Färbung dunkelbraun oder schwarz.
Wissenswertes Käfer ganzjährig ausgewachsenen. Ziemlich häufig in Gebäuden an Nahrungsvorräten und im Freiland, z. B. in hohlen Bäumen. Die Larve ist als »Mehlwurm« bekannt und entwickelt sich v. a. an verschiedenen Getreideprodukten. Sie wird in großem Umfang als Lebendfutter für Insekten fressende Tiere gezüchtet.

Staubkäfer
Opatrum sabulosum
Schwarzkäfer

Merkmale Körperlänge 7–10 mm. Deutlich abgeflacht, Flügeldecken mit regelmäßigen Reihen glänzender Höcker. Als Vertreter der »heteromeren« Käfer (wie alle auf dieser Seite vorgestellten Arten) durch 5 Fußglieder an den beiden vorderen Beinpaaren, aber nur 4 an den Hinterbeinen ausgezeichnet.
Wissenswertes In sonnigem, trockenem Gelände stellenweise recht häufig. Die Larve entwickelt sich ober- und unterirdisch an sehr verschiedenen Pflanzen und kann Kulturpflanzen schaden.

Wollkäfer
Lagria hirta
Wollkäfer

Merkmale Körperlänge 7–10 mm. Flügeldecken hellbraun. Am ganzen Körper, besonders aber an den Flügeldecken, lang und zottig gelblich behaart.
Wissenswertes Unverwechselbarer Käfer. Auf Feuchtwiesen und an Waldrändern fast überall häufig. Von Mai–August ausgewachsen. Frisst an sehr verschiedenen Pflanzen und kann bei Massenvermehrung bisweilen auch Schäden anrichten. Seine Larve lebt am Boden und ernährt sich vorzugsweise von Falllaub.

Messingkäfer
Niptus hololeucos
Diebskäfer

Merkmale Körperlänge 4–4,5 mm. Körper fast kugelig, Kopf teilweise unter dem Halsschild verborgen. Ganzer Käfer dicht messingfarbig behaart.
Wissenswertes Überall häufig. Ganzjährig ausgewachsen. Fast nur in Häusern zu finden. Käfer und Larve besitzen ein sehr geringes Feuchtigkeitsbedürfnis und ernähren sich von unterschiedlichsten stärkehaltigen Substanzen, etwa von Getreidekörnern, doch auch z. B. von Stroh. Daher kann es in mit Stroh gefüllten, alten Zwischenböden mitunter zur Massenentwicklung kommen.

Kräuterdieb
Ptinus fur
Diebskäfer

Merkmale Körperlänge 2–4 mm. Fühler fast körperlang. Männchen schmal, mit einfarbig hellbraunen, Weibchen (Bild) deutlich gewölbt, mit hell quer gebänderten, dunkelbraunen Flügeldecken.
Wissenswertes Der unauffällige Käfer ist regelmäßig in Häusern zu finden. Im Freiland lebt er z. B. in alten Vogelnestern. Ganzjährig ausgewachsen, lebt von verschiedensten Vorräten pflanzlicher oder tierischer Herkunft. Er tritt aber nur selten als wirklicher Schädling in Erscheinung.

Gewöhnlicher Speckkäfer
Dermestes lardarius
Speckkäfer

Merkmale Körperlänge 7–9 mm. Schwarz. Flügeldecken in der vorderen Hälfte gelblich behaart und mit einigen schwarzen Punkten gezeichnet.
Wissenswertes Ganzjährig ausgewachsen. Sowohl in Häusern als auch im Freiland recht häufig. Der Käfer ernährt sich wie seine Larve v. a. von angetrockneten Fleischresten, sowohl an Tierkadavern als auch an Nahrungsmittelresten. Daher werden Zuchtstämme dieser Art oft zur schonenden Präparation zerbrechlicher Knochen von kleinen Wirbeltieren verwendet.

Zehnpunkt
Adalia decempunctata
Marienkäfer

Merkmale Körperlänge 3,5–5 mm. Halsschild weißlich mit schwarzen Punkten. Flügeldecken meist hellrot mit einer Querreihe schwarzer Punkte und vorn 2 weiteren Punkten.
Wissenswertes V. a. auf Laubhölzern, zählt zu den häufigsten Arten seiner Familie. Färbung und Zeichnung der Flügeldecken können sehr stark variieren. Außer der gezeigten Form gibt es auch Exemplare mit einfarbig roten, mit gitternetzartig gefleckten oder fast ganz schwarzen, mit nur jeweils einem roten Fleck gezeichneten Flügeldecken.

Siebenpunkt
Coccinella septempunctata
Marienkäfer

Merkmale Körperlänge 5–8 mm. Rote Flügeldecken mit 7 schwarzen Punkten.
Wissenswertes Bekanntester heimischer Marienkäfer. Überall häufig, auch in Gärten und Gebäuden. Er scheidet bei Bedrohung an den Beingelenken Tropfen seiner gelben, sehr bitteren Blutflüssigkeit ab. Er ernährt sich fast ausschließlich von Blattläusen. Die gelb gefärbten Eier werden in Klumpen nahe Blattlauskolonien abgelegt. Die blaugraue, auf 3 Segmenten gelb gezeichnete Larve erscheint ab Mai und verzehrt in ihrer etwa vierwöchigen Entwicklungszeit über 600 Blattläuse, bevor sie sich auf einem Blatt in eine Mumienpuppe verwandelt, die mit ihrem Hinterende in der zusammengeschobenen Larvenhülle steckt. Die Käfer der neuen Generation schlüpfen ab Juni. Sie paaren sich aber erst nach der Überwinterung. So entwickelt sich nur eine Generation im Jahr. Gelegentlich kommt es zu Massenvermehrungen. Dann können sich riesige Mengen von Käfern z. B. an Stränden zusammenfinden und lästig in Erscheinung treten.

22-Punkt-Marienkäfer
Psyllobora vigintiduopunctata
Marienkäfer

Merkmale Körperlänge 3–5 mm. Oberseite zitronengelb. Flügeldecken mit zusammen 22, Halsschild mit 5 schwarzen Punkten.
Wissenswertes Ganzjährig ausgewachsen. An Waldrändern und in Gärten an mit Mehltau befallenen Pflanzen häufig. Anders als die meisten Arten seiner Familie ernährt er sich nicht von Blattläusen, sondern von Schimmel- und Mehltaupilzen. Die Larve hat die gleiche Lebensweise. Es gibt auch einige Pflanzen fressende Marienkäfer.

Dreizehnpunktiger Sumpfmarienkäfer *Hippodamia tredecimpunctata* Marienkäfer

Merkmale Körperlänge 5–7 mm. Etwas länglicher als andere Marienkäfer. Flügeldecken hellrot mit 13 schwarzen Punkten. Halsschild weißlich mit schwarzem Mittelfleck und 2 Punkten.
Wissenswertes Meist an Ufern und auf Feuchtwiesen. Stellenweise recht häufig. Ganzjährig ausgewachsen. Manchmal in großer Zahl auf verlausten Sumpfpflanzen, auch auf solchen, die im Wasser stehen. Die schwarzgrauen Larven findet man auf den gleichen Pflanzen.

Marienprachtkäfer
Chalcophora mariana
Prachtkäfer

Merkmale Körperlänge 24–33 mm, größter heimischer Prachtkäfer. Schwarz mit Kupferglanz. Halsschild und Flügeldecken mit filzig behaarten Längsfurchen.
Wissenswertes Recht selten. Meist in wärmebegünstigten Gebieten in lockeren, sandigen Kiefernwäldern. Fliegt von Mai–August. Der Käfer sitzt gern auf besonnten, liegenden Kiefernstämmen, ist aber sehr scheu und flugtüchtig. Larve mit auffallend breitem, flachem Vorderkörper. Sie entwickelt sich meist unter der Rinde von Kiefernstümpfen.

Goldgruben-Eichenprachtkäfer
Chrysobothris affinis
Prachtkäfer

Merkmale Körperlänge 10–15 mm. Flügeldecken kupferglänzend mit feinen Längsrippen, an der Basis eine kleine, dahinter jeweils 2 größere rötlich glänzende Gruben.
Wissenswertes Fliegt Mai–Juli in lockeren Laubwäldern. Im südlichen und mittleren Deutschland recht verbreitet, im Norden selten. Die Käfer sitzen gern auf besonntem, liegendem Eichenholz, fliegen aber bei der geringsten Störung davon. Die Larven entwickeln sich unter Eichen-, Buchen- und Birkenrinde. Bei starkem Befall sterben junge Bäume ab. ▽

Großer Lindenprachtkäfer
Scintillathrix rutilans
Prachtkäfer

Merkmale Körperlänge 9–15 mm. Halsschild und Flügeldecken leuchtend grünmetallisch, an den Seiten rotgolden, mit erhabenen, schwarzen Längsflecken.
Wissenswertes Überall selten. An sonnigen Standorten alter Linden, auch inmitten von Ortschaften. Fliegt von Mai–August. Die scheuen Tiere setzen sich gern an besonnte Stammpartien ihrer Brutbäume. Die Larven entwickeln sich ausschließlich in Linden. Sie stellen ihre Fraßgänge unter der Rinde bereits geschädigter oder absterbender Zweige und Stammpartien her. ▽

Heckenkirschen-Prachtkäfer
Agrilus cyanescens
Prachtkäfer

Merkmale Körperlänge 5–7 mm. Recht schmal und deutlich abgeflacht. Oberseite meist blau glänzend, seltener grün, Unterseite meist schwarz.
Wissenswertes An Waldrändern und Hecken stellenweise recht häufig. Fliegt von Mai–August. Die Entwicklung erfolgt in verschiedenen Heckenkirschen-Arten. Während die Käfer sich meist auf den Blättern der Fraßpflanzen aufhalten, leben die Larven in Stämmen und Zweigen. Die Art ist leicht mit verwandten Arten zu verwechseln, die aber an anderen Pflanzen leben.

Zottiger Bienenkäfer
Trichodes alvearius
Buntkäfer

Merkmale Körperlänge 10–17 mm. Deutlich behaart. Flügeldecken rot mit schwarzer Naht und 3 schwarzen Querbinden, hinter der letzten ein schmaler, roter Saum.
Wissenswertes An wärmebegünstigten, trockenen Stellen im südlichen und mittleren Deutschland meist nicht selten. Der Käfer sitzt oft auf Blüten und frisst außer Blütenstaub Blüten besuchende Insekten. Die rosa gefärbten Larven leben in Wildbienennestern und ernähren sich von der Bienenlarven. ▽

Ameisenbuntkäfer
Thanasimus formicarius
Buntkäfer

Merkmale Körperlänge 7–11 mm. Kopf schwarz. Halsschild rotbraun. Flügeldecken vorn rotbraun, dahinter schwarz mit 2 weißen Querbinden.
Wissenswertes Ganzjährig ausgewachsen. In Nadelwäldern fast überall recht häufig. Im zeitigen Frühjahr zahlreich auf Baumstämmen zu beobachten, wo die Käfer Jagd auf Borkenkäfer machen. Die rötlichen Larven leben unter der Rinde von Nadelbäumen, die von Borkenkäfern befallen sind, und stellen der Brut der Holzschädlinge nach.

Mausgrauer Sandschnellkäfer
Agrypnus murinus
Schnellkäfer

Merkmale Körperlänge 12–17 mm. Grau mit kleinen, hellen Haarflecken.
Wissenswertes In offenem Gelände fast überall häufig. Fliegt von Mai–Juli. Wie alle Schnellkäfer kann er durch einen Klickmechanismus aus der Rückenlage wieder auf die Beine kommen. Vorder- und Mittelbrust sind gelenkig verbunden. Ein nach hinten gerichteter Fortsatz der Vorderbrust rastet in eine Vertiefung der Mittelbrust ein. Wird er durch Muskelkraft entarretiert, klappt er ruckartig heraus, der Käfer wird hochgeschleudert.

Kammhorn-Schnellkäfer
Ctenicera cuprea
Schnellkäfer

Merkmale Körperlänge 13–17 mm. Halsschild-Hinterwinkel deutlich zugespitzt. Fühler des Männchens (Bild) lang gekämmt, die des Weibchens mit dreieckigen Gliedern. Färbung sehr variabel; Grundfärbung metallisch kupferig, violett oder grünlich erzfarben. Flügeldecken in der vorderen Hälfte oft gelbbraun.
Wissenswertes An offenen Stellen im Bergland von Mai–Juli stellenweise recht häufig. Käfer v. a. auf blühenden Gräsern, Larven im Boden oder in morschem Holz.

Soldatenkäfer
Cantharis rustica
Weichkäfer

Merkmale Körperlänge 10–15 mm. Körper weich. Flügeldecken schwarzgrau, fein behaart. Halsschild rot, in der Mitte mit rundlichem, dunklem Fleck. Schenkel rot, am Ende schwarz.
Wissenswertes Meist an Waldrändern von Mai–Juli nicht selten. Der Käfer besucht regelmäßig Blüten, ernährt sich aber außer von Pollen auch von toten Insekten. Die dunkelgrauen, braunköpfigen Larven laufen an milden Wintertagen oft über Schneefelder und werden daher auch als »Schneewürmer« bezeichnet.

Brauner Weichkäfer
Rhagonycha fulva
Weichkäfer

Merkmale Körperlänge 7–10 mm. Schlanker als der Soldatenkäfer. Rostrot bis gelbbraun gefärbt. Flügeldecken mit schwarzer Spitze. Fühler schwarz mit rotem Grundglied.
Wissenswertes Im Juli und August in Wäldern und offenem Gelände überall sehr häufig anzutreffen. Der Käfer besucht regelmäßig blühende Pflanzen, v. a. Doldengewächse, auf denen er auch bei der recht lange dauernden Paarung zu beobachten ist. Die schwarzgrauen Larven leben am Boden und ernähren sich räuberisch von anderen Insekten.

Großer Leuchtkäfer
Lampyris noctiluca
Leuchtkäfer

Merkmale Körperlänge 11–18 mm. Männchen (oberes Bild) dunkelgrau mit durchscheinendem Halsschild. Weibchen (unteres Bild) flügellos, einer Larve ähnlich, mit grauem Rücken und hellerem, oft rötlichem Bauch.
Wissenswertes Von Juni–August ausgewachsen. An Waldrändern und in offenem Gelände. Stellenweise recht häufig. Das Weibchen lockt mit seinem Leuchtorgan an der Hinterleibs-Unterseite das Männchen zur Paarung an. Die Larve frisst Schnecken, der Käfer nimmt keine Nahrung auf.

Kleiner Leuchtkäfer
Lamprohiza splendidula
Leuchtkäfer

Merkmale Körperlänge 8–10 mm. Männchen (unteres Tier) normal geflügelt, dunkelgrau. Weibchen (oberes Tier) mit winzigen Flügelstummeln, weißlich.
Wissenswertes Im Juni und Juli an Waldrändern und Gebüschen stellenweise recht häufig. Beide Geschlechter besitzen Leuchtorgane; beim Weibchen liegen sie außer an der Unterseite des Hinterleibs auch an den Seiten der einzelnen Segmente. Das Männchen stürzt sich aus dem Flug auf das am Boden lockende Weibchen. Auch diese Art nimmt als fertiger Käfer keine Nahrung auf.

Vierfleck-Stutzkäfer
Hister quadrimaculata
Stutzkäfer

Merkmale Körperlänge 7–11 mm. Körper auffallend kurz und breit, abgeflacht und ausgesprochen hartschalig. Flügeldecken mit gebogenem, rotem Streifen.
Wissenswertes Ganzjährig ausgewachsen. An warmen, offenen Stellen gebietsweise nicht selten. Meist an Tierdung, Kadavern oder faulenden Pflanzenresten zu finden, wo der Käfer Jagd auf andere Insekten, etwa Fliegenmaden, macht. Er legt bei Gefahr Beine und Fühler eng an den Körper und ist dann durch seinen harten Panzer fast unangreifbar.

Totengräber
Necrophorus vespilloides
Aaskäfer

Merkmale Körperlänge 12–22 mm. Flügeldecken etwas verkürzt, mit 2 gelbroten Querbinden.
Wissenswertes Ganzjährig ausgewachsen. In Wäldern und offenem Gelände recht häufig. Die Käfer vergraben paarweise eine kleine Tierleiche und formen daraus eine Kugel. Dann erfolgt in einem von der Bruthöhle abzweigenden Gang die Eiablage. Die Junglarven betteln später ihre Mutter an und werden von ihr mit vorverdauter Nahrung gefüttert.

Rothalsige Silphe
Oeceoptoma thoracica
Aaskäfer

Merkmale Körperlänge 12–16 mm. Breit, ziemlich weich, auffallend flach. Schwarzgrau mit rotem Halsschild.
Wissenswertes Ganzjährig ausgewachsen. In Wäldern und offenem Gelände überall häufig. Man findet den Käfer v. a. an Aas und Kot, auch an faulenden Pilzen. Hier macht er meist Jagd auf Fliegenmaden. Oft ist er dicht mit Milben besetzt, die sich von ihm zu neuen Nahrungsgründen transportieren lassen. Die flachen Larven erinnern an Asseln und entwickeln sich an Aas.

Vierpunktiger Raupenkäfer
Xylodrepa quadrimaculata
Aaskäfer

Merkmale Körperlänge 12–14 mm. Breit und flach. Flügeldecken gelbbraun mit je 2 schwarzen Punkten.
Wissenswertes Nicht häufig. Ganzjährig ausgewachsen. Lebt v. a. in warmen Eichenwäldern. Der Käfer ernährt sich, anders als die meisten Aaskäfer, nicht von Aas, sondern v. a. von Raupen. Er beträufelt sie mit Darmsekret und saugt den vorverdauten Nahrungsbrei auf. Bei starker Vermehrung von Frostspannern und Schwammspinnern tritt er häufiger auf und ist dann ausgesprochen nützlich.

Blauschillernder Kurzflügler
Ocypus ophthalmicus
Kurzflügler

Merkmale Körperlänge 15–23 mm. Körper sehr schlank. Flügeldecken wie bei allen Kurzflüglern deutlich verkürzt. Schwarz; Kopf, Halsschild und Flügeldecken deutlich blau schimmernd.
Wissenswertes Ganzjährig ausgewachsen. In Wäldern recht häufig, regelmäßig auch in Gärten zu finden. Trotz seiner stark verkürzten Flügeldecken kann der Käfer wie die meisten Kurzflügler gut fliegen. Die häutigen Hinterflügel liegen in Ruhelage nach einem besonderen Schema gefaltet unter den Flügeldecken verborgen.

Grabender Kurzflügler
Parabemus fossor
Kurzflügler

Merkmale Körperlänge 15–20 mm. Halsschild und Flügeldecken rotbraun, diese hinten goldgelb behaart. Hinterleib oben mit einer goldenen Punktreihe.
Wissenswertes An Waldrändern und in Wäldern meist nicht selten. Schlüpft ab August, überwintert und lebt dann bis in den Juni. Der Käfer ernährt sich wie fast alle Kurzflügler räuberisch von anderen Insekten, die Larve lebt ebenfalls räuberisch. Auch diese Art kann gut fliegen. Nach der Landung werden die Hinterflügel mithilfe der Beine unter die Flügeldecken zurückgeschoben.

Aas-Kurzflügler
Ontholestes tesselatus
Kurzflügler

Merkmale Körperlänge 14–19 mm. Goldgelb und schwärzlich marmorierte Behaarung, auch Beine gelb und schwärzlich gefleckt.
Wissenswertes Ganzjährig ausgewachsen. In Wäldern und offenem Gelände fast überall häufig. Man findet den Käfer v. a. an Aas und frischem Dung. Hier jagt er Fliegenmaden und andere Insekten. Die Kurzflügler sind mit etwa 1400 heimischen Vertretern bei uns die artenreichste Käferfamilie; die meisten sind nur nach mikroskopischen Merkmalen und nur für Spezialisten bestimmbar.

Großaugen-Kurzflügler
Stenus bimaculatus
Kurzflügler

Merkmale Körperlänge 6–7 mm. Augen groß, halbkugelig vorquellend. Flügeldecken jeweils mit rotem Punkt.
Wissenswertes Tagaktiv. Ganzjährig ausgewachsen. An Ufern und anderen feuchten Orten ziemlich häufig. Die Unterlippe des Käfers ist in eine Schleuderzunge umgewandelt, die durch Erhöhung des Blutdrucks vorgeschnellt werden kann und sehr an die Zunge des Chamäleons erinnert. An ihrer Spitze befinden sich Klebpolster, an denen kleine Beutetiere (v. a. Springschwänze) haften bleiben.

Stachelwasserkäfer
Hydrochara caraboides
Wasserkäfer

Merkmale Körperlänge 14–19 mm. Tiefschwarz mit ziemlich hoch gewölbtem Körper. Fühler sehr kurz und kolbenförmig. Taster der Mundwerkzeuge viel länger und wie Fühler erscheinend.
Wissenswertes Ab August und nach der Überwinterung bis in den Juni ausgewachsen. Der Käfer lebt in stehenden, pflanzenreichen Gewässern und ist in den meisten Gegenden nicht häufig. Er schwimmt, anders als Schwimmkäfer, mit abwechselnden Stößen der Hinterbeine. Die Atemluft wird unter den Flügeldecken und in einer silbrig glänzenden Schicht an der Körperunterseite gespeichert. Zur Erneuerung des Luftvorrats reckt der Käfer seinen Kopf etwas über den Wasserspiegel und stellt mit seinen rinnenartig ausgehöhlten, an den Kopf geklappten Fühlern eine Verbindung zur Außenluft her. Er ernährt sich v. a. von Wasserpflanzen sowie von toten Wassertieren. Die Larve erbeutet kleine Wassertiere, die sie über den Wasserspiegel hebt und dort mit Darmsaft beträufelt, um die vorverdaute Nahrung aufzusaugen.

Großer Kolbenwasserkäfer
Hydrophilus piceus
Wasserkäfer

Merkmale Körperlänge 34–47 mm, größter heimischer Wasserkäfer. Tiefschwarz mit leicht grünlichem Erzglanz. Unterseite dachförmig gekielt, hinter den Beinen ein spitzer, nach hinten gerichteter Dorn.
Wissenswertes Ganzjährig ausgewachsen. Bei uns selten in stehenden, pflanzenreichen Gewässern. Trotz des bedrohlich wirkenden Dorns, der ihm den völlig unzutreffenden Beinamen »Karpfenstecher« eingetragen hat, ist diese imposante Art ein harmloser Pflanzenfresser, geht aber gelegentlich auch an Aas. Wie der Stachelwasserkäfer schwimmt er mit alternierenden Beinbewegungen. Die Eier werden in einem aus weißem Gespinst hergestellten, etwa 2 cm großen Eikokon abgelegt, der an der Seite einen »Schornstein« trägt und auf dem Wasser schwimmt. Die schwarzbraunen, bis fast 10 cm langen Larven fressen nur Wasserschnecken. Sie dringen mit dem Kopf in das Gehäuse ein, beträufeln den Körper mit Darmsaft und saugen das Gehäuse aus. ▽

Gewöhnlicher Taumelkäfer
Gyrinus substriatus
Taumelkäfer

Merkmale Körperlänge 5–7 mm. Körper stromlinienförmig. Facettenaugen in je 2 Augen unterteilt, von denen eines nach oben, das andere ins Wasser schaut.
Wissenswertes Ganzjährig ausgewachsen. Auf stehenden und langsam fließenden Gewässern überall recht häufig. Der Käfer besiedelt in Scharen den Wasserspiegel. Er führt meist schnelle, kreisförmige Schwimmbewegungen aus, kann aber auch abtauchen. Der Antrieb erfolgt durch die Hinterbeine, deren fingerförmige Fußglieder sich bei der Vorwärtsbewegung übereinander legen, bei der Rückwärtsbewegung fächerförmig auseinander spreizen. Der Käfer ernährt sich v. a. von ins Wasser gefallenen Insekten, deren Bewegungen er mit den kolbenförmigen Fühlern wahrnimmt.

Gelbrand
Dytiscus marginalis
Schwimmkäfer

Merkmale Körperlänge 27–35 mm. Halsschild ringsum, Flügeldecken seitlich gelb gerandet. Letztere beim Männchen (Bild) glatt, beim Weibchen mit Längsfurchen.
Wissenswertes In stehenden, seltener in langsam fließenden Gewässern. Bei uns fast überall häufig. Der Käfer kann mehrere Jahre alt werden. Das Männchen hält sich bei der Paarung mit den zu Saugscheiben umgewandelten Fußgliedern der Vorderbeine am Rücken des Weibchens fest. Der Käfer ernährt sich von kleineren Wassertieren, geht aber auch gern an Aas. Die Larve besitzt dolchartige Saugzangen, mit denen sie recht schmerzhaft zubeißen kann. Sie saugt damit andere Wassertiere aus, gelegentlich auch Artgenossen.

Furchenschwimmer
Acilius sulcatus
Schwimmkäfer

Merkmale Mit 15–18 mm Körperlänge deutlich kleiner als Gelbrandkäfer. Halsschild mit breiter, gelber Querbinde, vor den Augen gelbes, schwarz umrandetes »V«. Flügeldecken des Weibchens mit tiefen Längsfurchen.
Wissenswertes Ganzjährig ausgewachsen. In kleineren stehenden Gewässern überall häufig. Der Käfer ernährt sich von kleineren Wassertieren. Wie beim Gelbrandkäfer sind die Fußglieder der Vorderbeine des Männchens (Bild) zu Saugscheiben umgewandelt. Larve mit breitem Hinterleib, aber sehr schmalem Kopf mit kurzen Saugzangen. Sie schwebt frei im Wasser, bewegt sich mit Paddelbewegungen ihrer Beine oder mit schnellen Schlägen des Hinterleibs und ernährt sich v. a. von Kleinkrebsen.

Gefleckter Flussschwimmer
Platambus maculatus
Schwimmkäfer

Merkmale Körperlänge 7–9 mm. Fügeldecken gelb mit ausgedehnter schwarzer Fleckenzeichnung.Halsschild mit weißer Querbinde.
Wissenswertes Ganzjährig ausgewachsen. In schnell bewegten Fließgewässern sowie im Uferbereich größerer Seen. Bei uns im Allgemeinen nicht selten. Wie bei allen Schwimmkäfern, aber anders als bei den Wasserkäfern, schlägt der Käfer beim Schwimmen beide Hinterbeine gleichzeitig nach hinten. Meist trägt er an seiner Hinterleibsspitze eine kleine Luftblase, die mit dem Luftvorrat unter seinen Flügeldecken zusammenhängt. Zum Austausch des Luftvorrats durchstößt er mit der Hinterleibsspitze den Wasserspiegel.

Feldsandlaufkäfer
Cicindela campestris
Laufkäfer

Merkmale Körperlänge 10–18 mm. Oberseits leuchtend metallisch grün. Flügeldecken mit kleinen weißen Punkten.
Wissenswertes Sehr scheu und flugtüchtig. An offenen Bodenstellen recht häufig. Der Käfer ist oft bereits an den ersten warmen Vorfrühlingstagen aktiv und jagt im Sonnenschein andere Insekten oder Spinnen, die er mit den gewaltigen Kiefern packt und zerkleinert. Die Käfer sind bis in den Juni zu beobachten; etwa 4 Wochen später erscheinen die Käfer der nächsten Generation, die überwintern und danach wieder bis in den Frühsommer anzutreffen sind. Die Larven leben in Erdröhren, ihre Entwicklung dauert vermutlich 2 Jahre. ▽

Kupferbrauner Sandlaufkäfer
Cicindela hybrida
Laufkäfer

Merkmale Körperlänge 11–19 mm. Oberseite braun mit Kupferglanz, oft auch etwas grünlich. Flügeldecken mit weißen Zackenbinden.
Wissenswertes Fast nur auf offenen Sandflächen zu finden, v. a. in Sandgruben und Dünengebieten. In den meisten Gegenden nicht selten. Der Käfer ist ab Juli und nach der Überwinterung bis in den Juni anzutreffen. Die Larve lebt in einer Erdröhre. Ihr Kopf ist von oben gesehen halbkreisförmig; er bildet mit dem ähnlich geformten Halsschild einen Pfropf, der die Wohnröhre verschließt. Sie lauert so auf Beute, lässt sich aber bei der geringsten Erschütterung nach unten sinken, sodass nur noch die Röhrenmündung zu sehen ist. ▽

Lederlaufkäfer
Carabus coriaceus
Laufkäfer

Merkmale Körperlänge 30–40 mm, größter heimischer Laufkäfer. Tiefschwarz mit fein gekörnter Oberfläche, nur wenig glänzend.
Wissenswertes Meist in Wäldern auf kalkreichem Untergrund. Gebietsweise nicht selten. Ganzjährig ausgewachsen. Der Käfer lebt v. a. von kleineren Insekten, Würmern und Schnecken. ▽

Goldlaufkäfer
Carabus auratus
Laufkäfer

Merkmale Körperlänge 17–30 mm. Oberseite goldgrün bis rötlich kupferfarben. Flügeldecken mit je 3 glatten Längsrippen. Fühlerglieder 1–4 gelb oder rötlich.
Wissenswertes Ganzjährig ausgewachsen. In offenem Gelände, an Wald und Wegrändern, gebietsweise nicht selten. Er ist, anders als die meisten Laufkäfer, v. a. tagaktiv und frisst bevorzugt Regenwürmer. ▽

Schluchtwald-Laufkäfer
Carabus irregularis
Laufkäfer

Merkmale Körperlänge 19–30 mm. Flügeldecken kupferfarben mit unregelmäßig verteilten Punktgruben, am Rand rot- oder grünmetallisch. Kiefer auffallend groß und asymmetrisch.
Wissenswertes Nachtaktiv, flugunfähig. Im kalkreichen Bergland in feucht-schattigen Laubwäldern. Ganzjährig ausgewachsen. Frisst v. a. Schnecken. ▽

Körnerwarze
Carabus cancellatus
Laufkäfer

Merkmale Körperlänge 20–28 mm. Flügeldecken messingfarben, seltener grün- oder bräunlich, mit schmalen Längsrippen und je 3 erhabenen Kettenstreifen.
Wissenswertes In Wäldern und offenem Gelände fast überall häufig, allgemein die häufigste *Carabus*-Art. Nachtaktiv, teils auch tagaktiv. Der Käfer überwintert gesellig in morschem Holz oder unter Rinde. ▽

Kleiner Puppenräuber
Calosoma inquisitor
Laufkäfer

Merkmale Körperlänge 13–22 mm. Flügeldecken breit mit eckig vorragenden Schultern, kupferfarben oder schwarz mit grünem oder blauem Schimmer.
Wissenswertes Ganzjährig ausgewachsenen. Tagaktiv. Meist in Eichenwäldern. Jahr- und gebietsweise nicht selten. Die Käfer können gut fliegen und jagen v. a. Schmetterlingsraupen. ▽

Kuferbrauner Uferläufer
Elaphrus cupreus
Laufkäfer

Merkmale Körperlänge 7–9 mm. Augen auffallend groß, ähnlich wie bei einem Sandlaufkäfer. Flügeldecken kupferig, mit großen, blau schillernden Gruben.
Wissenswertes Ganzjährig, tagaktiv. An schattigen Ufern, in feuchten Wäldern meist nicht selten. Jagt mit seinen gut entwickelten Augen kleinere Insekten, v. a. Springschwänze. Zirpt bei Bedrohung. ▽

Bunter Enghalsläufer
Platynus dorsalis
Laufkäfer

Merkmale Körperlänge 6–8 mm. Metallisch grün. Flügeldecken in der vorderen Hälfte hell rötlich.
Wissenswertes Ganzjährig anzutreffen. Auf Kulturflächen, an Waldrändern und in Gärten weit verbreitet, überall ziemlich häufig. Der Käfer bildet unter Steinen oft große Überwinterungsgesellschaften. Er jagt v. a. kleinere weichhäutige Insekten, z. B. Blattläuse und Raupen.

Zweifleck-Kreuzläufer
Panagaeus bipustulatus
Laufkäfer

Merkmale Körperlänge 6–8 mm. Oberseite deutlich behaart. Flügeldecken rot mit schwarzer Kreuzzeichnung, übriger Käfer schwarz.
Wissenswertes Auffallend bunt. Nicht häufig. Lebt an warmen, trockenen Stellen. Ganzjährig anzutreffen. Der Käfer ähnelt sehr dem Sumpf-Kreuzläufer (*P. cruxmajor*), der aber ein breiteres Halsschild besitzt und in Feuchtgebieten vorkommt.

Großer Bombardierkäfer
Brachinus crepitans
Laufkäfer

Merkmale Körperlänge 6–10 mm. Flügeldecken metallisch blau. Kopf und Halsschild rot.
Wissenswertes Ganzjährig ausgewachsen. Nicht häufig. Lebt auf Trockenrasen und an anderen wärmebegünstigten Orten. Der Käfer kann bei Gefahr eine Gasexplosion erzeugen, indem er in einer Brennkammer verschiedene Drüsenprodukte mischt, deren Kombination zu einer hörbaren Knallgasreaktion führt.

Beerenwanze
Dolycoris baccarum
Schildwanzen

Merkmale Körperlänge 10–14 mm. Grünlich grau mit weinroten Zeichnungen. Fühler und Seitenränder des Hinterleibs hell-dunkel gescheckt.
Wissenswertes An Wald- und Wegrändern fast überall häufig. ausgewachsene Tiere erscheinen ab August, überwintern und leben dann bis in den Juni. Die Art saugt gern an Beerenfrüchten und prägt diesen so den widerlichen »Wanzengeschmack« auf, der sie ungenießbar macht. Er wird durch das Sekret ihrer Stinkdrüsen hervorgerufen. Dieses Sekret dient der Verteidigung. Die Beerenwanze legt im Frühjahr ihre tönnchenförmigen, oben mit einem runden Deckel ausgestatteten Eier gruppenweise an Pflanzenstängeln ab. Nach ca. 2 Wochen schlüpfen die Larven. Sie ähneln bereits ihren Eltern, haben aber noch keine Flügel. Sie wandeln sich über 5 Häutungen, bei denen sich die Flügelanlagen schrittweise vergrößern, zu ausgewachsenen Wanzen, ohne dass zwischen den 5 Larvenstadien und der Imago (dem erwachsenen Insekt) ein Puppenstadium eingeschaltet wird (unvollständige Verwandlung).

Grüne Stinkwanze
Palomena prasina
Schildwanzen

Merkmale Körperlänge 12–14 mm. Fast einfarbig grün, seltener bräunlich.
Wissenswertes An Waldrändern, auf Wiesen und auch in Gärten überall häufig. Die erwachsenen Tiere leben von August–Juni. Vor der Überwinterung nimmt die Wanze oft eine rotbraune Färbung an, wird im Frühjahr aber wieder grün. Sie legt im Frühjahr ihre ebenfalls grünen, tönnchenförmigen Eier in dichten Eispiegeln auf Blättern ab. Kurz vor dem Schlupf der Larven sind deren rote Augen durch die Eideckel hindurch gut zu erkennen.

Rotbeinige Baumwanze
Pentatoma rufipes
Schildwanzen

Merkmale Körperlänge 13–15 mm. Dunkelbraun mit Erzglanz. Beine oft rotbraun. Spitze des dreieckigen Schildchens orange; Halsschildseiten in fast flügelartige Zipfel ausgezogen.
Wissenswertes An Waldrändern und in Gärten ziemlich häufig. Von Juli–September ausgewachsen; überwintert als Junglarve. Die Art lebt auf Laubbäumen (z. B. Linde, Ahorn und Birke) und ernährt sich v. a. von deren Säften, saugt aber gelegentlich auch an toten Insekten. Wird nachts oft von Licht angelockt und verirrt sich dann z. B. in Wohnungen.

Schmuckwanze
Eurydema ornatum
Schildwanzen

Merkmale Körperlänge 7–9 mm. Leuchtend rot mit schwarzer Zeichnung, auf den Flügeln jeweils eine hakenförmige Figur und 2 schwarze Flecken.
Wissenswertes An wärmebegünstigten, trockenen Stellen, v. a. im südlichen Deutschland. Ab August ausgewachsen, lebt nach der Überwinterung noch bis Juni. Die Tiere sind nach der letzten Häutung zunächst weiß und werden erst nach einigen Tagen rot. In der Umfärbungsphase zeigen sie ein sehr bunt geschecktes Muster.

Streifenwanze
Graphosoma lineatum
Schildwanzen

Merkmale Körperlänge 8–12 mm. Regelmäßiges, rot-schwarzes Streifenmuster. Schildchen (dreieckige Fläche zwischen den Flügelansätzen) so stark vergrößert, dass es die Flügel völlig bedeckt.
Wissenswertes Auf Wiesen und an Wegen überall häufig. Ab August bis Juni des nächsten Jahres ausgewachsen. Saugt an Blüten und Früchten von Doldengewächsen. Die unter dem Schildchen versteckten Flügel sind voll entwickelt, sodass die Art trotz scheinbarer Flügellosigkeit gut fliegen kann.

Fleckige Brutwanze
Elasmucha grisea
Stachelwanzen

Merkmale Körperlänge 6–9 mm. Grünlich oder bräunlich, Oberseite schwarz punktiert.
Wissenswertes An Wald- und Wegrändern auf Birken überall häufig. Ab August ausgewachsen, lebt nach der Überwinterung noch bis Juli. Die Art erinnert sehr an eine Schildwanze, besitzt aber als Vertreterin der Stachelwanzen nur 2 Fußglieder (Schildwanzen haben stets 3). Bemerkenswerte Brutpflege: Das Weibchen legt die Eier im Juni meist auf der Oberseite eines Birkenblatts ab und beschirmt das Gelege mit seinem Körper. Naht ein Angreifer, streckt es diesem zunächst den Rücken entgegen. Bleibt die Lage weiter bedrohlich, versucht es, den Feind durch Flügelschwirren zu vertreiben. Die geschlüpften Jungen bleiben bis zur nächsten Häutung auf den Eihüllen sitzen und wandern dann mit ihrer Mutter zu einem unreifen Birken-Fruchtstand, an dem sie ihre erste Nahrung aufnehmen. Die Familie bleibt auch nach dem Tod der Mutter zusammen.

Lederwanze
Coreus marginatus
Randwanzen

Merkmale Körperlänge 11–16 mm. Lederartig braun. Seitenränder des Hinterleibs deutlich erweitert, über die Ränder der Flügel hinausragend.
Wissenswertes An Wald- und Wegrändern überall sehr häufig. Ausgewachsene Tiere ab August und vom Frühjahr bis in den Juli. Die Art saugt mit Vorliebe an Ampferarten. Der Familienname Randwanzen bezieht sich auf den über die Flügel hinausragenden verbreiterten Seitenrand des Hinterleibs, das Corium, das auch für einige weitere Wanzenfamilien typisch ist.

Ritterwanze
Lygaeus equestri
Bodenwanzen

Merkmale Körperlänge 10–12 mm. Flügel voll ausgebildet, rot mit schwarzer Zeichnung, in der Flügelmembran ein weißer Punkt.
Wissenswertes An sonnigen Waldrändern und auf Trockenrasen. In Süddeutschland häufig, wird nach Norden seltener. Ausgewachsene Tiere ab August, leben nach der Überwinterung bis Juni. Im zeitigen Frühjahr sonnen sie sich gern wie die Feuerwanze scharenweise an Baumstämmen. Die Ritterwanze saugt v. a. an der Schwalbenwurz, aber auch an anderen Pflanzen.

Feuerwanze
Pyrrhocoris apterus
Feuerwanzen

Merkmale Körperlänge 10–12 mm. Leuchtend rot und schwarz gezeichnet. Körper oberseits flach, unterseits gewölbt. Flügel deutlich verkürzt, mit einem großen kreisrunden und einem kleinen schwarzen Fleck.
Wissenswertes Ausgesprochen auffällig. Fast überall häufig, besonders im Siedlungsbereich an alten Linden und Robinien. Ausgewachsene Exemplare erscheinen im August und leben nach der Überwinterung bis Mai. Die Tiere saugen v. a. an Linden- und Robiniensamen, daneben aber auch z. B. an Malven und toten Insekten. Sie sonnen sich besonders an sonnigen Herbst- und Frühlingstagen gern massenhaft an alten Lindenstämmen. Oft besetzen die Tiere dabei mehrere Dezimeter große Flächen in einer solchen Dichte, dass zwischen den Tieren keine Rinde zu erkennen ist. Normalerweise ist bei den ausgewachsenen Tieren die Membran, der häutige Spitzenteil des Vorderflügels, auf einen schmalen Saum reduziert. Gelegentlich treten aber auch voll geflügelte Individuen mit vollständig entwickelten Flügelmembranen auf.

Platanen-Netzwanze
Corythuca cilata
Netzwanzen

Merkmale Körperlänge 3–4 mm. Halsschild und Fühler auffallend breit und flach, weiß mit einem sehr filigranen Netzmuster und 2 schwarzen Flecken.
Wissenswertes Filigran strukturierte, kleine Wanze. In wärmebegünstigten Gebieten stellenweise recht zahlreich, v. a. am Oberrhein. Sie saugt ausschließlich an Platanen, mit denen sie aus ihrer nordamerikanischen Heimat zunächst nach Südeuropa, Anfang der 1980er Jahre nach Süddeutschland verschleppt wurde.

Sichelwanze
Nabis limbatus
Sichelwanzen

Merkmale Körperlänge 7–9 mm. Meist kurzflügelig. Hellbraun mit 3 dunklen Längsstreifen auf dem Hinterleib, an den Seiten oft rötlich. Saugrüssel dünn, bogenförmig abstehend.
Wissenswertes An Waldrändern und auf Wiesen überall häufig. Die Art ernährt sich ausschließlich von anderen Insekten, die mit dem Rüssel angestochen und ausgesaugt werden. Neben kurzflügeligen Tieren treten gelegentlich auch voll geflügelte Exemplare auf. Einige ähnliche Arten.

Rote Mordwanze
Rhinocoris iracundus
Raubwanzen

Merkmale Körperlänge 14–17 mm. Körper und Beine leuchtend rot und schwarz gezeichnet. Seitenränder des Hinterleibs hoch gebogen, regelmäßig rot und schwarz gescheckt. Sehr kräftiger, bogenförmig abstehender Saugrüssel.
Wissenswertes An warmen, sonnigen Stellen, besonders auf Trockenrasen, nicht häufig. Ausgewachsen von Mai–Juli. Die Art sitzt meist auf Blüten und lauert hier auf Beutetiere, die sie mit ihrem Rüssel ansticht und aussaugt. Selbst so wehrhafte Tiere wie Honigbienen fallen ihr zum Opfer. Mit ihrem Rüssel kann sie recht schmerzhaft zustechen. Zuvor reibt sie aber meist ihre Rüsselspitze über eine geriefte Längsfurche unter der Vorderbrust und erzeugt so ein zirpendes Geräusch, sozusagen als deutliche Warnung. Im Hochsommer legt sie ihre schmal zylindrischen, dunkelbraunen, mit einem stöpselartigen, weißen Deckel ausgezeichneten Eier in dichten Gelegen an Blätter oder Steine. Die im Juli oder August schlüpfenden Larven überwintern.

Fangwanze
Phymata crassipes
Raubwanzen

Merkmale Körperlänge 8–9 mm. Vorderbeine zu klappmesserartigen Fangbeinen entwickelt. Hinterleibsseiten dreieckig erweitert und hochgebogen.
Wissenswertes Recht unauffällige, kleine Wanzenart. An warmen, sonnigen Stellen, v. a. im süd- und mitteldeutschen Bergland auf Trockenrasen. Gebietsweise recht häufig. Im Mai und Juni sind erwachsene Tiere anzutreffen. Sie sitzen gern auf Blüten, v. a. auf denen von Margeriten, und lauern auf Blütenbesucher. Mit ihren kräftigen Fangbeinen können sie Beutetiere überwältigen, die deutlich größer sind als sie selbst und sie mit ihrem Saugrüssel aussaugen. Die Fangbeine sind eine Parallelentwicklung zu den Fangbeinen der Gottesanbeterin (s. Seite 147), die genau gleich aufgebaut sind, ohne dass die beiden Tiere miteinander verwandt wären. Eine solche Übereinstimmung ohne nähere verwandtschaftliche Beziehung nennt man Konvergenz. Vergleichbare Fangbeine kommen auch bei einigen Fliegen und Netzflüglern vor. Unter den Wanzen besitzen z. B. noch die Skorpionswanzen (s. Seite 141) ähnliche Fangbeine.

Kotwanze
Reduvius personatus
Raubwanzen

Merkmale Körperlänge 15–18 mm. Schwarz mit deutlich abgeflachtem Körper. Saugrüssel kurz und kräftig, bogenförmig abstehend.
Wissenswertes Meist in älteren Gebäuden, in den meisten Gegenden nicht häufig. Die Art frisst andere Insekten und erweist sich so als durchaus nützlich, kann aber mit ihrem Rüssel recht unangenehm stechen. Die Larve (Bild) besitzt klebrige Haare, an denen Staubpartikel haften bleiben. So wirkt sie wie ein »wandelnder Schmutzhaufen« und ist hervorragend getarnt.

Bettwanze
Cimex lectularius
Plattwanzen

Merkmale Körperlänge 5–6 mm. Körper fein behaart, sehr breit und – in nüchternem Zustand – extrem abgeflacht. Flügel stummelförmig.
Wissenswertes Meist in Gebäuden. Fast überall selten geworden. Ganzjährig ausgewachsen. Die Bettwanze verbirgt sich am Tag z. B. unter Tapeten und wird nachts durch die vom Menschen abgegebene Wärme angelockt, saugt aber auch bei Haustieren und Fledermäusen Blut. Der zunächst schmerzlose Stich schwillt später stark an und kann lange jucken. Kann ein halbes Jahr hungern.

Prachtwanze
Miris striatus
Weichwanzen

Merkmale Körperlänge 9–12 mm. Färbung variabel. Grundfärbung schwarz, Beine oft rot gezeichnet. Flügel mit gelben Streifen und gelbrotem Dreieck.
Wissenswertes An Waldrändern und in Gebüschen. Bei uns weit verbreitet, aber nicht häufig. Ausgewachsene Tiere von Mai–August. Die Art lebt auf Laubbäumen und Sträuchern und ernährt sich v. a. von anderen Insekten. Überwintert als Ei. Gehört in der sehr großen Familie der Weichwanzen zu den wenigen leicht erkennbaren Arten.

Schmalwanze
Stenodema laevigatum
Weichwanzen

Merkmale Körperlänge 8–9 mm. Auffallend schmal. Verändert im Lauf des Lebens die Färbung von zunächst strohgelb über gelbbraun und schwarz gestreift bis nach fast schwarz.
Wissenswertes An Waldrändern und auf Wiesen überall häufig. Lebt v. a. an Gräsern und ernährt sich, wie die meisten Weichwanzen, von Pflanzensäften. Erwachsene Tiere erscheinen ab Juli, überwintern und leben noch bis Mai. Schwer von den 6 weiteren heimischen Arten der Gattung zu unterscheiden.

Rote Weichwanze
Deraeocoris ruber
Weichwanzen

Merkmale Körperlänge 6–8 mm. Schwarz oder rot mit variablen Zeichnungen, meist Schildchen und 1 Fleck vor der Flügelspitze rot oder orange.
Wissenswertes Auf Wiesen und an Waldrändern recht häufig. Lebt auf Kräutern und macht Jagd auf Blattläuse. Ausgewachsene Tiere findet man von Juli–September. Als Vertreterin der Weich- oder Blindwanzen fehlen ihr die bei den meisten übrigen Wanzen vorhandenen beiden Punktaugen (Ocellen) zwischen den Facettenaugen.

Blumenwanze
Anthocoris nemorum
Blumenwanzen

Merkmale Körperlänge 3,5–4,5 mm. Körper schwärzlich. Flügel hellbraun mit typischer, dunkler Fleckenzeichnung.
Wissenswertes An Wald- und Wegrändern, auch in Gärten. Überall häufig. Erwachsene Tiere ab Juli und nach der Überwinterung bis Mai. Die Art ernährt sich von anderen kleinen Insekten, v. a. von Blattläusen, und erweist sich dadurch als recht nützlich. Auf der anderen Seite sticht sie aber gelegentlich auch den Menschen und kann dadurch etwas lästig werden.

Gewöhnlicher Teichläufer
Hydrometra stagnorum
Teichläufer

Merkmale Körperlänge 9–12 mm. Sehr zart, Körper stabartig. Kopf sehr lang und schmal, Augen weit hinten liegend, Beine fast haardünn. Meist ungeflügelt.
Wissenswertes An Gewässerufern nicht selten. Die Wanze läuft mit wackligen Bewegungen über das Wasser und erbeutet ins Wasser gefallene Insekten, auch bereits tote, die sie offenbar am Geruch erkennt.

Gewöhnlicher Bachläufer
Velia caprai
Bachläufer

Merkmale Körperlänge 6–9 mm. Körper untersetzter als beim Wasserläufer. Beine deutlich kürzer. Hinterleibsseitenränder hochgebogen und rot-schwarz gefleckt. Unterseite silbrig behaart.
Wissenswertes An kleineren Fließgewässern nicht selten. Ganzjährig ausgewachsen. Laufen zum Beutefang auf die Wasserfläche.

Wasserläufer
Gerris lacustris
Wasserläufer

Merkmale Körperlänge 6–20 mm. Schmal, unterseits silbrig behaart. Mittelbeine deutlich mehr als körperlang, Hinterbeine etwas, Vorderbeine deutlich kürzer.
Wissenswertes Auf stehenden und langsam fließenden Gewässern überall häufig. Ganzjährig ausgewachsen. Läuft sehr geschickt mit x-förmig abgespreizten Mittel- und Hinterbeinen über das Wasser.

Punktierte Ruderwanze
Corixa punctata
Ruderwanzen

Merkmale Körperlänge 13–15 mm. Flach, oben mit dunklen Wellenlinien. Hinterbeine kräftige Ruderbeine.
Wissenswertes In stehenden Gewässern meist nicht selten. Von Juli–Mai ausgewachsen. Schwimmt anders als der Rückenschwimmer in »Normallage«, also mit dem Rücken nach oben. Zum Luftwechsel durchstößt sie mit dem Rücken den Wasserspiegel.

Gewöhnlicher Rückenschwimmer
Notonecta glauca
Rückenschwimmer

Merkmale Körperlänge 15–16 mm. Schwimmt Bauch oben. Flügel dachförmig, hellbraun.
Wissenswertes In stehenden Gewässern überall häufig. Von Juli–Mai ausgewachsen. 2 in Haarrinnen am Bauch gespeicherte Luftvorräte drehen das Tier in die Rückenlage. Der Stich ist auch für den Menschen recht schmerzhaft (daher auch »Wasserbiene« genannt).

Zwergrückenschwimmer
Plea leachi
Zwergrückenschwimmer

Merkmale Körperlänge 2–3 mm. Hell gelbbraun, Körper hochgewölbt, Flügel dachförmig. Schwimmt stets Bauch oben.
Wissenswertes In pflanzenreichen Stillgewässern gebietsweise nicht selten. Ganzjährig ausgewachsen. Die Schwimmlage ist auf eine bauchseitige, große Luftblase zurückzuführen. Frisst v.a. Wasserflöhe.

Schwimmwanze
Ilyocoris cimicoides
Schwimmwanzen

Merkmale Körperlänge 12–15 mm. Käferähnlich, Körper breit und flach. Vorderbeine Fangbeine, Hinterbeine typische Schwimmbeine.
Wissenswertes In stehenden, pflanzenreichen Gewässern fast überall häufig. Ganzjährig ausgewachsen. Erbeutet mit den kurzen, klappmesserartigen Fangbeinen kleinere Wassertiere und kann mit dem kräftigen Saugrüssel recht schmerzhaft stechen.

Wasserskorpion
Nepa rubra
Skorpionswanzen

Merkmale Körperlänge 17–22 mm. Körper flach. Vorderbeine zu Fangbeinen umgewandelt. Am Hinterende lange Atemröhre.
Wissenswertes Ganzjährig ausgewachsen. Sitzt meist ruhig zwischen Wasserpflanzen und streckt das Atemrohr zum Wasserspiegel. Erbeutet mit den Fangbeinen kleinere Wassertiere (z. B. Insektenlarven) und saugt sie aus. Eier meist mit 7 fadenartigen Atemfortsätzen.

Stabwanze
Ranatra linearis
Skorpionswanzen

Merkmale Körperlänge 30–40 mm, größte heimische Wanze. Sehr schmal mit fast körperlangem Atemrohr.
Wissenswertes In stehenden, pflanzenreichen Gewässern nicht selten. Von August–Juni ausgewachsen. Die Wanze stellt sich bei Gefahr tot und ist dann leicht zu übersehen. Sie erbeutet mit ihren Fangbeinen Wasserinsekten, aber auch kleine Fische und kann gut fliegen. Die Eier haben 2 lange Atemfortsätze.

Napfschildlaus
Pulvinaria vitis
Schildläuse

Merkmale Weibchen 4–6 mm lang, unbeweglich, mit hornigem, braunem Schild, der einen wolligen Eisack aus Wachsausscheidungen bedeckt. Männchen um 1 mm, mit 1 Paar Flügel.
Wissenswertes An Zweigen von verschiedenen Sträuchern und Bäumen nicht selten. Im Mai und Juni ausgewachsen. Die Larven sind zunächst frei beweglich, werden aber im Lauf der Entwicklung zunehmend sesshaft und schließlich ganz unbeweglich. Die frei beweglichen, winzigen Männchen treten nur selten auf.

Weiße Fliege
Trialeurodes vaporariorum
Mottenschildläuse

Merkmale Körperlänge 1–2 mm. Gelblich. Dachförmig gestellte Flügel, diese durch Überzug aus Wachsstaub weiß.
Wissenswertes In Gewächshäusern, im Sommer auch im Freiland fast überall häufig. Ganzjährig ausgewachsen. Sie ist ein gefürchteter, aus Mittelamerika eingeschleppter Schädling an Kulturpflanzen, insbesondere an unter Glas gezogenen Gurken und Tomaten. Das letzte Entwicklungsstadium ist ein unbewegliches Puparium, wodurch die Tiere bereits sehr an Insekten mit vollständiger Verwandlung erinnern.

Eschenblattfloh
Psyllopsis fraxini
Blattflöhe

Merkmale Körperlänge 3–4 mm. Ähnlich kleiner Zikade. Gelb mit durchsichtigen, schwarz gezeichneten Flügeln.
Wissenswertes An Waldrändern und anderen Eschen-Standorten überall häufig. Ausgewachsen von Juni–Oktober. Die Larven entwickeln sich an Eschenblättern, die sich durch den Befall am Rand nach unten rollen und blasig verdickte, rötlich oder violett gefärbte Gallen ausbilden, in deren Schutz sie heranwachsen. Die weißlichen Blattflohlarven scheiden aus Wachsdrüsen am Hinterleib lange Wachsfäden ab. Weitere, um die Afteröffnung gruppierte Wachsdrüsen sondern einen feinen Wachsfilm ab, der zunächst eine fast körperlange, nach hinten gerichtete Röhre ausbildet. An ihrem Ende tritt der stark zuckerhaltige, flüssige Kot als Blase aus und wird mit einer feinen Wachshülle umgeben. Von Zeit zu Zeit fällt er als feste Kugel ab. So kommt er nicht mit der Larve in Berührung und verklebt deren Atemöffnungen nicht. Die ausgewachsenen Blattflöhe verlassen die Galle. Sie fliegen wenig, können aber mit den Hinterbeinen springen.

Holunderblattlaus
Aphis sambuci
Blattläuse

Merkmale Körperlänge 2–3 mm. Olivgrün oder dunkelgrau. Auf dem Hinterleib mit paarig angeordneten, weißen Wachsstreifen.
Wissenswertes An Standorten des Schwarzen Holunders überall häufig. Ausgewachsen von Mai–September. Die Tiere saugen im Frühjahr an Jungzweigen des Holunders und bilden durch Jungfernzeugung rasch dichte Bestände. Später wechseln sie zu Ampfer oder Nelkengewächsen, an deren Wurzelhals sich weitere Generationen entwickeln.

Mehlige Pflaumenblattlaus
Hyalopterus pruni
Blattläuse

Merkmale Körperlänge 2–3 mm. Körper schmal, hinten etwas zugespitzt. Hellgrün oder rosa gefärbt (in den Kolonien meist beide Farben gemischt).
Wissenswertes Auf Schlehen, Pflaumen und verschiedenen Sumpfgräsern fast überall häufig. Von Mai–September ausgewachsen. Lebt bis in den Hochsommer an der Blattunterseite von Schlehen und Pflaumen. Dann werden geflügelte Stadien ausgebildet, die zu Sumpfgräsern, v. a. zum Schilf, wandern und dort weitere Generationen begründen.

Große Rosenblattlaus
Macrosiphum rosae
Blattläuse

Merkmale Körperlänge 2–3,5 mm. Grün oder rosa bis rotbraun. Sehr lange und dünne, schwarz gefärbte Hinterleibsröhren (Siphonen).
Wissenswertes Meist auf Rosen von Mai–September überall sehr häufig. Sie entwickelt dort umfangreiche Kolonien. Im Sommer bilden sich geflügelte Exemplare, die meist zu Karden oder Skabiosen abwandern. An den Siphonen scheiden sie bei Gefahr Blutflüssigkeit mit wachsartigen Substanzen, die den Angreifern die Mundteile verklebt.

Grüne Fichtengallenlaus
Adelges viridis
Blattläuse

Merkmale Gelbgrüne, nur 1–2 mm große Blattlaus in ananasartiger Galle.
Wissenswertes An eine winzige Ananas erinnernde Galle, überall häufig an Fichten. Entwickelt sich aus der Eiablage einer Stammmutter. Die Larven saugen am Grund der austreibenden Nadeln, die hierdurch ihr Wachstum ändern und um die Blattlauslarven herum taschenartige Wucherungen bilden, die zu einem Gebilde verwachsen. Im Sommer bilden sich Spalten, durch die die Läuse wieder entweichen können.

Europäischer Laternenträger
Dictyophara europaea
Laternenträger

Merkmale Körperlänge 9–13 mm. Meist grün, selten rötlich gefärbt. Kopf mit kegelförmigem, nach vorn und oben gerichtetem Fortsatz.
Wissenswertes Auffallend geformte Zikade. Bei uns ziemlich selten und nur an wärmebegünstigten Stellen in grasigem, offenem oder etwas verbuschtem Gelände; im Mittelmeergebiet weit verbreitet und ziemlich häufig. Sie fliegt von Juli–September. Trotz ihrer markanten Gestalt in der Vegetation nicht leicht zu entdecken. Sie ist der einzige heimische Vertreter einer in den Tropen weit verbreiteten Familie, deren Vertreter vielfach ballonartige, manchmal fast körperlange Fortsätze tragen. Als solche abenteuerlichen Formen entdeckt wurden, dachte man zunächst, dass es sich um Leuchtorgane handeln würde. Hieraus erklärt sich der noch heute übliche Name dieser Familie. In Wahrheit handelt es sich aber um einen hohlen Kopffortsatz, der von einem gasgefüllten Darmblindsack ausgefüllt wird. Der Europäische Laternenträger ist wie alle Zikaden ein Pflanzensaftsauger, der von sehr verschiedenen Pflanzen lebt.

Bergzikade
Cicadetta montana
Singzikaden

Merkmale Körperlänge 23–28 mm. Schwarz mit gelbroten Ringen am Hinterleib. Flügel dachförmig, durchsichtig, an der Basis gelbrot gefleckt.
Wissenswertes Recht selten. An warmen, sonnigen Hängen im süd- und mitteldeutschen Bergland, aber überall ziemlich selten. Fliegt im Mai und Juni. Die Männchen erzeugen einen sehr hohen, schwirrenden Gesang, der für ältere Menschen meist nicht mehr hörbar ist. Larve mit kräftigen Grabbeinen. Lebt in Erdröhren und saugt an Pflanzenwurzeln. Die Entwicklung ist mehrjährig. ▽

Dornzikade
Centrotus cornutus
Buckelzirpen

Merkmale Körperlänge 7–9 mm. Dunkel graubraun. Auffallend hochrückig, Halsschild seitlich mit flach dreieckigen Spitzen und einem schmalen, nach hinten gerichteten Fortsatz, der etwa bis zur Hinterleibsspitze reicht.
Wissenswertes Von Mai–August v. a. auf Wiesen und Waldlichtungen. In den meisten Gegenden ziemlich häufig. Sie sitzt sehr gern an Disteln. Auch die Dornzikade gehört einer Familie an, die ihren Verbreitungsschwerpunkt in den Tropen hat und dort Arten mit teils äußerst bizarren Körperfortsätzen hervorbringt.

Wiesenschaumzikade
Philaenus spumarius
Schaumzikaden

Merkmale Körperlänge 5–7 mm. Flügel dachförmig, heller oder dunkler braun mit sehr variabler, heller Bindenzeichnung. Die Vielfalt reicht von fast einfarbig schwarzbraunen Tieren über ebenso gefärbte mit 2 weißlichen Querbinden, hell graubraune mit hellem und dunklem Streifenmuster bis hin zu weißgrauen mit dunkler Längsbinde oder zimtbraunen mit weißlichen Flügelrändern.
Wissenswertes Fast überall häufig. In offenem, etwas feuchtem Gelände. Von Juli–Oktober ausgewachsen. Die Art saugt an sehr verschiedenen Pflanzen. Die Eier überwintern. Die Larve schlüpft im Frühjahr und saugt an Stängeln von Wiesenpflanzen, seltener an Sträuchern. Dabei scheidet sie große Mengen der aufgenommenen Flüssigkeit, die weitgehend aus Wasser besteht, unter Zugabe entspannender Proteine wieder aus und pumpt Luft hinein. So bildet sich eine Schaumhülle, durch die sie gut vor Feinden geschützt ist. Diese Schaumhülle ist im Volksmund als »Kuckucksspeichel« bekannt.

Blutzikade
Cercopis vulnerata
Schaumzikaden

Merkmale Körperlänge 9–11 mm. Schwarz mit roter Flügelzeichnung. Vor der Flügelspitze eine parallel zum Flügelrand gebogene, rote Binde.
Wissenswertes Von Mai–August überall häufig an Waldrändern und in offenem Gelände. Sie erzeugt wie viele andere Zikaden für uns nicht hörbare Töne im Ultraschallbereich. Die Tonerzeugung ist aber an Bewegungen der Flügel zu erkennen. Die Larve saugt unterirdisch an Pflanzenwurzeln und ist dabei von einer Schaumhülle umgeben.

Grüne Zwergzikade
Cicadella viridis
Zwergzikaden

Merkmale Körperlänge 6–9 mm. Hellgrün mit gelblichen und schwarzen Zeichnungen. Flügel beim Männchen meist blau, manchmal fast schwarz.
Wissenswertes Auf Feuchtwiesen und an feuchten Waldrändern überall recht häufig. Ausgewachsen von Juni–Oktober. Die Art saugt v. a. an Süß- und Sauergräsern. Die Larven sind hell gelbbraun mit dunklen Längsstreifen. Manchmal werden 2 Generationen im Jahr gebildet, in Südeuropa gelegentlich sogar noch mehr. Überwintert im Eistadium.

Gewächshaus-Blasenfuß
Parthenothrips dracenae
Blasenfüße

Merkmale Körperlänge 1–1,3 mm. Flügel am Rand mit langen Haarfransen, sehr schmal, weiß mit dunklen Querbinden. Füße krallenlos, dafür am Ende jeweils mit einer Haftblase.
Wissenswertes Häufig an Gewächshaus- und Zimmerpflanzen. Ganzjährig anzutreffen. Bei starkem Befall kann die Art durch ihre Saugtätigkeit deutliche Schäden verursachen und Virus- und Bakterienkrankheiten auf die Pflanzen übertragen. Entwicklung mit 2 oder 3 Ruhestadien, ähnlich wie bei Insekten mit vollständiger Verwandlung.

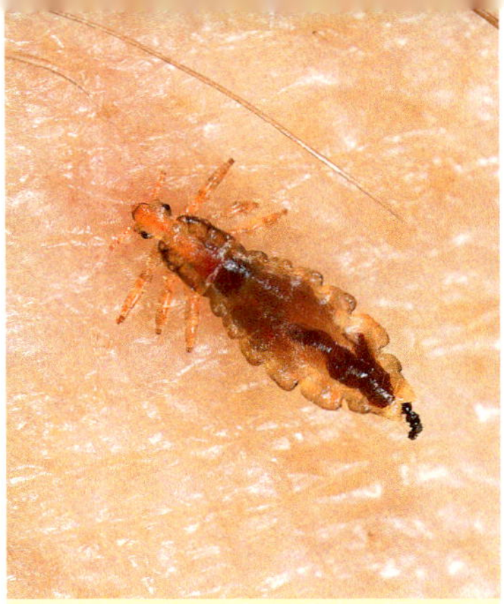

Kopflaus
Pediculus capitis
Läuse

Merkmale Körperlänge 2,5–3 mm. Flügellos. Stark abgeflacht mit birnenförmigem Umriss. Beine mit Klammerfüßen.
Wissenswertes Früher häufig. Lebt nur im Kopfhaar von Menschen. Die Art ist durch verbesserte Hygienemaßnahmen seltener geworden, breitet sich aber in neuerer Zeit immer wieder besonders in Kindergärten aus. Sie lebt nur von Menschenblut und kann nur wenige Tage ohne Wirt überleben. Die Eier werden als »Nissen« an die Haare geklebt. Bereits 2 Wochen nach der Eiablage ist die Nachfolgegeneration ausgewachsen.

Taubenfederling
Columbicula columbae
Haarlinge und Federlinge

Merkmale Körperlänge um 2 mm. Flügellos mit sehr schmalem, flachem Körper. Fühler in der Mitte des langen Kopfes, nach hinten gerichtet.
Wissenswertes Überall häufig. Lebt nur im Federkleid von Tauben und ernährt sich von der Hornsubstanz der Federn. Die Art kann bei starkem Befall das Federkleid schädigen, saugt aber kein Blut. Auch bei Haarlingen (die im Haarkleid von Säugern leben) und Federlingen (nur bei bestimmten Vögeln) ist die Anpassung an ihren Wirt so stark, dass sie nur wenige Tage ohne ihn überleben.

Gelbe Rindenlaus
Caecilius flavidus
Staubläuse

Merkmale Körperlänge um 3 mm. Gelb mit dunklen Zeichnungen. Flügel dachförmig, mit deutlicher, dunkler Aderung.
Wissenswertes Überall häufig. Von Mai–Oktober v. a. auf Laubbäumen, besonders auf Eichen. Sie ernährt sich vom Pilz- und Algenbewuchs der Zweige. In Mitteleuropa kommen nur Weibchen vor, die sich durch Jungfernzeugung vermehren. Die Eier werden an der Blattunterseite abgelegt und mit Spinnfäden, die aus den Mundwerkzeugen abgegeben werden, überzogen (Bild). Im Jahr entstehen mehrere Generationen.

Nachtigall-Grashüpfer
Chorthippus biguttulus
Feldheuschrecken

Merkmale Körperlänge 13–22 mm. Meist braun. Sehr schwer von einigen verwandten Arten zu unterscheiden.
Wissenswertes Von Juli–August auf trockenen, wenig bewachsenen Flächen fast überall häufig. Die Art ernährt sich wie alle Kurzfühlerschrecken (d. h. Feldheuschrecken, Knarrschrecken, Dornschrecken) nur von Pflanzen, v. a. Gräsern. Ihr Gesang ist ein charakteristischer, sehr lauter Schmettervers, durch den sich die Art am leichtesten von ähnlichen Grashüpfern unterscheiden lässt.

Gewöhnlicher Grashüpfer
Chorthippus parallelus
Feldheuschrecken

Merkmale Körperlänge 13–22 mm. Grün, braun oder gemischt. Weibchen (Bild) mit sehr kurzen, zugespitzten Flügeln, beim Männchen reichen diese etwa bis zur Hinterleibsspitze.
Wissenswertes Auf feuchten wie trockenen Wiesen von Juni–November überall häufig. Das Männchen erzeugt wie alle Grashüpfer seinen Gesang, indem es die Hinterschenkel über die Flügel reibt. Der Gesang besteht aus kurzen Versen mit schnell aneinander gereihten, kratzenden Tönen.

Heidegrashüpfer
Stenobothrus lineatus
Feldheuschrecken

Merkmale Körperlänge 15–26 mm. Sehr variabel, meist grün mit roten Hinterschienen, gelegentlich aber z. B. auch blauviolett oder rötlich. Männchen mit roter Hinterleibsspitze, Weibchen (Bild) mit weiß gestreiften Flügeln.
Wissenswertes In trockenem, kurzgrasigem Gelände, etwa auf Heiden und Magerrasen, von Juli–Oktober nicht selten. Der Gesang besteht aus längeren, regelmäßig auf- und abschwellenden Schwirrversen, die in ihrer Rhythmik etwas an eine Sirene erinnern.

Rote Keulenschrecke
Gomphocerippus rufus
Feldheuschrecken

Merkmale Körperlänge 14–24 mm. Bräunlich oder rötlich. Fühlerspitzen lanzettförmig erweitert und abgeflacht, am Ende weiß, davor schwarz.
Wissenswertes Durch seine weißspitzigen Fühlerkeulen unverkennbar. An Waldrändern und Gebüschen. Von Juli–November ausgewachsen. Die Art ist in Süddeutschland häufig und wird nach Norden seltener. Sie hält sich mehr als andere Grashüpfer im Gebüsch und kaum am Boden auf. Gesang: recht laute, etwas kratzende Schwirrverse.

Kleine Goldschrecke
Chrysochraon brachyptera
Feldheuschrecken

Merkmale Körperlänge 13–26 mm. Leuchtend goldgrün. Männchen mit Flügeln von etwa halber Hinterleibslänge, Weibchen (Bild) mit sehr kurzen, rosa gefärbten Flügelstummeln.
Wissenswertes Auf feuchtem ebenso wie auf trockenem, grasigem Gelände. In Süddeutschland fast überall häufig, nach Norden zunehmend seltener, fehlt im norddeutschen Flachland fast vollständig. Von Juni–September ausgewachsen. Neben den normalen kurzflügeligen Exemplaren treten bisweilen, v. a. wenn es zu einer besonders starken Vermehrung der Art gekommen ist, auch voll geflügelte Tiere auf. Diese Tiere haben meist verkümmerte Geschlechtsorgane, sind also nicht fortpflanzungsfähig. In Zuchtversuchen mit anderen kurzflügeligen Heuschreckenarten wurde festgestellt, dass sich solche voll geflügelten Exemplare vermehrt dann entwickeln, wenn zu viele Tiere auf engem Raum gehalten werden. Der Gesang besteht aus kurzen, sehr leisen Schwirrversen. Die Eier werden mit einem schaumigen, später erhärtenden Sekret in ein zusammengefaltetes Blatt abgelegt.

Sumpfschrecke
Stethophyma grossum
Feldheuschrecken

Merkmale Körperlänge 12–39 mm. Gelbgrün oder olivgrün, Weibchen oft ausgedehnt rot gezeichnet. Flügel gelb gestreift. Hinterschenkel unten rot.
Wissenswertes Auf nassen Wiesen und in Mooren. Durch Entwässerungsmaßnahmen stark zurückgegangen und inzwischen fast überall selten. Von Juli–Oktober ausgewachsen. Die Männchen erzeugen kurze, knipsende Töne, indem sie die Hinterschienen nach hinten schleudern und dabei mit den bedornten Schienenspitzen über die Flügel kratzen.

Blauflügelige Ödlandschrecke
Oedipoda caerulescens
Feldheuschrecken

Merkmale Körperlänge 15–28 mm. Färbung oft der Umgebung entsprechend, bräunlich oder weißlich grau, manchmal fast schwarz. Hinterflügel hellblau mit schwarzer Binde.
Wissenswertes Auf sehr spärlich bewachsenem, trockenem und warmem Gelände. In den meisten Gegenden selten, nur in Wärmegebieten häufiger. Diese Heuschrecken sind durch ihre Tarnfärbung am Boden kaum zu entdecken, jagen dem Beobachter aber beim Auffliegen mit den aufleuchtenden blauen Hinterflügeln einen Schreck ein ▽.

Alpine Gebirgsschrecke
Miramella alpina
Knarrschrecken

Merkmale Körperlänge 16–31 mm. Leuchtend grün, schwarze Zeichnungen, Unterseite der Hinterschenkel rot. Flügel etwa so lang wie das Halsschild.
Wissenswertes Meist in den unteren und mittleren Lagen der Alpen, in der Schweiz bis 2800 m Höhe. Weitere Vorkommen im Alpenvorland und Schwarzwald. Die Art bevorzugt feuchte Orte, v. a. Quellfluren mit dichten Pestwurzbeständen, die sie oft in dichten Scharen besiedelt. Nicht selten sind die Blätter dann von den Heuschrecken stark zerfressen.

Säbeldornschrecke
Tetrix subulata
Dornschrecken

Merkmale Mit nur 7–12 mm Körperlänge eine der kleinsten heimischen Heuschrecken. Braun, grau oder rötlich mit sehr variablen hellen und dunkleren Zeichnungen. Halsschild mit nach hinten gerichtetem Dorn, der die Hinterleibsspitze meist deutlich überragt.
Wissenswertes Überall ziemlich häufig. In feuchtem Gelände, besonders an Ufern. Ganzjährig ausgewachsen. Sie ernährt sich offenbar v. a. von Moosen und Flechten. Geräuschlose Balz mithilfe »pantomimischer« Körperbewegungen.

Italienische Schönschrecke
Calliptamus italicus
Knarrschrecken

Merkmale Körperlänge 15–34 mm. Bräunlich mit sehr variabler, oft aus weißlichen Streifen zusammengesetzter Zeichnung, Hinterflügel rosa. Männchen viel kleiner als Weibchen, mit großer Zange am Hinterleib.
Wissenswertes Nur in sehr lückig bewachsenem, trockenem Gelände. Zählt in Deutschland zu den größten Seltenheiten. Von Juli–Oktober ausgewachsen. Die Art besiedelt v. a. Wärmeinseln im Rheintal und im nördlichen Bayern, kommt aber auch noch an einigen Stellen in Brandenburg vor. In Südeuropa zählt sie dagegen zu den weit verbreiteten und häufigen Arten. Hier kommen auch weitere Arten der Gattung vor, die z. T. sehr schwer von dieser Art zu unterscheiden sind. Sie ist trotz ihrer verhältnismäßig kurzen Flügel ausgesprochen scheu und flugtüchtig. Die Männchen erzeugen den sehr leisen (nur etwa 50 cm weit hörbaren) Gesang wie alle Knarrschrecken durch Aneinanderreiben der Oberkiefer. Auch Weibchen und selbst Larven können so Töne hervorbringen. ▽

Maulwurfsgrille
Gryllotalpa gryllotalpa
Maulwurfsgrillen

Merkmale Körperlänge 35–50 mm. Auffallend große Grillenart. Körper walzenförmig, Vorderbeine zu kräftigen Grabschaufeln umgewandelt. Unverwechselbar.
Wissenswertes An Ufern, in Mooren und Gärten. In den meisten Gegenden nicht häufig. Wird ca. 3 Jahre alt. Lebt in unterirdischem Gangsystem und ernährt sich von tierischer Kost, aber auch Pflanzenwurzeln.

Feldgrille
Gryllus campestris
Grillen

Merkmale Körperlänge 20–26 mm. Plump, großköpfig. Tiefschwarz mit gelbbraun gezeichneten Flügeln.
Wissenswertes Meist tagaktiv. In offenem Gelände, v. a. im Bergland; in Süddeutschland viel häufiger als im Norden. Von Mai–Juli ausgewachsen. Sie verbirgt sich bei Gefahr in einer fingerdicken Erdröhre. Die Männchen singen meist vor dem Röhreneingang (Bild).

Heimchen
Acheta domesticus
Grillen

Merkmale Körperlänge 16–20 mm. Schlanker als die Feldgrille. Hellbraun mit dunkleren Zeichnungen.
Wissenswertes Nachtaktiv. Fast nur in Gebäuden an warmen Stellen. Durch Bekämpfung vielerorts selten geworden. Ganzjährig ausgewachsen. Ihr Gesang ähnelt dem der Feldgrille, wird aber mit größeren Pausen und insgesamt unregelmäßiger vorgetragen.

Grünes Heupferd
Tettigonia viridissima
Laubheuschrecken

Merkmale Körperlänge 28–42 mm. Meist grün mit bräunlichem Rücken, selten gelb. Flügel lang, überragen die Hinterknie deutlich. Kann gut fliegen.
Wissenswertes Überall häufig in offenem, trockenem Gelände. Von Juli–Oktober ausgewachsen. Das Männchen erzeugt einen ziemlich lauten, schwirrenden Gesang. Das Weibchen hat einen langen Legebohrer.

Warzenbeißer
Decticus verrucivorus
Laubheuschrecken

Merkmale Körperlänge 24–44 mm. Ziemlich plump. Grün oder bräunlich bis schwarz. Flügel meist dunkel gefleckt, reichen nur etwas über Hinterleibsspitze.
Wissenswertes An trockenen und dürren, niedrig bewachsenen Stellen. Vielerorts selten geworden. Die Art ernährt sich von Insekten und Pflanzen. Der Gesang ist eine schnelle Folge kurzer Einzeltöne.

Roesels Beißschrecke
Metrioptera roeselii
Laubheuschrecken

Merkmale Körperlänge 14–18 mm. Grün oder bräunlich. Halsschildseiten dunkel mit deutlich abgesetzter, heller Randbinde. Flügel etwa bis zur Hinterleibsmitte.
Wissenswertes In offenem Gelände überall häufig, meist im Gras. Von Juli–Oktober ausgewachsen. Gesang ein weicher, sehr hoher und gleichmäßiger Schwirrton, den die Schrecke sehr ausdauernd vorträgt.

Gewöhnliche Strauchschrecke
Pholidoptera griseoaptera
Laubheuschrecken

Merkmale Körperlänge 13–18 mm. Heller oder dunkler braun mit gelbem Bauch. Flügel stummelförmig, beim Weibchen winzig.
Wissenswertes An Waldrändern und in Gebüschen überall ziemlich häufig. Von Juli–Oktober ausgewachsen. Der Gesang der Art entsteht wie bei den meisten Langfühlerschrecken durch Aneinanderreiben der Flügel. Er besteht aus schrillen, kurzen Einzeltönen.

Gewöhnliche Eichenschrecke
Meconema thalassinum
Laubheuschrecken

Merkmale Körperlänge 12–15 mm. Sehr zart. Hellgrün mit gelblichem Rückenstreifen. Flügel den Hinterleib wenig überragend. Legebohrer des Weibchens weit über die Flügelspitze hinausragend.
Wissenswertes Nachtaktiv. Von Juli–November ausgewachsen. Die Art ernährt sich nur von Insekten. Das Männchen erzeugt Schwirrtöne, indem es mit einem Hinterbein auf ein Blatt trommelt.

Gewöhnliche Sichelschrecke
Phaneroptera falcata
Laubheuschrecken

Merkmale Körperlänge 12–18 mm. Flügel sehr lang, Hinterflügel deutlich länger als Vorderflügel. Legeröhre kurz und breit, fast rechtwinklig gebogen.
Wissenswertes An gebüschreichen, warmen Stellen, v. a. in Süddeutschland ziemlich häufig. Der Gesang besteht aus extrem leisen, kurzen Einzeltönen. Die flachen Eier werden durch ein zuvor vom Weibchen gebissenes Loch ins Innere von Blättern geschoben.

Küchenschabe
Blatta orientalis
Schaben

Merkmale Körperlänge 19–25 mm. Schwarz. Männchen (Bild) mit leicht verkürzten braunen, Weibchen mit stummelförmigen schwarzen Flügeln.
Wissenswertes Früher häufig. Ganzjährig ausgewachsen. Bei uns nur in Gebäuden, besonders in Altbauten, Bäckereien und Gaststätten, ist aber fast überall durch Bekämpfung selten geworden. Das vorwiegend nachtaktive, sehr flinke Tier ernährt sich von Abfällen, kann bei stärkerer Vermehrung aber sehr lästig werden und gelegentlich Krankheiten übertragen.

Deutsche Schabe
Blattella germanica
Schaben

Merkmale Körperlänge 11–13 mm. Lang geflügelt. Gelbbraun, auf dem Halsschild zwei dunkle Längsstreifen.
Wissenswertes Bei uns nur in Gebäuden, ist wie die Küchenschabe nicht mehr so häufig wie früher. Wie diese war auch sie ursprünglich in wärmeren Ländern heimisch und wurde erst durch Menschen nach Mitteleuropa eingeschleppt. Ganzjährig ausgewachsen. Die Eier werden wie bei allen Schaben in einer an ein Brillenetui erinnernden Eikapsel abgelegt, die vom Weibchen bis kurz vor dem Schlüpfen der Larven getragen wird.

Waldschabe
Ectobius lapponicus
Schaben

Merkmale Körperlänge 7–11 mm. Gelbbraun. Männchen voll geflügelt, mit schwarzem Halsschild.Weibchen mit leicht verkürzten Flügeln und hellbraunem Halsschild.
Wissenswertes An Waldrändern und in Gebüschen, geht aber nicht in Wohnungen. Fast überall ziemlich häufig. Von Mai–September ausgewachsen. Wie alle Schaben ist sie sehr flink und scheu, im Gegensatz zu den in Häusern lebenden Schaben aber vorwiegend tagaktiv. Das Männchen kann gut fliegen. Die Art ernährt sich von Pflanzenteilen.

Erdholztermite
Reticulitermes lucifugus
Termiten

Merkmale Arbeiter weißlich, 2–3 mm groß, Soldaten etwas größer, weißlich mit großen, gelben Köpfen. Geschlechtstiere dunkelbraun, 6–9 mm groß.
Wissenswertes In Waldgebieten im Mittelmeerraum weit verbreitet. Die Art baut unter Steinen und in Totholz Nester und ernährt sich von Holz, das sie mithilfe besonderer Einzeller im Darm verdauen kann. Die Arbeiter und Soldaten sind Larven, deren Entwicklung in diesem Stadium stehen geblieben ist. Die geflügelten Geschlechtstiere werfen ihre Flügel nach der Paarung ab.

Gottesanbeterin
Mantis religiosa
Fangschrecken

Merkmale Körperlänge 45–75 mm. Grün oder hellbraun, selten zitronengelb. Vorderbeine zu stark bedornten Fangbeinen umgewandelt.
Wissenswertes An sehr warmen und trockenen, sonnigen Orten. Bei uns nur am Oberrhein und in den angrenzenden Gebieten. Ziemlich selten, aber in den letzten Jahren in deutlicher Ausbreitung begriffen. Im Mittelmeergebiet fast überall häufig. Ausgewachsen von August–November. Die Gottesanbeterin sitzt mit erhobenen Fangbeinen meist gut getarnt auf niedrigen Pflanzen und lauert auf Beutetiere wie Heuschrecken oder Fliegen. Kommen diese in die Nähe, ergreift sie sie blitzschnell, klemmt sie zwischen Schenkel und Schiene und verzehrt sie mit den Mundwerkzeugen, meist beim Kopf beginnend. Bei Störungen nimmt sie gelegentlich eine Drohhaltung ein: Sie spreizt Fangbeine und Flügel ab und streicht mit den Hinterleibsanhängen über die Hinterflügel. So erzeugt sie ein fauchendes Geräusch, das an das Zischen einer Schlange erinnert. ▽

Gewöhnlicher Ohrwurm
Forficula auricularia
Ohrwürmer

Merkmale Körperlänge 10–16 mm. Vorderflügel schuppenförmig, Hinterflügel mehrfach zusammengefaltet, ragen als dreieckiger Zipfel hervor. Zangen des Männchens (Bild) stark gebogen, innen gezähnt, die des Weibchens fast gerade.
Wissenswertes In Wäldern und offenem Gelände. Überall sehr häufig. Ganzjährig ausgewachsen. Ernährt sich von Pflanzen und weichhäutigen Insekten. Das Weibchen legt die Eier in einer Erdhöhle ab und befreit sie von Schimmelpilzen.

Waldohrwurm
Chelidurella acanthopygia
Ohrwürmer

Merkmale Körperlänge 6–15 mm. Vorderflügel winzig, Hinterflügel fehlend. Zangen ungezähnt, die des Männchens (Bild) sehr lang und stark gebogen, die des Weibchens viel kürzer und weniger gebogen.
Wissenswertes Dieser ganzjährig ausgewachsene Ohrwurm kommt in Laub- und Mischwäldern ziemlich häufig vor. Er hält sich in der Falllaubschicht am Boden ebenso wie auf den belaubten Zweigen auf. Im Winter findet man ihn oft unter Baumrinde.

Große Steinfliege
Perla grandis
Steinfliegen

Merkmale Körperlänge 20–28 mm. Dunkelbraun, Kopfoberseite gelb bis orange. Beide Geschlechter lang geflügelt, Hinterleibsspitze mit 2 Schwanzfäden, etwa so lang wie Fühler.
Wissenswertes Diese ziemlich große Steinfliege lebt an steinigen Bergbächen und kommt nur in den deutschen, österreichischen und Schweizer Alpen vor; hier ist sie aber in Höhen zwischen 500 und 1800 m eine weit verbreitete und vielerorts häufige Erscheinung. Die Tiere erscheinen von Mai–Juli. Sie sitzen meist träge auf den Uferpflanzen und fliegen nur wenig. Sie haben keine funktionsfähigen Mundwerkzeuge und nehmen während ihres Erwachsenendaseins, das nur der Fortpflanzung dient, keine Nahrung auf. Die Larve (Bild rechts) ist kontrastreich gelb und dunkelbraun gefleckt und trägt an den Beinen einen Saum aus langen Haarfransen. An der Hinterleibsspitze befinden sich 2 lange Schwanzfäden. Sie lebt auf Steinen in turbulenten Bergbächen und jagt andere Insektenlarven. Außerhalb der Alpen gibt es einige weitere Steinfliegenarten, die leicht mit dieser zu verwechseln sind.

Zweischwänzige Steinfliege
Diura bicaudata
Steinfliegen

Merkmale Körperlänge 12–19 mm. Schwärzlich. Nur Weibchen lang geflügelt, Männchen (Bild) mit kurzen Flügelstummeln etwa bis zur Hinterleibsmitte.
Wissenswertes Im süddeutschen Bergland meist in Quellnähe an schmalen Bergbächen. Gebietsweise nicht selten. Flugzeit von Mai–Juli. Durch die verkürzten Flügel sind bei den Männchen dieser mittelgroßen Steinfliegenart die beiden langen Schwanzfäden gut zu erkennen. Die Larve ähnelt der der Großen Steinfliege, hat aber keine Haarsäume an den Beinen.

Graue Steinfliege
Nemoura cinerea
Steinfliegen

Merkmale Körperlänge 6–9 mm. Dunkel graubraun. Schwanzfäden bis auf ein stummelartiges Glied zurückgebildet. In der Flügelmitte x-förmige Aderfigur.
Wissenswertes Ziemlich kleine Art. An stehenden und fließenden Gewässern allgemein verbreitet, fast überall häufigste Steinfliege. Fliegt von Mai–September. Anders als fast alle übrigen Steinfliegenarten stellt sie keine besonderen Ansprüche an die Wasserqualität. Die Larve besitzt normal entwickelte Schwanzfäden. Sie lebt am Gewässerboden und ernährt sich von Wasserpflanzen.

Hufeisen-Azurjungfer
Coenagrion puella
Schlanklibellen

Merkmale Spannweite 40–50 mm. Männchen hellblau, an der Hinterleibsbasis hufeisenförmige, schwarze Zeichnung. Weibchen meist grünlich, Hinterleib oberseits fast durchgehend schwarz.
Wissenswertes Fast überall häufig, v. a. an kleineren stehenden Gewässern; eine der häufigsten heimischen Libellenarten. Als Vertreterin der Kleinlibellen sind bei ihr die Facettenaugen durch einen deutlichen Abstand (der größer ist als der Augendurchmesser) voneinander getrennt. Im Sitzen legt sie die Flügel meist über dem Hinterleib zusammen. Zur Eiablage setzt sich das Weibchen auf auf dem Wasser treibende Wasserpflanzen und legt die Eier mit dem Legebohrer ins Pflanzengewebe. Dabei bleibt das Männchen mit seinen Hinterleibszangen am Hinterkopf des Weibchens festgeklammert und steht mit gestrecktem Hinterleib steil aufrecht über dem Körper der Partnerin. Bei Gefahr kann es sich und die Partnerin schnell in Sicherheit bringen. Oft finden sich viele Eier legende Paare dicht beieinander. ▽

Becher-Azurjungfer
Enallagma cyathigerum
Schlanklibellen

Merkmale Spannweite 40–45 mm. Männchen hellblau, Zeichnung auf dem 2. Segment an gestielten Trinkbecher erinnernd. Weibchen ebenfalls hellblau oder (wie auf dem linken Bild) bräunlich.
Wissenswertes An größeren stehenden Gewässern in den meisten Gebieten ziemlich häufig. Flugzeit von Mai–September. Die Männchen fliegen oft in größerer Zahl in Ufernähe über der freien Wasserfläche und setzen sich gern an einer vertikalen Sitzwarte mit rechtwinklig abgespreiztem Körper ab. Die Larve (rechtes Bild) hat einen sehr schlanken Körper und am Hinterende 3 längliche Schwanzblättchen, die als Ruderorgane bei der schlängelnden Fortbewegung, aber auch als Kiemen der Atmung diesen. Weitere Kiemen befinden sich im Enddarm. Sie besitzt außerdem, wie alle Libellenlarven, eine durch ein Gelenk weit vorschnellbare Fangmaske, mit der sie Beutetiere ergreifen kann. Diese Fangmaske hat als Greiforgan 2 Fanghaken und ist aus der Unterlippe hervorgegangen. ▽

Große Pechlibelle
Ischnura elegans
Schlanklibellen

Merkmale Spannweite 35–45 mm. Männchen (Bild) blau gefärbt, Hinterleib oben schwarz, kurz vor dem Hinterende ein blauer Fleck, der wie ein »Schlusslicht« leuchtet. Weibchen in der Färbung ähnlich oder düster olivbraun mit bräunlichem »Schlusslicht«.
Wissenswertes An stehenden Gewässern aller Art überall häufig. Neben der Hufeisen-Azurjungfer ist sie die häufigste heimische Libellenart. Sie fliegt von Mai–September. Die jungen Weibchen sind oft zunächst überwiegend rosa oder violett gefärbt und nehmen erst nach einigen Tagen die endgültige Färbung an. Die Eiablage erfolgt, anders als bei fast allen übrigen Kleinlibellen, stets ohne Begleitung durch das Männchen. Um dabei nicht zu sehr durch paarungswillige Männchen belästigt zu werden, wählt das Weibchen dafür meist die frühen Abendstunden und sucht verborgene Stellen auf. Es setzt sich auf im Wasser treibende Pflanzenteile und versenkt in diese die Eier mit dem Legebohrer. Gelegentlich taucht es auch unter die Wasseroberfläche. Wie bei fast allen Schlanklibellen einjährige Entwicklung. ▽

Großes Granatauge
Erythromma najas
Schlanklibellen

Merkmale Spannweite 45–50 mm. Männchen hellblau mit oben dunkelbraunem Brustabschnitt und leuchtend rotbraunen Augen. Beim Weibchen Brust und Hinterleib seitlich grün und Augen bräunlich.
Wissenswertes Fast nur an Seen und Teichen mit Schwimmblattvegetation, aber in den meisten Gegenden ziemlich häufig. Die Tiere setzen sich gern auf See- und Teichrosenblätter und nutzen diese auch zur Eiablage. Larve mit auffallend breiten Schwanzblättchen, die meist dunkel quer gebändert sind. ▽

Frühe Adonislibelle
Pyrrhosoma nymphula
Schlanklibellen

Merkmale Spannweite 40–50 mm. Beide Geschlechter leuchtend rot mit einfarbig schwarzen Beinen.
Wissenswertes Fliegt v.a. an kleineren, pflanzenreichen stehenden und langsam fließenden Gewässern. In den meisten Gegenden ziemlich häufig. Die Flugzeit beginnt oft bereits im April und endet im August. Die Eiablage erfolgt teils mit aufrecht über dem Weibchen stehendem, teils mit vor oder über diesem an einem Pflanzenstängel sitzenden Männchen. Die Larve ist nicht so langgestreckt wie andere Kleinlibellenlarven. ▽

Gewöhnliche Federlibelle
Platycnemis pennipes
Federlibellen

Merkmale Spannweite 40–50 mm. Männchen hellblau, Weibchen hellbraun. Schienen der Mittel- und Hinterbeine abgeflacht und deutlich verbreitert.
Wissenswertes An stehenden und langsam fließenden Gewässern, v. a. in Flusstälern recht häufig. Flugzeit von Mai–September. Bei der Eiablage steht das Männchen wie das der Hufeisen-Azurjungfer mit gestrecktem Hinterleib aufrecht über dem Weibchen (Bild). An günstigen Stellen sieht man oft größere Ansammlungen Eier legender Paare. ▽

Gewöhnliche Teichjungfer
Lestes sponsa
Teichjungfern

Merkmale Spannweite 40–50 mm. Grünmetallisch. Männchen an Brust und Hinterleib z. T. blau bereift. Flügelmal (eckiger Fleck) schwarzbraun.
Wissenswertes An kleineren stehenden Gewässern. Fast überall recht häufig. Fliegt von Juni–Oktober. Bei der Paarung ergreift das Männchen zunächst ein Weibchen und füllt dann Sperma in sein Begattungsorgan (vorn am Hinterleib). Dann biegt das Weibchen seinen Hinterleib nach unten und bildet das für alle Libellen typische »Paarungsrad«. ▽

Weidenjungfer
Lestes viridis
Teichjungfern

Merkmale Spannweite 50–55 mm. Grünmetallisch bis kupfern, ohne blaue Bereifung. Flügelmal hellbraun.
Wissenswertes An Teichen und Tümpeln fast überall recht häufig. Fliegt Juli–Oktober. Beim Sitzen werden wie bei allen *Lestes*-Arten die Flügel immer schräg abgespreizt. Eiablage paarweise in Erlen- oder Weidenzweige, die sich über dem Wasser befinden. Das Weibchen schiebt die Eier mit dem Legebohrer jeweils paarweise rechts und links des Einstichlochs unter die Rinde (Bild). ▽

Gewöhnliche Winterlibelle
Sympecma fusca
Teichjungfern

Merkmale Spannweite 45–50 mm. Hellbraun mit dunklen, kupferglänzenden Zeichnungen.
Wissenswertes Meist an kleineren stehenden Gewässern; im Allgemeinen nicht selten. Sie ist neben einer sehr ähnlichen, deutlich seltteneren Art die einzige heimische Libelle, die ausgewachsen überwintert. Die Tiere schlüpfen ab Juli, entfernen sich dann vom Gewässer und suchen zur Überwinterung ein windgeschütztes Quartier, an dem sie sich in Bodennähe absetzen (Bild). ▽

Gebänderte Prachtlibelle
Calopteryx splendens
Prachtlibellen

Merkmale Spannweite 60–70 mm. Flügel beim Männchen mit breiter, grün oder blau schillernder Binde, beim Weibchen leicht grünlich getönt und ohne Binde.
Wissenswertes Fliegt nicht selten in der Zeit von Mai–September an besonnten Fließgewässern. Zu Beginn der Flugzeit auch weit entfernt von den Entwicklungsgewässern zu sehen. ▽

Blauflügel-Prachtlibelle
Calopteryx virgo
Prachtlibellen

Merkmale Spannweite 60–70 mm. Flügel beim Männchen fast in ganzer Ausdehnung grün oder blau schillernd, beim Weibchen hell bräunlich.
Wissenswertes Bevorzugt schmälere und mehr beschattete Bäche als ihre nahe Verwandte, mit der sie aber oft gemeinsam vorkommt, meist jedoch seltener als diese. Fliegt von Mai–September. ▽

Gewöhnliche Heidelibelle
Sympetrum vulgatum
Segellibellen

Merkmale Spannweite 50–60 mm. Beine gelb gestreift. Hinterleib beim Männchen rot, beim Weibchen braun, im Alter aber auch oft mehr oder weniger rot.
Wissenswertes An stehenden Gewässern von Juli bis November überall häufig. Sie legt wie alle Heidelibellen die Eier in Paarungskette im Flug ab. Die Larve schlüpft im Frühjahr. ▽

Schwarze Heidelibelle
Sympetrum danae
Segellibellen

Merkmale Mit 45–55 mm Spannweite eine der kleinsten heimischen Großlibellen. Beine ganz schwarz. Hinterleib beim Männchen (Bild) mehr oder weniger schwarz, beim Weibchen braun.
Wissenswertes An kleineren, pflanzenreichen Stillgewässern, v. a. in Moorgebieten. In den meisten Gegenden recht häufig. Flugzeit von Juli–November. ▽

Feuerlibelle
Crocothemis erythraea
Segellibellen

Merkmale Spannweite 60–65 mm. Hinterleib etwas verbreitert und abgeflacht, beim Männchen (Bild) leuchtend rot, beim Weibchen bräunlich.
Wissenswertes An stehenden und langsam fließenden Gewässern, v. a. in wärmebegünstigten Gebieten. Typische Wanderlibelle, die in warmen Jahren oft zahlreich aus dem Mittelmeergebiet einfliegt. ▽

Großer Blaupfeil
Orthetrum cancellatum
Segellibellen

Merkmale Spannweite 70–80 mm. Ähnlich dem Plattbauch, doch mit schmälerem Hinterleib und ohne dunkle Flügelflecke.
Wissenswertes An Teichen und kleineren Seen, v. a. solchen mit sandigen oder kiesigen Ufern. Meist nicht selten. Flugzeit von Juni–September. Sitzt gern auf Steinen und offenen Bodenstellen. ▽

Plattbauch
Libellula depressa
Segellibellen

Merkmale Spannweite 65–75 mm. Hinterleib auffallend breit und abgeflacht, beim Männchen (Bild) hellblau bereift, beim Weibchen braun mit gelben Seitenflecken. Flügelbasis mit schwarzbraunem Fleck.
Wissenswertes An kleinen stehenden, nur wenig bewachsenen Gewässern, v. a. in Kiesgruben, auch an schlammigen Wegpfützen und frisch angelegten Gartenteichen. Fliegt von Mai–August. ▽

Vierfleck
Libellula quadrimaculata
Segellibellen

Merkmale Spannweite 65–80 mm. Dunkel- bis graubraun. Flügel außer dem schwarzen Flügelmal mit 1 weiteren dunklen Fleck in der Mitte des Vorderrandes.
Wissenswertes An stehenden Gewässern fast überall häufig. Fliegt von Mai–August. Die nur wenige Sekunden dauernde Paarung wird im Flug vollzogen, ebenso die Eiablage, die aber vom Weibchen allein durchgeführt wird. ▽

Gewöhnliche Smaragdlibelle
Cordulia aenea
Smaragdlibellen

Merkmale Spannweite 60–70 mm. Einfarbig metallisch grün mit Kupferglanz, Augen leuchtend grün. Hinterleib beim Männchen (Bild) hinten keulenförmig erweitert.
Wissenswertes An pflanzenreichen, stehenden Gewässern nicht selten. Fliegt von Mai–August. Die Männchen patrouillieren sehr ausdauernd über dem Gewässer in Ufernähe und setzen sich nur sehr selten. ▽

Zweigestreifte Quelljungfer
Cordulegaster boltonii
Quelljungfern

Merkmale Spannweite 85–95 mm. Hinterleib schwarz mit 2 gelben Ringen pro Segment. Augen grün, stoßen oben am Kopf zusammen.
Wissenswertes Recht große Großlibelle, nur an schmalen Fließgewässern. In den meisten Gegenden recht selten. Flugzeit von Juni–August. Das Weibchen legt die Eier im Flug mit gerade nach unten gestrecktem Hinterleib ab. Larve zigarrenförmig mit spitz zulaufendem Hinterleib. Sie vergräbt sich so weit im Bachgrund, dass nur noch Augen und Hinterleibsspitze herausschauen. ▽

Gewöhnliche Keiljungfer
Gomphus vulgatissimus
Flussjungfern

Merkmale Spannweite 60–70 mm. Gelb oder hell grünlich. Männchen (Bild) mit keilförmig erweitertem Hinterleib. Augen deutlich getrennt, aber Abstand geringer als Augendurchmesser.
Wissenswertes Früher z.T. häufig. An sauberen, meist schmalen Fließgewässern, im Bergland auch an kiesigen Seen. Die Art ist durch Gewässerverschmutzung aber fast überall selten geworden. Larve breit, sehr flach, tagsüber meist in den sandigen Bodengrund eingegraben, kommt aber nachts zur Nahrungssuche aus ihrem Versteck hervor. ▽

Braune Mosaikjungfer
Aeshna grandis
Edellibellen

Merkmale Spannweite 90–100 mm. Flügel bräunlich. Körper braun mit gelben, beim Männchen zusätzlich mit hellblauen Zeichnungen.
Wissenswertes Groß. Fliegt von Juni–Oktober v.a. an stärker bewachsenen, stehenden Gewässern, auch an Fischteichen. In den meisten Gegenden nicht selten. Die Männchen sind recht ausdauernde Flieger und setzen sich nur selten ab. Das Weibchen setzt sich zur Eiablage auf im Wasser treibende Holzstücke oder Pflanzenteile und schiebt mit dem messerartigen Legebohrer die Eier hinein (linkes Bild). Larve (rechtes Bild) zigarrenförmig, an der Hinterleibsspitze, wie alle Großlibellenlarven, mit 5 spitzen Dornen, die normalerweise zu einer Pyramide zusammenneigen. Damit kann die Larve kräftig zustechen, aber einen Menschen nicht ernsthaft verletzen. Die Atmung erfolgt durch den Enddarm, der mit winzigen Tracheenkiemen ausgekleidet ist. Zur schnellen Fortbewegung kann das Atemwasser ruckweise aus der Enddarmöffnung ausgestoßen werden. Die Larve kann so wie ein Torpedo durchs Wasser schießen. ▽

Blaugrüne Mosaikjungfer
Aeshna cyanea
Edellibellen

Merkmale Spannweite 90–100 mm. Hinterleib beim Männchen (Bild) mosaikartig schwarz, grün und blau, beim Weibchen nur schwarz und grün gefleckt.
Wissenswertes V.a. an kleineren stehenden Gewässern, auch an Gartenteichen. Bei uns eine der häufigsten Großlibellen. Als typische Großlibelle stoßen bei ihr die Facettenaugen oben am Kopf aneinander (nur bei den ebenfalls zu den Großlibellen zählenden Flussjungfern sind sie getrennt, aber nicht so weit wie bei den Kleinlibellen), und die Flügel werden im Sitzen stets waagerecht ausgebreitet. Vorder- und Hinterflügel sind außerdem in ihrer Form deutlich verschieden. Die Männchen suchen am Ufer nach Eier legenden Weibchen, verhalten sich dabei dem Menschen gegenüber wenig scheu und werden daher oft für gefährlich gehalten. Die im Wasser lebende Larve besitzt eine durch ein Gelenk weit vorschnellbaren Fangmaske. Außer Kleinkrebsen und Wasserinsekten fallen ihr sogar Kaulquappen und kleine Fische zum Opfer. ▽

Herbst-Mosaikjungfer
Aeshna mixta
Edellibellen

Merkmale Spannweite 75–85 mm. Kleiner als Blaugrüne Mosaikjungfer. Hinterleib des Männchens leuchtend blau gezeichnet, vorn mit gelbem Dreieck.
Wissenswertes An pflanzenreichen, stehenden Gewässern, v.a. solchen mit Schilfgürtel, nicht selten. Flugzeit von Juli–November. Fliegt nicht so ausdauernd wie die meisten übrigen Mosaikjungfern und setzt sich recht oft am Ufer ab. Im Spätherbst ist sie noch als eine der letzten Libellen zu beobachten, auch noch nach den ersten Nachtfrösten. ▽

Große Königslibelle
Anax imperator
Edellibellen

Merkmale Bis zu 105 mm Spannweite. Brust grün, Hinterleib beim Männchen leuchtend blau mit schwarzem Längsband.
Wissenswertes Imposante Großlibelle. An pflanzenreichen Teichen und Tümpeln, in den meisten Gebieten recht häufig. Flugzeit von Juni–August. Das Männchen ist ein sehr ausdauernder Flieger. Es ist in Luftkämpfen mit anderen Libellen meist überlegen und verhält sich nicht selten kannibalisch gegenüber kleineren Arten (Bild). ▽

Große Eintagsfliege
Ephemera danica
Eintagsfliegen

Merkmale Spannweite 30–45 mm. Flügel dunkel gefleckt, Vorderflügel viel größer als Hinterflügel. Hinterleib beim Männchen (linkes Bild) mit 3 sehr langen, beim Weibchen mit etwas kürzeren Schwanzfäden.
Wissenswertes An sauberen Fließgewässern. In den meisten Gegenden recht häufig. Fliegt von Mai–September. Die Larve (rechtes Bild) hat einen walzenförmigen, schmalen Körper, an den Seiten des Hinterleibs behaarte Kiemenfäden und am Ende 3 kurze Schwanzfäden. Sie gräbt mit ihren kurzen, kräftigen Beinen und den dolchförmigen Oberkiefern u-förmige Wohnröhren im Gewässergrund und ernährt sich von Schwebpartikeln im Wasser. Sie häutet sich am Ende ihrer Entwicklung in ein bereits geflügeltes vorletztes Stadium mit milchig getrübten Flügeln (Subimago), das sich kurz darauf zur Imago, dem erwachsenen Insekt, häutet. Die Imago ist kurzlebig (wenige Tage, manche Arten nur einige Stunden) und nimmt keine Nahrung auf. Die Weibchen fallen nach der Paarung über dem Gewässer in der Luft mit den Eiern ins Wasser zurück und sterben.

Turban-Eintagsfliege
Baetis rhodani
Eintagsfliegen

Merkmale Spannweite 12–25 mm. Bräunlich. Flügel durchsichtig, Hinterflügel winzig (1–2 mm lang). Am Hinterleibsende nur 2 lange Schwanzfäden.
Wissenswertes An Fließgewässern fast überall häufig, auch an mäßig verunreinigten. Wohl die häufigste heimische Eintagsfliege. Sie fliegt fast ganzjährig, oft sogar mitten im Winter. Die Tiere sind dann nicht selten auch auf Schnee zu beobachten. Das Männchen (linkes Bild) besitzt Facettenaugen, die in einen oberen, aus groben Facetten zusammengesetzten und einen unteren Teil mit viel feineren Facetten unterteilt sind. Der turbanartige obere Augenteil besitzt durch den größeren Durchmesser seiner Einzelaugen eine offenbar viel größere Lichtstärke und dürfte der Orientierung beim Paarungsflug in der Dämmerung dienen. Die Männchen fliegen dabei die Weibchen von unten an, um sie im Flug zu ergreifen. Die Larve (rechtes Bild) lebt auf Steinen und Wasserpflanzen und ernährt sich von Pflanzenteilen. Sie trägt an den Seiten der Hinterleibsringe kleine Kiemenblättchen und am Hinterende 3 Schwanzfäden.

Kleine Eintagsfliege
Ephemerella ignita
Eintagsfliegen

Merkmale Spannweite 17–23 mm. Flügel glasartig durchsichtig. Am Hinterleibsende mit 3 gut körperlangen Schwanzfäden. Weibchen (Bild) mit kleinen, Männchen mit auffallend großen, rot gefärbten Augen.
Wissenswertes Überall häufig an fließenden, seltener an stehenden Gewässern. Flugzeit von Mai–September. Die Männchen im oberen Teil der Augen mit deutlich vergrößerten Facetten, die aber nicht so scharf vom feiner facettierten unteren Augenteil getrennt sind wie bei der Turban-Eintagsfliege. Einige Stunden nach der Paarung quellen beim Weibchen die Eier unter der Hinterleibsspitze als ca. 1 mm große Kugel hervor (Bild). Solche Eier tragenden Weibchen kann man gelegentlich abends an erleuchteten Fenstern finden. Bei der Eiablage wird diese Kugel ins Wasser abgeworfen, wo sie aufquillt und die von einer gallertigen Hülle umgebenen Eier auseinander fallen. Larve etwas untersetzt mit Kiemenblättchen auf der Oberseite des Hinterleibs.

Schildhaft
Ecdyonurus spec.
Eintagsfliegen

Merkmale Spannweite ca. 30 mm. Schwer von anderen Eintagsfliegen zu unterscheiden, anders als die meisten aber nur mit 2 Schwanzfäden (nicht abgebildet). Larve mit stark abgeflachtem Körper und 3 Schwanzfäden, an den Halsschildseiten jeweils mit nach hinten gerichtetem Fortsatz.
Wissenswertes Die Larven sind in steinigen Fließgewässern meist nicht selten. Dank ihrer strömungsgünstigen Form können sie auch in schnell fließenden Bächen auf den Steinen umherlaufen.

Rheinmücke
Oligoneuriella rhenana
Eintagsfliegen

Merkmale Spannweite 24–34 mm. Milchigweiß getrübte Flügel. Hinterleibende mit 3 Schwanzfäden (nicht abgebildet). Larve torpedoförmig, unten abgeflacht, mit winzigen Kiemenblättchen an den Hinterleibsseiten.
Wissenswertes Selten. An sauberen Fließgewässern. Mundwerkzeuge der Larve zur Saugscheibe umgewandelt, mit der sie sich an Steinen festheftet, um der Strömung zu trotzen. Das vorletzte Entwicklungsstadium (Subimago) häutet sich im Flug zum erwachsenen Tier.

Silberfischchen
Lepisma saccharina
Fischchen

Merkmale Körperlänge 9–12 mm. Silbrig beschupptes, flügelloses Insekt, am Hinterende mit 3 Schwanzfäden.
Wissenswertes Nachtaktiv. Überall häufig. Bei uns fast nur in Gebäuden, besonders an warmen, feuchten Stellen, in Küchen und Badezimmern. Erwachsene Tiere ganzjährig anzutreffen. Das Silberfischen ist sehr genügsam und ernährt sich von verschiedensten organischen Abfällen. Es wird kaum schädlich, kann aber bei starker Vermehrung etwa durch Benagen von Nahrungsmitteln und Tapeten lästig werden. Die Paarung erfolgt wie bei allen Urinsekten (den Vertretern der auf dieser Seite vorgestellten Insektengruppen) indirekt. Das Männchen spannt zwischen Boden und Wand einen Gespinstfaden. Dann setzt es unter diesem Faden einen Spermatropfen ab. Das Weibchen folgt dem Männchen unter diesem Faden hindurch und nimmt das Sperma in seine Geschlechtsöffnung auf. Die Eier werden später einzeln in Bodenritzen abgelegt. Die Larven gleichen weitgehend den Ausgewachsenen, bekommen aber erst nach der 3. Häutung ihr Schuppenkleid.

Felsenspringer
Lepismachilis y-notata
Felsenspringer

Merkmale Körperlänge 8–10 mm. Hinterleibsende mit 3 eng aneinanderliegenden Schwanzfäden. Körper mit buntem Schuppenkleid. Augen groß, mit y-förmiger Zeichnung.
Wissenswertes Im Bergland an steinigen und felsigen Stellen im Allgemeinen nicht selten. Ganzjährig ausgewachsen. Die Tiere laufen v. a. in der Dämmerung gern auf Felsen umher. Sie können weite Sprünge ausführen, indem sie ihren Körper stark einkrümmen und sich dann blitzschnell mit dem Hinterleibsende abstoßen.

Doppelschwanz
Campodea spec.
Doppelschwänze

Merkmale Körperlänge 3–5 mm. Sehr zartes, farbloses Insekt ohne Flügel. Am Hinterende mit 2 langen, fühlerartigen Schwanzfäden.
Wissenswertes Sehr zerbrechlich wirkendes Urinsekt. Am Waldboden nicht selten, v. a. unter tief im Boden liegenden Steinen. Es ist ein blinder Bodenbewohner, der sich nur bei feuchter Witterung nahe der Erdoberfläche aufhält. Bei Trockenheit zieht es sich in tiefe Bodenspalten zurück. Es ernährt sich von Pflanzenresten und Pilzfäden, gelegentlich auch von anderen kleinen Insekten.

Brauner Kugelspringer
Allacma fuca
Springschwänze

Merkmale Ca. 3 mm groß. Dunkel rotbraun mit kugeligem Körper und kugeligem, deutlich abgesetztem Kopf.
Wissenswertes Überall recht häufig am Boden und an Baumstämmen. Ganzjährig ausgewachsen. Die Tiere laufen bei feuchtem Wetter gern scharenweise an Baumstämmen umher und fressen dort den grünlichen Algenbelag. Sie können mit einer langen, in Ruhelage unter dem Körper eingeklappten Sprunggabel mehrere Zentimeter weite Sätze machen.

Bunter Springschwanz
Orchesella flavescens
Springschwänze

Merkmale Körperlänge 2,5–5 mm. Schmal gebaut, lange, weiß geringelte Fühler, sehr bunt behaarter Körper.
Wissenswertes Regelmäßig am Boden feuchter Wälder. Ganzjährig ausgewachsen. Die Art beteiligt sich mit vielen anderen Boden bewohnenden Urinsekten am Abbau des Falllaubs und trägt so zur Humusbildung bei. Die Befruchtung erfolgt über gestielte Samentröpfchen (Spermatophoren), die von den Männchen am Waldboden abgesetzt und von den Weibchen aufgenommen werden.

Schwarzer Wasserspringschwanz
Podura aquatica
Springschwänze

Merkmale Winziges Urinsekt, nur 1–1,5 mm lang. Flügellos, plumper, blauschwarzer Körper.
Wissenswertes An Ufern oder auf der Wasseroberfläche. Fast überall häufig. Ganzjährig ausgewachsen. Die Art ernährt sich v. a. von abgestorbenen Pflanzenresten. Sie färbt oft auf dem Wasser treibende Blattstücke durch ihre massenhafte Anwesenheit schwarz. Bei der Paarung setzt das Männchen rings um sich und die Partnerin einen Kreis aus gestielten Spermatophoren ab. Dann umkreist es das Weibchen und treibt es zu den Samentropfen. Ein anderer Springschwanz ist der 0,5–1 mm große Wasser-Kugelspringer *(Sminthurides aquaticus)*, der durch seine kugelige Gestalt und die helle Färbung nicht mit dieser Art zu verwechseln ist. Er lebt v. a. auf mit Wasserlinsen bedeckten Tümpeln. Das Männchen hakt sich bei der Paarung mit seinen Klammerantennen an den Fühlern des viel größeren Weibchens fest und zerrt dieses dann zu den Spermatophoren.

Wie aus dem Baukasten: Gliederfüßer

Neben den Insekten gehört noch eine Vielzahl weiterer Arten zu den Gliederfüßern. Insgesamt zählen etwa 78 % aller Tierarten zur Gruppe der Arthropoda, wie der Zoologe die Gliederfüßer nennt. Diese Tiergruppe mit einem Bauplan, der eng an den der Ringelwürmer anschließt, hat eine unglaubliche Formenfülle entwickelt. Gliederfüßer besiedeln alle Lebensräume. Sogar in der Tiefsee in 10 000 Metern Tiefe leben noch Krebse.

Als die ersten Wirbeltiere vor 350–500 Millionen Jahren das Festland betraten, lebten dort bereits seit fast 100 Millionen Jahren Gliederfüßer. Tausendfüßer und Skorpione sahen schon vor 500 Millionen so aus wie heute. Das beweisen Fossilienfunde aus den ältesten Schichten der Erdgeschichte.

Der wohl wichtigste Schritt in der Entwicklung der Gliederfüßer war die Entwicklung eines Außenskeletts. Diese feste Hülle (Kutikula) gab ihnen mechanischen Schutz und vor allem ungeahnte Möglichkeiten der Formenentfaltung. Wichtigster Bestandteil dieser Hülle ist das Chitin, das der pflanzlichen Zellulose sehr ähnlich ist. Aus diesem Werkstoff sind Segmente aufgebaut, die aus einer Rückenplatte, einer Bauchplatte und zwei dehnbaren Seitenplatten bestehen. Aus diesem »Baukastenprinzip« entstand eine Formenfülle, die keine weitere Tiergruppe der Erde bisher übertraf.

In dem Kapitel »Sonstige Gliederfüßer« sind die Klassen der Zwergfüßer, Doppelfüßer, Hundertfüßer, Krebse, Asselspinnen und die Spinnentiere zusammengefasst. Alleine schon das Durchblättern der Seiten 156–169 zeigt die gewaltige Formenfülle. Noch am einfachsten ist das Baukastenprinzip bei den Doppelfüßern zu erkennen. Eine vielfache Kombination einzelner Segmente hintereinander ergibt ein wurmähnliches, sehr bewegliches Tier, das sich ideal durch die kleinsten Lücken der Laubstreu bewegen kann. Wie später durch Verschmelzung von Segmenten einzelne Körperabschnitte mit ganz unterschiedlichen Funktionen entstanden, zeigen eindrucksvoll die Spinnentiere.

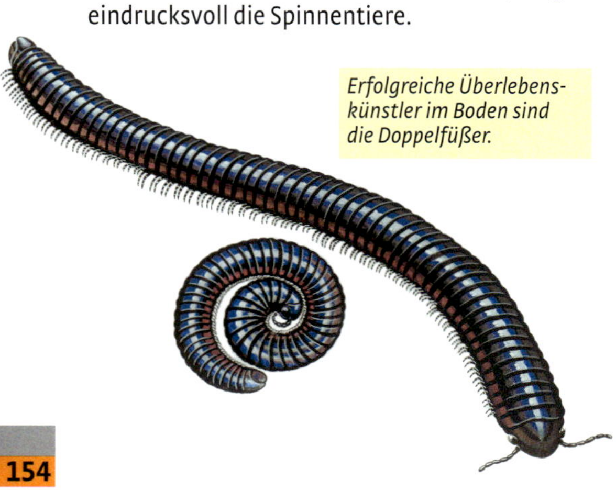

Erfolgreiche Überlebenskünstler im Boden sind die Doppelfüßer.

Was sind Zwergfüßer?

Diese Winzlinge von gerade acht Millimetern Länge und kaum 120 Arten haben viele wissenschaftliche Diskussionen ausgelöst. Sind diese Tiere schon Insekten oder noch Tausendfüßer? Für jede Seite gibt es Argumente. Heute überwiegt die Ansicht, sie gehören in die Verwandtschaft der Hundert- und Tausendfüßer. Die zart-häutigen und farb- und augenlosen Tiere leben vorwiegend im Bodenbereich und brauchen ständig Feuchtigkeit. Sie kriechen unter Steinen durch das Lückensystem der Böden und fressen vor allem an Pflanzenwurzeln.

Diese Zwerge haben ein interessantes Fluchtverhalten: Berührt man die augenlosen Tiere vorne mit einem Halm, werfen sie blitzschnell ihren Körper um 180° herum und rennen in die Gegenrichtung. Ebenso merkwürdig ist die Fortpflanzung. Das Männchen verteilt auf dem Boden winzige Spermatropfen. Die Weibchen nehmen diese in einer Tasche auf und speichern sie dort. Wenig später befestigen sie Eier an Moospflänzchen und betupfen deren Oberfläche mit dem männlichen Samen. Bis daraus wieder ein winziger zwölffüßiger Zwergfuß wird, vergeht etwa ein Jahr.

Wie viele Beine hat ein Tausendfüßer?

Die stammesgeschichtlich altertümliche Klasse der Tausendfüßer hat im Laufe der Evolution Erstaunliches erreicht. Sie hat etwa 10000 Arten weltweit hervorgebracht, deren Größe von 2,7 Millimeter bis 28 Zentimeter reicht. Ebenso wie die Größe schwankt auch deren Beinzahl: Der Zwerg besitzt nur 13, der tropische Riese bis zu 375 Beinpaare. Die Zahl 1000 erreicht allerdings keine Art, weshalb man diese Tierklasse heute »Doppelfüßer« nennt, da sie pro Körpersegment meist ein doppeltes Beinpaar besitzen.

Die Diplopoden (Doppelfüßer) sind überwiegend Pflanzenfresser und ernähren sich vor allem von abgestorbenen Pflanzenteilen. Im Wald sind sie deshalb wichtige Zersetzer des Laubes und bringen zusammen mit vielen anderen Organismen aus der Riege der Recyclingspezialisten wertvolle Minerale zurück in den Kreislauf des Lebens.

Bemerkenswert ist das Lebensalter der Doppelfüßer. Der heimische Saftkugler etwa kann elf Jahre alt werden. Das erreichen die Männchen durch ein seltsames Phänomen: Sie können sich durch Häutung mehrere Male in ein unfruchtbares Stadium zurück verwandeln, beziehungsweise durch die Häutung wieder fortpflanzungsfähig werden. Diese besondere Fähigkeit wirkt lebensverlängernd.

Der schnelle Erdläufer (Necrophloephagus longicornis) *zählt zu den Hundertfüßern und besitzt Giftklauen.*

Schnelle Erdläufer

Die Hundertfüßer (Chilopoda) sind relativ ursprünglich gebaute Landarthropoden mit einer anatomischen Besonderheit: Ihre beiden vorderen Gliedmaßen sind zu Kieferfüßen umgewandelt. Mit diesen kräftigen Giftklauen können sie Beute lähmen und sich wirksam verteidigen. Diese Tiere haben sich vor etwa 410 Millionen Jahren entwickelt und leben seitdem räuberisch am Boden. Die größten Arten leben in den Tropen und werden fast 30 Zentimeter groß.

Krebstiere – die variantenreichste Gruppe

Mit ihrer Vielgestaltigkeit übertreffen die Krebse alle anderen Gruppen der Gliederfüßer. Von der zarthäutigen Zwergform, die auf Fischkiemen lebt, bis zur martialisch gepanzerten Riesenkrabbe mit einem Durchmesser von vier Metern und Beinsegmenten von Kinderarmstärke, reichen die Beispiele. Allen gemeinsam sind zwei Merkmale.

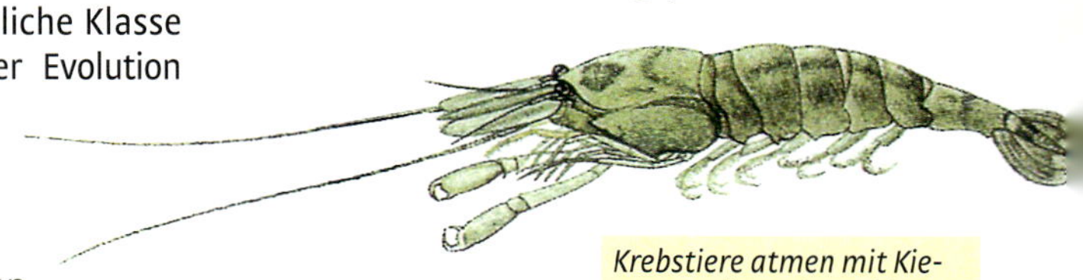

Krebstiere atmen mit Kiemen an den Beinen: hier die Nordseegarnele (Crangon crangon).

Alle Krebse haben zwei Antennenpaare und alle atmen mit Kiemen. Das Prinzip, mithilfe der großen Oberfläche dünnhäutiger Kiemen den Sauerstoff aus dem Wasser zu beziehen, hat die Krebse vorwiegend zu Wassertieren gemacht. Doch einige Krebse haben sich das Land erobert: Auch die Kellerassel

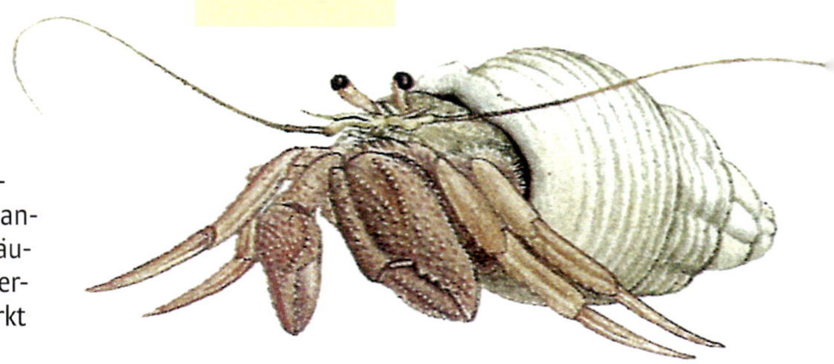

Das Schneckenhaus schützt die Weichteile des Einsiedlerkrebses (Pagurus bernhardus).

Modell Taschenkrebs: Krebstiere sind die variantenreichste Gruppe der Gliederfüßer.

ist ein Krebs. Die Kiemenatmung der landlebenden Asseln geht jedoch mehr und mehr in eine Luftatmung mit speziell aus den Kiemen entwickelten Organen über.
Die Grundgestalt der Krebse sind lang gestreckte Körper, wie es die Garnelen zeigen. Was im Handel »Nordseekrabbe« heißt, ist eine Garnele und kann als Studienobjekt dienen, wenn man sie ungepuhlt in der Schale kauft. Die Garnele trägt vorne einen Kopflappen und am Hinterende einen Schwanzlappen, der oft zum Eingraben dient. Dazwischen

Vielseitig sind die Scheren des Flusskrebses (Astacus astacus)*: Sie dienen zur Verteidigung, zum Beutefang und zum Zerkleinern der Beute.*

liegen zahlreiche Segmente, die bei den meisten Arten je ein Beinpaar tragen. Im typischen Bauplan ist der Körper in drei Körperregionen gegliedert, die sich aus dem Zusammenschluss mehrerer Segmente ergeben: Kopf, Brust und Hinterleib. Nur Kopf und Brust tragen Gliedmaßen. Über dem Rücken liegt häufig ein gepanzertes »Schutzdach«, das man Carapax oder Schale nennt. Am Kopf liegen die beiden Antennenpaare und drei Paare der Mundgliedmaßen.

Schwimmende Larven
Charakteristisch für Krebse sind ihre Larven. Sie sind nur etwa 0,1–0,2 Millimeter groß und bestehen fast nur aus Antennen und Mundwerkzeugen. Diese so genannten Naupliuslarven schwimmen mit schlagenden Antennen durchs Wasser. Sie häuten sich etwa fünfmal und werden zur Zoealarve, aus der sich dann der junge Krebs bildet. Dieser wächst durch zahlreiche Häutungen.

Sogar ein Wal hat seine Krebse
Wohl die eigentümlichsten Krebse erlebt der Meeresbesucher auf Schritt und Tritt. Es sind die Seepocken. Sie überwachsen Hafenmolen, Anleger, Buhnen, Schiffe und selbst andere Tiere wie Muscheln. Pro Quadratmeter sitzen oft über 200 000 Tiere nebeneinander, besonders gerne in der Gezeitenzone, in der auch Trockenzeiten zu überstehen sind. Diese Rankenfußkrebse haben verdickte Kalkplatten mit Deckel und können sich in das vulkanförmige Gehäuse zurückziehen und in ihrem Miniaquarium eine Zeitlang überleben. Bei guten Bedingungen klappt die Seepocke den Deckelapparat wieder auf und streckt mit rhythmischen Bewegungen ihre Rankenfüße hervor. Die mit Fiederhaaren besetzten Füße wirken wie ein feiner Filter, den der Krebs mit den Nahrungspartikeln zum Mund führt und danach wieder ausstreckt. Eine Seepocke hat sich als schwimmende Plattform sogar Wale ausgesucht. Die Gattung *Coronula* wächst in die Haut des Wals ein, damit sie nicht abgeworfen werden kann.

Die Klasse der Spinnentiere
Von den rund 84 000 Arten weltweit lebt nur eine einzige Webspinne im Wasser. Die Wasserspinne *Argyroneta aquatica* baut sich ein Unterwassernetz im Pflanzengewirr eines Teiches und lebt dort wie in einer Taucherglocke. Alle anderen Spinnentiere (außer einigen Milben) sind Landtiere und entsprechend angepasst. Sie atmen mit Tracheen, den ganzen Körper durchziehende Luftröhren. Typisch und namensgebend sind auch die Gliedmaßen des Vorderkörpers. Das vorderste Paar bildet Mundwerkzeuge, die bei ursprünglichen Formen wie dem Bücherskorpion kleine Greifscheren sind. Diese »Cheliceren« geben dieser Klasse auch den Namen: *Chelicerata*. Das zweite Gliedmaßenpaar bildet Kiefertaster, die so genannten Pedipalpen. Oft dienen sie als Fangarme zum Ergreifen der Beute.
Fast alle Spinnentiere leben räuberisch. Aber da ihnen ein zerkleinerndes Mundwerkzeug fehlt, injizieren sie Verdauungssäfte in die Beute, die deren Fettkörper auflöst. Anschließend saugen sie den Nahrungsbrei auf. Ihre Strategien Beute zu fangen sind so vielfältig wie die große Artenzahl. Skorpione etwa tragen einen Stachel über dem Rücken und stechen blitzartig zu, um das Beutetier mit Gift zu lähmen oder zu töten. Dabei sind manche Arten in warmen Ländern eine ernste Gefährdung für den Menschen.
Besonders eindrucksvoll sind die Fangtechniken der netzbauenden Spinnen. So gibt es im Hinterleib einer Kreuzspinne sechs verschiedene Spinndrüsen, die jeweils andere Fäden produzieren. Ein Faden ist nur 0,007 Millimeter dick und doch so haltbar, dass er vier Gramm tragen kann. Damit bauen die Tiere Trichter-, Baldachin- und Haubennetze oder sogar Lassos. Die tagaktiven Spinnen fangen ihre Beute zu Fuß und besitzen hoch entwickelte Augen. Die wunderschön gezeichnete Zebraspringspinne zum Beispiel vollführt ihre Jagd per Überraschungssprung häufig in Menschennähe. Ihre Arena ist oft ein Fensterbrett.

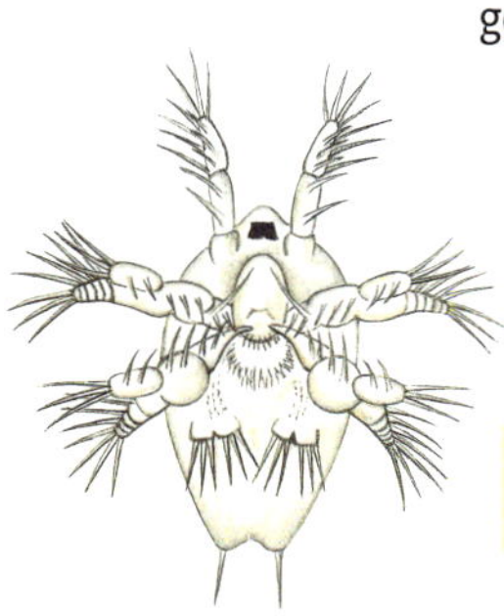

Das Leben aller Krebstiere beginnt in Form der Naupliuslarve.

Webspinnen-Taktik: Die acht Beine nehmen Bewegungen des Netzes durch Beutetiere wahr. Mundklauen mit Giftdrüsen dienen zum Töten der Beute.

Der Name verrät: Springspinnen überwältigen ihre Opfer im Sprung.

Zwergfüßer
Scutigerella immaculata
Zwergfüßer

Merkmale Länge 5–8 mm. Augenloses, wurmartiges Gliedertier mit 12 Beinpaaren und langen perlschnurartigen Fühlern. Körper gleichförmig in Segmente geteilt, oberseits mit kleinen Plättchen (Tergite) bedeckt.
Wissenswertes Zwergfüßer leben überall in der obersten Bodenschicht, meist in der Nähe von zarten und jungen Pflanzen. Deren Saugwurzeln sind ihre Hauptnahrung. Oft gibt es in Gewächshäusern und Gartenkulturen Massenvermehrungen, die hohe Ernteschäden verursachen.

Bandfüßer
Polydesmus spec.
Doppelfüßer

Merkmale Länge 16–28 mm. Augenloses bandförmiges Tier mit 20 gleichförmigen Körperringen. Der Rücken ist abgeflacht und trägt Rückenplatten, die das Tier seitlich schirmartig bedecken. Der Kopf ist verjüngt und trägt ein kurzes Fühlerpaar. Das Körperende ist zugespitzt. Das Männchen besitzt 30, das Weibchen 31 Laufbeinpaare.
Wissenswertes Der abgeflachte Körper der Bandfüßer ist eine Anpassung an das Leben in der Laubstreu von Laub- und Nadelwäldern. Mit dieser Körperform und dem gleichförmigen Schub der Beinpaare können sich die Tiere durch engste Ritzen und Hohlräume der oberen Bodenschichten zwängen. Dort sind sie in fast ganz Europa zu finden. Ihre Nahrung besteht aus sich zersetzendem organischen Material. Sie sind damit wichtige Zerkleinerer von Laubstreu, die später von Pilzen und Bakterien weiter aufgeschlossen und dadurch dem Stoffkreislauf zugeführt wird. Die Weibchen bauen aus Erdteilchen glockenförmige Einester. Zu ihrem Schutz können Bandfüßer blausäurehaltige Stoffe ausscheiden.

Gewächshaus-Tausendfüßer
Oxidus gracilis
Doppelfüßer

Merkmale Länge bis 23 mm, Breite 2–5 mm. Schnurförmiger Tausendfüßer, einheitliche Körpergliederung und verbreiterte Rückenschilder auf jedem Körpersegment. Färbung: leuchtendes Kastanienbraun.
Wissenswertes Diese Tausendfüßerart stammt aus den tropischen Regionen der Erde und ist mit Pflanzenimporten weltweit in Gewächshäuser eingezogen. Ihre Nahrung besteht aus zerfallenem Holz und Pflanzenresten. Trotz gelegentlicher Nageschäden an Frischpflanzen als Bodenmischer geschätzt.

Weißbeiniger Tausendfüßer
Tachypodoiulus niger
Doppelfüßer

Merkmale Länge 15–35 mm, Breite 1,5–2,5 mm. Körper nahezu drehrund, mit einheitlicher Gliederung. Färbung dunkelbraun bis schwarz. Kopf mit schnurförmigen kleinen Fühlern. Beine auffällig weiß. Tier sehr schnell.
Wissenswertes Lebt fast überall in Europa in der Streuschicht von Wäldern, unter der Rinde verrottender Bäume und im Mull von Baumstubben. Er ernährt er sich von verottendem Holz und Humus und ist ein wertvoller Vertreter der Zersetzergilde im Waldökosystem.

Binden-Tausendfüßer
Ommatoiulus sabulosus
Doppelfüßer

Merkmale Länge bis 58 mm. Drehrund mit gleichmäßiger Gliederung, 107 Beinpaare. Körper hellbraun, 2 auffällige Längsbinden auf dem Rücken.
Wissenswertes Die Art lebt in vielen Biotopen, bevorzugt aber oft trockenere Ödlandhänge in ganz Europa. Bei Massenvermehrung kommt es zu Wanderzügen mit einer großen Anzahl von Tieren, die gerichtet pro Tag 100 m zurücklegen können. Berichte von über 20 000 Individuen sind nicht selten. Der ätzende Geruch stammt aus den Wehrdrüsen.

Gerandeter Saftkugler
Glomeris marginata
Doppelfüßer

Merkmale Länge 7–20 mm. Gleichmäßige Körpergliederung aus 12 Rückenplatten. Kleiner kugeliger Kopf mit 2 Antennen. Meist einfarbig glänzend schwarz, aber mit deutlich gelblichem Rand an jeder Rückenplatte. Rollt sich bei Berührung ein.
Wissenswertes Die Art *G. marginata* lebt in feuchten Buchenwäldern in der Laubstreu, in Moospolstern oder in modernden Baumstubben. Von Spanien bis Skandinavien verbreitet, nimmt sie aber nach Osten hin ab. Saftkugler werden erst mit 3 Jahren geschlechtsreif und können 8 Jahre alt werden. Die adulten Tiere häuten sich einmal pro Jahr. Durch die Möglichkeit, sich einzurollen, überstehen sie auch längere Trockenperioden im Wald. Sie sind als Laubzerkleinerer im Waldökosystem sehr wichtig. Pro Jahr zersetzen sie etwa 5 % der gewaltigen Laubmenge und bereiten somit den Weg für Pilze und Mikroorganismen vor, die aus dem zerkleinerten Laub wertvolle Inhaltstoffe recyceln. Die Weibchen legen pro Jahr etwa 30 Eier.

Gestreifter Saftkugler
Glomeris hexasticha
Doppelfüßer

Merkmale Länge 6–17 mm. Gleichförmig gegliedert mit 12 Rückenplatten und rundem kleinen Kopf. Färbung sehr variabel, meist jedoch mit 1 mittleren und 3 seitlichen Fleckenreihen auf dem Rücken. Bei Berührung rollt er sich zur Kugel zusammen. Männchen mit 19, Weibchen mit 17 Beinpaaren.
Wissenswertes Sehr häufig in der Laubstreu unter Büschen und Bäumen gebirgiger Waldbestände. Bei Gefahr rollen sich die Tiere ein und scheiden ein ätzendes Sekret aus ihren Wehrdrüsen (»Saftkugler«) ab.

Gepunkteter Saftkugler
Glomeris pustulata
Doppelfüßer

Merkmale Länge 7–17 mm. Gleichförmig gegliedert mit kurzem breiten Körper und 12 Rückenplatten. Grundfärbung glänzend schwarz mit 2 Reihen gelber Punkte auf den Segmenten. Kanten der Rückenplatten hell eingesäumt. Kugeliger kleiner Kopf, meist nach unten gehalten.
Wissenswertes Saftkugler haben eine wichtige Funktion für die Böden. Sie graben sich in die obersten Schichten und durchlüften die Humuserde. Als Primärzersetzer von Laub starten sie den Prozess der Remineralisation.

Pinselfüßer
Polyxenus lagurus
Doppelfüßer

Merkmale Länge 2–4 mm, Breite 0,5–1 mm. 11 nahezu gleichförmige Körpersegmente und 13 Beinpaare. Körper weichhäutig, hellbraun mit zahlreichen dunkelbraunen Borsten. Typisches Haarbüschel am Körperende.
Wissenswertes Dieser ungewöhnlich weichhäutige Tausendfüßer lebt unter Rinde, Steinen und im Wurzelraum von Bäumen und Büschen. Die gegen Trockenheit resistente Art ist nachtaktiv und weidet Grünalgen von Baumrinden ab. Die Haarbüschel am Körperende dienen als Schutz der Eigelege.

Erdläufer
Necrophloephagus longicornis
Hundertfüßer

Merkmale Länge 20–40 mm. Schnurförmiges Tier mit 49–57 Beinpaaren, gleichförmige Körpergliederung, Rückenschilde mit deutlichen Längsfurchen, Körperfarbe gelbbraun.
Wissenswertes Dieser Erdläufer lebt in Acker-, Wiesen- oder Gartenböden, die locker und humos sind. Die Tiere dringen in Gänge von Regenwürmern ein und überwältigen sie mit Giftklauen. Für den Menschen sind sie harmlos. Wichtiges Mitglied der Bodenfauna. Die Weibchen tragen Eipakete mit sich und verteidigen sie gegen Feinde.

Steinkriecher
Lithobius forficatus
Hundertfüßer

Merkmale Länge bis 32 mm. Körper abgeplattet. 15 gleichförmige Segmente, jedes davon mit 1 Beinpaar. Die letzten beiden Beinpaare sind vergrößert (Greiforgan). Fadenförmiges Fühlerpaar am Kopf. Körperfarbe kastanienbraun.
Wissenswertes Steinkriecher sind sehr agile, schnelle Jäger des Bodenraums. Sie kommen überall in der Laubstreu der Wälder vor und verstecken sich meist unter Steinen, der Rinde modriger Bäume oder Holzstücken. Auch im freien Gelände lebend, jagen sie vorwiegend Insekten, Spinnen und Würmer. Die Jugendstadien erbeuten vorwiegend Springschwänze (Collembolen).Die Beute lähmen sie mit einem Gift ihrer Kieferfüße. Größere Beute kann zusätzlich mit einem spinnenfadenähnlichen Sekret aus den letzten Beinpaaren gefesselt werden. Die Jungtiere haben nur 7 Beinpaare und erhalten nach jeder Häutung ein weiteres dazu. Diese Art ist für den Menschen harmlos. Größere Mittelmeerarten dagegen können empfindlich beißen.

Spinnenläufer
Scutigera coleoptrata
Hundertfüßer

Merkmale Länge 18–26 mm. Schlanker Körper mit 15 sehr langen Beinpaaren. Am Vorderteil überkörperlange Fühler, die in sehr feinen Geißeln auslaufen. Kopf mit zahlreichen Punktaugen. Körper mit 3 dunklen Längsbinden.
Wissenswertes Ein sehr schnelles Tier, das mit den Augen kaum verfolgt werden kann (läuft 50 cm/s). Seine Heimat ist das Mittelmeergebiet, wo es nachts am Boden mit seinen Beinen lassoartig Fliegen fängt. Der Beinaufbau mit vielen Fußgliedern erlaubt diesen besonderen Beutefang. Diese einzige europäische Art der Familie Spinnenläufer wurde nach Südwestdeutschland in das Kaiserstuhlgebiet eingeschleppt. Als Insektenvertilger wird er von den Winzern als Nützling geschätzt. Er sitzt in heißen Sommern oft an den Steinmauern von Weinbergen oder alten Hausmauern. Die Jungtiere schlüpfen mit nur 4 Laufbeinpaaren und erhalten pro Häutung ein weiteres hinzu. Auch verlorengegangene Beine werden bei der Häutung ersetzt.

Chinesische Wollhandkrabbe
Eriocheir sinensis
Zehnfußkrebse

Merkmale Länge bis 7,5 cm. Rückenschild nahezu quadratisch. Scheren der Männchen auffällig bepelzt.
Wissenswertes Die Wollhandkrabbe wurde mit Ballastwasser eingeschleppt und hat sich in Flussmündungen stark vermehrt. Zur Fortpflanzung müssen die Tiere ins Meer, dabei wandern sie auch über Land. Große Schäden durch Höhlen in Deichen.

Strandkrabbe
Carcinus maenas
Zehnfußkrebse

Merkmale Länge bis 6 cm, Breite bis 8 cm. Rückenpanzer fünfeckig mit gezähntem Rand. Große Kneifscheren, 4 Paar Laufbeine. Farbe braun bis olivgrün. Jungtiere oft bunt gemustert.
Wissenswertes Häufigste Krabbe der Nordsee-, Atlantik- und Mittelmeerküsten. Sie knacken mühelos Muscheln. Ein Weibchen trägt bis zu 200 000 Eier.

Gewöhnliche Schwimmkrabbe
Liocarcinus holsatus
Zehnfußkrebse

Merkmale Länge bis 5 cm. Rückenpanzer fast fünfeckig, Vorderrand beidseitig je 5 Zähne. Letztes Beinpaar abgeplattet zum Ruderfuß. Braun bis grünlich.
Wissenswertes Vom seichten Gezeitenwasser bis in 400 m Tiefe lebt die Krabbe in Nordsee und Atlantik bis zur Arktis. Mit ihren fein gezähnten Scheren zerteilt sie Fische, Garnelen oder Seeigel.

Taschenkrebs
Cancer pagurus
Zehnfußkrebse

Merkmale Länge bis 30 cm. Rückenpanzer doppelt so breit wie lang, Rand beiderseits gekerbt. Farbe braun bis rot.
Wissenswertes Lebt an Felsküsten in Nordsee, Atlantik und Mittelmeer. Das 1. Laufbeinpaar ist zu mächtigen Scheren umgebildet, mit denen er Muscheln und Seeigel knackt. Ein Weibchen legt bis zu 3 Millionen Eier.

Kleine Seespinne
Hyas araneus
Zehnfußkrebse

Merkmale Länge bis 10 cm, Breite bis 8 cm. Rückenpanzer birnenförmig mit dreieckigem Stirnfortsatz. Scheren sehr schlank. Färbung rötlich braun bis beige.
Wissenswertes Auf sandigen und felsigen Meeresböden in Nord-, Ostsee und Atlantik. Die Tiere tarnen sich mit passend zurechtgeschnittenen und aufgesetzten Schwämmen oder Algen.

Gespensterkrabbe
Macropodia rostrata
Zehnfußkrebse

Merkmale Länge bis 19 mm, Breite 10 mm. Unverwechselbar durch 5 sehr dünne Laufbeinpaare, den kleinen birnenförmigen Körper und das verdickte 1. Scherenfußpaar. Färbung braun bis grau.
Wissenswertes Die Gespensterkrabbe lebt in Nord- und westlicher Ostsee, Atlantik und Mittelmeer. Tarnt sich mit Algen, die sie auf ihre Rückendornen spießt.

Gewöhnlicher Einsiedlerkrebs
Pagurus bernhardus
Zehnfußkrebse

Merkmale Länge bis 10 cm. Lebt in Schneckenhäusern. Zu sehen sind nur 2 Antennenpaare, 1 Paar ungleichgroße Scheren sowie 2 Laufbeinpaare. Färbung braun bis rötlich.
Wissenswertes Der Einsiedlerkrebs lebt in den Prielen und Gezeitentümpeln europäischer Meere. Er ist ein Filtrierer, Beutegreifer und Aasfresser. Sein Haus schmückt er oft mit Nesseltieren.

Hummer
Homarus gammarus
Zehnfußkrebse

Merkmale Länge bis 70 cm. Sehr kräftiger Krebs. Die kräftigen Scheren des 1. Laufbeinpaars sind ungleich: eine Knackschere und eine kleinere Greifschere. Färbung blau bis rotviolett.
Wissenswertes Diese Art bewohnt europäische Felsküsten. Die Weibchen laichen nur alle 2 Jahre und legen dann etwa 100 000 Eier ab. Hummer wachsen sehr langsam und werden bis zu 60 Jahre alt. ▽

Flusskrebs
Astacus astacus
Zehnfußkrebse

Merkmale Länge bis 16 cm, selten bis 25 cm. 1. Beinpaar mit kräftigen Scheren, Haut im Scherengelenk leuchtend rot, Fühler lang. Färbung grau bis braun.
Wissenswertes Der früher häufige Flusskrebs lebt in sauberen Fliessgewässern Mittel- und Nordeuropas. Durch eine Pilzkrankheit, die Krebspest *(Aphanomyces astaci)* wurde er fast ausgerottet. Langsam erholen sich die Bestände. Er ist ein Allesfresser. ▽

Amerikanischer Flusskrebs
Orconectes limosus
Zehnfußkrebse

Merkmale Länge bis 12 cm. 1. Beinpaar mit kräftigen Scheren. Sehr typisch: rote Querbinden auf den Segmenten des Hinterleibs. Färbung grau grünlich. **Wissenswertes** Dieser Krebs bewohnt Teiche, Kanäle und Flüsse in ganz Mitteleuropa. Die Art stammt aus Nordamerika und wurde um 1900 eingeführt, da sie gegen die Krebspest immun ist. Sie erwies sich jedoch als Speisekrebs wenig ertragreich. Weil dieser Krebs Höhlen in Teichdämme gräbt, ist er bei Teichwirten gefürchtet. Zu seiner Nahrung gehören Schnecken, Würmer und Aas.

Kleiner Furchenkrebs
Galathea intermedia
Zehnfußkrebse

Merkmale Länge bis 1 cm. Körper flach mit spitzem Stirnfortsatz. 1. Laufbeinpaar mit Scheren deutlich langgestreckt. Hinterleib untergeschlagen. Färbung rötlich mit bläulichen Flecken. **Wissenswertes** Gezeitentümpel, Felsküsten in der Spritzwasserzone sowie Muschelböden sind der Lebensraum dieser Springkrabben. Sie bewohnen in Nordsee, Atlantik und Mittelmeer Ritzen und Felslöcher. Springkrabben sind flink. Bei Gefahr schlagen sie blitzschnell mit dem Hinterleib und flüchten rückwärts in eine Nische.

Porzellankrebs
Pisidia longicornis
Zehnfußkrebse

Merkmale Rückenpanzer mit 6–10 mm Durchmesser. Ungleich große Scheren am 1. Laufbeinpaar. 2 Paar Antennen, das 1. sehr kurz, das 2. sehr lang. **Wissenswertes** Dieser kleine unscheinbare Krebs bewohnt kleine Lücken und Nischen der Felsküsten von Nordsee, Atlantik und Mittelmeer. Besonders gern lebt er unter Steinen bis zu einer Tiefe von 70 m. Zur Futtersuche schwenkt der Krebs seine mit langen Borsten besetzten Kieferfüße wie ein feines Sieb durchs Wasser und fängt schwebende Partikel.

Nordseegarnele
Crangon crangon
Zehnfußkrebse

Merkmale Länge: Männchen 4,5 cm, Weibchen bis 9,5 cm. Milchig weiß bis graubraun mit 2 Paar Antennen, eines davon sehr lang. 1 Paar sehr schlanke scherenförmige Gliedmaßen, 4 dünne Laufbeinpaare. Körper seitlich zusammengedrückt, Schwanzfächer. **Wissenswertes** Diese Garnele aus Nordsee, Atlantik und Mittelmeer jagt bei Nacht sehr gewandt Kleintiere in Bodennähe. Tagsüber lebt sie vergraben. Obwohl sie eine Garnele ist, wird sie an der Nordsee »Krabbe« genannt und als Delikatesse gefischt.

Süßwassergarnele
Atyaephyra desmaresti
Zehnfußkrebse

Merkmale Länge: Männchen 2,3 cm, Weibchen bis 4 cm. Lang gestreckt, fast durchsichtig, manchmal auch getüpfelt. Rostrum (Schnabel) oberseits mit Stacheln, unterseits bezahnt. Vordere Scheren pinselartig behaart. **Wissenswertes** Eine der wenigen Süßwassergarnelen. Einst im Ostmittelmeerraum beheimatet, besiedelt sie heute Flüsse, Kanäle und Seen bis Holland. Öffnet die Garnele ihre Scheren, entsteht ein Fächer aus Borsten, mit dem sie Algen »zusammenfegt«.

Gewöhnliche Rollassel
Armadillidium vulgare
Asseln

Merkmale Länge 10–16 mm. Körper länglich oval, hochgewölbt, mit fast gleichmäßigen Rückenschildern im vorderen Drittel, hinten enger beschildert. Blaugrau oder mit helleren Flecken. **Wissenswertes** Die Rollassel lebt fast ganzjährig in Laubwäldern unter Steinen, im Laub oder Moos. Bei Bedrohung oder Trockenheit rollt sie sich zu einer Kugel zusammen. Die landlebenden Tiere atmen mit Tracheenlungen. Dies sind verkleinerte Kiemen, die unterseits als weiße Säckchen zu sehen sind.

Kellerassel
Porcellio scaber
Asseln

Merkmale Länge bis 20 mm. Körper oval, zahlreiche Rückenplatten, oberseits gekörnt. Dunkelgrau bis bräunlich, manchmal gelblich gefleckt. **Wissenswertes** Die nur nachts kurz aktive Assel wurde vom Menschen weltweit verbreitet. Sie ist als landlebender Krebs überall in feuchten Habitaten zu finden, da ihre Kiemen stets feucht sein müssen. Auf diesen leben Einzeller wie in einem Miniaquarium. Beim Häuten schlüpfen sie auf die neue Haut. Die Jungen entwickeln sich im Brutbeutel.

Mauerassel
Oniscus asellus
Asseln

Merkmale Länge bis 18 mm. Körper oval, abgeflacht mit zahlreichen Rückenplatten (Tergiten), die dunkelgrau glänzen und punktiert sind. Kopf und Vorderteil gekörnelt. **Wissenswertes** Der Kulturfolger ist oft gemeinsam mit der Kellerassel anzutreffen und lebt an dunklen feuchten Orten wie unter Steinen, in zerfallendem Laub oder unter lagernden Baumstämmen. Man findet ihn auch in Gebäuden und Gewächshäusern. Er ist nachtaktiv und ernährt sich von Pflanzenabfällen.

Moosassel
Ligidium hypnorum
Asseln

Merkmale Länge 7–10 mm. Ovaler Körper mit reicher Quergliederung, Rückensegmente glatt. Kopf mit großen Augen. Färbung hell bräunlich.
Wissenswertes Wird aufgrund ihres Lebensraums in Erlenbruch, Auwäldern und Waldgewässern auch Sumpfassel genannt. Dort lebt sie amphibisch, zumeist jedoch untergetaucht und sehr schnellfüßig unter Wasser. Während viele landlebende Asseln schon eine Art Kiemenlunge besitzen, atmet die Moosassel nur mit einer sehr ursprünglichen Kiemenatmung.

Klippenassel
Ligia oceanica
Asseln

Merkmale Länge bis 30 mm. Flacher, fast gleichmäßig gegliederter Körper mit kleinem Kopf und kräftigem Antennenpaar. 2 Augen. 7 Beinpaare am Rumpf, Körperende mit 2 Spaltbeinpaaren. Braunrot bis grünlich. Tarnfärbung.
Wissenswertes Die lichtscheuen und nachtaktiven Tiere leben im Spritzwasserbereich von Atlantik, Nord- und Ostsee. Oft sind sie auch in Hafenanlagen und »rockpools« (bei Ebbe wassergefüllte Felslöcher) zu finden. Sie jagen nach Kleinkrebsen oder weiden Großtange ab.

Wasserassel
Asellus aquaticus
Asseln

Merkmale Länge: Männchen bis 12 mm, Weibchen bis 8 mm. Körper abgeflacht und reich segmentiert: Kopf und 7 weitere Segmente. Letztes Segment vergrößert. Grau mit hellen Flecken.
Wissenswertes Überall im Süßwasser, in allen Gewässertypen, in denen es reichlich vermodernde Pflanzen gibt, leben Wasserasseln häufig in sehr reicher Zahl. Sie sind die Aufbereiter biologischen Materials in einem Teich. Unter dem letzten Körpersegment (Pleotelson) liegen die Blattkiemen, die zur Atmung dienen.

Bachflohkrebs
Gammarus pulex
Flohkrebse

Merkmale Länge: Männchen bis 21 mm, Weibchen bis 14 mm. Körper seitlich abgeplattet. In »Kopfbrustabschnitt«, 7 weitere Körpersegmente sowie Hinterleib mit Schwimmbeinen und Sprungbeinen gegliedert. Hellbraun bis grau.
Wissenswertes Klare Bäche und Flüsse der Mittelgebirge sind der Lebensraum der Bachflohkrebse. Sie laufen mit den Schreitbeinen über den Boden und können mit schlagenden Bewegungen des Hinterleibs gegen die Strömung schwimmen. Sie ernähren sich von verwesenden Pflanzen.

Gespensterkrebs
Caprella linearis
Flohkrebse

Merkmale Länge bis 20 mm. Körper fast stabförmig. Die vorderen Laufbeine sind zu Scheren tragenden Raubbeinen umgeformt, die mittleren Laufbeine fehlen, die hinteren dienen als klauenförmige Klammerbeine. Graubraun.
Wissenswertes Gespensterkrebse sitzen im Atlantik sowie in der Nord- und westlichen Ostsee auf Algen und Stöcken von Nesseltieren. Vorbeischwimmende Beute packen sie blitzschnell mit den Scheren. Es wandern neue Arten *(C. mutica)* aus Ostasien in die Nordsee ein.

Gewöhnliche Seepocke
Semibalanus balanoides
Rankenfußkrebse

Merkmale Durchmesser bis 20 mm. Kleine vulkanförmige Kalkkegel, massenhaft nebeneinander, Aufbau aus 6 unregelmäßigen Platten und 2 Paar Verschlussklappen. Kalkweiß bis grau.
Wissenswertes An Pollern und Stegen in der Spritzwasserzone nordeuropäischer Meere bilden diese umgewandelten Krebse große Kolonien. Untergetaucht öffnen sich die Verschlussklappen und Fangarme filtrieren rhythmisch nach Schwebeteilchen. Die Schwimmlarven dieser Zwitter setzen sich wieder fest.

Australische Seepocke
Elminius modestus
Rankenfußkrebse

Merkmale Durchmesser bis 10 mm. Flache Seepocke mit 4 den Krater bildenden Kalkplatten, die an den Rändern gewellt sind. Rhombische Öffnung mit 4 Verschlussplatten. Schmutzig grauweiß.
Wissenswertes Wurde vor rund 60 Jahren vermutlich an Schiffsrümpfen aus Australien eingeschleppt. Seitdem breitet sie sich in Nordsee und Atlantik aus. Kalte Eiswinter im Wattenmeer reduzieren diese empfindliche Art oft. Im Bereich der Tide steht sie mit anderen Seepockenarten in Konkurrenz.

Parasitischer Wurzelkrebs
Sacculina carcini
Rankenfußkrebse

Merkmale Durchmesser bis 20 mm, meist jedoch kleiner. In Wirten unsichtbar lebender Parasit. Äußerlich nur an der Bauchseite des Wirtes als knolliger, winziger, gelblicher Brutsack zu sehen.
Wissenswertes Der Krebs lebt ohne Schalen und Gliedmaßen mit wurzelartigen Ausläufern in Strandkrabben. Damit ihn die Krabben durch Häutung nicht abschütteln, manipuliert er deren Hormonhaushalt. Die Ausläufer beschaffen die Nahrung, der Brutsack produziert Eier. Die Larven befallen die Krabben.

Karpfenlaus
Argulus foliaceus
Fischläuse

Merkmale Länge 2–9 mm. Scheibenförmiger, abgeflachter, fast durchsichtiger Körper, als Parasit auf Fischen. Rundlicher Panzer, der den Kopf mit 2 Augen und Antennen verbirgt. Hinterleib eine tief gekerbte »Schwanzflosse«. 4 Paar Schwimmbeine.
Wissenswertes Die Karpfenlaus schmarotzt in Süßgewässern ganz Europas vorwiegend an Karpfen. Die Oberkiefer bilden einen Stachel, mit dem sie Fischblut saugt. Die Eier werden an Wasserpflanzen geheftet, die Larven suchen aktiv schwimmend den Wirt.

Hüpferling
Cyclops spec.
Ruderfußkrebse

Merkmale Länge: Männchen bis 1,5 mm, Weibchen bis 3 mm. Auch kleinere Arten. Körper aus 2 Abschnitten: Vorderteil tropfenförmig mit langen Antennen und Spaltbeinpaaren, Hinterleib schmal, endet mit Schwanzgabel (Furca). Weibchen oft mit paarigen Eisäckchen am Hinterleib.
Wissenswertes Die artenreiche Gruppe der Hüpferlinge bewohnt stehende Gewässer aller Art. Die Brustbeine erzeugen beim Schlagen hüpfende Bewegungen im Wasser (Name). Hüpferlinge sind die wichtigste Nahrung für Fische.

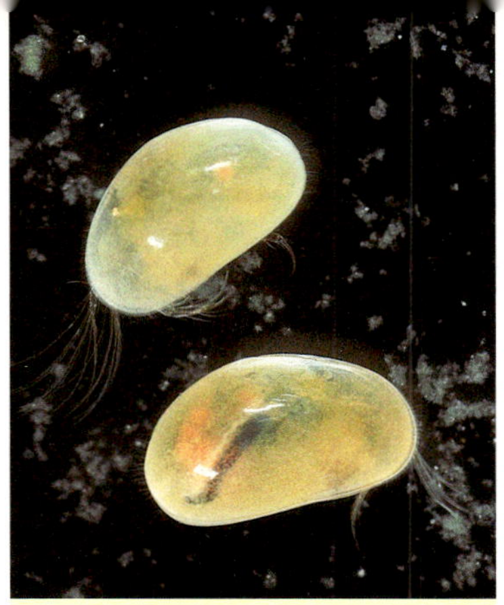

Muschelkrebs
Cyprinotus spec.
Muschelkrebse

Merkmale Länge bis 2,6 mm. Körper von muschelartiger Schale umschlossen. Ein unpaares Komplexauge. Maximal 7 Paar Gliedmaßen. Kurzer Hinterleib mit Schwanzgabel. Bestimmung nur unter dem Mikroskop sicher möglich.
Wissenswertes Muschelkrebse sind eine uralte Tiergruppe, die schon vor 500 Millionen Jahren lebte. Einige fossile Arten dienen als Hinweis auf Erdölvorkommen. Die Tiere leben in stehenden Gewässern und ernähren sich von Aas. Sie überstehen in der Schale wochenlangen Frost und Trockenheit.

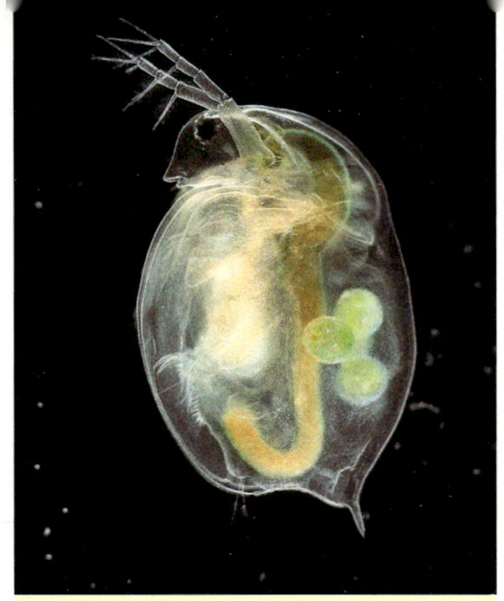

Großer Wasserfloh
Daphnia magna
Wasserflöhe

Merkmale Länge 3–6 mm. Ovales Tier, fast vollständig von Schalenklappen umgeben, deren Rückenkante deutlich bedornt ist. Lange Antennen, ein großes Komplexauge, nasenförmige Kopfspitze (Rostrum). Darm meist grün durchscheinend.
Wissenswertes Wenn die Antennen schlagen, bewegt sich der Krebs hüpfend und wieder absinkend durch Süßwasser. In Abwasserteichen ist er so häufig, dass er eine wichtige Rolle bei der biologischen Selbstreinigung des Gewässers spielt. Frisst schwebende Algen.

Linsenkrebs
Limnadia lenticularis
Wasserflöhe

Merkmale Länge bis 17 mm, Breite bis 12 mm. Zweischalige, meist gelbliche Schale, die fast den ganzen Körper bedeckt. Deutliche Zuwachsstreifen an den Schalen erkennbar. Am Brustabschnitt mit bis zu 26 Beinpaaren.
Wissenswertes Dieser stammesgeschichtlich uralte Muschelschaler ist v. a. an Schmelzwassertümpel und Augewässer angepasst. Er entwickelt sich nach Überschwemmungen massenhaft um dann wieder für Jahre zu verschwinden. Frisst Mikroorganismen. ▽

Frühjahrs-Schildkrebs
Lepidurus apus
Rückenschaler

Merkmale Länge mit Schwanzgabel bis 5 cm. Mehr als 40 Beinpaare. 1. Beinpaar gegliedert (zum Laufen und Wühlen). Körper mit flachem Rückenschild, gelbbraun. Dunkle Komplexaugen.
Wissenswertes Der in Mittel- und Südeuropa verbreitete Krebs erscheint im zeitigen Frühjahr in Schmelzwassertümpeln oder überschwemmten Auwiesen. Nach kurzer Lebenszeit verschwindet er und überdauert Jahre in Form verkapselter Eier in einem bestimmten Embryonalstadium. ▽

Frühjahrs-Kiemenfuß
Eubranchipus grubii
Anostraca

Merkmale Länge bis 33 mm. Lang gestreckt, urtümlich und weichhäutig ohne Rückenschild (Carapax). Kopf mit gestielten Komplexaugen. Kopf beim Männchen dick, beim Weibchen schmal. Folgende Körperabschnitte mit gleichförmig gestalteten Blattfüßen, Hinterleib beinlos, in einer Furca (Gabel) endend. Schwimmen auf dem Rücken.
Wissenswertes Obwohl seit rund 220 Millionen Jahren auf der Erde lebend, haben sich diese Tiere nicht verändert. Das belegen Vergleiche von Fossilien mit heute lebenden Formen. Sie entwickeln sich in Mitteleuropa (Deutschland bis südlich zur Mainlinie) nach Frühjahrsüberschwemmungen aus Dauereiern. Die schnell wachsenden Larven verwandeln sich nach mehreren Häutungen zu erwachsenen Tieren. Auf dem Rücken schwimmend, filtrieren sie mit den bewimperten Beinen Nahrungspartikel zum Mund. Bei der Paarung umklammert das Männchen das Weibchen mit speziell geformten Antennen. Die beschalten Eier überdauern Jahrzehnte. ▽

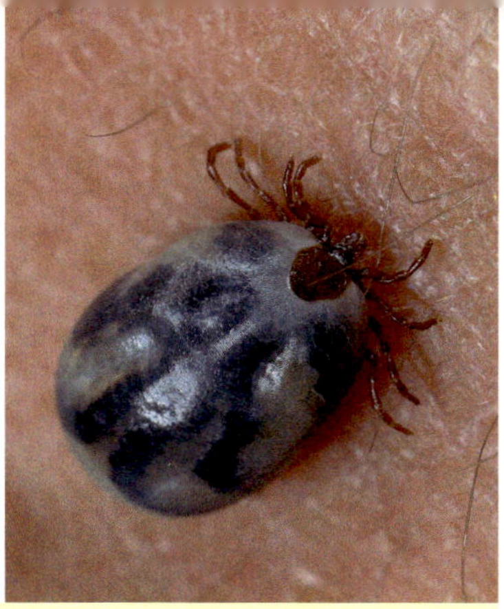

Zecke
Ixodes ricinus
Milben

Merkmale Länge: Männchen bis zu 2,5 mm, Weibchen 4 mm, vollgesogen bis zu 12 mm. Mittelgroße, achtbeinige Milbe mit hartem Rückenschild. Mundwerkzeuge vorwärts gerichtet, sichtbar.
Wissenswertes Alle Zecken leben als Ektoparasiten und saugen an verschiedenen Wirten, von Reptilien bis Warmblütern. Dabei lassen sie sich nicht, wie früher vermutet, von Zweigen fallen, sondern lauern im Gras auf Hautkontakt. *Ixodes ricinus* parasitiert an 3 Wirten: Reptilien, Vögel und Säugetiere, den Menschen eingeschlossen. In den Fußgliedern der Vorderbeine tragen Zecken ein Sinnesorgan (»Hallersches Organ«), mit dem sie ihre Wirte finden. Dieses Organ reagiert auf Erschütterung, Wärme, Schweiß (Buttersäure) und andere Geruchsstoffe. Nach dem mehrstündigen bis mehrtägigen Vollsaugen legt das Weibchen seine Eier in den Boden und stirbt. Daraus entwickeln sich in 3 Jahren Larven, Nymphen und erwachsene Tiere, die jeweils verschiedene Wirte aufsuchen. Beim Biss können mehrere gefährliche Erreger übertragen werden.

Samtmilbe
Trombidium holosericeum
Milben

Merkmale Länge bis 4 mm. Gesamter Körper scharlachrot behaart, achtbeinig. Augen auf kleinen Stielen.
Wissenswertes Die wegen ihrer leuchtenden Farbe sehr auffällige Milbe ist häufig im trockenen Laub, in Rindenritzen und an Felsen zu finden. Dort jagt sie nach Staubläusen und Springschwänzen. Die beiden Jugendstadien dieser Art leben parasitisch an Insekten. Oft beißen sich mehrere Milbenlarven an den dünnen Häutchen zwischen den Chitinringen von Heuschrecken fest und saugen Insektenlymphe.

Käfermilbe
Parasitus coleoptratorum
Milben

Merkmale Länge bis 1,6 mm. Je nach Stadium sechs- oder achtbeinig. Körper orangefarben.
Wissenswertes Lebt räuberisch von Fadenwürmern im Dung. Um stets an frischen feuchten Dung mit Fadenwürmern zu gelangen, besteigt das zweite von insgesamt 4 Jugendstadien (Zweitnymphe) Mistkäfer und lässt sich zu frischem Kot tragen. Dort steigt die Larve ab und jagt Würmer. Trocknet der Dung, ziehen die Nymphen mit dem nächsten Käfer um. Ähnlich leben andere Milbenarten auf Hummeln.

Klunkergallmilbe
Aceria fraxinivora
Milben

Merkmale Länge etwa 0,15–0,2 mm. Mit bloßem Auge nicht sichtbar, jedoch oft sichtbares Schadbild: rostroter Pelz im Blütenstand von Eschen.
Wissenswertes Wie viele andere Milbenarten saugt auch diese Art Pflanzensäfte. Wenn sie mit ihren stilettartigen Stechwerkzeugen Pflanzengewebe ansticht, injiziert sie ein Enzym. Darauf reagiert die Pflanze mit typischen Wucherungen, welche jeweils ein Milbenweibchen samt den ebenfalls saugenden Nachkommen bewohnt.

Spinnenkanker
Phalangium opilio
Weberknechte

Merkmale Länge: Männchen bis 6 mm, Weibchen bis 9 mm. Sehr langbeiniger Weberknecht. Körper oval, gelbbraun bis grau. Rücken mit variabler dunkler, nach hinten verjüngter Zeichnung. Bauch weiß. Männchen mit auffälligen Kieferklauen (Cheliceren) – einer Scherenhand mit spitzem, hornartigen Fortsatz.
Wissenswertes Der Spinnenkanker ist ein Kletterkünstler. Er kann seine letzten Beinglieder wie Lassos um Halme und Stängel schlingen und bewegt sich auf diese Weise durch die dichte Vegetation. Er jagt Insekten, die er gelegentlich auch lassoartig mit den Beinen aus der Luft angelt. Die Männchen konkurrieren um die Weibchen und rangeln mit ihren hornartigen Kieferklauen. Die Paarung erfolgt Kopf an Kopf, wobei die Männchen ein langes Begattungsglied in das weibliche Genital einführen. Das Weibchen legt rund 500 Eier mit einer langen biegsamen Legeröhre in Erdspalten. Die Jungweberknechte schlüpfen im folgenden Frühsommer. Sie leben an sonnigen Wegrändern und in Gärten.

Apennin-Weberknecht
Opilio canestrinii
Weberknechte

Merkmale Länge: Männchen bis 6 mm, Weibchen bis 8 mm. Geschlechter unterschiedlich: Männchen gelblich, Hüften hellgelb, Beine schwarz. Weibchen gelbbraun mit oberseitiger grauer Sattelzeichnung und weißer Mittellinie.
Wissenswertes Diese nachtaktive Art stammt aus den italienischen Gebirgszügen des Apennins und hat sich in Mitteleuropa v. a. Hauswände und Mauern erobert. Dabei verdrängt sie offenbar die heimische Art *Opilio parietinus* und wird zum Kulturfolger.

Schneckenkanker
Ischyropsalis hellwigi
Schneckenkanker

Merkmale Länge: Männchen 5,5–7 mm, Weibchen 7–8,5 mm. Beide Geschlechter mit 10 mm langen und mächtigen Kieferklauen, die gestielte Scheren sind. Das Grundglied trägt Dornen, die Scherenhand ist wulstig verdickt. Die Scheren tragen innen spitze Zähne. Färbung einheitlich glänzend schwarz.
Wissenswertes Der Schneckenkanker lebt in dunklen feuchten Laub- und Nadelwäldern der Mittelgebirge und der östlichen Alpen. Er ist Spezialist für Gehäuseschnecken, die er mit seinem kräftigen 1. Gliedmaßenpaar, den Cheliceren, aus dem Gehäuse schneidet. Stück für Stück bricht er dabei aus dem Schneckenhaus. Seine Beute sucht der Schneckenkanker vorwiegend nachts. Bei der Paarung stehen sich die Geschlechter nach Weberknechtart Kopf an Kopf gegenüber und halten sich gegenseitig die Cheliceren fest. Nach der Samenübertragung legt das Weibchen mehrere Gelege aus 10–20 Eiern unter feuchte Holzstücke. Im folgenden Frühjahr schlüpfen die jungen Schneckenkanker und sind nach 6 Häutungen ausgewachsen. Bekannte Vorkommen im fränkischen Jura.

Brettkanker
Trogulus nepaeformis
Brettkanker

Merkmale Länge 7–10 mm. Untypischer Weberknecht. Körper flach, brettartig und lang gestreckt. Oberfläche etwas rau bis warzig. Dunkelbraun.
Wissenswertes Der auf sandigen und kalkigen Böden in Wäldern häufige Brettkanker jagt Gehäuseschnecken. Diese bricht er jedoch nicht wie der Schneckenkanker auf, sondern frisst sich in die Gehäuse hinein, bis sie leer sind. Die etwas trägen Bodentiere stellen sich bei Berührung tot. Tagsüber verstecken sie sich unter Steinen und in der dunklen Bodenstreu.

Moosskorpion
Neobisium spec.
Pseudoskorpione

Merkmale Länge 2–7 mm. Flaches kleines Spinnentier mit sehr auffälligen ausgebreiteten Scherenarmen (Pedipalpen = 2. Gliedmaßenpaar).
Wissenswertes Fast überall in der Laubstreu, unter Steinen und in Moospolstern lebt dieser Pseudoskorpion. Er macht fast ganzjährig Jagd auf Springschwänze (Collembolen). Zur Fortpflanzung setzt das Männchen einen gestielten Spermatropfen ab, den das Weibchen aufnimmt. Dieses spinnt mit Drüsen auf dem 1. Gliedmaßenpaar (Cheliceren) ein kleines kuppelförmiges Netz.

Bücherskorpion
Chelifer cancroides
Pseudoskorpione

Merkmale Länge bis 3,5 mm, trächtige Weibchen bis 4,5 mm. Vorder- und Hinterkörper setzen breit aneinander an, Vorderteil mit 2 tiefen Furchen. Sehr lange und ausladende Pedipalpen (= 2. Gliedmaßenpaar) mit großen Scheren. Diese sind leuchtend rotbraun.
Wissenswertes Leben unter der Borke abgestorbener Nadelbäume, in alten Vogelnestern, Bienenstöcken oder modrigen Papieransammlungen – daher gelegentlich auch in ungepflegten, staubigen Bibliotheken. Sie jagen Staubläuse, die sie mit den Scheren der Pedipalpen ergreifen und Gift injizieren. Die betäubte Beute wird an die ebenfalls scherenförmigen Cheliceren weitergereicht. Diese pumpen Verdauungsflüssigkeit in den Körper der Beute und saugen den Nahrungsbrei auf. Zur Überwinterung bauen Bücherskorpione mit Spinndrüsen am 1. Gliedmaßenpaar (Cheliceren) kleine Netze, die unter Rinde gelegentlich wie Regenschirme nebeneinander liegen. Zur Paarung führen beide einen Balztanz »vor und zurück« auf.

Deutscher Skorpion
Euscorpius germanus
Skorpione

Merkmale Länge bis 3 cm. Spinnentier mit übergroßen, waagerecht abgewinkelten Tastern samt großen Scheren. Die letzten 5 Segmente des Hinterleibs bilden den sehr beweglichen Skorpionsschwanz. Er endet mit einer verdickten Giftblase und einem Stachel. Fast völlig schwarz, Beine mit dunklem Muster.
Wissenswertes Überraschenderweise bevorzugt diese Skorpionsart kühle Temperaturen und einen Lebensraum mit hoher Luftfeuchte. Sie ist Bewohner feuchter Gebirgswälder Österreichs, Norditaliens und der Balkanländer. Die nachtaktiven Tiere verstecken sich tagsüber unter Steinen und in Felsritzen. Ihre Beute sind vorwiegend Insekten, die sie mit einem sehr feinen Vibrationssinn (Sinneshaare) aufspüren. Größere Beutetiere tötet der Skorpion mit einem blitzschnellen Stich und Gift aus der Giftdrüse. Für den Menschen ist dies nicht gefährlich, seine Wirkung ähnelt einem Wespenstich. Skorpione sind lebendgebärend, die Jungtiere transportieren die Weibchen auf dem Rücken.

Zebraspringspinne
Salticus scenicus
Springspinnen

Merkmale Länge: Männchen bis 5 mm, Weibchen bis 7 mm. Spinne mit kurzen kräftigen Beinen, springt oft. Grundfärbung schwarz mit einer zebraartigen hellen Musterung. Männchen mit lang vorspringenden Kieferklauen (Cheliceren).
Wissenswertes Die lebhaft laufenden und springenden Spinnen leben in ganz Europa an sonnigen Hausmauern und Fensterbänken sowie an Baumstämmen und Felsen. Dort jagen sie ihre Beute, meist Insekten und häufig Fliegen. Springspinnen können ihre Beute optisch orten und die großen vorderen Mittelaugen sogar scharf stellen. Dann schleichen sie sich an und überwältigen die Beute im Sprung. Die Männchen vollführen Balztänze vor dem Weibchen und geben Signale.

Rindenspringspinne
Marpissa muscosa
Springspinnen

Merkmale Länge: Männchen bis 9 mm, Weibchen 8–11 mm. Auffällig verdickte Vorderbeine. Rückenschild groß und breit, mit hellen kurzen Härchen besetzt, Hinterleib mit hellem Mittelband. Grundfarbe dunkelbraun. Frontalaugen des Männchens liegen in hellem Querband, die des Weibchens in einem dunklen Band.
Wissenswertes Meist in nördlichen Gegenden Mitteleuropas bewohnt diese Art meist Kiefernstämme, aber auch andere Baumstämme oder Koppelzäune. Dort sonnen sich die Tiere und sind dank ihrer rindenähnlichen Färbung schwer zu entdecken. Bei der Balz tanzen die Männchen vor den Weibchen mit schräg erhobenen Vorderbeinen. Die rund 200 Eier werden in Kokons unter Rinde abgelegt.

Goldaugenspringspinne
Philaeus chrysops
Springspinnen

Merkmale Länge: Männchen 4–5 mm, Weibchen 5–6 mm. Geschlechter unterschiedlich: Männchen unverwechselbar mit schwarzem Vorderkörper und leuchtend rotem Hinterkörper mit schwarzer Lanzenzeichnung. Die beiden vorderen Beinpaare sind leuchtend orange, die übrigen weiß behaart. Augen goldfarben. Weibchen schwarzbraun und dicht behaart. Hinterleib mit dunklem Mittelstreifen. Stirn weißlich.
Wissenswertes Sonnige Hänge und vegetationsarme Trockenhänge mit Steinen sind der Lebensraum dieser stattlichen und wohl schönsten Springspinne. Sie ist v. a. im Mittelmeergebiet häufig und weit verbreitet. In Mitteleuropa ist sie nur in sonnenverwöhnten Regionen wie dem Kaiserstuhlgebiet zu finden. ▽

Ameisenspringspinne
Myrmarachne formicaria
Springspinnen

Merkmale Länge 4–6 mm. Wirkt auf den ersten Blick wie eine Rote Waldameise und nicht spinnenähnlich. Der zweiteilige Spinnenkörper trägt im Vorderteil einen Absatz mit schwarz-rotbraunem Farbkontrast. Dadurch erscheint der Körper dreiteilig wie bei Ameisen. Dunkler Hinterleib mit heller Querbinde. Männchen mit vorgestreckten Kiefernklauen (Cheliceren), Weibchen mit senkrecht abwärts gehaltenen Cheliceren.
Wissenswertes Diese in Südeuropa häufige Springspinne läuft nur auf 6 Beinen. Die anders gefärbten Vorderbeine hält sie wie Ameisenfühler hoch. Die Strategie dieser Spinne ist es, Meisen vom Verzehr abzuhalten, sie fürchten Ameisen wegen der Ameisensäure.

Veränderliche Krabbenspinne
Misumena vatia
Krabbenspinnen

Merkmale Länge Männchen bis 4 mm, Weibchen bis 10 mm. Männchen mit dunkelbraunem Vorderkörper mit schmalem hellen Längsband, Hinterkörper (Opisthosoma) rötlich braun. Weibchen sehr variabel: weiß, gelb, rosa oder in Farbkombinationen.
Wissenswertes Diese Spinne lauert auf Blüten und hält die ersten beiden Beinpaare geöffnet wie Krabben ihre Scheren. So erbeutet sie Insekten wie Schwebfliegen oder Schmetterlinge. Innerhalb von 3 Tagen kann sie ihre Färbung der Blütenfarbe anpassen und ist kaum sichtbar. Das Gift der Krabbenspinne macht selbst Bienen blitzschnell wehrlos. Zum Schutz vor Stichen setzt sie den Biss in den Nacken der Biene.

Gehöckerte Krabbenspinne
Thomisus onustus
Krabbenspinnen

Merkmale Länge: Männchen bis 6 mm, Weibchen bis 11 mm. Nach Familienart typisch seitwärts ausgebreitete Beine. Hinterkörper abgeflacht und mit schräg nach hinten zeigendem Höcker auf beiden Seiten. Stirn seitlich kantig. Männchen dunkelbraun mit hellem Längsband, Weibchen sehr variabel: rötlich, gelb, weiß oder Kombinationen.
Wissenswertes Im Mittelmeergebiet ist diese Art häufig. In Mitteleuropa lebt sie nur an Wärmeinseln wie dem Kaiserstuhl oder Oberrheingebiet. Sie bewohnt blütenreiche Vegetation. Oft sitzt sie auf Heidekraut. An die Blütenfarbe angepasst lauern die Weibchen auf Bienen oder Schmetterlinge und töten per Giftbiss.

Grüne Krabbenspinne
Diaea dorsata
Krabbenspinnen

Merkmale Länge: Männchen bis 4 mm, Weibchen 5–7 mm. Typische Krabbenspinne mit seitlich gehaltenen Laufbeinen. Vorderkörper leuchtend grün, Hinterleib eiförmig mit blattartiger Zeichnung.
Wissenswertes Typische Waldspinne. Ab Mai sitzen die Spinnen überall auf Eichenlaub oder grünen Nadelzweigen. Krabbenspinnen sind Lauerjäger.

Flachstrecker
Philodromus spec.
Laufspinnen

Merkmale Länge: Männchen 4–5 mm, Weibchen 5–6 mm. Körper flachgedrückt, weiße Borsten, lange Beine. Pressen sich an Untergrund. Graubraun mit rindenartiger Fleckung. Gelegentlich graugrün.
Wissenswertes Die Spinnen der Kiefernwälder leben vorwiegend an Baumstämmen. Sie jagen Beute durch Anschleichen und blitzschnellen Zugriff.

Grüne Huschspinne
Micrommata rosea
Riesenkrabbenspinnen

Merkmale Länge: Männchen 8–10 mm, Weibchen 12–15 mm. Sehr auffällige Männchen mit grünem Vorderleib und gelbem Hinterkörper mit rotem Längsstrich. Weibchen hellgrün und flaumig behaart.
Wissenswertes Bevorzugter Lebensraum sind sonnige Waldränder der Mittelgebirge. Die Weibchen spinnen im Juli Eikokons in Blätter und verteidigen sie heftig.

Rinden-Sackspinne
Clubiona corticalis
Sackspinnen

Merkmale Länge beider Geschlechter 7–11 mm. Rindenbraun gefärbt. Am Hinterkörper ein spießartiger dunkler Fleck in einem ockerfarbenen Feld.
Wissenswertes Diese Art lebt auf Baumstämmen und legt unter loser Rinde zahlreiche weiße und sackförmige Gespinste (Name) als Tagesversteck an. Nachts jagt sie. Das Weibchen bewacht den Eikokon.

Dornfinger
Cheiracanthium punctorium
Sackspinnen

Merkmale Länge: Männchen 8–12 mm, Weibchen 10–15 mm. Vorderkörper orange und stark glänzend, Hinterleib grünlich gelb, kurz behaart. Kieferklauen orange mit schwarzen Spitzen.
Wissenswertes Südlich der Alpen häufig. Verteidigt ihr Gespinst im trockenen Gras bis in 50 cm Höhe. Bisse führen zu allergischen Reaktionen und Schmerzen.

Steinspinne
Drassodes lapidosus
Plattbauchspinnen

Merkmale Länge: Männchen 8–13 mm, Weibchen 10–13 mm. Erdbraune Spinnen mit seidigem Glanz, Kiefernklauen (Cheliceren) auffallend lang.
Wissenswertes Diese Art lebt unter besonnten Steinen in kleinen Höhlungen. Sie geht nachts auf Jagd und hält dabei die Vorderbeine wie Taster vorwärts. Bei Kontakt mit Beute beisst sie blitzschnell zu.

Piratenspinne
Pirata piraticus
Wolfspinnen

Merkmale Länge: Männchen 5–6 mm, Weibchen 6–8 mm. Vorderkörper hinter dem Augenfeld mit dunkler Zeichnung (Stimmgabel). Hinterkörper rotbraun mit paarigen weißen Punkten.
Wissenswertes Vom Ufer stehender und fließender Gewässer aus jagt die Piratenspinnen Kleininsekten und läuft dabei auch übers Wasser. Selbst Kaulquappen kann sie erbeuten.

Sand-Wolfspinne
Arctosa perita
Wolfspinnen

Merkmale Länge: Männchen 7–8 mm, Weibchen bis 9 mm. Das Muster aus braunen, weißen, roten und schwarzen Flecken macht die Spinne auf Sand fast unsichtbar.
Wissenswertes Sandbodenbewohner von Meeresdünen und feinsandigen Binnendünen, im Küstenbereich sehr häufig. Gräbt eine bleistiftartige Röhre senkrecht in den Sand und lauert im Eingang auf Beute.

Wolfspinne
Pardosa lugubris
Wolfspinnen

Merkmale Länge: Männchen 5–6 mm, Weibchen 7 mm (mit Kokon 11 mm). Laufspinne ohne Netz. Dunkelbraun mit hellbraunen Härchen. Weibchen mit hellbraunem Mittelstreifen auf dem Rückenschild.
Wissenswertes Überall an sonnigen trockenen Stellen. Die Spinnen spüren die Beute mit den Augen auf und greifen blitzschnell zu. Weibchen im Sommer mit Kokon am Hinterleib.

Gerandete Jagdspinne
Dolomedes fimbiatus
Jagdspinnen

Merkmale Länge: Männchen 10–13 mm, Weibchen 15–22 mm. Kurzbeinige Art, Grundfärbung rotbraun mit weißem oder gelblichem Längsband an den Seiten. Weibchen kontrastärmer.
Wissenswertes Als »Wasserläufer« bewohnt diese Art die Ufer von Teichen, Gräben oder Moorgewässern und sitzt im dichten Gewirr der Verlandungszone. Dabei hält sie die Vorderbeine ins Wasser. Bei Vibrationen beißt sie zu und erbeutet selbst Stichlinge und kleine Frösche. Das Weibchen trägt den Eikokon 2–3 Wochen lang umher. ▽

Listspinne
Pisaura mirabilis
Jagdspinnen

Merkmale Länge: Männchen 10–12 mm, Weibchen 11–15 mm. Langbeinige Spinnen. Hell lehmbraune Grundfärbung, zahlreiche Farbvarianten. Vorderkörper mit breitem dunklen Mittelband, von einer gelben Linie in der Mitte geteilt. Haarbüschel zwischen den hinteren Mittelaugen.
Wissenswertes Ruhen oft flach ausgestreckt auf Blättern. Insekten ergreifen sie blitzschnell mit den Vorderbeinen. Vor der Paarung im Juni bringt das Männchen der Partnerin ein eingesponnenes Insekt als Brautgeschenk.

Wasserspinne
Argyroneta aquatica
Wasserspinnen

Merkmale Länge: Männchen 10–15 mm, Weibchen 8–9 mm. Einzige Webspinne, die unter Wasser lebt. Vorderkörper dunkelbraun, Hinterkörper mit dichtem Haarkleid, von silbrig glänzender Lufthülle umgeben.
Wissenswertes Diese Spinne lebt oft in sauberen Süßgewässern, in denen Tausendblatt und Wasserpest vorkommen. Sie baut sich unter Wasser einen Gespinstteppich und füllt diesen in mehreren Tauchgängen mit Luft. Alle Lebensvorgänge wie Beutefang, Paarung oder Eiablage finden dort statt. ▽

Bodentrichterspinne
Coelotes terrestris
Trichterspinnen

Merkmale Länge: Männchen 8–9 mm, Weibchen 11–14 mm. Kurzbeinig, untersetzt mit etwa gleichgroßem Vorder- und Hinterkörper. Erdbraun.
Wissenswertes Lebt überall am Waldboden von Laub- und Nadelwäldern in Mitteleuropa. Diese Art baut ein dicht gewobenes trichterförmiges Netz mit kreisrundem Eingang. Dahinter führt eine fingerlange Röhre bis in eine kleine Höhle, in der die Spinne wohnt. Nachts lauert sie im Eingang. Das Weibchen versorgt etwa 100 Jungspinnen sehr intensiv mit Futter.

Hausspinne
Tegenaria atrica
Trichterspinnen

Merkmale Länge: Männchen 13–15 mm, Weibchen 12–18 mm. Beine dreimal so lang wie der Körper. Braun, Hinterkörper dunkle Winkel als Muster.
Wissenswertes Typische Hausspinne, die jeder kennt. Das große Netz wird oft in Zimmerecken gebaut. Bei Nahrungsmangel verlassen die Tiere das Netz und laufen nachts sehr schnell umher. Geraten sie in glattwandige Badewannen, können sie diese nicht mehr verlassen. Sie können 4–7 Jahre alt werden, wenn sie unentdeckt bleiben.

Labyrinthspinne
Agelena labyrinthica
Trichterspinnen

Merkmale Länge: Männchen 8–12 mm, Weibchen 10–15 mm. Vorderkörper hellbraun, 2 seitliche dunkle Längsbänder, Hinterkörper dunkelgrau mit hellerem Mittelstreifen und Winkelzeichen.
Wissenswertes Auf sonnigen Flächen mit niedriger Vegetation sind die weitmaschigen Trichternetze oft zahlreich nebeneinander wie Tücher ausgelegt. Raumfäden bringen fliegende Insekten zum Absturz, auf die die Spinne sich aus ihrer Wohnröhre stürzt. Der Eikokon wird in der Wohnröhre aufgehängt.

Gartenkreuzspinne
Araneus diadematus
Radnetzspinnen

Merkmale Länge: Männchen 5–9 mm, Weibchen 10–18 mm. Kräftige Spinnen mit ovalem, dickem Hinterleib. Färbung sehr variabel. Von grün, strohgelb, orange, rot- bis schwarzbraun. Alle Formen mit typischer Kreuzzeichnung.
Wissenswertes Jeweils zu Tagesbeginn erneuert das Weibchen das kreisrunde Radnetz. Diese Art baut es in den Monaten August–Oktober in 1–2,5 m Höhe zwischen Bäume oder Gebüsch. Dazu spannt die Spinne einen Faden zwischen 2 Pflanzenstängel. Von der Mitte dieses Brückenfadens zieht sie ein straffes Spannseil senkrecht nach unten. Dieses Kabel besteht aus vielen Einzelfäden und ist nur 0,008 mm dick. Dann werden 18–20 Speichen eingezogen. Auf diese Speichen legt die Spinne eine Hilfsspirale. Danach baut sie eine klebrige Fangspirale mit einer klebstofffreien Mitte im Netz. Dort sitzt sie, die 8 Beine liegen als Horchorgan auf den Speichen. Das Weibchen stirbt im Herbst, die Jungspinnen schlüpfen im folgenden Mai und bauen die ersten Radnetze.

Vierfleck-Kreuzspinne
Araneus quadratus
Radnetzspinnen

Merkmale Länge: Männchen 8–10 mm, Weibchen 12–20 mm. Sehr massig wirkend mit hellbraunem Vorderkörper und dunklem Längsband. Hinterkörper sehr variabel: Junge Weibchen beginnen mit gelbgrün, später Verfärbung über orangerot zu dunklem Braun. Fleckenmuster aus 4 ovalen Flecken.
Wissenswertes Kaum 50 cm hoch webt diese Art ihr lockeres Radnetz in offenem, feuchtem Gelände, häufig an Disteln. Morgens und abends sitzt sie mitten in der Radnabe, in der Zwischenzeit in einem Schlupfwinkel.

Spaltenkreuzspinne
Nuctenea umbratica
Radnetzspinnen

Merkmale Länge: Männchen 6–7 mm, Weibchen bis 16 mm. Kräftige Radnetzspinne, aber Hinterleib auffallend flach. Oben mit einer eichenblattähnlichen Zeichnung, die weißlich umrahmt ist.
Wissenswertes Wo sich an Mauern, Scheunen oder absplitternder Borke Ritzen anbieten, baut diese häufige Radnetzspinne ihr Netz. Dessen Nabe ist nicht mittig, sondern zum Rand verschoben. Die Spinne sitzt nur nachts im Netz, tagsüber in einem Schlupfwinkel. Das Netz ist sehr groß und hat einen Durchmesser von etwa 70 cm.

Körbchenspinne
Agalenatea redii
Radnetzspinnen

Merkmale Länge: Männchen bis 5 mm, Weibchen bis 7 mm. Hinterleib breit, kreisförmig mit kurzem, hellen Härchenflaum besetzt. Grundfärbung dunkelbraun. Netz mit typischer Schlupfwinkelform: weißes napfförmiges Gespinst oben auf trockener Pflanze.
Wissenswertes Auf niedrigen Büschen und Stauden liegen in etwa 1 m Höhe die mit weißer Seide dicht gesponnenen Körbchen, die Schlupfwinkel für schlechtes Wetter. Zur Fortpflanzungszeit im Mai sitzen Männchen und Weibchen darin friedlich nebeneinander.

Wespenspinne
Argiope bruennichi
Radnetzspinnen

Merkmale Länge: Männchen 4–6 mm, Weibchen 14–17 mm. Unverwechselbare Spinne: Hinterleib gelb, mit weißen und schwarzen Querstreifen. Netz mit Zickzackband.
Wissenswertes Die Brachflächen und Teichränder bewohnende Spinne hat Mitteleuropa erobert. Aus dem Mittelmeerraum kommend hat sie die Nordsee erreicht. Mit ihrem Netz in Kniehöhe fängt sie vorwiegend Feldheuschrecken. Bei Gefahr bringt die Spinne das Netz zum Schwingen und ist dann im Zickzackband nicht mehr wahrnehmbar.

Herbstspinne
Metellina segmentata
Radnetzspinnen

Merkmale Länge: Männchen 4–6 mm, Weibchen 6–8 mm. Vorderkörper hellbraun, oberseits dunkle Längsbinde, die sich nach vorne gabelt. Hinterleib weißlich bis gelblich, oft rötliche Zeichnung.
Wissenswertes Netz mit offener Nabe. Zur Paarungszeit im September sitzt die Spinne überall an Waldrändern mitten im Netz. An den Rändern sind die deutlich kleineren Männchen zu sehen. Fängt sich Beute im Netz, eilen sie herbei um das Beutetier einzuspinnen. Der schnellste umwirbt damit die Spinne.

Gewöhnliche Streckerspinne
Tetragnatha extensa
Streckerspinnen

Merkmale Länge: Männchen 5–9 mm, Weibchen 6–12 mm. Sehr schlanker Körperbau, lang gestreckter Hinterleib und lange Beine – außer letztes Beinpaar. Kräftige Kieferklauen. Hinterleib gelbgrün mit Perlmuttglanz. Oberseits mit schwarzem Längsstreifen.
Wissenswertes In Tarnhaltung legt sie die Beine an und sitzt »gestreckt« am Halm. Immer in Wassernähe und oft auf Schilfblättern ist sie in ganz Europa häufig. Sie baut kleine Radnetze mit offener Nabe und kaum 20 Speichen.

Gewöhnliche Baldachinspinne
Linyphia triangularis
Baldachinspinnen

Merkmale Länge 1–6 mm. Sehr klein, bedornte Beine. Bauch meist dunkel, Rückenseite heller (Verkehrtfärbung). Typische waagerechte kleine Netze, dicht an dicht im Morgentau.
Wissenswertes Mit die häufigste Spinne Mitteleuropas. Man kennt sie eigentlich nur von ihren Netzen. An Herbsttagen bedecken diese die Strauchschicht von Wäldern zu Tausenden. Dort sitzen die Spinnen bauchoben und lauern auf Beute, die in die wirren Stolperfäden gerät und auf den Baldachin fällt.

Große Zwergspinne
Walckenaeria acuminata
Baldachinspinnen

Merkmale Länge: Männchen 2 mm, Weibchen 2,5 mm. Zwerghaft, auffallend rotbraune Beine, schwarzer Hinterleib. Männchen: merkwürdiger Stiel auf dem Kopf, an dessen Ende und Mitte insgesamt 8 Augen liegen. Weibchen ohne Augenstiel, aber mit kleinem Höcker auf dem Kopf.
Wissenswertes Die Funktion des Augenstiels ist noch nicht bekannt. Vermutlich dient er der Partnerfindung und Erkennung. Sie leben im Frühling am Waldboden, laufen manchmal über Schnee.

Gebänderte Kugelspinne
Enoplognatha lineata
Kugelspinnen

Merkmale Länge: Männchen 5–6 mm, Weibchen 6–7 mm. Zart mit kugeligem Hinterkörper, dieser blassgelb mit 2 gezackten und leuchtend roten Längslinien oberseits. Vorderkörper hellbraun.
Wissenswertes Oft an Wegrändern und niedrigen Büschen. Diese Art überzieht Zweigspitzen und höhere Pflanzen – hier eine Flockenblume – mit einem unregelmäßigen Gespinst, das auch kräftige Insekten fangen kann. Die Spinne selbst sitzt in einem Schlupfwinkel, der meist aus 2 zusammengesponnenen Himbeerblättern besteht.

Zwergkugelspinne
Theridion pallens
Kugelspinnen

Merkmale Länge 1,6–1,7 mm. Winzig, kugelförmig, gelblich bis weißlich. Kokon oft zu finden, er ist schneeweiß mit zipfeligen Fortsätzen.
Wissenswertes Diese wirklich zwergenhafte Spinne ist sehr häufig und leicht zu finden. Sie bewohnt, v. a. in wärmeren Gebieten und an sonnenverwöhnten Waldrändern, die Unterseite von Eichenblättern. Auf diese heftet sie im Juni–Juli auch ihre auffälligen Eikokons mit etwa 20 Eiern. Es sind sehr ungewöhnliche Gebilde, die nicht zu übersehen sind.

Fettspinne
Steastoda bipunctata
Kugelspinnen

Merkmale Länge: Männchen 5 mm, Weibchen bis 7 mm. Fettig glänzender, etwas abgeplatteter Hinterleib. Dunkelbraun. Geschlechter fast gleich.
Wissenswertes Diese Spinnenart ist in Europa wohl das häufigste Haustier. Selbst in trockenen und sauberen Räumen lebt sie noch und kann monatelang ohne Wasser und Nahrung auskommen. Im Freiland lebt sie an Felsen und Baumstämmen. Die Männchen erzeugen durch Auf- und Abwippen des Hinterkörpers Zirptöne, um Weibchen anzulocken.

Große Zitterspinne
Pholcus phalangoides
Zitterspinnen

Merkmale Länge 7–12 mm. Sehr lange Beine, ähnelt Weberknecht. Körper ist aber nach Spinnenart deutlich zweigeteilt. Körperfarbe grauweiß, Beine hellbraun mit dunklen Gelenkflecken.
Wissenswertes Diese Spinne ist in Mitteleuropa eine typische Tierart von Neubauten. Dort sitzt sie vorwiegend in den Kellern an der Decke neben ihrem unregelmäßigen Fangnetz. Bei Beunruhigung beginnt sie schnell zitternd zu vibrieren (Name). Das Weibchen trägt oft rosa Eiballen mit den Kieferklauen herum.

Speispinne
Scytodes thoracica
Speispinnen

Merkmale Länge: Männchen 4,5 mm, Weibchen bis 8 mm. Hochbeinig, weberknechtähnlich. Hellbraun mit unregelmäßiger Fleckung. Vorderkörper etwas größer als Hinterkörper.
Wissenswertes Diese Art lebt in Mitteleuropa vorwiegend in alten Häusern, in Südeuropa sehr oft unter Steinen. Dieser Kosmopolit hat 2 verschiedene Giftdrüsen: Eine produziert Spinnfäden, die sie auf ihr Opfer spukt und es fesselt. Die andere enthält das Gift für den Biss. Selbst große Fliegen erbeutet er so.

Fischernetzspinne
Segestria senoculata
Fischernetzspinnen

Merkmale Länge 7–10 mm. Vorderleib (Prosoma) hellbraun, 6 Augen in 2 Dreiecken angeordnet, Hinterleib (Opisthosoma) hellgrau, dunkles Zeichenmuster.
Wissenswertes Legt besondere Netze in der rissigen Borke von Kiefern an. Sie bestehen aus einer etwa 5 cm langen Wohnröhre, von der sternförmig Signalfäden ausgelegt werden. Mitten im »Fischernetz« lauert die Spinne auf stolpernde Opfer. Die Männchen müssen vor der Wohnröhre werben, um nicht für Beute gehalten zu werden.

Dreieckspinne
Hyptiotes paradoxus
Kräuselradnetzspinnen

Merkmale Länge: Männchen 4 mm, Weibchen 5 mm. Vorderleib kreisrund, flach. Hinterleib mit Buckel, der von der Seite dreieckig aussieht. Kurze Beine. Beide Geschlechter orangebraun.
Wissenswertes Die Dreieckspinne hat eine besondere Fangtechnik entwickelt, die »Schlagfallentechnik«. Ihr Netz besteht nur aus 3 Segmenten eines Rades. Es wird mit den Vorderbeinen am Signalfaden auf Spannung gehalten. Gerät Beute ins Netz, lockert die Spinne den Faden schlagartig, und die Beute verstrickt sich in einem unentwirrbaren Knäuel. Mit dieser Fallentechnik können selbst große und wehrhafte Beutetiere wie Wespen gefangen werden. Die Methode, Beute bis zur Bewegungslosigkeit zu fesseln ist notwendig, da Kräuselradnetzspinnen die Giftdrüsen fehlen. Auf diese Weise leben etwa 200 Arten. Die Dreieckspinne lebt vorwiegend in Nadelwäldern und baut ihre Netze im Hochsommer nur an Fichten. Sie ist in Mitteleuropa weit verbreitet, kommt jedoch nie in großen Dichten vor.

Fensterspinne
Amaurobius fenestralis
Finsterspinnen

Merkmale Länge: Männchen bis 6 mm, Weibchen 7–8 mm. Große, kräftige Spinnen mit dunkelbraunem Kopf und graubraunem Hinterkörper mit dunkler, herzförmiger Zeichnung.
Wissenswertes Weil diese Art nicht nur unter Rinde in Mittelgebirgswäldern lebt, sondern ihre röhrenförmigen Netze auch häufig in Fensternischen von Kellern baut, heißt sie Fensterspinne. Zunächst bewacht das Weibchen ihren Eikokon, nach ihrem Tod dient es den Jungspinnen als zusätzliche Nahrung. In ganz Mitteleuropa häufig.

Grüne Lauerspinne
Nigma walckenaeri
Kräuselspinnen

Merkmale Länge 4–5 mm. Auffallend grün gefärbter Hinterkörper mit glänzenden weißen Borstengruppen, Vorderkörper und Beine gelblich.
Wissenswertes Überall an südexponierten Hauswänden mit Kletterpflanzen wie Efeu oder Wilder Wein ist diese Spinne oft massenhaft zu finden. Sie baut ein kleines Flächenetz über ein kahnförmig gebogenes Blatt. Darunter lauert die Spinne und fängt Insekten bis zur Größe einer Stubenfliege. Nach der Paarung versteckt das Weibchen runde, flache Kokons in Mauernischen.

Rote Röhrenspinne
Eresus cinnaberinus
Röhrenspinnen

Merkmale Länge: Männchen 8–11 mm, Weibchen 10–16 mm. Männchen prächtig gefärbt. Vorderkörper tiefschwarz mit orangeroten Haaren an der Brustseite, Hinterkörper zinnoberrot mit 4 schwarzen Flecken. Beine oft schwarzrot geringelt. Weibchen fast doppelt so groß wie Männchen. Hinterkörper samtschwarz, Vorderkörper schwarz mit einigen weißen Haaren.
Wissenswertes Eine der schönsten Spinnen Mitteleuropas. Sie lebt in Kolonien auf sandigen und sehr warmen Trockenrasen und Heiden. Vorkommen am Kaiserstuhl, in der Lüneburger Heide und in den Karstgebirgen. Die Weibchen leben in fingertiefen Erdhöhlen, deren Eingänge von einem vorzeltartigen Gespinst überdacht sind. Zur Fortpflanzungszeit von September–Mai vagabundieren die farbenprächtigen Männchen auf der Suche nach Wohnröhren paarungsbereiter Weibchen umher. Die Weibchen leben etwa 3 Jahre in ihren Wohnröhren und fangen Käfer. Sie füttern ihre 50–100 Jungen in der ersten Zeit mit vorverdauter Nahrung und bauen die Röhre zum Wohnnetz aus. ▽

Tapezierspinne
Atypus piceus
Tapezierspinnen

Merkmale Länge: Männchen 7–10 mm, Weibchen 10–15 mm. Typisches Merkmal: mächtige, nach vorne gerichtete Grundglieder der Kieferklauen (Cheliceren), darunter Endglieder mit Giftdrüsen, »orthognathe« Spinnen. Männchen schwarz, Weibchen dunkelbraun.
Wissenswertes Tapezierspinnen fallen wegen der Stellung ihrer Kieferklauen aus dem üblichen Spinnenschema heraus und gehören zu den Vogelspinnen. In Mitteleuropa leben nur 3 Arten. *Atypus piceus* lebt an sonnigen Rändern trockener Kiefernwälder. Die Weibchen bauen sich bis zu 80 cm tiefe Erdhöhlen, die sie mit Spinnenseide auskleiden. Am Eingang jeder Röhre setzt ein auf dem Boden liegender Fangschlauch an. Er wird mit Erde und Gras getarnt. In diesem sitzt die Spinne nachts bauchoben und greift sich Beute, die den Schlauch überquert. Diese Art lebt meist in Kolonien. Die Männchen vagabundieren auf der Suche nach paarungswilligen Weibchen durch die Kolonie. Die Jungspinnen bleiben im Winter beim Weibchen.

Asselspinne
Nymphon spec.
Asselspinnen

Merkmale Länge 4–5 mm, Beinlänge 16–20 mm. Meeresbewohnender Gliederfüßer mit zurückgebildetem Körper. Umriß scheibenförmig. 4–5 Laufbeinpaare. Muskulöser, oft körperlanger Saugrüssel. Färbung leicht rosa.
Wissenswertes Die Art scheint nur aus Beinen zu bestehen. Sie krabbelt in der Küstenzone zwischen Schwämmen, Tang und Polypenstöcken und saugt mit dem Saugrüssel Polypen aus. Ihre Lebensweise ist recht unbekannt. Manchmal sieht man Männchen mit Eiballen.

Küsten-Asselspinne
Pycnogonum littorale
Asselspinnen

Merkmale Länge: Männchen bis 14 mm, Weibchen bis 18 mm. Fast nur aus 4 Beinpaaren bestehend. Körperhaut zäh, lederartig. Vorderleib weißlich, rüsselartiger Fortsatz. Hinterleib stabförmige Röhre.
Wissenswertes Die häufigste Asselspinne der Nordsee lebt unter Steinen, zwischen Seegras und saugt an Seeanemonen. Im Frühjahr tragen die Männchen Eiballen an Eiträgern. Die Larven werden auf Nesseltierkolonien gesetzt. Ihre Biologie ist noch kaum bekannt.

Vielgestaltige Schalenträger: Weichtiere

Jeder Tierstamm besitzt charakteristische Grundeigenschaften, die im Laufe der Jahrmillionen langen Evolution zu immer neuen Variationen kombiniert wurden und die Arten bildeten. Die beiden wichtigsten Grundmerkmale der Weichtiere sind eine äußere, starre Kalkschale, die sich auf der Rückenseite der Tiere bildet und eine Schabeplatte im Vorderdarm, mit der Nahrung zerkleinert werden kann.

Die Kalkschale brachte zwar vielfach Schutz vor Fressfeinden mit sich, aber auch eine gewisse Unbeweglichkeit. Dagegen entwickelten sie ein neues Bewegungsinstrument, den so genannten Bauchfuß. Dieser und die bewegliche Raspelzunge, Radula genannt, eröffnete den Mollusken ein weites Lebensfeld – die Weite der Meere, die Tiefsee, das Süßwasser und das Land. In dieser großen und nischenreichen Umwelt entwickelten die Weichtiere eine bizarre Formenvielfalt mit derzeit geschätzten 130 000 Arten weltweit. Sie reicht vom wurmähnlichen Mollusken von wenigen Zentimeter Länge bis zum 20 Meter langen Riesentintenfisch.

Tintenfische sind hochentwickelte Weichtiere, deren Arme am Kopf sitzen.

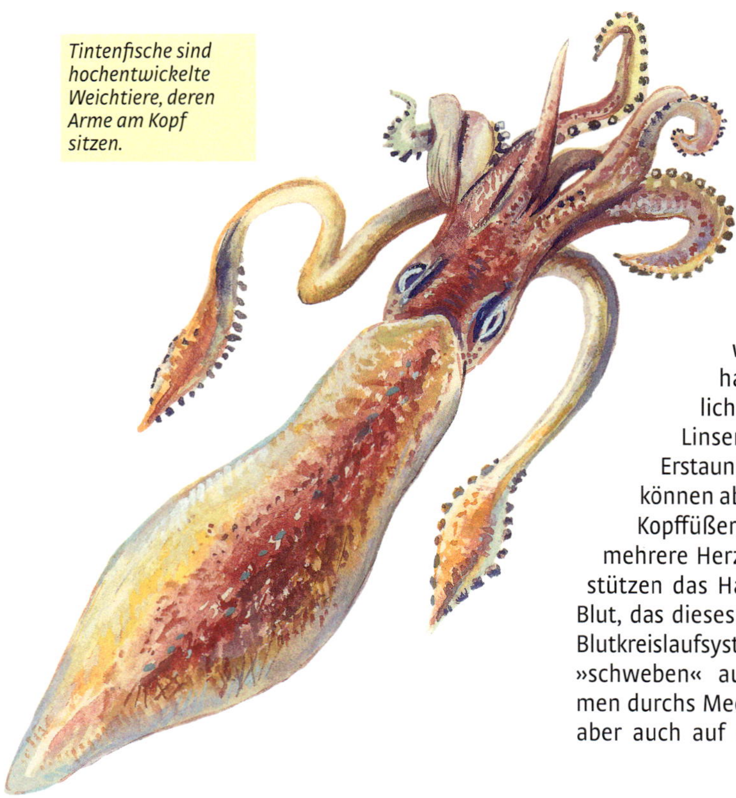

Der Stamm der Weichtiere lässt sich in sieben Klassen gliedern, die von den Tintenfischen, die richtigerweise Tintenschnecken oder noch besser Kopffüßer heißen, über die Muscheln und Schnecken bis zu den ursprünglichen Käferschnecken reichen. Alle diese Körpervariationen gehen auf zwei Grundformen zurück.

Die erste Grundform besteht aus einem abgeplatteten Körper mit achtteiliger Schale (Käferschnecken) oder einem abgeplatteten Körper mit zweiteiliger Schale (Muscheln). Die zweite Grundform lässt sich als ein gestauchter Körper mit einem Eingeweidesack und einer Mantelhöhle beschreiben.

Von diesem zweiten Grundtyp lassen sich trotz reicher Formenfülle alle Schnecken und Kopffüßer ableiten. Wie nah diese Formen – trotz ihres unterschiedlichen Aussehens – miteinander verwandt sind, zeigt die jeweils sehr ähnliche Entwicklung ihrer Jugendstadien.

Für den Naturbeobachter der europäischen Fauna sind jedoch sicher die einzelnen Arten und ihre Vielfalt im Erwachsenenstadium interessanter.

Tintenfische: Kopffüßer mit hochentwickelten Sinnen

Das Auffälligste an den Tintenfischen sind die langen Arme oder Füße, die um die Mundöffnung stehen. Daher heißen sie auch Kopffüßer. Man unterscheidet dabei die Zehnarmer wie den Gewöhnlichen Tintenfisch und die Gruppe der Achtarmer, die Kraken. Fast immer sitzen viele Saugnäpfe an den Armen, mit denen sich die Tiere an Gegenständen festsaugen oder Beute fangen können. Sinneszellen um die Saugnäpfe geben ihnen Informationen über die Form der festgehaltenen Beute. Am Kopf, der die Arme trägt, sitzen zwei Augen, deren Pupillen beweglich sind. Oft glaubt man deshalb beinahe, sie hätten menschliche Züge. Die hoch entwickelten Linsenaugen der Tintenfische leisten Erstaunliches: Sie erkennen viele Muster, können aber keine Farben sehen.

Kopffüßer sind Kiemenatmer und haben mehrere Herzen. Zwei Kiemenherzen unterstützen das Hauptherz mit sauerstoffreichem Blut, das dieses durch ein fast geschlossenes Blutkreislaufsystem pumpt. Tintenfische »schweben« auf Flossensäumen durchs Meer, kriechen aber auch auf dem Meeresboden umher oder graben sich dort ein und lauern auf Beute. Bei Gefahr geben sie eine Tintenwolke ins Wasser ab und verwirren dadurch die Geruchssinne des Gegners. Zur Begattung überträgt der männliche Tintenfisch mit einem besonders geformten Arm, dem Hectocotylus, ein Spermapaket in die Mantelhöhle des Weibchens. Dieses legt Eipakete, aus denen fertig entwickelte kleine Tintenfische schlüpfen, die im Laufe der Zeit heranwachsen.

Die Larven der Wandermuschel (Dreissena polymorpha) *schwimmen frei im Wasser. So konnte sich die Art fast über ganz Mitteleuropa verbreiten.*

Muscheln: Leben mit zwei Schalen

Im Allgemeinen Sprachgebrauch werden Meeresschnecken »Muscheln« genannt. Wissenschaftlich gesehen hat die Klasse der Muscheln ein eindeutiges Kennzeichen: Diese Weichtiere besitzen stets zweischalige Gehäuse. Dies drückt auch der wissenschaftliche Name »Bivalvia« aus: Er bedeutet »zwei Schalen«.

Innerhalb der Muschelschalen befindet sich ein Mantelraum, in dem die Kiemen und andere Organe der Tiere liegen. Der auffälligste Teil der Muscheln ist ihr muskulöser Fuß, den sie aus dem Haus strecken können und mit dessen Hilfe sie sich durch den Meeresboden pflügen.

Muscheln atmen, indem sie durch eine Einströmöffnung Wasser in den Kiemenraum strudeln. Gleichzeitig benutzen sie diesen Vorgang zur Ernährung: Sie filtern schwebende Partikel aus dem Atemwasser und leiten sie dem Mund zu. Muscheln sind somit perfekte Filteranlagen mit erstaunlicher Wirksamkeit: Eine Miesmuschel filtert in einer Stunde etwa 1,5 Liter Meereswasser. Weil sie auf diese Art und Weise be-

Die Große Pilgermuschel (Pecten maximus) *gehört zu den Kammmuscheln: Sie besitzt am Mantelrand Tentakel mit vielen Augen, mit denen sie recht gut »sehen« kann.*

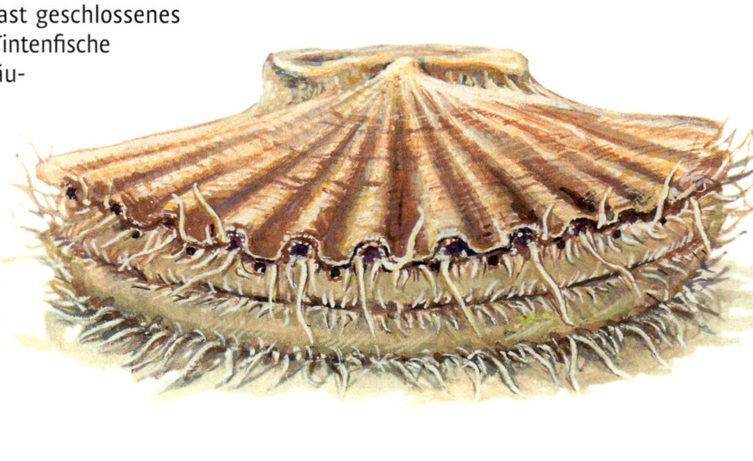

deutend zur Reinigung des Wassers beitragen, gehören Muscheln zu den wichtigsten Tieren von Meeren und Süßgewässern.
Einige Muschelarten wechseln im Laufe ihres Lebens mehrfach das Geschlecht. Sie können abwechselnd entweder Samen oder Eier produzieren, die sie ins freie Wasser abgeben. Allein eine Auster produziert pro Jahr etwa 100 Millionen Eier, aus denen sich kleine so genannte Veliger-Larven entwickeln. Diese Larven können mit der Strömung weit verbreitet werden.
Bei einer ursprünglich nur im Meer vorkommenden Art, der Wandermuschel führte dieser Transport der Larven mit der Stömung sogar dazu, dass sie in dem unglaublich kurzen Zeitraum von nur 30 Jahren die Süßwasserflüsse und -ströme ganz Mitteleuropas besiedeln konnte. Heute ist sie dort überall in Massen zu finden, was jedoch zu Problemen führt: Ihre Larven verstopfen die Filter von wassergekühlten Industrieanlagen.
Muscheln sind allerdings nicht nur auf passive Verbreitung angewiesen. Sie können auch selbst erstaunliche Geschwindigkeiten erreichen. Die Kammmuscheln beispielsweise, deren Schalen an einen Fächer erinnern, besitzen an ihrem Mantelrand zahlreiche kleine Augen. Erkennen sie damit feindliche Seesterne oder Kopffüßer, schießen diese Tiere durch blitzartiges Schließen der Schalen förmlich durch das Wasser und springen gelegentlich sogar aus dem Wasser heraus. Möglich werden diese Bewegungen durch zwei unterschiedliche Schließmuskeln: Der eine Typ sorgt für blitzartiges Schließen der Schalen. Der andere hält die beiden Schalenhälften oft tagelang fest zusammen, ohne dabei Arbeit leisten zu müssen.

Schließmundschnecken haben lange, spiralförmige Häuser. Bei manchen ist der Eingang mit Zähnchen besetzt.

Schnecken: vielfältig und artenreich

Innerhalb der Mollusken haben sich die Gastropoden – so lautet der wissenschaftliche Name der Schnecken – mit etwa 110 000 Arten sehr erfolgreich über die ganze Erde verbreitet. Ihr Kennzeichen zeigt schon die Übersetzung des Namens »Gastropoda«: Er bedeutet »Bauchfüßer«. Schnecken haben einen spindelförmigen Mantelsack, in den die Organe eingebettet sind und der selbst in einem Haus geschützt liegt wie bei der Schließmundschnecke mit ihrem langen, spiralförmigen Haus. Auch bei Arten ohne Haus wie den Nacktschnecken sind die Anlagen des Hauses noch unter der Haut zu finden.

Zur Fortbewegung schiebt die Schnecke einen Teil ihres Körpers, den man als Fuß bezeichnet, aus dem Haus. Am Vorderende des Schneckenkörpers sitzt der Kopf mit einer Mundöffnung und vier Tentakeln, an deren Spitze kleine schwarze Augen liegen. Diese Tentakel fungieren als »Fühlhörner« und helfen der Schnecke bei der Orientierung.
Die Bewegungstechnik der Schnecken kann man in einem einfachen Versuch leicht beobachten: Setzt man eine Weinbergschnecke auf eine Glasscheibe, erkennt man von unten wie rhythmische Wellen über die Fußsohle laufen. Diese entstehen durch Längsmuskeln, die sich rhythmisch zusammenziehen. Durch die anschließende Kontraktionen von Quermuskeln werden diese Wellen nach vorne bewegt. Die langsame Bewegung der Schnecken ist also ein Wechselspiel von Längs- und Quermuskeln.

Eine Schleimschicht schützt die Nacktschnecke. Unter der Haut liegen noch Reste des Gehäuses.

Eine weitere Besonderheit der Schnecken sind Spezialausbildungen der Kieferplatten. Diese beweglichen Raspelzungen (Radula), die mit winzigen Zähnchen – manche Schnecken tragen auf ihrer Radula bis zu 800 000 davon – ausgestattet sind, erweisen sich als sehr leistungsfähiges Instrument zum Abweiden von Algen oder Zerkleinern von Blättern.

Spannende Paarungsspiele

Die Ausformung von Geschlechtsorganen ist bei den Gastropoden außerordentlich vielfältig. Sie können als weibliche und männliche Organe auf verschiedenen Tieren angelegt sein oder auch in einem Tier vereint vorliegen (Zwitter). Weinbergschnecken zum Beispiel sind Zwitter. Jedes Tier stellt bei der Begattung sowohl Männchen als auch Weibchen dar. Nach einem Stunden dauernden Paarungsspiel, bei dem sich die Tiere gegenseitig kleine Kalkpfeile in den Fuß rammen, fungiert jeweils eine Schnecke als Männchen, die andere als Weibchen. Die als Weibchen fungierende Schnecke legt anschließend ihre Eier in eine selbst gegrabene Erdhöhle. Die Jungschnecken wachsen heran und erweitern nach und nach beim Wachsen ihr Haus um einen weiteren Umgang.

Brutvorsorge: Die Weinbergschnecke (Helix pomatia) legt ihre Eier in Erdhöhlen. Ein Kalkdeckel vor dem Haus bietet im Winter Schutz.

Geschützt vor Kälte und Brandung

Schnecken können unwirtliche Zeiten auf verschiedene Art und Weise überstehen. Die landbewohnenden Weinbergschnecken bauen sich für die Überwinterung einen Kalkdeckel und verschließen mit ihm für Monate ihr Haus.
Im Wasser lebende Schnecken dagegen verfügen vielfach über ein Deckelchen, das fest am Fuß angewachsen ist. Damit können sie ihr Haus blitzschnell verschließen. Besonders deutlich zu beobachten ist dies bei der Schnauzenschnecke.
Eindrucksvoll ist auch der Deckel der Strandschnecke *Littorina*, der sich beim Einziehen des Fußes in das Gehäuse passgenau in die Öffnung setzt. Mit diesem genialen Verschluss ist *Littorina* in der Lage, selbst die Brandungszonen der Meere zu nutzen, um Algen von Felsen abzuweiden. Fällt ihr Lebensraum trocken, kann sie ihr Haus verschließen und hat trotzdem immer noch einen ausreichenden Vorrat von Atemwasser bei sich.

Haus mit Tür: Die Schnauzenschnecke (Bithynia tentaculata) besitzt am Fuß ein Deckelchen. Zieht sich die Schnecke zurück, verschließt es den Eingang.

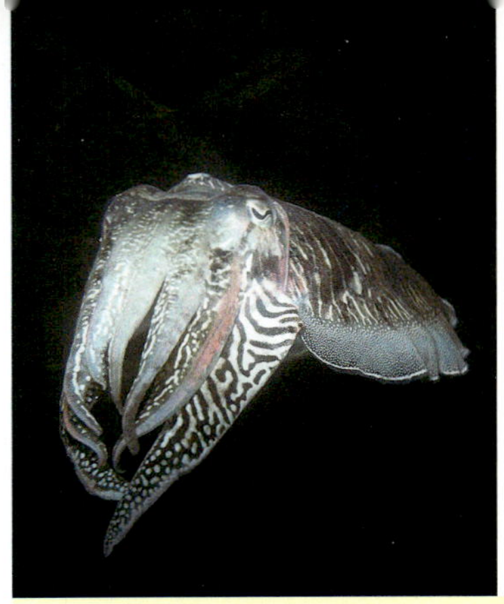

Gewöhnlicher Tintenfisch
Sepia officinalis
Kopffüßer

Merkmale Länge bis 35 cm, Fangtentakel weitere 30 cm. Breiter, abgeflachter Eingeweidesack mit Flossensaum. 2 große Augen. Mundöffnung mit 8 kurzen und 2 langen Fangarmen, nur an der Spitze mit Saugnäpfen versehen. Hautfärbung variabel, da je nach Stimmung ein Farbwechsel erfolgt.
Wissenswertes Dieser Tintenfisch bewohnt die Flachwasserbereiche europäischer Küsten und lebt dort eingegraben im Sand. Bei Gefahr kann er aus einer Tintendrüse eine dunkle Flüssigkeit ausstoßen, die ihm Sichtschutz gewährt. Seine Beute hält er mit den Saugnäpfen der Tentakel fest. Tintenfische sind getrenntgeschlechtlich, es gibt also Männchen und Weibchen. Die Eier werden in schwarzen Kapseln an Steine geklebt. Daraus schlüpfen kleine Jungtiere, die den Alttieren gleichen. Tintenfische sind biologisch Tintenschnecken. Ihre Schale ist als Rest noch vorhanden und liegt in einer Tasche des Weichkörpers. Dieser so genannte Schulp ist oft am Strand zu finden. Er ist ein langovales weißes Gebilde, leicht und besteht aus porösem Kalk.

Zirrenkrake
Eledone cirrosa
Kopffüßer

Merkmale Länge etwa 40 cm. Kleinerer Tintenfisch, besteht scheinbar nur aus Kopf und Füßen. Typisches Merkmal: 8 Arme, die mit einer Reihe von Saugnäpfen besetzt sind. Die Zirrenkrake besitzt keine Innenschale (Schulp).
Wissenswertes Die europäischen Küsten mit Ausnahme der Ostsee und des östlichen Mittelmeeres sind der Lebensraum der Zirrenkrake. Sie hält sich tagsüber in natürlichen Höhlen auf, nachts kriecht sie auf ihren Armen umher oder schwimmt per Rückstoß aus der Mantelhöhle. Zirrenkraken erbeuten Muscheln, Krebse oder Fische, die mit einem Gift aus Speicheldrüsen gelähmt werden. Sie leben in 20–30 m Tiefe, wurden aber bei den Färöer-Inseln auch schon in 70 m Tiefe gefunden. Diese Art ist häufig in großen Aquarien zu beobachten. Eindrucksvoll ist ihre Paarung. Dabei umfasst das Männchen den Mantel des Weibchens und überträgt mit seinem Begattungsarm ein Samenpaket. Die Weibchen werden nur einmal befruchtet. Eine verwandte Art im Mittelmeer ist die Moschuskrake, die nach Moschus riecht.

Elefantenzähnchen
Dentalium entalis
Kahnfüßer

Merkmale Größe 2,5–5 cm, in Ausnahmefällen 12 cm. Elefantenzahnähnliche Kalkröhren, beiderseits offen, an einer Seite spitz zulaufend. Die Farbe der Röhren ist elfenbeinähnlich, das Material zerbrechlich dünner Kalk.
Wissenswertes Die Kahnfüßer stehen biologisch zwischen Schnecken und Muscheln. Es sind sesshafte Tiere, die im Meeresboden leben, von der Strandzone bis in 7000 m Tiefe. Der Fuß der Kahnfüßer ist ein Grabfuß, mit dem sich die Tiere nach Muschelart in den Boden eingraben und ihren Körper dort verankern. Dünne Fangarme in der größeren Gehäuseöffnung ergreifen Kleinstlebewesen, v. a. einzellige Kieselalgen, und führen sie zur Mundöffnung. Zur Atmung strudeln sie durch das dünnere Hinterende der Schale Wasser ein und verwerten dessen Sauerstoff. Verbrauchtes Wasser wird auf dem gleichen Weg wieder ausgestoßen. Kahnfüßer sind getrenntgeschlechtlich. Ihre Larven gehören zum Plankton der Meere. Weltweit geschätzt leben etwa 400 Arten.

Große Bohrmuschel
Pholas dactylus
Bohrmuscheln

Merkmale Gehäuse häufig mehr als 12 cm lang, elliptisch. Hinterende gleichmäßig rund. Vorderseite mit nasenartigem Fortsatz. Oberfläche mit deutlichen konzentrischen Rippen, stellenweise mit kräftigen Dornen.
Wissenswertes Die Muscheln leben in Atlantik, Nordsee und Mittelmeer. Sie bohren sich in Holz, sowie Kalkgestein. Die Dornen auf den Schalen dienen als Raspel. Bei Strömung sondern sie leuchtenden Schleim ab, der Schwebetiere (Plankton) im Meer anlockt.

Sandklaffmuschel
Arenomya arenaria
Klaffmuscheln

Merkmale Schalen bis 15 cm lang, kräftig, oval. Wirbel (Ausgangspunkt der Zuwachsstreifen) etwa mittig. Gehäuse vorne und hinten klaffend (Name).
Wissenswertes Diese bekanntesten, häufigsten Muscheln der deutschen Küsten vergraben sich 30–40 cm tief im Meeresboden. Den Kontakt zur Oberfläche halten röhrenförmige Organe (Siphonen), aus denen die Tiere bei Störung Wasser nach oben spritzen. Im Sommer leben im Watt manchmal 100 000 Tiere pro Quadratmeter.

Abgestutzte Klaffmuschel
Mya truncata
Klaffmuscheln

Merkmale Gehäuselänge bis 7,5 cm. Unverwechselbare, elliptische Muschel, fast geradlinig abgestutztes Ende. Schalen weißlich bis rotbraun angelaufen.
Wissenswertes Die Abgestutzte Klaffmuschel kommt auch in den Flachwasserbereichen des Wattenmeeres vor, häufiger lebt sie jedoch in Ost- und Nordsee in Tiefen bis 70 m. Diese arktische Muschelart ist an Kaltwasser angepasst und setzt ihre Eier bei uns in milden Wintern frei. Dann sind die Wassertemperaturen denen im Grönlandsommer ähnlich.

Amerikanische Schwertmuschel
Ensis directus
Scheidenmuscheln

Merkmale Bis etwa 17 cm lange, gestreckte, schwach gebogene Schalen, parallel verlaufende Ränder. Erinnert an eine Schwertscheide. Sehr dünne, aber harte Schale. Oberseite glänzend, schmutzig weiß, randseitig braun. Auffallender diagonaler Streifen.
Wissenswertes Die Schwertmuscheln leben in den Sandböden der Gezeitenzonen, in Deutschland zur Zeit ausschließlich im Wattenmeer. Sie wurden 1978 aus Amerika eingeschleppt, wahrscheinlich im Ballastwasser von Schiffen und tauchten erstmalig auf den Nordfriesischen Inseln auf. Die Tiere stehen senkrecht im Boden und halten ihre Atemröhren (Siphone) nahe der Bodenoberfläche. Aus dem Sand gespülte Muscheln können sich durch das Ausstoßen von Wasser raketenartig fortbewegen ehe sie sich wieder eingraben. Die Dichte der Schwertmuscheln erreicht im Sandwatt oft über 400 Individuen pro Quadratmeter. Im Frühjahr kommt es häufig zum Massensterben. Doch werden durch hohe Reproduktion und schnelles Wachstum rasch wieder hohe Dichten erreicht.

Strahlenkörbchen
Mactra stultorum
Trogmuscheln

Merkmale Bis 6 cm große, im Umriss dreieckige Muschel, dünnschalig und glatt. Schalenhälften außen mit rötlich braunen Strahlen (»Strahlenkörbchen«), innen lebhaft violett, mit 2 deutlichen Schließmuskelabdrücken.
Wissenswertes Diese Muschel lebt flach eingegraben im Sand von der Nordsee über das Mittelmeer bis zum Schwarzen Meer und im Flachwasserbereich der Küsten Englands bis Senegals. In dieser Muschel lebt parasitisch der Muschelwächter, *Pinnotheres pisum*, eine kleine Krabbe.

Dickschalige Trogmuschel
Spisula solida
Trogmuscheln

Merkmale Gehäuse bis 5 cm lang, seltener 6 cm. Schalenhälften sehr kräftig, oval. Wirbel ziemlich genau mittig. Kräftige Schlosszähne: rechte Klappe mit 2 getrennten Hauptzähnen und je 2 vorderen und hinteren Seitenzähnen. Linke Schalenhälfte mit 3 Hauptzähnen und je 1 vorderen und hinteren Seitenzahn. Außenseite mit konzentrischen Zuwachsstreifen.
Wissenswertes Die Trogmuschel lebt im groben Sand der flachen Nordsee und ist Hauptnahrungsquelle für Plattfische.

Große Pfeffermuschel
Scrobicularia plana
Pfeffermuscheln

Merkmale Länge bis 6 cm. Schalen sehr flach, oval, dünn, zerbrechlich. Wirbel mittig. Außenseite mit konzentrischen Zuwachsstreifen, weiß bis dunkelgrau.
Wissenswertes Die Gezeitenzone des Schlickwatts ist ihr Lebensraum. Dort liegt sie auf einer Schalenhälfte etwa 10–30 cm tief im Boden. Die Ein- und Ausströmöffnung (Sipho) führt senkrecht zur Oberfläche. Diese Muschel saugt Mikroorganismen und Schwebstoffe ein. Wegen ihres scharfen Geschmacks hieß sie einst Pfeffermuschel.

Baltische Plattmuschel
Macoma balthica
Plattmuscheln

Merkmale Bis 3 cm kleine, mehrfarbige Muschel. Schalen wirken dreieckig, aber abgerundet, nur eine Seite (Hinterende) ist zugespitzt.
Wissenswertes Diese Plattmuschel, auch Rote Bohne genannt, ist die bekannteste Muschel von Nord- und Ostsee. Wegen ihrer Färbung wird sie häufig gesammelt. Die Art kann bis zu 25 Jahre alt werden. Sie lebt nur 3–6 cm tief im Boden und liegt stets auf der rechten Schalenhälfte. 2 dünne Siphone stellen die Verbindung zur Oberfläche her.

Gebänderte Sägemuschel
Donax vittatus
Dreiecksmuscheln

Merkmale Dreieckige Muschel, bis 4 cm lang. Vorderrand der Schalen mit kleinen Zähnchen (Name). Schalenoberfläche vom Wirbel bis zum Vorderrand mit vielen feinen Rippen versehen. Schalenfarbe außen braun oder rötlich, innen oft blau bis violett.
Wissenswertes Diese Muschel lebt v. a. im Feinsand von Nordsee, Mittelmeer und Schwarzem Meer. Hier kann sie sich mit ihrem hakenförmigen Fuß in wenigen Sekunden eingraben. Die Jungen wachsen in einem Jahr heran.

Amerikanische Bohrmuschel
Petricola pholadiformis
Bohrmuscheln

Merkmale Länge etwa 6,5 cm. Form lang gestreckt elliptisch. Oberfläche mit konzentrischen Linien und deutlich spürbaren radialen Rippen. In der Nähe des Wirbels mit kräftigen Schuppen besetzt. Die paarweisen, offenen Schalen erinnern an Engelsflügel, daher wird sie auch Engelsflügel genannt.
Wissenswertes Die im Atlantik, Nord- und westlicher Ostsee weit verbreitete Bohrmuschel wurde mit Austernzuchten aus Amerika eingeschleppt. Sie lebt in Schlick und kann sich durch Schalenbewegungen sogar in Kalk einbohren.

Teppichmuschel
Venerupis senegalensis
Venusmuscheln

Merkmale Länge bis 6 cm. Schalenklappen länglich oval. Oberfläche mit konzentrischen Rillen und radialen Rippen. Schalen lebender Tiere oft gebändert und gemustert, Schalen abgestorbener Tiere weiß bis hellbraun.
Wissenswertes In Atlantik, Nordsee und Mittelmeer bewohnt die Teppichmuschel kiesigen Sand in 6–8 m Wassertiefe. Bei stärkeren Wasserbewegungen hält sie sich mit Klebfäden (Byssusfäden) an Steinen fest. Zum Eingraben schwemmt sie Sand mit einem kräftigen Wasserstrahl zur Seite.

Essbare Herzmuschel
Cerastoderma edule
Herzmuscheln

Merkmale Länge 3–6 cm. Kräftige, fast runde Schalen mit etwa 25 kräftigen Rippen vom Wirbel bis zum Vorderrand (Radialrippen). Farbe außen schmutziggelb bis hellbraun, innen weiß und glatt.
Wissenswertes Da diese Muscheln etwa 1–2 cm im Sand eingegraben leben, erkennt der Wattwanderer ihr Vorkommen nur an 2 Löchern im Sand, die an die Öffnungen von Knöpfen erinnern. Es sind die Ein- und Ausströmsiphone der Herzmuscheln. Mit dem Atemwasser strömen sie Partikel ein. Diese filtrieren sie mit den Kiemen heraus. Das gefilterte Wasser strömen sie wieder aus. Diese Muschelart bildet in den Flachwasserzonen der Ostsee über 70% der Biomasse im Boden. Im Nordseewatt wurden schon 14 000 Individuen pro Quadratmeter gefunden. Eine Herzmuschel reinigt pro Tag etwa 10 Liter Meerwasser. Ende Mai – den genauen Zeitpunkt bestimmt die Wassertemperatur – laichen Herzmuscheln. Ihre Larven leben 2–3 Wochen schwimmend, danach als Kleinmuschel im Sand. Diese Muscheln können bis zu 9 Jahre alt werden.

Stachlige Herzmuschel
Acanthocardia echinata
Herzmuscheln

Merkmale Länge bis 7,5 cm. Kräftige, fast runde Muschel. Das Gehäuse trägt vom Wirbel zum Rand verlaufende, kräftige Rippen, die je eine Reihe spitzer Stacheln haben. Außen weißlich bis braun.
Wissenswertes Hauptvorkommen ist die Deutsche Bucht in der Nordsee, aber auch die See um die Kanarischen Inseln und das Mittelmeer. Sie lebt in 10–30 m Tiefe und gräbt sich in sandige bis schlickige Böden ein. Vor ihrem Hauptfeind, dem Seestern, kann sie sich durch Sprünge retten.

Islandmuschel
Arctica islandica
Islandmuscheln

Merkmale Dickschalig, fast kreisrund, bis über 12 cm lang. Vom Wirbel nach außen verlaufende, regelmäßige konzentrische Streifen. Außen mit schwarzbrauner Oberhaut, Innenseite weiß.
Wissenswertes Die Islandmuschel lebt als Filtrierer 40–50 m tief im sandigen Meeresboden. Sie wächst sehr langsam und erreicht das bisher bekannte, höchste Alter eines Tieres. Aus den Schalenschichten wurde im Zoologischen Museum der Universität Kiel ein Höchstalter von 374 Jahren ermittelt.

Wandermuschel
Dreissena polymorpha
Dreikantmuscheln

Merkmale Länge 2,6–4 cm. Unverkennbar dreikantig, kahnförmig. Schalen zebraförmig dunkel und hell gestreift, daher auch Zebramuschel genannt.
Wissenswertes Schon vor 2–11 Millionen Jahren (Miozän) lebte diese durchsetzungsstarke Süßwassermuschel. Im 18. Jahrhundert wurde sie selten, danach erlebte sie mit dem modernen Schiffsverkehr wieder eine gewaltige Ausweitung. Da sie frei lebende Larven hat, die mit der Strömung verbreitet werden, gelangt sie schnell überallhin. Vom Schwarzen Meer aus erreichte sie donauaufwärts fast alle Gewässer. In Massen verstopft diese Art heute Schleusen und Kühlwassersysteme und ist gefürchtete Konkurrenz heimischer Muscheln. Allerdings sorgt sie mit ihrer Filterleistung auch für die Reinigung großer Seen. Die Tiere sind getrenntgeschlechtlich. Die Eier werden im Sommer ins Wasser abgegeben. Bis zu 100 000 Jungtiere pro Quadratmeter setzen sich an Substrat fest. Wandermuscheln werden 5–10 Jahre alt.

Große Erbsenmuschel
Pisidium amnicum
Kugelmuscheln

Häubchenmuschel
Musculium lacustre
Kugelmuscheln

Flussperlmuschel
Margaritifera margaritifera
Perlmuscheln

Merkmale Länge 7–11 mm. Feste Schalen, 5–8 mm hoch, gelbbraun, mit unregelmäßigen konzentrischen Rippen. Umriß schiefoval. In Mitteleuropa 16–17 nur schwer unterscheidbare Arten.
Wissenswertes Typische Lebensräume von Erbsenmuscheln sind Süßgewässer mit sandigem Grund. Die Tiere nehmen ihre Nahrung als Filtrierer mit 2 Paar Blattkiemen auf. Obwohl sie sehr unbeweglich sind, haben sie gute Verbreitungsmöglichkeiten. Sie reisen im Gefieder von Wasservögeln in fast jedes Süßwasserbiotop.

Merkmale Länge 7–10 mm, Höhe 7–8 mm, Schalen wirken sehr flach. Der Wirbel in der Schalenmitte ist deutlich erhöht, sieht aus wie ein »Häubchen« (Name). Schalen sehr dünnwandig, zerbrechlich, meist seidig glänzend und durchscheinend wie Milchglas.
Wissenswertes Diese Muschel bewohnt in ganz Europa stehende und langsam fließende Gewässer wie Teiche, Seen und Flussarme. Häubchenmuscheln sind Zwitter und lebend gebärend. Ihre Eier entwickeln sich in Bruttaschen an den Kiemen.

Merkmale Länge 120–150 mm, Höhe 55–70 mm, Schale lang elliptisch, dick, meist schwarz. Hinterende keilförmiger und schmäler als Vorderende.
Wissenswertes Kalte und schnell fließende Gewässer in Mittel- und Nordeuropa sind der Lebensraum der Flussmuscheln, besonders, wenn das Wasser kalkarm ist. Restvorkommen, die aber durch Verschmutzung stark gefährdet sind, gibt es in Deutschland noch im Odenwald und im Fichtelgebirge. Eine Flussperlmuschel legt bis zu 1 Million Eier. Untersuchungen ergaben jedoch, dass ihre Larven (Glochidien) sich nur an den Kiemen von Bachforellen entwickeln können und diese brauchen sauberstes Wasser. Die zweite kritische Entwicklungsphase besteht in dem ungestörten Verankern der Jungmuscheln im sandigen Bachgrund. Das Lebensalter der Flussperlmuschel kann 70–80 Jahre betragen. Wegen ihrer Möglichkeit, Perlen zu bilden, wurde sie früher in Massen gesammelt. Heute steht sie in Europa unter strengem Schutz. Es gibt auch viel versprechende Wiederansiedlungsprojekte. ▽

Flache Teichmuschel
Anodonta anatina
Fluss- und Teichmuscheln

Kleine Flussmuschel
Unio crassus
Fluss- und Teichmuscheln

Malermuschel
Unio pictorum
Fluss- und Teichmuscheln

Merkmale Länge 170–260 mm, Höhe 80–120 mm, Schalen dünn, zerbrechlich, eiförmig, gelbbraun mit grünen Radiärstreifen, innen Perlmuttglanz.
Wissenswertes Teichmuscheln kommen nur in ruhigem bis träge fließendem Wasser vor, z. B. in nährstoffreichen Teichen. Hier können sie bis zu 26 cm lang werden, was nach neuesten Untersuchungen einer Lebenszeit von etwa 25 Jahren entspricht. Mit ihrem kräftigen Fuß durchpflügen sie den schlammigen Teichgrund, strudeln Schwebstoffe und Plankton ein und reinigen so das Wasser. Ihre Reinigungsleistung ist außerordentlich hoch und für die ökologische Balance eines Teiches sehr wichtig. Die Larven der Teichmuscheln verbringen mehrere Monate in den Muschelkiemen, um sich anschließend an den Flossen von Fischen festzuhaken. Im Aquarienhandel ist eine chinesische Art zu erwerben, die bis zu 60 cm lang werden kann. Diese sollte keinesfalls ins Freiland ausgesetzt werden, da sie das Ökosystem unwiederbringlich schädigen würde. ▽

Merkmale Länge 50–60 mm, Höhe 30–35 mm, Schalen elliptisch, dickwandig, meist braunschwarz, Unterrand leicht nach innen gebogen.
Wissenswertes Die höchst bedrohte Kleine Flussmuschel lebt in Mittel- und Nordeuropa nur in Bächen und Flüssen mit sehr reinem Wasser und sandigem Grund. Besonders der Sauerstoffgehalt ist sehr wichtig. Als Anpassung an hohe Fließgeschwindigkeiten sind die Schalen kräftig ausgebildet, gewölbt und tragen einen starken Schalenverschluss. ▽

Merkmale Länge 72–90 mm, Höhe 30–40 mm, Schalen sehr lang gestreckt, gelblich grün bis braun.
Wissenswertes Diese Art bevorzugt langsam fließende Gewässer. Etwa 400 Eier entwickeln sich im Kiemenraum der weiblichen Muschel und werden im Sommer als Larven (1/4 mm groß) ausgestoßen. Am Boden des Gewässers verhaken sie sich dann in Fischkiemen und leben 10 Wochen parasitisch, danach als kleine Muscheln. In ihren Schalen rührten Maler früher Farbe an (Name). ▽

Europäische Auster
Ostrea edulis
Austern

Merkmale Länge bis 12 cm, seltener bis 18 cm. Schalen im Umriss kreisförmig bis elliptisch, mit rauer und blättriger Oberflächenstruktur, cremefarben bis blaugrau. Eine Schalenhälfte stärker gewölbt als die andere.
Wissenswertes Austern leben an fast allen europäischen Küsten im Gezeitenbereich. Dort liegen sie meist einzeln auf dem Meeresboden. Nach jahrhundertelanger Überfischung werden Austern heute in Bänken gezüchtet. Ihre Biologie ist sehr eigenwillig. Austern zeigen in ihrem Sexualverhalten Unterschiede zu den üblicherweise getrenntgeschlechtlichen Muscheln: Eine geschlechtsreife Auster ist zunächst männlich. Dann wandelt sie sich in ein Weibchen um. In der weiblichen Phase produziert eine Auster etwa 3 Millionen Eier pro Jahr. Die daraus schlüpfenden Larven werden nach 2 Wochen aus den Kiemen entlassen. 2 weitere Wochen schwimmen sie frei im Wasser, erleiden in dieser Zeit jedoch große Verluste durch Fressfeinde. Erst dann werden sie auf Steinen und anderen Substraten sesshaft.

Große Pilgermuschel
Pecten maximus
Kammmuscheln

Merkmale Länge bis 12 cm. Schalen mit 12–13 rundlichen Radialrippen. Die Schalenklappen sehen dadurch wie kleine Fächer aus. Die »Haltegriffe« der Fächer werden Öhrchen genannt, sie verbreitern das Schalenschloss flügelartig.
Wissenswertes Mit ihrem Vorkommen in europäischen Meeren war die Pilgermuschel ein wichtiges Nahrungsmittel. Ihre größere Schalenhälfte war das einfachste Trink- und Essgefäß der Pilger zum Wallfahrtsort Santiago de Compostela in Spanien. Diese Kammmuschel besitzt am Mantelrand viele Tentakel und kugelige Augen, mit denen sie ungewöhnlich gut sehen kann. Wenn sie Seesterne oder Tintenfische sieht, schwimmt sie nach dem Rückstoßprinzip davon. Pilgermuscheln schießen dann förmlich in Zickzacklinien durch das Wasser. Manchmal springen sie sogar aus dem Wasser. Die Pilgermuschel ist die größte europäische Kammmuschel. Die mit der Art nahe verwandte, etwas kleinere Jakobsmuschel unterscheidet sich von ihr durch ihre scharfkantigen Radialrippen.

Miesmuschel
Mytilus edulis
Miesmuscheln

Merkmale Länge bis 11 cm. Schalen außen schwarzbraun, innen silbrigweiß, in der Form ungleichseitig dreieckig. Wirbel fast am Vorderende.
Wissenswertes Seit jeher an allen Küsten Europas verbreitet, ist diese Muschel sehr häufig und wächst mit bis zu 2000 Exemplaren pro Quadratmeter in mehreren Schichten übereinander an Steinen, Buhnen und Pfählen. Sie befestigt sich dort mit Eiweißfäden aus einer Drüse im Fuß. Diese Byssusfäden werden außerordentlich fest und halten die Muscheln selbst in der Brandung. Miesmuscheln filtrieren ihre Nahrung aus dem freien Wasser und scheiden neben Nahrungsresten auch Tonpartikel, die im Wasser schweben, in Klümpchen wieder aus. Auf diese Weise bilden Miesmuscheln jährlich eine dicke Schlickschicht, in einigen Bereichen des Wattenmeeres jährlich bis zu 300 000 t. Aus den in Millionenzahl freigesetzten Eiern entwickeln sich Veliger-Larven, die sich nach einiger Zeit festsetzen und zu neuen Muschelbänken werden.

Große Miesmuschel
Modiolus modiolus
Miesmuscheln

Merkmale Länge meist bis 13 cm, in Ausnahmefällen bis zu 23 cm. Schalen außen dunkelblau bis rötlich, innen weiß und irisierend. Wirbel nahe am Vorderrand, dieser bei der Großen Miesmuschel breiter und aufgebläht, bei der Miesmuschel dagegen spitzer zulaufend.
Wissenswertes Vom nördlichen Atlantik und Pazifik bis in die Nordsee auf die Höhe von Helgoland reicht das Verbreitungsgebiet der Großen Miesmuschel. Anders als ihre nahe Verwandte lebt sie halb in Sand und Schlick eingegraben.

Große Nussmuschel
Nucula nucleus
Nussmuscheln

Merkmale Länge bis 1,3 cm. Schale stabil, im Umriss fast dreieckig, Oberfläche mit konzentrischen Linien, gelblich braun oder grau, Innseite mit Perlmuttglanz. Deutlich zu fühlen ist der gezähnelte Schalenrand.
Wissenswertes Von der Nordsee bis zum Mittelmeer lebt die Nussmuschel in 10–1000 m Tiefe eingegraben im Sand und Schlick des Meeresbodens. Mit besonderen Mundlappen tastet sie den Boden nach Nahrungspartikeln ab. Sie dient vielen Plattfischen als Nahrung.

Teichnapfschnecke
Acroloxus lacustris
Teichnapfschnecken

Merkmale Länge 7 mm, Breite 3 mm. Napfförmiges Gehäuse, sehr dünnwandig und zerbrechlich. Färbung gelbgrau, meist mit dunklem Belag. Das Gehäuse erinnert von oben an eine flache, ovale Schale und bedeckt den viel kleineren Weichkörper dachartig.
Wissenswertes Die Teichnapfschnecke bewohnt stehende und langsam fließende, pflanzenreiche Gewässer. Dort sitzt sie an den Stängeln und Blättern von Unterwasserpflanzen. Sie ist in fast ganz Europa anzutreffen. Nur im äußersten Norden fehlt sie. Diese Art aus der Familie der Teichnapfschnecken zeigt kaum deutliche Windungen des Gehäuses und wird deshalb häufig mit Muscheln verwechselt. Muschelschalen jedoch sind stets zweiklappig.

Flussnapfschnecke
Ancylus fluviatilis
Flussnapfschnecken

Merkmale Länge 5–7 mm, Breite 3–5 mm. Kleine Schale, schräg nach hinten gebogener Spitze, zipfelmützenförmig, elfenbeinfarbig oder hellbraun, oft mit gitterförmigen Strukturen auf der Oberfläche. Mündung oval. Gehäuse variieren in Größe und Form je nach Lebensort.
Wissenswertes Die Flussnapfschnecke lebt meist in Fließgewässern, aber auch in der Brandungszone von Seen in ganz Europa. Dort sitzt sie oft auf Steinen und weidet Algenbewuchs, Schmutzpartikel sowie wasserbewohnende Flechten ab. Flussnapfschnecken kleben jeweils 5–10 Eier in scheibenförmigen Gallertfladen von etwa Linsengröße an Steine unter Wasser. Diese so genannten Mützenschnecken bewegen sich kaum.

Posthornschnecke
Planorbarius corneus
Tellerschnecken

Merkmale Breite 27–35 mm, Höhe 11–13 mm. Gehäuse festwandig, nahezu rund, dunkelbraun bis rötlich. Das Gehäuse besteht aus 5 Umgängen, die rasch an Größe zunehmen. Oberseite etwas, Unterseite deutlich trichterförmig eingesenkt.
Wissenswertes Aufgestaute Weiher, Gartenteiche, Altwasser und Gräben mit reichem Pflanzenwuchs sind der Lebensraum der Posthornschnecken. Dort kommen sie in großer Zahl vor, meist am Gewässerboden. Ihre Nahrung sind lebende und absterbende Wasserpflanzen. Jungschnecken schaben mit ihrer Raspelzunge häufig den Algenbelag von Rohrkolben ab. Die Eiablage erfolgt in ovalen Laichballen aus 60–70 Eiern. Posthornschnecken atmen atmosphärische Luft.

Gewöhnliche Tellerschnecke
Planorbis planorbis
Tellerschnecken

Merkmale Breite 12–17 mm breit, Höhe 3–3,5 mm. Gehäuse festwandig, hornfarben, trägt oft einen dunklen Belag. Besteht aus 5–6 Umgängen, der äußere Umgang mit einem deutlichen Kiel.
Wissenswertes Diese häufige Tellerschnecke ist in fast jedem Teich zu finden, bewohnt langsam fließende Flüsse und sogar vorübergehend austrocknende Gewässer in ganz Europa. Sie weidet den Algenbewuchs an Pflanzen ab oder verwertet abgestorbene Pflanzenteile. Ein Tier legt pro Laichperiode 200–300 Eier. Diese werden in rund 10 Laichballen an Pflanzen geheftet. Durch den Farbstoff Hämoglobin haben sie rotes Blut und leben so auch in sauerstoffarmen Gewässern.

Riemen-Tellerschnecke
Bathyomphalus contortus
Tellerschnecken

Merkmale Breite 5–6 mm breit, Höhe etwa 2 mm, Gehäuse bräunlich, oft mit einem dunklen Belag versehen. Diese Schnecke kann nicht mit anderen Tellerschnecken verwechselt werden, denn ihr zu einer flachen Spirale aufgedrehtes Haus zeigt 7–8 Umgänge, die schneller an Höhe als an Breite zunehmen, sodass sie wie ein aufgerollter Lederriemen (Name) aussieht.
Wissenswertes Obwohl diese häufige Tellerschnecke in ganz Europa fast jeden Teich und Weiher bewohnt, ist über ihre Biologie recht wenig bekannt. Sie legt kleine Laichballen aus 4–8 Eiern und klebt diese an Wasserpflanzen. Der lateinische Familienname Planorbidae bedeutet »in einer Ebene aufgerollter Kreis«.

Flache Tellerschnecke
Anisus vortex
Tellerschnecken

Merkmale Breite 9 mm breit, Höhe etwa 1–1,5 mm. Das relativ dünnwandige, schmutziggelbe Gehäuse ist ganz flach scheibenförmig aufgewickelt und umfasst 6–7 Umgänge. Der letzte Umgang ist fast doppelt so breit wie der vorletzte und trägt einen scharfen Kiel, der nahe der Unterseite liegt.
Wissenswertes Häufig auftretende europäische bis osteuropäische Wasserschneckenart, auch unter dem deutschen Namen Scharfe Tellerschnecke bekannt. Sie lebt in den verschiedensten pflanzenreichen Gewässern, bevorzugt aber eher stehende oder sehr langsam fließende Gewässertypen. Mit ihrer Raspelzunge weidet sie Algenbeläge an Unterwasserpflanzen ab.

Moosblasenschnecke
Aplexa hypnorum
Blasenschnecken

Merkmale Höhe 12–15 mm, Breite 5 mm. Das schwach gewölbte Gehäuse dieser sehr schlank wirkenden Schnecke hat 6 Umgänge. Das leere Haus ist glänzend bräunlich, durchscheinend. Am lebenden Tier scheint die Körperfarbe durch, die gesamte Schnecke wirkt schwarz.
Wissenswertes Diese Art lebt vorwiegend in Kleingewässern, typischerweise in Tümpeln mitten im Buchenwald oder in Moorgräben. Sie bevorzugt solche, die gelegentlich austrocknen. Dort frisst sie ausschließlich an Falllaub.

Quellblasenschnecke
Physa fontinalis
Blasenschnecken

Merkmale Höhe 9 mm, Breite 6–8 mm. Schale dünn, hornfarben, glänzend, durchscheinend, mit 3–4 Umgängen. Der letzte Umgang ist sehr aufgeblasen (Name).
Wissenswertes Diese ungewöhnlich lebhafte Schnecke bewohnt klare pflanzenreiche Gewässer. Sie kriecht dort auf Wasserpflanzen sehr schnell umher. Bei jeder Berührung ihrer 6–7 fingerartigen Mantelfortsätze wirft sie ihr Gehäuse von einer Seite auf die andere und erschreckt so Feinde. Die Art ist in Süßwasseraquarien ein guter Scheibenputzer.

Spitzhorn-Schlammschnecke
Lymnaea stagnalis
Schlammschnecken

Merkmale Höhe 4,5–6 cm, manchmal sogar 7 cm. Horngelbe, sehr dünne, zerbrechliche Schale aus etwa 7 Umgängen, der letzte ist stark erweitert und gibt eine große Öffnung frei. Typisch ist eine lange Spitze am Ende des Gewindes.
Wissenswertes Schlammschnecken sind in nährstoffreichen Teichen und Flüssen häufige Wasserschnecken und werden gerne mit Laich an Pflanzen in Gartenteiche eingeschleppt. Ihre typischen Laichschnüre sind oft an der Unterseite von Seerosenblättern zu finden. Als pflanzenfressende Lungenschnecken müssen sie zum Atmen an die Wasseroberfläche. Ihre Fühler sind lappenartig verbreitert und sehen fast wie Ohren aus. Die Augen sitzen an der Basis der Fühler (Ordnung *Basommatophora* = Grundauger). Schlammschnecken sind Zwitter. Viele Schnecken dieser Art sind Zwischenwirte von Saugwürmern, die gefährliche Bilharziosekrankheiten übertragen. In Mitteleuropa sind diese Saugwurmlarven aber harmlos und verursachen beim Baden lediglich lästigen Juckreiz.

Leberegelschnecke
Galba truncatula
Schlammschnecken

Merkmale Höhe 7–12 mm, Breite 4–6 mm. Gehäuse dünnwandig, stark gewölbt, zeigt etwa 5 Umgänge. Leere Schale rötlich braun.
Wissenswertes Diese Schnecke lebt fast nur in Quellen, Tümpeln oder Gräben, sogar in Weidepfützen. Sie überdauert im Schlamm lange Trockenzeiten und wandert auch über Land. In ihr entwickeln sich die Larven des Großen Leberegels *(Fasciola hepatica)*, eines der gefährlichsten Parasiten für Schafe. Die Bekämpfung ist schwierig.

Gewöhnliche Sumpfschnecke
Stagnicola palustris
Schlammschnecken

Merkmale Länge etwa 20 mm, Breite etwa 10 mm. Gehäuse bräunlich, mit 6 jeweils größer werdenden Umgängen. Gehäuseöffnung ohrförmig.
Wissenswertes Diese Sumpfschnecke bevorzugt die Überschwemmungs- und Uferbereiche größerer Gewässer, lebt aber auch in pflanzenreichen Kleingewässern. Die Unterschiede zu der ebenso häufigen, aber eher in brackigen Gewässern lebenden Großen Sumpfschnecke *(Stagnicola corvus)* sind geklärt, beide Arten werden aber oft verwechselt.

Ohrschlammschnecke
Radix auricularia
Schlammschnecken

Merkmale Höhe 25–30 mm, Breite 20–30 mm. Gehäuse dünnwandig, zerbrechlich, leer durchsichtig gelbbraun, mit lebendem Tier hell-dunkel gefleckt. 6–8 Umgänge, der letzte Umgang sehr groß und aufgeblasen, die Mundöffnung erinnert dadurch an eine Ohrmuschel.
Wissenswertes Die Ohrschlammschnecke ist die typische Art der Brandungszone großer Seen. Sie besiedelt auch größere, langsam fließende Gewässer und ist über ganz Europa verbreitet, tritt jedoch nie in Massen auf.

Schlanke Zwerghornschnecke
Carychium tridentatum
Zwerghornschnecken

Merkmale Höhe 1,8–2,3 mm, Breite 0,8–0,9 mm. Frische Gehäuse durchscheinend, ältere schmutzig weiß. Mundöffnung ohrförmig, mit 2 kleinen Zähnchen.
Wissenswertes Die wohl häufigste Kleinschnecke Mitteleuropas. Sie lebt in den feuchten Schichten des Falllaubs, aber auch auf feuchten Wiesen. Am leichtesten ist sie zu finden, wenn man Walderde grob durchsiebt. Dort sieht man die glasartigen, kleinen Gehäuse oft in Massen. Sie legt nur 5–6 Eier ab.

Weinbergschnecke
Helix pomatia
Schnirkelschnecken

Merkmale Gehäuse kugelförmig, 30 x 30 mm bis maximal 50 x 50 mm groß, sehr stabil, dickwandig, umfasst 5–6 gewölbte Umgänge. Mündung mit einer deutlichen Lippe. Die Färbung reicht von cremeweiß bis hellbraun, auf den Umgängen braune Bänder. Gehäuse rechtsgewunden (von vorne auf die Mündung gesehen). Linksgewundene Gehäuse sehr selten, diese nennt man »Schneckenkönige«.
Wissenswertes Die größte europäische Landschnecke braucht Kalkböden, um ihr Schneckenhaus bauen zu können. Deshalb lebt sie in Kalkbuchenwäldern, in den Heckenlandschaften des Jura und in vielen Weingegenden. Den Winter verbringt die Weinbergschnecke in ihrem Haus, mit einem Winterdeckel (Epiphragma) geschützt. Im Frühling beginnt sie mit dem Fraß von Grünpflanzen, die sie mit einer Raspelzunge zerreibt. Nach der Paarung im Juni legen die Schnecken in eine selbst gegrabene Erdhöhle 40–50 kugelige Eier. Die Jungschnecken fressen sich durch die Erde ans Tageslicht. Weinbergschnecken werden 5–10 Jahre alt. ▽

Gartenschnirkelschnecke
Cepaea hortensis
Schnirkelschnecken

Merkmale Breite bis 16 mm, Höhe bis 20 mm. Gehäuse kugelig, umfasst etwas mehr als 5 Umgänge, deutlich herausragendes Gewinde. Glänzende, dünnwandige Schale. Grundfarbe gelb mit spiraligen dunklen Bändern, gelegentlich auch ungebänderte Farbvarianten mit roter Grundfarbe. Der Mundsaum an der Schalenöffnung ist stets weiß. Ähnlich sieht die nahe verwandte Hainschnirkelschnecke *(C. nemoralis)* aus, die jedoch eine schwarzmündige Bänderschnecke ist. Beide kommen nebeneinander vor.
Wissenswertes Diese häufige Landschnecke bewohnt in Mitteleuropa kühle, feuchte Standorte wie Wälder, Wiesen, Parks und Gärten. Schnirkelschnecken leben oft gesellig. In manchen Jahren sind sie bei trockenem Wetter in großen Gruppen an Pflanzen in Trockenruhe zu sehen. Von Juni–August werden 30–50 Eier in den Boden vergraben. Die Jungschnecken verlassen etwa 4 Wochen später die Erdkammer und suchen frische Pflanzen. Den größten Artenreichtum erreichen Schnirkelschnecken im Mittelmeergebiet.

Hainschnirkelschnecke
Cepaea nemoralis
Schnirkelschnecken

Merkmale Breite 12–22 mm, Höhe 18–25 mm, selten bis 32 mm. Dickwandiges und robuste Gehäuse von kugeliger Gestalt. Deutlich hervorgehobenes Gewinde. Grundfarbe gelblich oder rötlich mit 5 dunkelbraunen Bändern. Auch bänderlose Varianten kommen vor. Mundsaum stets dunkelbraun bis schwarzbraun gefärbt.
Wissenswertes Hainschnirkelschnecken bewohnen vielfältige Lebensräume in Mitteleuropa. Sie leben in Wäldern, Gärten, Hecken oder Dünen.

Maskenschnecke
Isognomostoma isognomostoma
Schnirkelschnecken

Merkmale Breite 4 mm, Höhe 7–11 mm. Mit langen borstenartigen Haaren auffällig besetztes Schneckenhaus, dünnwandig und rotbraun bis braun gefärbt. Form nahezu kugelig. Mundsaum scharfkantig, mit 1 Lippe und 2 weißen kräftigen Zähnen zu einer sichelförmigen Öffnung verengt.
Wissenswertes Sie ist als Bodenschnecke in den Laubwäldern der gebirgigen Bereiche von Mitteleuropa unter vermoderndem Holz oder im Wurzelbereich von Brennnesseln zu finden.

Gefleckte Schnirkelschnecke
Arianta arbustorum
Schnirkelschnecken

Merkmale Breite 10–22 mm, Höhe 14–28 mm. Kugelförmiges Gehäuse. Glänzende Oberfläche mit unregelmäßigen dunklen Streifen. Um den letzten geschlossenen Umgang läuft 1 dunkles Band. Mündung fast rund. Mundsaum mit kräftiger weißer Lippe.
Wissenswertes Die Gefleckte Schnirkelschnecke ist ein klassischer Grünblattfresser der Bodenregion. Diese anpassungsfähige Art ist sehr vielfältig zu finden: in Heckenstreifen, Wäldern und feuchten Wiesen.

Steinpicker
Helicigona lapicida
Schnirkelschnecken

Merkmale Breite 7–9 mm, Höhe 12–20 mm. Gehäuse oben und unten abgeflacht, mit 1 scharfkantigen Kiel in der Gehäusemitte. Verlassene Gehäuse sind hellbraun gefleckt, bewohnte dunkelbraun bis schwärzlich. Weichkörper fast ganz schwarz.
Wissenswertes Der Steinpicker ist die typische Schnecke der Kalkbuchenwälder. Nach Regen weidet sie häufig den Algenbelag an Buchenstämmen ab. Der Name Steinpicker rührt daher, dass sie oft auch an alten Mauern zu finden ist.

Riemenschnecke
Helicodonta obvoluta
Schnirkelschnecken

Merkmale Breite 5–7 mm, Höhe 11–15 mm. Gehäuse scheibenförmig, mit 5–6 eng gewickelten Umgängen (wie ein zusammengerollter Lederriemen). Unterseite mit großem Nabelloch in der Mitte. Mundsaum nach außen gebogen, etwas ohrförmig, wie aus 3 Buchten zusammengesetzt. Gehäuse bei jungen Schnecken behaart.
Wissenswertes Die Riemenschnecke ist ein typischer Waldbewohner auf kalkhaltigem Untergrund. Diese Bodenschnecke lebt unter der Laubschicht, zwischen Totholz oder Gesteinen in bergigem und hügeligem Gelände. Während Trockenzeiten und der Überwinterung verschließt sie das Gehäuse mit einem weißen Winterdeckel (Diaphragma) und ruht unter Laub.

Zottige Haarschnecke
Trichia villosa
Schnirkelschnecken

Merkmale Breite 6–8 mm, Höhe 10–14 mm. Gehäuse etwas abgeflacht, gelblich, mit einem dichten Pelz aus etwa 1 mm langen Haaren besetzt. Unterseite mit tiefem Nabelloch. Mündung elliptisch.
Wissenswertes Die Gattung der Haarschnecken zeichnet sich durch eine ungewöhnliche Behaarung ihrer Gehäuse aus. Diese Behaarung schabt sich im Laufe des Lebens jedoch ab. Dann sind nur noch die Haarnarben zu sehen. Die Zottige Haarschnecke lebt an feuchten und schattigen Orten der Bergregionen Mitteleuropas. In den Alpen geht sie bis in Höhen von 2000 m. Die Behaarung ist vermutlich ein Kälteschutz. Hochlagenformen zeigen einen kleineren Gehäusedurchmesser als die Tieflandschnecken.

Kartäuserschnecke
Monacha cartusiana
Schnirkelschnecken

Merkmale Breite 6–10 mm, Höhe 9–17 mm. Gehäuse kugelförmig, aber etwas gedrückt, umfasst 5–6 Umgänge, die ein flaches kegelförmiges Gewinde ergeben. Farbe meist cremeweiß, wird zur Mündung schwach bräunlich, manchmal scheinen dunkle Bänder durch die Schale. Parallel zum Rand der Mündung je ein weißer und ein blass rötlicher Streifen.
Wissenswertes Diese wärmeliebende Schnecke ist mediterran und südosteuropäisch. Sie kommt in ganz Frankreich vor, im südlichen Rheintal und in den warmen Gebieten Österreichs. Ihr Lebensraum sind warme trockene Wiesen der offenen Landschaft. Bei zu großer Trockenheit heften sie sich an Pflanzenstängel. Um Breslau herum gilt die Art als Kulturfolger.

Gewöhnliche Heideschnecke
Helicella itala
Schnirkelschnecken

Merkmale Breite 5–12 mm, Höhe 9–25 mm. Gehäuse fast scheibenförmig. 5–6 regelmäßig an Größe zunehmende Umgänge mit spiraligem braunen Band. Oberfläche glatt, fein. Grundfarbe elfenbeinartig, manchmal schwach rötlich, sehr variabel.
Wissenswertes Die Heideschnecke liebt trockene und warme Standorte wie Dünen, Magerrasen, Straßen und Bahndämme. Sie hält keine Winterruhe und ist auch an milden Wintertagen aktiv. Ihre Nahrung besteht aus welken Pflanzenteilen. Sie paart sich im April und August an Regentagen. Die 30–70 Eier werden als Klumpen in der Erde versteckt. Für diese Art wurde ein Lebensalter von 2–3 Jahren beobachtet.

Weiße Heideschnecke
Xerolenta obvia
Schnirkelschnecken

Merkmale Breite 7–10 mm, Höhe 14–20 mm. Gehäuse oberseits sehr flach gedrückt. 5–6 Gewindeumgänge, die fast in einer Ebene verlaufen. Unterseits sehr großes Nabelloch. Grundfarbe glänzend weiß, Bebänderung dunkelbraun bis fast schwarz.
Wissenswertes Der Verbreitungsschwerpunkt der Weißen Heideschnecke liegt in Osteuropa, verschiebt sich aber in Richtung Westen über Polen, Tschechien und Österreich bis nach Frankreich. Möglich ist dies durch eine Einschleppung mit osteuropäischem Saatgut. Die Art bevorzugt trockene sonnige Flächen, besiedelt Weinberge und häufig Klee- und Luzernefelder. Die 35–40 Eier werden in eine Erdkammer gelegt.

Genabelte Strauchschnecke
Bradybaena fruticum
Strauchschnecken

Merkmale Breite 10–19 mm, Höhe 13–23 mm. Gehäuse transparent, fast kugelig. 5–6 regelmäßig anwachsende Umgänge. Gehäusefarbe sehr unterschiedlich. Am häufigsten gefleckt, rotbraun, aber auch fleischfarben, gelb und weiß möglich.
Wissenswertes Diese Art ist in Europa die einzige Vertreterin einer asiatischen Schneckenfamilie, der Familie der Strauchschnecken. Sie besiedelt Hecken und Waldränder, ebenso feuchte Hochstaudenfluren wie Pestwurzbestände. Dort sitzen die Tiere an trockenen Tagen in großer Zahl an Blätter festgeheftet. Sie ernähren sich von grünen Pflanzenteilen. Erst im November ziehen sie sich zur Winterruhe zurück.

Genetzte Ackerschnecke
Deroceras reticulatum
Ackerschnecken

Merkmale Länge ausgestreckt 3–6 cm. Nacktschnecke mit hellbraunem bis schiefergrauen Körper. Mantelschild des vorderen Abschnitts mit Punkten und Flecken besetzt. Dahinter liegender Rücken mit netzartiger Struktur aus dünnen schwarzen Linien.
Wissenswertes Feuchtigkeitsliebende Art von Wäldern, Hecken und Gärten. In feuchten Jahren kommt es zu Massenvermehrungen. Ein Tier kann in einer Laichperiode etwa 300 Eier legen. Die Entwicklungszeit beträgt 20–30 Tage. Ihr Feind ist die Erdkröte.

Großer Schnegel
Limax maximus
Schnegel

Merkmale Länge ausgestreckt 10–20 cm. Sehr kontrastreich gefärbte Nacktschnecke: auf grauer Grundfärbung zahlreiche dunkle Flecken, die am Mantelschild verstreut sind, auf dem übrigen Körper in einer Reihe liegen. Es gibt zahlreiche Farbvarianten.
Wissenswertes Diese Nacktschnecke ist in ganz Mitteleuropa in Wäldern, Hecken, Gärten und Parks sehr häufig. Gelegentlich lebt sie selbst in feuchten Kellerräumen. Neben Wurzeln, Knollen und Hutpilzen frisst der Große Schnegel auch andere Nacktschnecken.

Schwarzer Schnegel
Limax cinereoniger
Schnegel

Merkmale Länge ausgestreckt 10–30 cm. Grauschwarze bis schwarze Nacktschnecke mit einem etwas dunkler abgesetzten Mantelschild.
Wissenswertes Der Schwarze Schnegel ist eine typische Laubwaldschnecke, er meidet Kulturlandschaften. Diese Art ist oft unter vermodernden Baumstämmen zu finden. Sie verwertet verrottende Pflanzenteile. Ein einzelnes Tier kann pro Sommer 600–800 Eier produzieren. Die Schnecke wird bis zu 3 Jahre alt. Sie ist für das Recycling von Stoffen im Wald wichtig.

Wurmnacktschnecke
Boettgerilla pallens
Wurmnacktschnecken

Merkmale Länge ausgestreckt 3–4 cm. Wurmähnliche kleine Nacktschnecke. Körper milchig weiß. Die Sohle ist schwach gelblich abgesetzt.
Wissenswertes Der Lebensraum dieser Schnecke sind Gärten und Parks in Mittel- und Osteuropa. Oft ist sie dort unter feuchten Brettern oder Steinen anzutreffen. Die Wurmnacktschnecke gilt als eingeschleppte Art und ist mittlerweile in vielen Gewächshäusern lästig. Der Pflanzenhandel begünstigt ihre weitere Verbreitung. Auf dem Mantel mit typischer Furche.

Rote Wegschnecke
Arion rufus
Wegschnecken

Merkmale Länge ausgestreckt 10–15 cm. Sehr große Nacktschnecke in vielen Farbvarianten: schwarz, ziegelsteinrot, orangefarben, braun und auch grau. Typisches Merkmal sind die zahlreichen länglichen Runzeln auf dem Körper. Der Mantelschild dagegen ist glatt. Seitlich im Mantelschild liegt ein auffallend großes Atemloch.
Wissenswertes Die Rote Wegschnecke besiedelt in ganz Europa fast alle Lebensräume. Sie ist in Wiesen, Mooren, Wäldern, Hecken und ebenso in Gärten heimisch. Genauso breit ist ihr Nahrungsspektrum. Es reicht von frischen Kräutern, Gemüsen, Pilzen und verrottenden Pflanzenteilen bis hin zu anderen Nacktschnecken. Die Fortpflanzung erfolgt im Herbst, wobei eine Schnecke bis zu 500 Eier produziert. Versuche ergaben, dass diese Zwitter sich auch erfolgreich selbst befruchten können. Diese Art scheint zunehmend von der sich heute rasch ausbreitenden Spanischen Wegschnecke verdrängt zu werden.

Spanische Wegschnecke
Arion lusitanicus
Wegschnecken

Merkmale Länge ausgestreckt 7–14 cm. Große Nacktschnecke mit variabler Körperfärbung: die Farbpalette reicht von graugrün über rotbraun bis zu grau und braun. Oft mit einer dunklen Seitenbinde versehen.
Wissenswertes Diese Art breitet sich sehr stark aus und verdrängt auch die Rote Wegschnecke *(A. rufus)*. Sie wird derzeit zur schädlichsten Schnecke der Kulturgelände. In Deutschland wurde die Spanische Wegschnecke erstmals 1969 nachgewiesen.

Braune Wegschnecke
Arion subfuscus
Wegschnecken

Merkmale Länge ausgestreckt 5–7 cm. Typisch: ockergelbe Grundfarbe und dunkelbraune Seitenlinie beiderseits des Körpers. Kopf und Fühler dunkel.
Wissenswertes Überall häufig zu finden, lebt die Braune Wegschnecke in Wäldern, Heckenstreifen, Gärten und Parks, Friedhöfen und feuchten Feldern. Ihre Nahrung ist vielfältig, sie reicht von Kräutern über Pilze bis zu Früchten. Diese Schnecke versteckt etwa 10 Gelege von je 10 Eiern im feuchten Boden.

Kurze Glasschnecke
Vitrinobrachium breve
Glasschnecken

Merkmale Breite 5 mm. Gehäuse ohrförmig, abgeflacht, glänzend grünlich, fast durchscheinend. Letzter Umgang fast so groß wie zwei Drittel der Schnecke. 10–12 mm großer, fast schwarzer Weichkörper, kann nicht ins Haus zurückgezogen werden.
Wissenswertes Kommt in feuchten Wäldern Mitteleuropas vor.

Große Glanzschnecke
Oxychilus draparnaudi
Glanzschnecken

Merkmale Breite 11–16 mm. Gehäuse scheibenförmig, 5–6 Umgänge, gelblich braun gefärbt. Weichkörper der Schnecke kobaltblau.
Wissenswertes Mittlerweile in ganz Europa in Menschennähe zu finden. Sie fehlt in kaum einem Garten am Komposthaufen. Neben frischen Kräutern verwertet sie auch Nacktschnecken.

Gefleckte Schüsselschnecke
Discus rotundatus
Schüsselschnecken

Merkmale Breite 5–7 mm. Kleines scheibenförmiges Gehäuse mit kräftigen Rippen, hell- bis dunkelbraun, erinnert an einen Ammoniten.
Wissenswertes Die Gefleckte Schüsselschnecke ist an feuchten Standorten überall sehr häufig. Sie lebt in der Bodenstreu von Wäldern, zwischen feuchten Kräutern und oft auch in Gewächshäusern.

Blindschnecke
Cecilioides acicula
Bodenschnecken

Merkmale Breite 4,5–5,5 mm. Gehäuse schlank, schmal, glasig und zerbrechlich, umfasst etwa 5 Umgänge. Weichkörper farblos durchscheinend.
Wissenswertes Die Ursprungsregion dieser Schnecke liegt im Mittelmeergebiet. Sie wurde durch den Menschen weit verbreitet, lebt im Boden zwischen modernden Pflanzen und auch in Gewächshäusern.

Gewöhnliche Schließmundschnecke
Balea biplicata
Schließmundschnecken

Merkmale Länge 16–22 mm, Breite 4 mm. Türmchenähnliches Gehäuse mit zahlreichen Längsrippen auf den Umgängen, hornbraun gefärbt. Mundöffnung rundlich mit 1 kleinen Zähnchen.
Wissenswertes Als Kulturfolger ist diese Schnecke überall in Menschennähe zu finden. Lebt in der Bodenlaubschicht und sehr oft in Brennnesselbeständen.

Gitterstreifige Schließmundschnecke
Clausilia dubia
Schließmundschnecken

Merkmale Länge 11–16 mm, Breite 3 mm. Gehäuse spindelförmig, gerippt. Mundöffnung oval, mit 1 kleinen Zähnchen.
Wissenswertes Die Art braucht kalkhaltigen Untergrund. Beliebte Aufenthaltsorte sind feuchte schattige Felsen und alte Mauern. Sie sind nachtaktiv. Typisches Kennzeichen ist ihr spindelförmiges Gehäuse.

Glatte Schließmundschnecke
Cochlodina laminata
Schließmundschnecken

Merkmale Länge 15–17 mm, Breite 4 mm. Spindelförmiges Gehäuse mit 11–12 wenig gewölbten Umgängen, rötlich braun gefärbt, etwas glänzend. Mundsaum birnenförmig, mit deutlich weißer Lippe.
Wissenswertes An warmen regnerischen Tagen findet man Vertreter dieser Art häufig massenhaft an Buchenstämmen, wo sie Algen an der Baumrinde abweiden.

Märzenschnecke
Zebrina detrita
Turmschnecken

Merkmale Länge 12–25 mm, Breite 8–12 mm. Gehäuse konisch bis eiförmig, dickwandig und fest, cremefarben mit variabler rotbrauner Musterung, umfasst 6–7 Umgänge.
Wissenswertes Mit ihrem dickwandigen Gehäuse kann die Große Turmschnecke, wie die Art auch genannt wird, sehr trockene und heiße Biotope besiedeln, wie z. B. den Kaiserstuhl.

Bergturmschnecke
Ena montana
Turmschnecken

Merkmale Länge 14–17 mm, Breite 6–7 mm. Hellbraunes Gehäuse, konisch bis eiförmig, umfasst 7–8 Umgänge. Mundsaum blassrosa.
Wissenswertes Diese Turmschnecke bergiger Gebiete lebt in der Laubstreu alter Wälder. Bei feuchtem Wetter steigt sie an den Stämmen der mächtigen Bäume, besonders der Buchen, empor und weidet Algenbeläge ab.

Gerippte Grasschnecke
Vallonia costata
Grasschnecken

Merkmale Breite 2,2–2,7 mm. Gehäuse fast kreisrund, scheibenförmig, mit trompetenartig erweiterten runden Mündung. Lippe kräftig, milchweiß. Nabel unterseits schüsselförmig und tief. Umgänge mit deutlichen Rippen.
Wissenswertes Oft auf Halbtrockenrasen, in Kalkhängen Mitteleuropas, manchmal auch in Dünen.

Haferkornschnecke
Chondrina avenacea
Kornschnecken

Merkmale Länge 6–8 mm, Breite 2,3–2,5 mm. Gehäuse spindelförmig. 7–8 Umgänge, rotbraun bis dunkelbraun. Mundsaum mit zahlreichen Zähnchen.
Wissenswertes Typische Felsenschnecke auf Kalk- und Dolomitbergen. Bevorzugt sind sonnenbeschienene Südwände. Dort schabt sie Kalkflechten ab, oft zusammen mit der obersten Kalkschicht.

Felsen-Pyramidenschnecke
Pyramidula rupestris
Pyramidenschnecken

Merkmale Breite 2,5–3 mm. Sehr kleines Gehäuse mit kreiselförmigem Gewinde, rötlich braun, schwach glänzend. Breiter Nabel. Mundsaum dünn und zerbrechlich.
Wissenswertes Die zarte Schnecke lebt nur in Westeuropa und im Mittelmeergebiet. Sie weidet an sonnenwarmen Kalkfelsen und Hausmauern Flechten ab.

Gewöhnliche Achatschnecke
Cochlicopa lubrica
Achatschnecken

Merkmale Länge 5–7,5 mm. Gehäuse länglich oval, durchsichtig. Dunkelhornfarben bis rötlich braun, intensiv glänzend. Weichkörper fast schwarz.
Wissenswertes An allen feuchten Stellen, in Sumpfwiesen oder Laubstreu sehr häufig. Gelegentlich auch unter feuchten Brettern im Garten zu finden. In Europa überall vertreten.

Gewöhnliche Bernsteinschnecke
Succinea putris
Bernsteinschnecken

Merkmale Größe 16–22 mm. Gehäuse extrem zerbrechlich, ohrförmig, durchscheinend, bernsteinfarben glänzend. 3 Umgänge. Besteht fast nur aus dem 3. Umgang.
Wissenswertes Im Schilf von stehenden Gewässern und in den Hochstaudenfluren von Flussufern anzutreffen. Sie verwerten verrottende Pflanzenteile.

Bäumchenschnecke
Dendronotus frondosus
Nacktkiemer

Merkmale Länge 40–50 mm, seltener bis 100 mm. Typische Nacktschneckenart mit 2 Reihen bäumchenförmiger Fortsätze auf dem Rücken.
Wissenswertes Oft auf Sandböden flacher Meeresgebiete zu finden, z. B. im Wattenmeer der Nordsee. Sie frisst die nur wenige Zentimeter großen Polypen der Nesseltierkolonien von *Tubularia larynx*.

Gestreifte Hörnchenschnecke
Polycera quadrilineata
Nacktkiemer

Merkmale Länge 40–45 mm. Bunte Nacktschnecke von weißer Grundfarbe, mit zahlreichen gelben, orangefarbenen oder schwarzen Flecken. Diese stehen auf dem Rücken in einer Linie, seitlich sind sie ungeordnet. Kiemenspitzen leuchtend orange.
Wissenswertes Diese Nacktschnecken leben im Nordatlantik und im Mittelmeer. Sie fressen Moostierchen.

Violette Fadenschnecke
Coryphella pedata
Nacktkiemer

Merkmale Länge 5 cm. Meeresnacktschnecke mit dünnen Rückenanhängen in 6 Büscheln. Violetter Körper. Die Spitzen der Fühler und Körpertentakel sind weiß und heben sich damit vom violetten Körper ab.
Wissenswertes Die Violette Fadenschnecke weidet im Flachwasser von Nordsee, Nordatlantik und westlicher Ostsee Nesseltierkolonien ab.

Breitwarzige Fadenschnecke
Aeolidia papillosa
Nacktkiemer

Merkmale Länge 8 cm. Weißlich bis rötliche Meeresnacktschnecke. Körper dicht mit breiten Anhängen bedeckt. Diese sind braun, mit weißer Spitze und machen die Art unverwechselbar.
Wissenswertes Typische Meeresschnecke von Molen und Hafenbauten in der Nordsee. Diese Fadenschnecken sind auf den Fraß von Nesseltieren spezialisiert.

Wellhornschnecke
Buccinium undatum
Klinkhörner

Merkmale Länge bis 12 cm. Kräftiges spindelförmiges Gehäuse mit 8 Umgängen, an der Oberfläche mit Wellenstrukturen und Spiralstreifen, Farbe graubraun, durch Algenbewuchs oft grünlich. Mündung oval, mit 1 Rinne für den Sipho.
Wissenswertes Die in Nordsee, westlicher Ostsee und Atlantik sehr häufige Schnecke lebt räuberisch. Sie kann mit einem langen Sipho ihre Beute ertasten. Hat sie Beutetiere entdeckt, fährt sie einen langen Rüssel aus, an dessen Spitze eine schnell arbeitende Raspelzunge sitzt. Damit kann sie andere Schnecken und selbst große Taschenkrebse aufbohren und ausfressen. Wellhornschnecken verpacken ihre 1000 Eier in Eikapseln, die zu faustgroßen Gelegen zusammengeklebt werden. Nur etwa 10 % der Eier entwickeln sich, die anderen dienen den Jungschnecken als Startfutter. Die leeren Eikapseln werden oft angeschwemmt und dienten früher den Fischern als Seeseifenkugeln zum Säubern der Hände. In den leeren Wellhornschneckenhäusern wohnen oft Einsiedlerkrebse.

Nordische Purpurschnecke
Nucella lapillus
Stachelschnecken

Merkmale Höhe 4 cm. Gehäuse sehr dickwandig, 1 großer und 5 kleine Umgänge, weißlich bis dunkel gebändert. Mündung sehr klein, mit 1 schmalen Rinne für den Sipho.
Wissenswertes Typische Meeresschnecke der Gezeitenzone, im Atlantik und Ärmelkanal verbreitet. Die Purpurschnecke ernährt sich räuberisch. Sie bohrt mit ihrer Raspelzunge andere Muscheln und Krebstiere an. Ein Sekret aus dieser Schnecke war früher wertvollstes Färbemittel für edle Stoffe und wurde in Gold aufgewogen.

Pelikanfuß
Aporrhais pespelecani
Fechterschnecken

Merkmale Höhe 5 cm. Meeresschnecke mit merkwürdigem Wachstum. Schale bei jugendlichen Schnecken türmchenförmig. Später flügelartig verbreitert, trägt 3–5 Fortsätze. Diese erinnern an einen Pelikanfuß.
Wissenswertes Die leeren Schalen des Pelikanfuß sieht man häufig an den Stränden von Nordsee, Atlantik, Adria und Mittelmeer. Die lebende Schnecke hingegen ist seltener zu finden. Sie heftet sich unterhalb von 10 m Meerestiefe an Felsen und strudelt Kleinstlebewesen heran.

Pantoffelschnecke
Crepidula fornicata
Haubenschnecken

Merkmale Länge 5 cm. Schneckenhaus flach schalenförmig, mit einem Muschelgehäuse verwechselbar. Mündung groß, oval, zur Hälfte mit einer kräftigen weißen Scheidewand abgetrennt (Pantoffel).
Wissenswertes Um 1900 aus Amerika eingeschleppt, ist diese Art seitdem in der Nordsee (Sylter Oststrände) und im Mittelmeer zu finden. Sie sitzt an Felsen fest und strudelt Meeresplankton ein. Junge geschlechtsreife Tiere sind zunächst männlich, später weiblich.

Gewöhnliche Turmschnecke
Turritella communis
Turmschnecken

Merkmale Höhe 5,5 cm. Gehäuse schultütenförmig, kräftig mit 20 Umgängen. Oberfläche spiralig gerippt, sandbraun bis rötlich.
Wissenswertes In Nord- und Ostsee, Atlantik und Mittelmeer lebt diese Schnecke im Schlick. Ihre turmartigen Gehäuse sind bis zur Spitze, etwas schräg stehend, im Schlamm vergraben. Dort filtrieren die Tiere Kleinstpartikel. Zum Filtrieren benützen sie ihre federförmige Kieme. Turmschnecken werden bis zu 5 Jahre alt.

Schnauzenschnecke
Bithynia tentaculata
Schnauzenschnecken

Merkmale Höhe 10–11 mm. Spitz eiförmige Süßwasserschnecke. Schale hornfarben. Mundöffnung braun umrandet. Bei Störung zieht sie sich völlig in ihr Gehäuse zurück und verschließt es mit einem Deckel am Fuß.
Wissenswertes Mit die häufigste Schnecke stehender und fließender Gewässer. Sie weidet auf abgestorbenen Pflanzen. Ihre 10–70 Eier klebt sie in Schnüren unter Substrat. In sehr nährstoffreichen Gewässern gibt es gelegentlich etwa 15 mm lange Riesenformen.

Gewöhnliche Strandschnecke
Littorina littorea
Strandschnecken

Merkmale Höhe bis 4 cm. Gehäuse kräftig, kegelförmig. 7 wenig gewölbte Umgänge. An der Oberfläche feine spiralige Rippen, die deutlich zu fühlen sind. Mundöffnung ohrförmig, im Lebendzustand mit Deckel.
Wissenswertes Allgegenwärtige Meeresschnecke, sitzt an Buhnen, Steinen, auf nacktem Wattboden oder auf Muschelbänken. Oft sind es mehrere 1000 Tiere pro Quadratmeter. Sie weiden Algen von Miesmuschelschalen ab. Bei Ebbe verschließen sie ihr Haus.

Schöne Landdeckelschnecke
Pomatias elegans
Landdeckelschnecken

Merkmale Höhe 13–16 mm, Breite 9–12 mm. Kräftiges konisches Gehäuse mit 4–5 runden Umgängen, grauviolett bis gelblich gefärbt. Feine gitterartige Oberflächenstruktur aus dünnen Rippen. Mündung kreisförmig, ist bei zurückgezogenem Tier mit einem kalkigen Deckel verschlossen.
Wissenswertes Das dicke Gehäuse und der kräftige Kalkdeckel sind schon ein Anzeichen dafür, dass Landdeckelschnecken wärmere und trockenere Gegenden besiedeln. Diese Art bevorzugt lockere Kalkböden, in die sie sich eingraben kann. Sie bewohnt Heckenraine und Geröllhalden, die von der Sonne schnell aufgeheizt werden. Landdeckelschnecken besitzen am Fuß 2 Längswülste, mit denen die Tiere sich fast schreitend fortbewegen. Sie fressen totes Pflanzenmaterial. Die schwer verdauliche Zellulose schließen sie mithilfe von Darmbakterien auf. Die kugeligen, relativ großen Eier (2 mm) werden mit einer Kruste aus Bodenpartikeln versehen und einzeln abgelegt. Die Entwicklung zur fertigen Schnecke dauert 4 Monate.

Stumpfe Sumpfdeckelschnecke
Viviparus viviparus
Sumpfdeckelschnecken

Merkmale Höhe 28–32 mm, Breite 21–24 mm. Etwa 6 schnell an Dicke zunehmende Umgänge. Schale gelboliv bis braun, manchmal mit 3 rotbraunen Spiralbändern. Mundöffnung leicht eiförmig. Lebendes Tier mit dünnem Deckel am Fuß.
Wissenswertes Diese Art ist ein Weidegänger, strudelt aber auch Nahrung herbei. Beim Fressen pendelt sie ihr Haus hin und her. Die Embryonen entwickeln sich im Mutterleib. Die gut entwickelten Jungtiere werden innerhalb von Tagen frei gesetzt.

Kleine Walddeckelschnecke
Cochlostoma septemspirale
Turmdeckelschnecken

Merkmale Höhe 7–8 mm, Breite 3,8 mm. Gehäuse turmförmig. Zahlreiche Umgänge, gleichmäßig gerippt. Sehr typisch: 3 rotbraune Fleckenbänder von der Spitze bis zur Mündung. Der kleine Deckel (Operculum) kann tief in das Gehäuse eingezogen werden.
Wissenswertes Als wärmeliebende Art besiedelt die Kleine Walddeckelschnecke Ruinen, Mauern, Felsen, Geröllhalden und auch Wälder auf kalkreichen Böden. Sie verwertet faulende Pflanzen. In Ruhe hängen sich die Tiere oft an 2 Schleimfäden auf.

Gewöhnliche Kahnschnecke
Theodoxus fluviatilis
Kahnschnecken

Merkmale Höhe 4,5–6,5 mm, Breite 6–9 mm. Gehäuse: nur wenige, rasch an Größe zunehmende Umgänge. Dickwandig, halbeiförmig, außen regelmäßig, dicht gestreift oder mit Netzzeichnung versehen. Erinnert an einen umgestürzten Kahn.
Wissenswertes Diese Kiemenschnecke lebt auf steinigem Grund im Mittel- und Unterlauf großer Flüsse mit erhöhter Fließgeschwindigkeit. Nahrung sind Kieselalgen, deren Kieselsäurepanzer an Steinen zerrieben werden muss.

Aschgraue Kreiselschnecke
Gibbula cineraria
Kreiselschnecken

Merkmale Höhe bis 16 mm. Gehäuse kräftig, kegelförmig. Enge violettbraune Streifung. Verschluss: runder horniger Deckel.
Wissenswertes Die auch Friesenknopf genannte Meeresschnecke ist an allen europäischen Küsten häufig. Sie lebt auf felsigem Grund in Tiefen von nur wenigen Metern bis zu 100 m. Beim Trockenfallen verkriecht sie sich in »rockpools« (Gezeitentümpel) und verschließt ihr Haus mit dem Deckel. Die Eier gibt sie ins freie Wasser.

Bunte Kreiselschnecke
Calliostoma zizyphinum
Kreiselschnecken

Merkmale Höhe 3 cm. Gehäuse kegelförmig. Fast viereckige Mündung, gelbbraun, mit roten Tupfen und Streifen gesprenkelt. Weichkörper ebenso gesprenkelt.
Wissenswertes Diese Art lebt an den atlantischen Küsten Europas und im Mittelmeer, in der Nordsee v. a. auf Helgoland. Kreiselschnecken weiden im Flachwasserbereich die Polypen von Nesseltieren ab. Ihre Laichschnüre kleben sie an Felsen. Daraus schlüpfen fertig ausgebildete Jungschnecken. ▽

Rändel-Käferschnecke
Lepidochitona cinerea
Käferschnecken

Merkmale Länge bis 2 cm. Asselähnlich, 8 Rückenschilder, 1 umlaufender fleischiger Mantel. Unterseite mit breiter Kriechsohle. Färbung: grün bis braun pigmentiert.
Wissenswertes Steine in der Brandung, Buhnen und Gezeitentümpel in Nordsee, Atlantik und Mittelmeer sind Lebensraum dieser ursprünglichen Schneckenform. Die Art schabt Rotalgen ab. Bei Ebbe zieht sie sich unter ihre Rückenplatten zurück und saugt sich mit dem Fuß am Untergrund fest. ▽

Moostierchen, Würmer und Nesseltiere

Der Begriff Wirbellose ist in der Biologie kein systematisch ordnender Begriff. Er fasst vielmehr eine große Gruppe von Niederen Tieren zusammen, die nicht zu den Wirbeltieren gehören. Entsprechend weit gefächert sind die einzelnen Baupläne. In diesem Kapitel werden einige wichtige Arten vorgestellt, denen man vor allem in Nord- und Ostsee sowie in Süßgewässern häufig begegnet. Es sind dies Arten, die zu den Gruppen der Moostierchen, Gürtelwürmer, Vielborster, Strudelwürmer, Blumentiere, Hydrozoen, Quallen und Schwämme gehören.

Der Regen- oder Tauwurm (Lumbricus terrestris) *ist perfekt an das Leben in Bodenlücken angepasst. Seine gleichförmigen Körpersegmente machen ihn sehr beweglich. Der Gürtel liefert die Eikokons.*

Moostierchen

Diese auch Bryozoen genannte Tiergruppe lebt als Strudler in Süßwasser und Meer. Die Tiere bilden Kolonien, die meist aus Tausenden winziger Individuen bestehen. Da ein Moostierchenindividuum selten größer als ein Millimeter wird, sind auch die Kolonien meist nur wenige Zentimeter groß. Erstaunlicherweise gibt es von diesen merkwürdigen Tieren etwa 4000 Arten weltweit. Aus Fossilien kennen wir sogar 15 000 ausgestorbene Arten.
Moostierchen bestehen aus einem Tentakelkranz, der auf einem meist U-förmig gebogenen Darm sitzt. Es fehlen Blutgefäße sowie Ausscheidungsorgane. Diese relativ einfach gebauten Tiere sitzen meist in einer verzweigten Chitin- und Kalkhülle, sodass eine Kolonie oft bäumchenartig wirkt.
Innerhalb einer Kolonie gibt es spezialisierte Einzeltiere wie Fress-, Putz- und Wehrzoide und damit eine Aufgabenteilung. Die meisten Moostierchen sind zwittrig, die Keimzellen beider Geschlechter entwickeln sich als Knospen am Körper. Daraus entstehen Larven, die so etwas wie eine Minikolonie darstellen oder alternativ Knospen, die sich auf dem Substrat von Muschelschalen oder Krebspanzern, Tangen oder Seegrasblättern festsetzen und zur Kolonie auswachsen.
Mit ihren Tentakeln fangen sie Schwebstoffe aus Meer oder Süßgewässern und reinigen somit das Wasser. Zur Abwehr von Fressfeinden oder in Ruhephasen können sie sich vollständig in das Gehäuse zurückziehen.

Gürtelwürmer

Wegen einer gürtelförmigen Verdickung im vorderen Körperteil stellt man Regenwürmer und Egel zu den so genannten Gürtelwürmern. Dieser Gürtel, Clitellum genannt, besteht aus Hautverdickungen, die während der Fortpflanzungszeit gebildet werden und ein Sekret für die Kokons der Eier liefern. Gleichzeitig dient er der gegenseitigen Spermaübertragung bei diesen zwittrigen Tieren. Gürtelwürmer sind entweder im Süßwasser oder an Land verbreitet. Viele Arten leben im Boden und spielen bei der Humusbildung eine besondere Rolle. Der allseitig bekannte Regenwurm ist so ein Recyclingspezialist vieler Komposthaufen und Waldböden.

Vielborster

Die Vielborster oder Polychaeten sind Ringelwürmer mit vielen Borsten. Die meisten leben marin und sind mit etwa 13 000 Arten enorm entwickelt. Ihre Gestalt ist wurmähnlich, ihre Körperwand ein Hautmuskelschlauch, der sich zusammenziehen kann.
Polychaeten bestehen wie die Ringelwürmer aus zahlreichen hintereinander liegenden Körperabschnitten (Metamere). Kennzeichnend ist, dass jeder Körperabschnitt eine seitliche Ausstülpung der Körperwand trägt, die mit kleinen Borstenbüscheln versehen ist. Diese Stummelfüße (Parapodien) können sehr unterschiedlich ausgeformt sein. Damit können sich diese Tiere im Meeres- oder Sandboden festhalten, in Gängen und Röhren leben oder sich auch schlängelnd fortbewegen.
Es gibt tentakeltragende Strudler und solche mit ausstülpbaren Rüsseln oder Kieferapparaten, die sogar Krebse erbeuten können. Ein berühmtes Beispiel für die Vielborster ist der Watt- oder Pierwurm, der in einer gebogenen Röhre lebt und bei Ebbe seine Kotsandhäufchen kringelförmig auf den Wattboden spritzt.

Strudelwürmer

Die Klasse der Strudelwürmer fasst eine Gruppe von Tieren zusammen, die bisher als Plattwürmer bezeichnet wurden. Die Systematik ist noch heftig umstritten. Dessen ungeachtet fasst man unter dem Begriff Strudelwürmer etwa 3400 Arten zusammen, die vor allem im Meer leben, von denen einige aber auch im Süßwasser vorkommen. Ihr häufig abgeflachter Körper ist band- oder zeigerförmig und erreicht selten mehr als 5 mm Länge.
Häufig erkennt man einen etwas abgesetzten Kopf mit Augenpunkten. Unterseits liegt eine Mundöffnung, mit der sie Bakterien, Kieselalgen oder auch Einzellerkolonien abweiden.
Die winzigen Tiere gleiten oft nacktschneckenähnlich auf einem Schleimband über Steine unter Wasser. Sie besitzen eine ungewöhnlich hohe Regenerationsfähigkeit. Sogar aus winzigen Körperteilen können sich wieder neue Organismen bilden. Einige Arten der zu dieser Gruppe gehörenden so genannten Planarien sind hervorragende Indikatororganismen für die ökologische Bewertung von Fließgewässern. Sie brauchen stets sauberstes Wasser und haben sich an das Leben in sehr engen Temperaturbereichen angepasst. So gibt es jeweils spezialisierte Arten für den Quellbereich, den Mittellauf oder den gemächlicheren Unterlauf eines Gebirgsbaches.

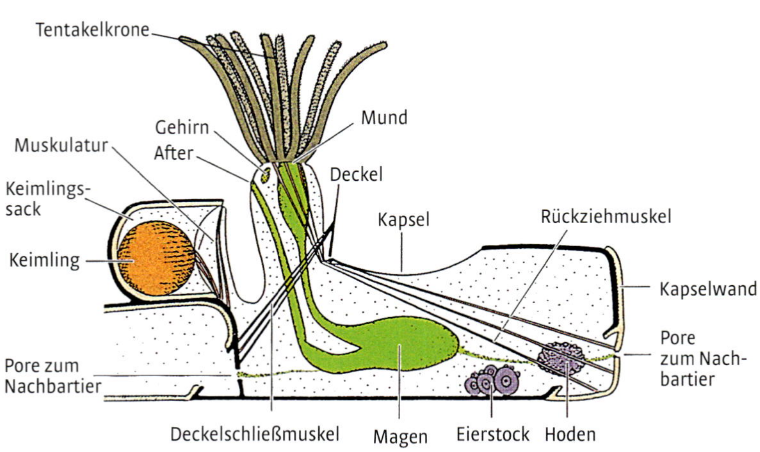

Das winzige Moostierchen lebt geschützt in einem Gehäuse. Zum Beutefang streckt es seinen Tentakelkranz ins Meer. Bei Gefahr zieht ihn ein Muskel ins Haus. Meist bilden viele Individuen eine große Kolonie. Aus den Keimzellen entstehen Larven, die wieder neue Kolonien bilden.

In der Quellregion: *Crenobia alpina* Im Oberlauf: *Polycelis felina* Im Unterlauf: *Dugesia gonocephala*

Verschiedene Planarien: Drei Arten, drei Lebenszonen. Da die einzelnen Arten oft sehr genau an das Leben in Quelle, Mittellauf oder Unterlauf eines Baches angepasst sind, dienen sie als ökologische Indikatoren bei der Gewässerbewertung.

Nesseltiere

Nesseltiere sind eine erdgeschichtlich sehr alte Tiergruppe, die es bereits im Erdaltertum gab. Sie leben vorwiegend im Meer. Zu den Nesseltieren gehören Hydren, Quallen und Korallen. Diese Tiere sind sehr einfach gebaut. Ihr Körper hat die Form eines Schlauches mit einer Öffnung, um die ein Kranz von Tentakeln steht. Diese einzige Öffnung ist gleichzeitig Mund und After. Der zentrale Hohlraum übernimmt die Verdauung und verteilt die Nährstoffe im Körper. Die Körperwand besteht nur aus zwei Zellschichten, der Außen- und der Innenschicht. Dazwischen befindet sich eine gallertartige Stützschicht.

Fast alle Nesseltiere sind Fleischfresser. Sie lähmen ihre Beute mithilfe spezieller Nesselzellen in den Tentakeln. Dabei gibt es drei verschiedene Varianten: Die Nesselzellen einiger Arten enthalten unter einem Deckelchen einen aufgerollten Spiralfaden mit klebrigen Eiweißstoffen. Berührt ein Beutetier einen borstenähnlichen Fortsatz auf der Nesselzelle, wird dieser Faden mit hoher Geschwindigkeit ausgeschleudert und lähmt die Beute mit Giften. Ein weiterer Typ durchschlägt die Beute mit harpunenähnlichen Stiletten, ein dritter Typ schleudert der Beute lange Fäden entgegen, um sie einzuwickeln. Die Explosion der Nesselkapseln dauert nur drei bis sechs Millisekunden. Sie gehört zu den schnellsten Bewegungen im Tierreich.

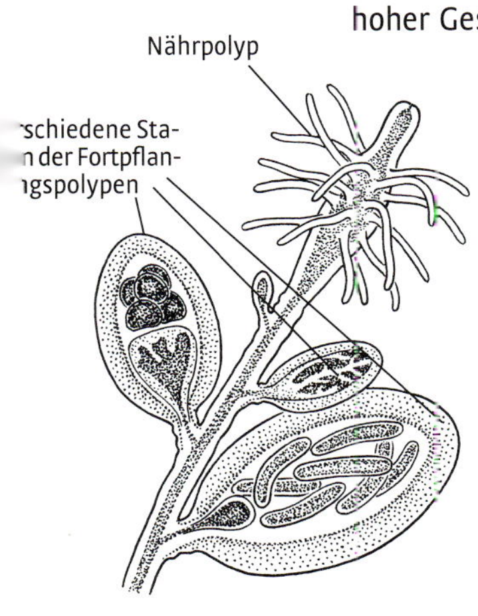

Teil einer Kolonie des Keulenpolypen Cordylophyra. *An der Spitze sitzen die keulenförmigen Nährpolypen. Sie fangen Nahrung. Die kugeligen Köpfchen sind Fortpflanzungspolypen.*

Ein sehr ursprünglich gebauter Nesseltiertyp ist der Süßwasserpolyp Hydra. Dieser nur ein Zentimeter große Polyp lebt in jedem Teich und fängt mit seinen Nesselkapseln Wasserflöhe. Die Nesselkapseln anderer Nesseltiere besitzen dagegen so starke Gifte, dass sie sogar Menschen gefährden, wie etwa die der Portugiesischen Galeere oder der Feuerqualle.

Polyp oder Meduse?

Nesseltiere treten in zwei Formen auf: als festsitzender Polyp, der auch große Kolonien bilden kann oder als freischwimmende Medusen, die als Quallen bekannt sind.

Beide Lebensformen entstehen durch einen Generationswechsel zwischen geschlechtlicher und ungeschlechtlicher Vermehrung. Die Medusen entstehen aus ungeschlechtlichen Knospen am Polypen. Die oft getrennt geschlechtlichen Medusen geben ihre Geschlechtsprodukte ins freie Wasser ab. Daraus entwickeln sich so genannte Planulalarven, die zum Polypen werden.

Polyp und Qualle sind sich auch äußerlich sehr ähnlich. Während der festsitzende Polyp seine Mundöffnung mit den Tentakeln nach oben zeigt, ist die schwimmende Qualle ein »umgedrehter Polyp« mit glockenförmiger Gestalt. Die Kuppel einer Qualle entspricht also dem Fuß des Polypen.

Manche Nesseltiere verbringen ihr ganzes Leben als Polyp oder als Qualle. Andere Arten wiederum durchlaufen nacheinander beide Formen. Nur in der Polypengeneration leben beispielsweise die großen Kolonien des Keulenpolypen *(Cordylophora caspia)*, die oft im Brackwasser zu finden sind. Diese Kolonien sterben jeden Winter ab und bilden dann im Frühjahr aus Gewebestücken neue Kolonien.

Die Schirmquallen (Scyphozoen) unterdrücken die Polypengeneration und haben große Medusen. Es sind die Quallen, die fast jeder Meeresbesucher kennt. Die Blumentiere *(Anthozoa)* wiederum leben ausschließlich als Polypengeneration.

Vielfältige Lebensgemeinschaft

1865 entdeckte der Zoologe Karl Moebius in Kiel, dass Tiere und Pflanzen im Meer unterschiedliche Lebensgemeinschaften (Biozönosen) bilden und begründete damit die Wissenschaft der Meereskunde. Ein Beispiel solcher Lebensgemeinschaften ist oft an einem Pfahl oder einer Steinbuhne an Nord- und Ostsee zu sehen. Auf engstem Raum leben hier viele Vertreter der Wirbellosen mit anderen Tieren sowie mit Pflanzen zusammen.

Buhnenpfahl in Nord- oder Ostsee. Schon nach kurzer Zeit bilden sich dort Lebensgemeinschaften aus Algen und Meerestieren. Viele dieser Lebensformen gehören zu den Wirbellosen.

Sternascidie
Botryllus schlosseri
Seescheiden

Merkmale Schwammähnliche Kolonie von Seescheiden, deren Einzeltiere in 1 gemeinsamen Mantel sternförmig um die Ausströmöffnung angeordnet sind. Der Durchmesser einer sternförmigen Wohnkolonie beträgt etwa 10 cm. Die Farben einer Kolonie reichen von gelbrot über grünblau bis zu violett.
Wissenswertes Vorkommen auf Felsen europäischer Meere, v. a. der Nordsee und dem Mittelmeer. Jedes Einzeltier besteht aus einem netzartigen Kiemendarm, der pro Tag Hunderte Liter an Meerwasser filtert.

Keulenseescheide
Clavelina lepadiformis
Seescheiden

Merkmale Höhe je Individuum 2–3 cm. Völlig durchsichtige keulenförmige Seescheide, nur der Umriss ist als leuchtend weiße Linie zu sehen. Kolonien teppichartig, meist mehrere Handflächen groß.
Wissenswertes Vom Mittelmeer bis nach Norwegen ist diese Seescheide an felsigen Küsten sehr häufig. Sie bildet Kolonien. Gelegentlich sind aber auch einzelne Individuen anzutreffen. Die Tiere strudeln unablässig Wasser in den Hohlkörper (Kiemendarm) ein und filtern Plankton und Nährstoffe heraus. Sie reinigen so das Meer.

Strandigel
Psammechinus miliaris
Seeigel

Merkmale Durchmesser bis 4,5 cm. Kugeliger, an den Polen leicht abgeflachter Seeigel mit kräftigen kurzen Stacheln. Gesamtfarbe grünlich, Stacheln mit violetten Spitzen. Angeschwemmte tote Tiere sind stachellos.
Wissenswertes Dieser Seeigel lebt unterhalb der Gezeitenzone in der Nordsee und der westlichen Ostsee, sowie im Atlantik. Seeigel laufen mit ihren zahlreichen Saugnapffüßchen erstaunlich schnell über den Meeresboden und weiden mit dem an der Körperunterseite liegenden Kauapparat Algen ab.

Herzigel
Echinocardium cordatum
Seeigel

Merkmale Durchmesser 7–9 cm. Umriss ei- bis herzförmig. Unterseite flach. Oberseite mit feinen, haarähnlichen, gebogenen Stacheln übersät.
Wissenswertes Die unterhalb der Gezeitenzone von Nordsee, Atlantik und Mittelmeer lebenden Herzigel sind nicht leicht zu entdecken. Sie leben eingegraben im Schlick. Zur Oberfläche halten sie einen Gang, den etwa 70 besondere Füßchen ständig reinigen. Mit ihrem einseitig nach vorne verlagerten Kauapparat verwerten Herzigel Würmer, Muscheln und Schnecken.

Essbarer Seeigel
Echinus esculentus
Seeigel

Merkmale Durchmesser 10–16 cm. Schale rund, im unteren Mundfeld etwas abgeflacht, kräftig rotviolett. Stacheln kurz, kräftig, weder spitz noch giftig.
Wissenswertes Seegraswiesen auf felsigem Grund im gesamten Nordatlantik bis Portugal sind das Lebensrevier des Essbaren Seeigels. In der Ostsee fehlt er. Als Nahrung nimmt das Tier Moostierchen und Seepocken. Oft sammelt es mit pinzettenähnlichen Organen (Pedicellarien) Muschelschalen sowie kleine Steinchen und tarnt sich damit.

Zerbrechlicher Schlangenstern
Ophiothrix fragilis
Schlangensterne

Merkmale Körperscheibe etwa 2 cm im Durchmesser. 5 schlangenförmige, sehr schlanke Arme, jeweils bis 10 cm lang, stark bestachelt. Färbung variiert zwischen rot, violett und grau.
Wissenswertes Im Mittelmeer, im Atlantik und in der Nordsee liegen Schlangensterne in Felsspalten oft dicht beieinander. Nachts gehen sie auf Jagd und greifen nach Beutetieren. Ihre Feinde sind Dorsche und Plattfische. In Gefahr werfen sie angegriffene Arme ab, doch diese wachsen regelmäßig nach.

Gewöhnlicher Seestern
Asterias rubens
Seesterne

Merkmale Durchmesser bis 50 cm. 5 kräftige rundliche Arme. An der Unterseite der Arme sitzen Füßchen in Viererreihen, jedes Füßchen ist mit einer Saugscheibe versehen. Meist rötlich gefärbt, auch blaue und grüne Varianten.
Wissenswertes Der Gewöhnliche Seestern kommt im Atlantik, in Nord- und westlicher Ostsee sehr häufig vor. Er läuft mit seinen Saugfüßchen über den Meeresgrund, pro Minute etwa 6 cm weit, und überfällt Muscheln. Mithilfe der Saugfüßchen an seinen Armen zieht er deren Schalenhälften auseinander. Er stülpt seinen Magen in die Muschel und tötet diese mit seinen Verdauungssäften. Die Geschlechtsorgane des Seesterns liegen in den Armen. Die getrennt geschlechtlichen Tiere geben zu bestimmten Zeiten Eier und Sperma ins freie Wasser. Aus den befruchteten Eiern entstehen bizarre Schwimmlarven. Seesterne besitzen ein Nervensystem, aber kein Gehirn. Ebenso fehlt ein Herz. An den Armspitzen sitzen kleine »Augen«, Lichtsinnesorgane zur Orientierung.

Lappen-Moostierchen
Lophopus crystallinus
Moostierchen

Merkmale Tierkolonie von Erbsengröße bis zu 4 cm Durchmesser. Im Süßwasser auf Blättern und Zweigen festsitzende sackförmige Gebilde mit Lappen an den Rändern. Grundfarbe blau, Tentakel gelblich.
Wissenswertes Moostierchen sind sessile, vielzellige Tiere, die in Kolonien als Strudler in Süßwasser oder Meer leben. Oft bestehen diese Kolonien aus Tausenden von Individuen, sind aber nur wenige Zentimeter groß. Moostierchen sind Zwitter. Befruchtete Eier werden oft in der Kolonie bis zum Schlüpfen der Larven aufbewahrt. Das Lappen-Moostierchen besitzt einen hufeisenförmigen Tentakelkranz, der Schwebstoffe aus dem Wasser filtert. Ein Muskel kann die Tentakel bei Störung einziehen.

Gallert-Moostierchen
Cristatella mucedo
Moostierchen

Merkmale Bandförmige, fast durchsichtige Kolonien von 3–20 cm Länge und 3–5 cm Breite. Die kleineren Moostierchen erinnern in Größe und Form an die Laichballen von Süßwasserschnecken, die größeren an Meeresnacktschnecken.
Wissenswertes Die Kolonien der Gallert-Moostierchen leben in großer Zahl auch in mitteleuropäischen Süßgewässern. Sie sitzen an Seerosenblättern und bewegen sich langsam kriechend weiter. Ihre Geschwindigkeit beträgt wenige Zentimeter pro Stunde. Man nimmt an, dass die halbflüssige Gallerte im Zusammenspiel mit den Muskeln der Tentakel eine Art Kriechsohle bildet. Die Tiere vermehren sich asexuell durch Knospung. Oft teilen sich ganze Kolonien gleichzeitig.

Kriechendes Moostierchen
Plumatella repens
Moostierchen

Merkmale Ausdehnung einer Kolonie bis zu 40 cm. Großflächige Überzüge aus gelbbraunen Röhrchen, hirschgeweihartig verzweigt. Aus diesen Röhrchen zeichnen sich jeweils an den Spitzen hufeisenförmige Tentakelkronen wie winzige zarte Blüten ab.
Wissenswertes In Süßgewässern, aber auch im Brackwasser heften sich diese Moostierchen an alle möglichen lebenden oder toten Unterlagen. Sie wurden an Wasserpflanzen, abgestorbenen Zweigen und auch Brückenpfeilern gefunden. Die Kolonien aus Tausenden von dicht nebeneinander wachsenden Individuen überziehen ihre Unterlage als flach anliegendes Polster. Verwandte Arten treten als weit verzweigte Fäden oder massige Klumpen auf.

Flache Seerinde
Membranipora membranacea
Moostierchen

Merkmale Schmutzig weiße Überzüge auf Seetang oder Algen, mosaikartig aus kästchenförmigen Einzeltieren zusammengesetzt. Größe sehr variabel: reicht von kleinflächiger Kolonie bis zur Großkolonie von 1,5 m Länge und 20 cm Breite. Die Oberflächenstruktur erinnert an ein Gittermuster.
Wissenswertes Oft unterhalb der Gezeitenzone in der Nordsee, im Atlantik und im Mittelmeer zu finden, bildet die Flache Seerinde wohl die größten Moostierkolonien. Diese Kolonien können sehr unterschiedlich gebaut sein. Die Individuen bauen eine flache Kruste. Manchmal schließen sich nur wenige Einzeltiere zusammen, manchmal aber auch mehr als 2 Millionen.

Blätter-Moostierchen
Flustra foliacea
Moostierchen

Merkmale Kolonie von etwa 20 cm Durchmesser, Einzelgehäuse maximal 0,5 mm. Kolonie reich gelappt, blattartig, graubraun. Aussehen erinnert an ledrige Alge. Die Individuen stehen in kleinen verkalkten Röhren. Jedes besitzt eine bewimperte Tentakelkrone.
Wissenswertes Die weit verbreiteten Blätter-Moostierchen bilden in 5–100 m Tiefe in Nord- und westlicher Ostsee ganze Wiesen von Kolonien. Angespülte Exemplare fühlen sich weich und gleichzeitig etwas kratzig an und riechen wunderbar frisch nach dem Öl der Bergamotte. Gelegentlich sind diese Kolonien von einem anderen Moostierchen überwuchert, dem so genannten Elfenbeinmoos *(Crisia eburnea)*.

Zottige Seerinde
Electra pilosa
Moostierchen

Merkmale Moostierchenkolonie mit 2 Wachstumsvarianten. 1. Aufrecht wachsende Kolonie mit dünnen, feinen, blattartigen Strukturen, sieht aus wie eine büschelige Pflanze, weiß bis gelblich braun gefärbt. Höhe dieser Kolonie bis 10 cm. 2. Die krustenbildende, plattenartige Kolonie, Durchmesser nur wenige Zentimeter. Jeder Kolonietyp wird von rundlichen, kalkumhüllten Individuen gebildet. Am Rand der Kolonie zahlreiche kleine Dornen.
Wissenswertes Leben unterhalb der Gezeitenzone in Nord- und Ostsee, im Atlantik und im Mittelmeer. Die aufrechte Kolonievariante sitzt häufig auf Seetang, die krustenbildende auf Muscheln und Steinen.

Gewöhnlicher Blutegel
Hirudo medicinalis
Kieferegel

Merkmale Länge ausgewachsen bis 20 cm. Wurmähnlich reich gegliedertes Tier, zusammengezogen olivenförmig. Vorder- und Hinterende mit je 1 Saugnapf versehen. Rücken dunkel olivgrün, mit 3 Paaren rostroter Längsstreifen.
Wissenswertes Der Gewöhnliche Blutegel bewohnt moorige, pflanzenreiche Weiher und Seen, Wiesentümpel und Altwässer. Ursprünglich stammt er aus Mittel- und Südeuropa. Wegen seiner medizinischen Bedeutung wurde er als »lebender Schröpfkopf« fast weltweit ausgesetzt. Jungtiere saugen an Fischen und Lurchen, Erwachsene an Säugetieren. Die Egel heften sich mit dem hinteren Saugnapf an Wirtstieren fest und beginnen mit der Mundöffnung und dem Kiefer aus etwa 100 spitzen Zähnchen eine sternförmige Wunde zu sägen. Gleichzeitig spritzen sie Hirudin, einen gerinnungshemmenden Stoff in die Wunde. Beim Saugen entnimmt der Blutegel bis zu 16 g Blut. Davon kann er etwa 18 Monate leben. Als Zwitter begatten sich die Tiere wechselseitig. Die Eier werden in Kokons abgelegt.

Pferdeegel
Haemopis sanguisuga
Kieferegel

Merkmale Länge bis 10 cm. Wurmähnlicher Egel. Eintönig bräunliche oder grünlich schwarze Rückenfärbung, stets ohne rote Längsbänder. Schwimmt wellenförmig.
Wissenswertes In ganz Europa ist der Pferdeegel in stehenden und langsam fließenden Gewässern beheimatet. Dieser Kieferegel hat kaum Zähne und kann deshalb die Haut von Wirbeltieren nicht zum Blutsaugen aufritzen. Er frisst alle Wassertiere, die er überwältigen kann, unzerteilt. Häufig lauert er auf Wasserpflanzen.

Hundeegel
Erpobdella octoculata
Schlundegel

Merkmale Länge bis zu 6 cm. Rollt sich oft zusammen. Wurmähnlicher Egel. 2 Saugnäpfe, schmaler werdendes Hinterende. Rückenzeichnung braun bis schmutziggrün. Alle Hautringe mit einer Querreihe gelber Flecken.
Wissenswertes Der in allen Süßgewässertypen überaus häufige Hundeegel lauert zwischen Pflanzen seiner Beute auf. Dies sind Strudelwürmer, Kleinkrebse und Insektenlarven. Seine Kokons mit 20–30 Eiern klebt er an die Unterseite von Steinen oder Wasserpflanzen.

Großer Schneckenegel
Glossiphonia complanata
Plattegel

Merkmale Länge ausgestreckt 10–30 mm. Oberseite grün mit gelben Flecken. 2 dunkle Längslinien auf dem Rücken, von gelben Warzenpunkten unterbrochen. Schwimmt nicht.
Wissenswertes Der häufige Egel saugt an Schnecken, Würmern und gelegentlich an Insektenlarven. Er hält sich im Pflanzenbewuchs der verschiedensten stehenden oder fließenden Süßgewässer auf. Bei Störung rollt sich der Große Schneckenegel zu einer fast knorpeligen Kugel zusammen. Betreibt Brutpflege.

Kleiner Schneckenegel
Glossiphonia heteroclita
Plattegel

Merkmale Länge ausgestreckt bis 9,5 mm. Zitronenförmiger Körper. Spitz zulaufendes Vorderteil, glatt, hellgelb bis weißlich, einige schwarze Punkte an der Seite.
Wissenswertes Der fast weltweit verbreitete Kleine Schneckenegel lebt in stehenden und langsam fließenden Süßgewässern. Seinen Wirten (Schnecken und Würmern) lauert er im dichten Pflanzengewirr auf. Eikokons und Jungtiere trägt der brutpflegebetreibende Egel auf der Bauchseite mit sich herum.

Entenegel
Theromyzon tessulatum
Entenegel

Merkmale Länge ausgestreckt bis 15 cm, Breite 5–15 mm. Zum Vorderende sich verdickender Egel. Rücken dunkelgrün, je 2 seitliche Längslinien mit gelblichen Warzen. Vorderseite mit dickem Saugnapf.
Wissenswertes Dieser Schmarotzer saugt bevorzugt das Blut von Haubentauchern und deren Verwandten, sowie von Entenarten. Gelegentlich dringt er dazu sogar in deren Rachenhöhlen ein. Wahrscheinlich saugen nur die Jungegel, um geschlechtsreif zu werden.

Gewöhnlicher Fischegel
Piscicola geometra
Fischegel

Merkmale Länge ausgestreckt bis zu 8 cm. Körper lang, dünn, zylindrisch, verjüngt sich nach vorne. Je 1 kreisrunder, scheibenförmiger Saugnapf an Vorder- und Hinterende.
Wissenswertes In ganz Europa verbreitet und häufig in Karpfenteichen eine Plage. Dieser Egel sitzt mit dem hinteren Saugnapf an Pflanzen in Lauerstellung und wartet ausgestreckt auf Fische. Der Saugakt dauert mehrere Tage. Schon in 2 Tagen entzieht der Egel einem Karpfen etwa 15 ml Blut.

Schlammröhrenwurm
Tubifex tubifex
Schlammröhrenwürmer

Merkmale Länge ausgestreckt 4–10 cm. Dünn, rötlich gefärbt. Die Würmer stecken etwa zur Hälfte in Röhren im Schlamm stark belasteter Gewässer und vollführen mit dem Hinterende schlängelnde Bewegungen.
Wissenswertes Die schwingenden Bewegungen führen Tubifexe aus, um den wenigen Sauerstoff in belasteten Gewässern noch über die Haut aufnehmen zu können. Oft stehen mehrere 100 000 Exemplare pro Quadratmeter nebeneinander. Bei der geringsten Störung ziehen sich alle in die Röhren zurück.

Tauwurm
Lumbricus terrestris
Ringelwürmer

Merkmale Länge 20–30 cm. Körperoberfläche rötlich braun, mit kleinen (fühlbaren) Borsten besetzt.
Wissenswertes Tauwürmer leben in Gängen der Oberflächenschicht des Bodens. Die senkrechten Gänge reichen bis zu 2 m weit in die Erde und besitzen mehrere horizontale Seitengänge. Ein einzelnes Tier zieht als Fraßvorrat bis zu 10 Blätter in seinen Gang. Darüber hinaus frisst es große Mengen Erde und verwertet die darin enthaltenen organischen Stoffe. Bei Regen verlassen Tauwürmer ihre Gänge.

Seemaus
Aphrodite aculeata
Seemäuse

Merkmale Länge 10–20 cm. Im Umriss schlank eiförmig. Besitzen einem Borstenfilz auf dem Rücken, der in den verschiedensten Farben des Regenbogens schillert.
Wissenswertes Die bekannte Seemaus bewohnt den sandigen und schlammigen Grund von Küstengewässern. Sie gräbt sich mausähnlich mit dem Kopf voran in den Boden und sucht dicht unter der Oberfläche nach Würmern und Schnecken. Der schwedische Naturforscher Linné gab ihr den Namen »Seemaus«, obgleich sie ein Borstenwurm ist.

Schwimmender Seeringelwurm *Nereis pelagica*
Seeringelwürmer

Merkmale Länge 15 cm. Lang gestreckter wurmförmiger Körper. Besteht aus etwa 100 Segmenten, jedes Segment seitlich mit 1 Paar Stummelfüßchen (Parapodien) versehen. Kopfende mit schlanken Antennen und 2 dicken Tastern (Palpen). Körperfarbe variabel, oft blau bis violett.
Wissenswertes Seeringelwürmer sitzen in selbst gegrabenen, bis zu 30 cm tiefen Gängen im Schlick seichter Küstengewässer. Bei Ebbe sind sie gelegentlich wandernd oder in Gezeitentümpeln schwimmend zu beobachten.

Sandpierwurm
Arenicola marina
Sandwürmer

Merkmale Länge bis zu 30 cm. Körper rotbraun, bestehend aus walzenförmig verbreitertem Kopf, 13 Segmenten mit je 1 Paar roter Kiemenbüschel und schmalem Schwanzstück.
Wissenswertes Dieser Sandwurm ist als Wattwurm bekannt. Er gräbt einen U-förmigen Gang in den sandigen Boden der Meeresküsten. Das Tier sitzt im unteren Gangteil und frisst herab fallenden Sand. Enthaltene organische Bestandteile verwertet er, den unverdaulichen Sand spritzt er kringelförmig nach oben.

Sandkoralle
Sabellaria spinulosa
Trichterwürmer

Merkmale Länge bis zu 4 cm. Weinrote Würmer, deren Körper aus 3 Abschnitten besteht, paddelförmige Borsten.
Wissenswertes Dieser Trichterwurm baut sich häufig an der deutschen Nordseeküste gewundene Röhren in den Sand, die er dick mit groben Sandkörnern auskleidet. Da sich die Riesenmengen von Larven ebenfalls in der Nähe ansiedeln, entstehen riesige »Sandkorallenriffe«. Auf Norderney hatten sie einst die Länge von 60 m, waren 6–8 m breit und 60 cm hoch.

Dreikantröhrenwurm
Pomatoceros triqueter
Kalkröhrenwürmer

Merkmale Länge bis 2,5 cm, Röhren länger. Rein weiße Kalkröhren, charakteristisch dreikantig, auf allen im Wasser liegenden harten Körpern (Bojen, Hafenmolen, Schiffen), Vorderende mit Verschluss. Die in den Röhren hausenden Würmer sind leuchtend gelb bis rot gefärbt, ihre reich gefächerte Tentakelkrone blau oder rot.
Wissenswertes Die bunte Tentakelkrone hilft den Würmern Plankton aus dem Wasser zu fischen. Bei Gefahr verschließen sie sich in ihren Röhren.

Posthörnchenwurm
Spirorbis spirorbis
Kalkröhrenwürmer

Merkmale Durchmesser nur 2–3,5 mm. Hell orangefarbene Kalkröhrchen, posthornartig gewunden. Erinnern an Schneckengehäuse. Tentakelkronen lebhaft purpurrot.
Wissenswertes Dieser fest sitzende Vielborster besiedelt die Uferzonen von Nord- und Ostsee, Atlantik und Mittelmeer. Besonders oft sitzen seine Röhren auf der *Fucus*-Alge. Die Kronen ragen zu Tausenden aus den Röhren und filtrieren Nährstoffe aus dem Wasser. Seine Röhre schützt ihn vor Fressfeinden.

Bernsteinschnecken-Saugwurm
Urogonomimus macrostomus
Saugwürmer

Merkmale Max. 2 mm lang. Parasitischer Saugwurm. In der freien Natur nur im Fühler einer Bernsteinschnecke zu entdecken. Fühler dann stark verdickt, rot-weiß-braun geringelt und auffällig zappelnd. Bernsteinschnecken sind sehr häufig in der Ufervegetation von Süßgewässern zu finden.
Wissenswertes 1835 entdeckte der Zoologe Carl Gustav Carus diese merkwürdige Schnecke mit dem verdickten Fühler. Er gab dem Tier im Fühler den Artnamen *Leucochloridium paradoxum*. Jahrzehnte später erkannte man, dass dieses paradoxe Tier ein Entwicklungsschritt eines Schmarotzers ist: Der eiförmige, 2 mm lange Wurm lebt in Singvögeln. Seine Eier werden mit deren Kot in die Landschaft gebracht. Bernsteinschnecken nehmen sie auf. In der Schnecke schlüpfen verschiedene Larvenstadien. Die infektionsreifen Larven (Cercarien) sammeln sich im Fühler in einer Zyste, die 70 Mal pro Sekunde zuckt. Das verleitet Vögel, den vermeintlichen Wurm aufzupicken. So schließt sich der Lebenskreis des Parasiten. Er gelangt wieder in einen Singvogel.

Gewächshausplanarie
Bipalium kewense
Planarien

Merkmale Länge bis 35 cm. Nacktschneckenartiger Wurm in Gewächshäusern. Körper spindelförmig. Oberseite ockergelb, mit 5 violetten Längsstreifen. Vorderende mit halbmondförmiger Platte, auf deren Rand viele Augen liegen.
Wissenswertes Die scheinbare Nacktschnecke ist ein bekannter Vertreter der Strudelwürmer, eine Planarie. Die Tiere leben im Wasser und an Land. Sie treten weltweit in botanischen Gärten und Gewächshäusern auf und stammen aus den Regenwäldern Indochinas.

Vieläugige Planarie
Polycelis felina
Planarien

Merkmale Länge bis 18 mm, Breite 2 mm. Nacktschneckenähnlich flach, lang gestreckt, mit 2 hörnchenartigen Tentakeln am Kopfende. Auf dem Rand des Vorderkörpers liegen zahlreiche Augen. Farbe gelblich braun.
Wissenswertes Sehr saubere und schnell fließende Wasserläufe sind der Lebensraum der Planarien. Diese Art bewohnt die etwas wärmeren Mittelläufe von Bächen, sofern diese kalkarm sind. Sie folgt in einem Bachlauf häufig der quellbewohnenden Alpenplanarie. Indikator für gute Wasserqualität.

Alpenplanarie
Crenobia alpina
Planarien

Merkmale Länge bis 18 mm. Vorderende mit 2 zipfeligen Tentakeln, dahinter 2 Augen.
Wissenswertes Nur in kalten, schnell fließenden Gebirgsbächen und Quellen gleiten Alpenplanarien nacktschneckenähnlich über Steine. Berühmt ist ihre Regenerationsfähigkeit. Aus einem kaum sichtbaren Körperstückchen kann sich wieder eine vollständige Planarie entwickeln. Diese winzigen Strudelwürmer sind heute wichtige Indikatoren für den Zustand eines Gewässers.

Bachplanarie
Dugesia gonocephala
Planarien

Merkmale Länge 25 mm. Vorderende pfeilförmig zugespitzt und zu 2 dreieckigen »Öhrchen« ausgezogen.
Wissenswertes Einige Arten von Süßwasserplanarien sind sehr an bestimmte Umweltbedingungen angepasst. Die Alpenplanarie braucht Wassertemperaturen um 10 °C, die Bachplanarie den etwas wärmeren Mittellauf von schnell strömenden Flüssen und den warmen Unterlauf reiner Bäche. Damit schließt sich die Bachplanarie im Wasserlauf an die Alpenplanarie an (Bioindikator).

Milchweiße Planarie
Dendrocoelum lacteum
Planarien

Merkmale Länge bis 26 mm, Breite 6 mm. Flacher, langsam gleitender Strudelwurm. Kopfende mit 2 kleinen, schwarzen Augen. Längs der Körpermitte schillert meist rötlich braun der reich verzweigte Darm durch.
Wissenswertes Anders als die streng an bestimmte Kaltwasserbereiche von Bächen angepassten Alpen- und Bachplanarien hat diese Art kaum Ansprüche an ihre Umwelt. Sie bewohnt fast alle Gewässer des Binnenlandes und tritt von Europa bis Asien auf.

Bandplanarie
Prostheceraeus vittatus
Planarien

Merkmale Länge bis 3 cm, manchmal etwas größer. Sehr flach, wurmähnlich mit gewellten Körperrändern. Oberseite cremeweiß, mit hauchdünnen dunkelbraunen Längsstreifen. Am Vorderrand mehrere Augenpunkte und kleine zipfelförmige Fortsätze.
Wissenswertes Mit 3 cm eine stattliche Planarie, die unter Steinen in Nordsee und Atlantik lebt und langsam über den Meeresboden gleitet, auf der Jagd nach kleinen Würmern und Kleinschnecken. Diese Tiere sind Zwitter.

Seestachelbeere
Pleurobrachia pileus
Rippenquallen

Merkmale Bis zu 30 mm hoch. Ei- bis kugelförmig. Wässrig durchsichtig. 2 lange gefiederte Tentakel. Von Pol zu Pol Wimperreihen, welche die Oberfläche des Tieres wie die Rippen einer Melone überziehen.
Wissenswertes Tier der offenen Meere, des Atlantik, der Nord- und westlichen Ostsee. Diese kugeligen Hohltiere werden mit der Strömung weit verdriftet. Mit ihren langen, zart gefiederten Fangtentakeln erbeuten sie vorbei driftende Kleinstlebewesen, die sie am Mundfeld abstreifen.

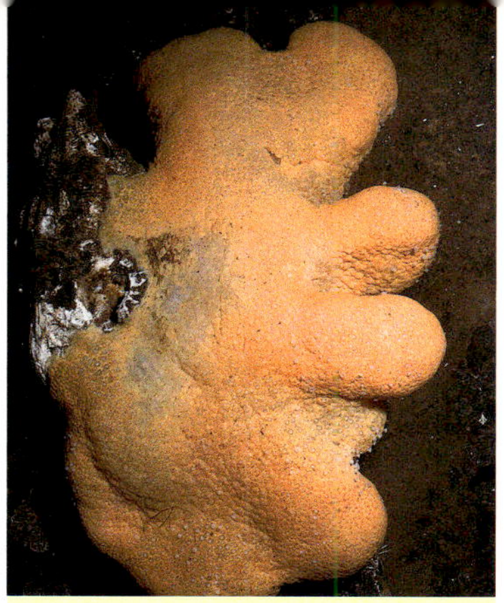

Lederkoralle
Alcyonidium digitatum
Korallentiere

Merkmale Bis 20 cm hoch. Fleischige Koralle in Größe und Form einer kräftigen Männerhand, mit vielen Warzen bedeckt, aus denen 9 mm große Polypen mit zierlichen weißen Federkronen ragen. Farbe meist rot.
Wissenswertes Die auch »Tote Hand« genannte Koralle kommt von der Arktis bis zur Biskaya vor. Sie ist eine Kolonie von Polypen. Mit dem Rhythmus von Ebbe und Flut bläht sich die Hand zweimal am Tag auf und fällt wieder zusammen. Das dient der Sauerstoffversorgung aller Stockmitglieder.

Seenelke
Metridium senile
Korallentiere

Merkmale Bis 30 cm hoch, Durchmesser bis 20 cm. Aufrecht stehender Blumenpolyp, 1 Kranz aus rund 1000 Tentakeln. Gesamter Polyp farbvariabel: lachsfarben, kobaltblau, rot oder weiß.
Wissenswertes Überall in der Nordsee und in den westlichen Teilen der Ostsee wächst dieses Blumentier auf Steinen, Buhnen oder sogar Strandgut. Mit seinen Tentakeln ergreift es vorbeischwimmende Tiere aus dem Wasser. Aus Teilen der Fußscheibe entwickeln sich auf ungeschlechtlichem Weg neue Seenelken.

Pferdeaktinie
Actinia equina
Korallentiere

Merkmale Höhe bis zu 7 cm. Glatte Außenseite, zylindrisch. Obenseitige Mundscheibe mit etwa 200 schlanken Tentakeln in 6 Reihen um die Mundscheibe. Mehrere Farbvarianten.
Wissenswertes Die Farbe des häufigsten Korallentieres an europäischen Küsten hängt von den Lichtverhältnissen ab. Auf hellen Plätzen ist es rot, auf schattigen eher grün. Mit seinen Tentakeln fängt es Fische, Krebse oder Schnecken. Während der Ebbe zieht es sich zusammen und kann so lange Zeit überdauern.

Schlanke Becherqualle
Craterolophus convolvulus
Quallen

Merkmale Länge 3 cm, Durchmesser 2,5 cm. Fest sitzender Polyp mit einer trichterartigen, becherförmigen Mundscheibe. Dieser Becher trägt 8 Tentakelbüschel. Die Becher selbst sitzen meist mit Saugnapf mundabwärts auf Algen.
Wissenswertes Unterhalb der Gezeitenzone von Nord- und westlicher Ostsee sitzen die glockenförmigen Becherquallen überall auf Algen, fangen mit ihren Tentakeln Kleinkrebse oder Fischlarven und führen diese mit ihren biegsamen Armen in die Mundscheibe.

Kompassqualle
Chrysaora hysoscella
Quallen

Merkmale Schirmdurchmesser bis 30 cm. Schirme flach, Gallertmasse gelblich. Randlappen des Schirmes mit 24 dünnen, bis 2 m lang ausgezogenen Tentakeln. Schirm mit 16 dunkelbraunen Streifen, die sich zum Rand hin gabeln. Wegen dieser Gradeinteilung heißen die Tiere Kompassquallen.
Wissenswertes An europäischen Küsten im Spätsommer in großer Zahl. Bei dieser zwittrigen Art sind die Tiere erst männlich, dann männlich und weiblich und schließlich nur weiblich.

Ohrenqualle
Aurelia aurita
Quallen

Merkmale Schirmdurchmesser bis 40 cm, meist jedoch kleiner. Durchsichtiger Gallertschirm, darin 4 ohrenförmige (Name) Keimdrüsenpakete, bei den männlichen Ohrenquallen weiß oder orangefarben, bei den weiblichen rotviolett. Schirmrand: 32 Lappen und zahlreiche kurze Tentakel.
Wissenswertes An den Küsten Europas weit verbreitet. Gelegentlich treten sie in ungeheuren Mengen auf. Die Tiere schwimmen mit rhythmischem Rückstoß, lassen sich aber auch von Meeresströmungen verdriften und fressen v. a. Fischlarven sowie Plankton. Bei diesen Quallen wechselt eine geschlechtliche mit einer ungeschlechtlichen Fortpflanzung ab. Die Polypen produzieren auf ungeschlechtliche Weise spezielle Larven (Ephyra-Larven), die zu Quallen heranwachsen. Aus der Verschmelzung der Geschlechtsprodukte der Quallen entstehen so genannte Planula-Larven, die sich festsetzen und zu Polypen heranwachsen. Ihre Nesselkapseln können die menschliche Haut nicht durchdringen.

Süßwassermeduse
Microhydra sowerbyi
Hydrozoen

Merkmale Größe bis 2 mm. Polypenform: keulenförmig, ohne Tentakel, an Steine und Schalen geklebt, ist gelegentlich als Doppelpolyp ausgebildet. In besonderen Fällen mit seitlicher glockenförmiger Medusenknospe, die später zur Qualle wird. Medusenform: glockenförmige Süßwasserqualle mit bis zu 20 mm Durchmesser, bildet etwa 600 winzige Tentakel.
Wissenswertes Oft in sauberen Baggerseen und großen Flüssen zu finden. Die Art stammt aus Ostasien und wurde über Wasserbecken in Gewächshäuser nach Europa verschleppt. Sie ist die einzige Süßwasserqualle und entwickelt sich nur in saubersten, 25–27 °C warmem Wasser. Zoologen haben einst diese Süßwassermeduse als eigenständige Tierart benannt. Später wurde beobachtet, dass sie aus einer Knospe am Polypen entsteht. Medusen sind zweigeschlechtlich. Doch wurden in Mitteleuropa bisher nur weibliche Medusen beobachtet. Süßwassermedusen wurden berühmt, weil sie den höchsten Wassergehalt aller Tiere aufweisen, nämlich 99,3 %.

Seemoos
Sertularia cupressina
Hydrozoen

Merkmale Polypenkolonie mit zweigförmiger Wuchsform. Polypenstöcke 20–40 cm hoch. Jede Kolonie besteht aus einem deutlichen Hauptstamm und vielen mehrfach gegabelten Seitenästen. Letztere werden von zahlreichen Polypen gebildet, die in einem chitinartigen Becher stehen.
Wissenswertes Knapp unterhalb der Gezeitenzone der Nordsee und des Atlantik bilden die Kolonien dieser Nesseltiere dichte Unterseewiesen. Im tiefen Wasser zeigen die Kolonien federartige Wuchsformen, im flacheren Wasser mit größerer Strömung dagegen sind sie spiralig gebaut. Die schnell wachsenden Polypenkolonien kommen in großen Mengen vor und schaffen pro Jahr bis zu 25 cm Zuwachs. Gelegentlich sind ihre robusten Gebilde bis zu 70 cm hoch. Sie werden häufig geerntet und eingefärbt als Zimmerschmuck oder in Blumengestecken verwendet. Doch auch im Meer brechen die Polypengehäuse bei Winterstürmen leicht ab. Sie werden jedes Frühjahr von den Polypen durch Knospung, eine Art Selbstteilung, neu gebildet.

Keulenpolyp
Cordylophora caspia
Hydrozoen

Merkmale Koloniehöhe bis 8 cm. Koloniebildender Brackwasserpolyp, wurzelähnliches Geflecht der Polypenträger. Auf den Spitzen dieser »Wurzeläste« sitzen die Polypenköpfe wie kleine Keulen. Farbe der Kolonie gelbgrün.
Wissenswertes Die auch »Affenhaar« genannten Kolonien dieses Polypen wurden aus dem Kaspischen Meer weltweit verbreitet und besiedeln gerne Flussmündungen mit Brackwasser. Sie leben räuberisch von Plankton und Fischbrut. Die Kolonien sterben im Winter ab.

Gestielter Süßwasserpolyp
Pelmatohydra oligactis
Süßwasserpolypen

Merkmale Länge bis 3 cm. Schlauchförmiger Körper auf durchsichtigem Stiel. Kopfbereich: meist 6 fadenartige, lange Tentakel. Gelegentlich kleine Seitenpolypen. Gesamtfarbe braun.
Wissenswertes Sehr oft stehen diese bäumchenartigen Nesseltiere auf Wasserpflanzen von Seen und Teichen, mit einer Fußplatte auf der Unterlage festgeklebt. Bei Berührung ziehen sich die Hydren kugelig zusammen. Die Fangarme dienen dem Beuteerwerb. Bei Berührung mit den Nesselzellen werden Kleinkrebse wie Wasserflöhe betäubt. Es gibt 3 Typen von Nesselzellen: harpunenartige Durchschlagkapseln (Penetranten), die selbst Kleinkrebse erlegen. Daneben Klebkapseln (Glutinanten) und Wickelkapseln (Volventen), die die Beute umwickeln. Eine einzige Hydra besitzt bis zu 32 000 dieser Nesselkapseln. Aus jedem Teil eines Tieres kann sich bei Verletzung ein vollständig neues Individuum entwickeln. Wie diese Erneuerung molekularbiologisch gesteuert wird, ist Forschungsgegenstand.

Grüner Süßwasserpolyp
Chlorohydra viridissima
Süßwasserpolypen

Merkmale Länge 10–15 mm, Tentakellänge um 10 mm. Schlauchförmig, grün mit 6–12 Tentakeln um den Mund.
Wissenswertes In Mitteleuropa sehr häufig in kühlen Waldteichen zu finden. Mit seiner Fußscheibe heftet er sich an Wasserpflanzen. Die grüne Färbung stammt von Grünalgen (Zoochlorellen), die im inneren Polypengewebe leben. Teilweise verdaut der Polyp diese Algen, teilweise verwertet er auch deren Photosyntheseprodukte wie Kohlenhydrate und Sauerstoff.

Bohrschwamm
Cliona celata
Schwämme

Merkmale Gesamtgröße 20 cm. Klumpiger Schwammkörper, oft auch krustenförmige, wenige Zentimeter dicke gelappte Masse. Oberfläche gelb bis rotorange.
Wissenswertes Diese Art bohrt sich in Kalkgestein, Korallenstöcke oder Muschelschalen. Sie besitzt bestimmte Ätzzellen, die mechanisch und chemisch arbeiten. Diese enthalten auch Enzyme, die das äußere der Muschelschalen auflösen. Die netzartig eingeätzten Kanäle besiedelt der Schwamm – letztlich eine Kolonie von Einzellern.

Brotkrumenschwamm
Halichondria panicea
Schwämme

Merkmale Unregelmäßig dicke, klumpige, manchmal lappige Masse von zäher Konsistenz, bis zu 35 cm hoch, oder flache Kruste, die große Flächen bedecken kann. Zahlreiche Ausströmöffnungen, die an kleine Vulkankrater erinnern. Farbe graubraun bis gelb.
Wissenswertes Häufigster Schwamm an deutschen Küsten, von Atlantik und Mittelmeer. Er wächst überwiegend im Gezeitenbereich und in Tiefen von mehr als 500 m. Der Brotkrumenschwamm, auch Meerbrot genannt, bildet aus Kieselnadeln eine zähe und feste Kruste, die den mechanischen Ansprüchen in der Gezeitenzone gut standhält. In größeren Tiefen wird er zunehmend klumpiger. Wie alle Schwämme ist auch diese Art aus 3 Schichten aufgebaut, die ein zusammenhängendes Kanal-, Strömungs- und Filtersystem besitzen. Schwämme sind Filtrierer und entnehmen ihre Nahrung dem durchfließenden Wasserstrom. Motoren der Wasserströmung sind unzählige Kragengeißelzellen, deren fädige Geißeln rhythmisch schlagen und einen Wasserstrom erzeugen.

Meergürkchen
Sycon ciliatum
Schwämme

Merkmale Höhe bis 3 cm, Breite etwa 0,5 cm. Form länglich bis gurkenähnlich. Oberfläche unregelmäßig, mit zahlreichen Einströmöffnungen. An der Oberseite eine endständige große Ausströmöffnung, die von einem silbrigen Kranz starrer Kalknadeln umstanden ist. Manchmal findet man Kolonien, die aus seitlichen Knospen entstanden sind und dann große Rasen bilden.
Wissenswertes Diese Kalkschwämme bevorzugen dunkle Winkel, Höhlen und Felsspalten. Sie leben von der Gezeitenzone bis in etwa 75 m Tiefe.

Stinkschwamm
Spongilla lacustris
Schwämme

Merkmale Ausdehnung 10–20 cm, manchmal wesentlich größer. Wächst als schwammartiger Belag mit zahlreichen bäumchenartigen Auswüchsen, vielen Poren (Einströmöffnungen) und etwas schleimiger Oberfläche auf Zweigen, Wasserpflanzen, Steinen oder anderen glatten Oberflächen. Farbe grünlich bis grau. Exakte Bestimmung nur anhand der Skelettnadeln möglich.
Wissenswertes In ganz Europa in stehenden und fließenden Gewässern häufig zu finden. Er besteht aus einer Außenhaut, die von dreizackigen, mit einem hornartigen Stoff verkitteten Skelettnadeln gestützt wird. Den Schwamm durchziehen zahlreiche Kanäle, die in rundliche Hohlräume münden. Dort sitzen Millionen von Kragengeißelzellen, die mit ihren schlagenden Geißeln einen stetigen Wasserstrom erzeugen. Bewegliche Wanderzellen verdauen die eingeströmte Nahrung. Strenge Winter überdauern die Schwämme in kleinen Kapseln (Gemmulae), die im Frühling wieder auswachsen. Sie riechen jodähnlich.

Großer Süßwasserschwamm
Ephydatia fluviatilis
Schwämme

Merkmale Ausdehnung variabel, erstreckt sich von etwa Fingerlänge bis zu 25 cm. Krustenförmiger, schmutzig weißer Belag auf variablen Gegenständen in Süß- bis Brackwasser, besonders auf Zweigen, Brückenpfeilern, Steinen und Schilf. Die dem Licht zugewandten Seiten sind oft hellgrün, Schattenseiten gräulich. Skelettnadeln ungewöhnlich hantelförmig gestaltet. Auf der Oberseite der etwas bröckeligen, weißen Masse finden sich zahlreiche Poren (Einströmöffnungen).
Wissenswertes Der im Flachwasser stehender und langsam fließender Gewässer und auch in den Brackwassergebieten von Nord- und Ostsee häufige Schwamm leistet Erstaunliches. Eine Kolonie von Fingerlänge filtert pro Tag etwa 3 l Wasser. Damit sind Schwämme die Kläranlage eines Teichs. Jede Art hat eine andere Porengröße, diese hat Porengrößen von 50 Tausendstel Millimetern. Pro Kubikmillimeter Körper halten über 7000 Geißelzellen mit ihren Geißeln den Wasserstrom aufrecht.

Glossar

Antennen siehe Fühler
Bauchfüße Hinterleibsbeine der Raupen (ohne das letzte Paar, das als Nachschieber bezeichnet wird)
Biotop Lebensraum einer Lebensgemeinschaft. Der Begriff wird fälschlicherweise oft allein auf ein kleines, intaktes Gewässer bezogen; er kann aber z. B. genauso für ein stark verschmutztes Gewässer oder eine überdüngte Wiese verwendet werden.
Brutfürsorge Verhaltensweise zum Schutz der Nachkommen ohne direkten Kontakt mit diesen (z. B. Eiablage an einem geschützten Ort)
Brutpflege Verhaltensweise zum Schutz oder zur Versorgung der Nachkommen mit direktem Kontakt zu diesen (z. B. Fütterung der Larven)
Byssusfäden von einer Drüse abgegebene Sekretfäden bestimmter Muscheln zur Festheftung am Untergrund
Carapax aus den Rückenplatten mehrerer Segmente verschmolzener, einheitlicher Rückenschild bei Gliederfüßern
Cheliceren erstes Gliedmaßenpaar am Vorderkörper der Spinnentiere, bei Spinnen am Ende mit Giftklauen und Giftdrüsenmündung
Corium lederartig fester Basalteil des Vorderflügels bei Wanzen, mit einer scharfen Grenze gegenüber dem häutigen Spitzenteil abgegrenzt
Duftschuppen Flügelschuppen männlicher Schmetterlinge, aus denen Duftstoffe zur Anlockung von Weibchen abgesondert werden
Eispiegel in einem dichten und regelmäßigen, einschichtigen Gelege auf einer ebenen Unterlage angeklebte Eier von Insekten
Ektoparasiten Parasiten, die außen auf ihrem Wirt leben
Embryo frühes, aber bereits als länglicher Keim ausgebildetes Entwicklungsstadium in einem Ei
Facettenauge aus wabenartig angeordneten Einzelaugen zusammengesetztes Auge verschiedener Gliederfüßer
Flügelmal etwas stärker versteifter, oft farblich (dann meist dunkel) abgesetzter Fleck in Flügeln verschiedener Insekten, insbesondere bei Libellen (hier in beiden Flügelpaaren) und Hautflüglern (nur in den Vorderflügeln)
Furca auch Gabel; bei Springschwänzen Sprunggabel unter dem Hinterleib, bei vielen Krebsen gabelförmiger Anhang am Ende des Hinterleibs
Generation Summe der Entwicklungsstadien einer Art, die ein und dasselbe Individuum darstellen, bei Käfern z. B. Ei, Larve, Puppe und Imago
Gezeitentümpel Kleingewässer in muldenförmigen Vertiefungen der Meeresküste (vor allem an Felsküsten), die sich bei Flut mit Meerwasser füllen, bei Ebbe dann als Tümpel zurückbleiben. Manche dieser auch als »Rockpools« bezeichneten Kleingewässer werden schon bei normalen Fluten neu gefüllt, andere, höher gelegene nur bei Springfluten, also Fluterеignissen mit besonders hohem Wasserstand. Die in unterschiedlicher Höhe liegenden Gezeitentümpel zeigen einen sehr verschiedenen Salzgehalt, da sie je nach Häufigkeit des Meerwassernachschubs einen sehr unterschiedlichen Anteil an Regenwasser aufweisen können.
Gürtelpuppe Puppe, die mit einem ringförmig um die Körpermitte gelegten Spinnfaden an einer Unterlage befestigt ist, vor allem bei Weißlingen und Ritterfaltern
Habitat Lebensraum einer Art
Hämoglobin roter Blutfarbstoff der Wirbeltiere, kommt aber auch im Blut einiger Weichtiere und Insekten vor
Hydroidpolypen aus zwei Zellschichten aufgebaute, schlauchförmige Nesseltiere mit nur einer Körperöffnung, die meist von armförmigen Anhängen, den Tentakeln, umgeben wird. Sie vermehren sich in der Regel ungeschlechtlich und produzieren dabei Medusen.
Imago (Plural Imagines); letztes, ausgewachsenes Entwicklungsstadium der Insekten
Jungfernzeugung Produktion von Nachkommen durch unbefruchtete weibliche Geschlechtszellen
Knospung ungeschlechtliche Produktion von Nachkommen durch seitliche Abschnürung von Körperzellen
Kokon aus Spinnfäden oder ähnlichen Drüsensekreten hergestellte Hülle, die Entwicklungsstadien, z. B. Eier oder Puppen, einschließt
Komplexaugen aus mehreren eng benachbarten Augen zusammengesetzte Augen
Konvergenz durch gleiche Funktion ähnlich gestaltete Erscheinungsformen oder Organe von Arten, die nicht miteinander verwandt sind, etwa die Grabbeine des Maulwurfs und der Maulwurfsgrille
Kopfschild Fläche an der Vorderseite des Insektenkopfes
Larven Entwicklungsstadien, die im Verlauf der weiteren Entwicklung ihre Gestalt verändern
Legebohrer länglicher, am Ende meist zugespitzter, aus mehreren Körperfortsätzen zusammengesetzter Hinterleibsanhang weiblicher Insekten zur Eiablage; wird oft zum Einbohren der Eier in Pflanzengewebe oder Holz verwendet
Legeröhre aus den röhrenförmig verlängerten letzten Hinterleibssegmenten zusammengesetzter Apparat weiblicher Insekten zur Eiablage; dient oft zur Eiablage in Holzspalten oder andere pflanzliche Hohlräume
Lippe bei Schneckengehäusen die oft an der Innenseite der Mündung liegende, wulstige Verdickung
Lymphe Körperflüssigkeit
Mantelschild bei Nacktschnecken schildförmiger, nach Rückbildung des Gehäuses übrig gebliebener Rest der Atemhöhlenauskleidung (diese befindet sich bei Gehäuseschnecken im Mündungsbereich des Gehäuses)
Meduse Qualle; schirmförmige, sich geschlechtlich fortpflanzende Generation vieler Nesseltiere
Membran häutiger, scharf abgesetzter Spitzenteil im Vorderflügel der Wanzen
Mimikry Nachahmung des Erscheinungsbildes wehrhafter oder durch unangenehmen Geschmack geschützter Tiere durch Arten, denen dieser Schutz fehlt
Mine, Blattmine von einem Tier ausgefressener, ober- und unterseits weitgehend geschlossener Hohlraum zwischen oberer und unterer Außenschicht eines Blattes
Mumienpuppe Insektenpuppe, deren Körperanhänge durch ein Sekret mit der Körperwand verklebt sind
Mundsaum Mündungsrand von Schneckengehäusen
Nabel je nach Art unterschiedlich weite, manchmal sogar vollkommen geschlossene Öffnung an der Unterseite von Schneckengehäusen; entspricht dem unteren Ende der Spindel, also der Achse, um die sich der Gang des Gehäuses windet
Nachschieber letztes Beinpaar am Hinterleib von Schmetterlingsraupen
Nesselzellen sehr kompliziert gebaute, dem Beutefang und der Abwehr von Feinden dienende Zellen in der Körperwand, vor allem in den Tentakeln von Nesseltieren. Sie enthalten einen ausstülpbaren, oft mit dornförmigen Stiletten ausgerüsteten Faden, mit dessen Hilfe ein Gift injiziert werden kann.
Nymphen Larven bestimmter Gliederfüßer, z. B. von Milben
Ocellen kleine, punktförmige Augen von Gliederfüßern
Ökosystem ein Lebensraum mit der dort vorkommenden Lebensgemeinschaft
Operculum am Fuß festgewachsener Deckel, mit dem bestimmte Schnecken ihr Gehäuse verschließen können
Orthognatha ursprüngliche Gruppe der Spinnen mit gerade vorgestreckten Giftkiefern (Cheliceren). Die bekanntesten Vertreter dieser Gruppe sind die vorwiegend tropisch verbreiteten Vogelspinnen.
Paarungskette durch die zangenartigen Hinterleibsanhänge des Männchens aneinander gekoppeltes Libellenpaar vor oder nach der eigentlichen Paarung
Paarungsrad aus der Paarungskette hervorgegangene Paarung der Libellen, bei der das Weibchen mit seiner am Hinterleibsende liegenden Geschlechtsöffnung das Sperma vom vorn am männlichen Hinterleib liegenden Begattungsorgan übernimmt
Palpen Taster verschiedener Gliederfüßer
Parapodien Beine der Vielborster
Parasit Organismus, der sich auf Kosten eines anderen Organismus ernährt
Pedipalpen zweites Gliedmaßenpaar am Vorderkörper der Spinnentiere, bei Spinnen als Taster, bei Spinnenmännchen außerdem als Begattungsorgan entwickelt
Plankton im Wasser schwebende Organismen
Pleotelson aus einer Verschmelzung der letzten Hinterleibssegmente gebildeter, einheitlicher Körperabschnitt mancher Krebstiere
Primärzersetzer Organismen, die sich von toten Pflanzenteilen, insbesondere Falllaub, ernähren und dieses dabei zu Humus umwandeln
Puparium puppenähnliches Ruhestadium mancher Insekten
Remineralisation Rückführung organischer Stoffe in anorganische Verbindungen
Schenkel vor dem Kniegelenk liegendes Glied des Insektenbeines, meist das kräftigste Beinglied
Schildchen meist dreieckige Rückenplatte des dritten Brustsegments verschiedener Insekten, besonders auffällig bei vielen Käfern und Wanzen
Segmente Ringe der Körperhülle von Gliederfüßern
Sipho Plural Siphonen. Zwei meist längliche Anhänge am Hinterleib von Blattläusen; aus ihnen können zur Abwehr von Feinden klebrige Sekrettropfen abgeschieden werden. Bei Muscheln ist der Siphon ein röhrenförmiges Organ zur Versorgung mit frischem Wasser.
Spaltbein gabelartig verzweigtes Bein vieler Krebse
Spermatophore tropfenartige oder kompliziert geformte, oft gestielte Samenkapsel zur indirekten Spermaübertragung bei verschiedenen Gliederfüßern, kann auch bei einigen anderen Tiergruppen vorkommen
Stürzpuppe Schmetterlingspuppe, die mit Häkchen am Hinterende an einem Gespinstpolster festgeheftet ist und frei herabhängt
Subimago vorletztes, bereits voll geflügeltes Entwicklungsstadium der Eintagsfliegen
Tentakel finger- oder fadenförmige Körperfortsätze
Umgänge Windungen eines Schneckenhauses
Urinsekten flügellose urtümliche Insekten, z. B. Springschwänze, Doppelschwänze, Felsenspringer und Silberfischchen
Vers aus mehreren Einzeltönen zusammengesetzte, kürzeste Einheit eines Heuschreckengesangs; mehrere Verse können zusammen eine Strophe bilden
Zoochlorellen einzellige Grünalgen, die im Innern tierischer Gewebe leben und mit den Produkten ihres Stoffwechsels zur Ernährung ihrer Wirte beitragen

Zweiteilige deutsche Namen sind mit dem vorangestellten Gattungsnamen aufgeführt, z. B. »Großer Abendsegler« unter »Abendsegler, Großer«. Mit Bindestrich geschriebene Namen sind unter dem ersten Namensteil aufgeführt, also ist z. B. »Achat-Eulenspinner« unter dem Buchstaben »A« zu finden.

A

B

Bildnachweis

Alle Fotos von **Heiko Bellmann**, außer:
B. Bellmann 28/2, 33/1; **D. Bellmann** 55/2; **Blickwinkel** 82/1; **Bogon** 183/4; **Clemens/Hecker** 51/6; **Engler** 18/3; **Essler** 1/3, 13/2, 15/2–4, 16/1, 17/3, 20/1, 21/4, 29/2, 32/2, 49/2, 49/4, 53/4, 64/4, 65/1, 72/4; **Hecker** 1/7, 15/1, 16/5, 19/4, 20/2–4, 22/4, 23/1–3, 28/3, 33/5, 34/1, 35/2, 36/3, 37/3, 39/4, 40/1, 41/4, 47/1, 56/2, 80/1, 80/3, 80/4, 81/1, 81/2, 81/4, 81/5, 82/2, 82/4–6, 83/1, 83/3, 83/5, 83/6, 84/2–6, 85/1–3, 85/4–6, 86/1, 86/2–6, 87/1, 87/2–6, 88/1–4, 88/6, 89/1, 89/3–6; **Helwig** 12/1, 12/2, 16/2, 16/3, 43/1, 55/3, 59/4, 64/1, 67/2; **Janke** 1/13, 158/2–5, 158/7, 158/8, 159/3, 159/4, 160/5–8, 172/1–6, 173/1–7, 174/1–5, 176/1–5, 183/6–9, 184/1–5, 184/7, 185/5–7, 188/3–7, 189/4–6, 191/4–8, 192/7, 193/1–3, 193/5–7, 194/2, 195/1–3; **Köhler** 100/5; **König** 83/4; **Limbrunner** 35/4, 58/3; **Mestel/Hecker** 64/3; **Müller** 31/2, 35/5, 36/1, 36/4, 36/5, 37/6, 38/4, 39/2, 41/3, 47/2, 54/4, 66/1; **Nill/linnea images** 12/4, 16/4, 16/6, 17/1, 18/4, 19/5, 21/1, 25/2, 29/5, 29/6, 30/2, 30/3, 31/4, 32/1, 32/3, 33/6, 34/5, 35/3, 37/2, 39/5, 41/2, 41/5, 42/4, 42/5, 42/7, 43/3, 43/4, 44/2, 44/3, 45/1, 46/1, 46/2, 54/1, 57/1–3, 58/2, 58/4, 59/1–3, 61/4, 63/2, 67/3, 67/4, 70/2; **H. Partsch** 30/6, 31/5, 32/5, 38/1, 40/4, 41/1, 43/2, 45/2, 48/5, 49/1, 50/4, 51/1, 51/2, 52/1, 52/3, 52/4, 53/1–3, 56/3, 61/1, 61/2, 65/2; **M. Partsch** 1/5, 12/3, 13/1, 13/3, 17/2, 17/4, 18/1, 18/2, 22/1, 28/1, 28/4, 28/5, 29/1, 29/3, 29/4, 30/1, 30/4, 30/5, 31/3, 31/6, 33/2–4, 34/2, 34/6, 35/1, 35/6, 36/2, 37/4, 38/2, 38/3, 39/1, 39/3, 40/3, 42/3, 44/4, 45/3, 47/3, 47/4, 48/1, 48/2, 49/3, 50/2, 50/3, 54/2, 56/1, 60/2, 61/3, 62/2–4, 63/3, 63/4, 64/2, 66/2–4, 67/1; **Roth** 34/4, 65/3 ; **Sauer/Hecker** 19/1, 44/1, 80/2, 81/3, 81/6; **D. Synatschke** 34/3, **G. Synatschke** 46/3, 52/2; **Vorholt/linnea images** 19/3, 48/3, 48/4, 51/3, 55/1; **Vilcinskas** 82/3, 83/2, 84/1, 89/2; **Wachmann** 37/1, 50/1, 51/4, 51/5, 58/1; **Zoller** 1/6, 22/2, 31/1, 32/4, 37/5, 40/2, 42/1, 42/2, 42/6, 60/1, 60/3;

Mit 68 farbigen Zeichnungen von: Claus Caspari 78o, 78M, 78u, 79 ol, 79 ul (3), 79or, 79 ur; Paschalis Dougalis 26o, 26ul, 26ur, 27ol, 27or, 27ul (4), 27ur; Marianne Golte-Bechtle/Kosmos 11ur, 14/1–4, 68o, 68M (2), 68u, 69M, 69u, 155M, 155ul, 170o, 171ur, 187o (3), 187ul , 187ur; Janke/Lang 186u; Kvetoslav Hísek 154Mr, 154ur, 155ol; Kosmos 170l, 170or; Wilfried Weigel 10o, 10u, 11o, 11ul, 69o, 90o, 90ul, 90ur, 91o, 91M, 91u, 154o, 154M, 154ul, 154ur, 155or, 155ur, 170ur, 171or, 171M, 171ul, 186o

Impressum

Mit 1036 Fotos: 2 Fotos von Bernd Bellmann, 1 Foto von Dieter Bellmann, 1 Foto von Blickwinkel; 1 Foto von Klaus Bogon, 1 Foto von Clemens/Hecker, 1 Foto von Engler, 16 Fotos von Markus Essler, 69 Fotos von Frank Hecker, 9 Fotos von Horst Helwig, 72 Fotos von Klaus Janke, 1 Foto von Jochen Köhler, 1 Foto von Klaus König, 2 Fotos von Alfred Limbrunner, 1 Foto von Mestel/Hecker, 12 Fotos von Rolf Müller, 46 Fotos von Dietmar Nill/linea images, 57 Fotos von Martin Partsch, 23 Fotos von Helmut Partsch, 2 Fotos von René Roth, 5 Fotos von Sauer/Hecker, 1 Foto von Dirk Synatschke, 2 Fotos von Günter Synatschke, 5 Fotos von Josef Vorholt/linea images, 4 Fotos von Andreas Vilcinskas, 5 Fotos von Ekkehard Wachmann, 10 Fotos von Bernd Zoller, die restlichen Fotos stammen von Heiko Bellmann; mit 68 Farbzeichnungen: 9 von Claus Caspari, 10 von Paschalis Dougalis, 24 von Marianne Golte-Bechtle/Kosmos, 1 von Janke/Lang, 3 von Kvetoslav Hísek, 2 von Kosmos, 19 von Wilfried Weigel

Umschlaggestaltung von eStudio Calamar unter Verwendung von 10 Farbfotos: Höckerschwan *(Cygnus olor)*, Mandarinente *(Aix galericulata)*, Smaragdeidechse *(Lacerta viridis)*, Feld-Maikäfer *(Melolontha melolontha)*, Gottesanbeterin *(Mantis religiosa)*, Wespenspinne *(Argiope bruennichi)* von Heiko Bellmann; Steinmarder *(Martes foina)*, Eisvogel *(Alcedo atthis)* von Horst Helwig; Mufflon *(Ovis musimon)*, Eichhörnchen *(Sciurus vulgaris)* von Martin Partsch

Bibliografische Information Der Deutschen Nationalbibliothek
Die Deutsche Nationalbibliothek verzeichnet diese Publikation in der Deutschen Nationalbibliografie; detaillierte bibliografische Daten sind im Internet über http://dnb.ddb.de abrufbar.

KOSMOS
Postfach 10 60 11
D-70049 Stuttgart
TELEFON +49 (0)711-2191-0
FAX +49 (0)711-2191-422
WEB www.kosmos.de
E-MAIL info@kosmos.de

Gedruckt auf chlorfrei gebleichtem Papier

ISBN 13: 978-3-440-10093-6
Projektleitung: Dr. Stefan Raps
Lektorat, Satz und Layout: Barbara Kiesewetter, Redaktionsbüro München
Produktion: Johannes Geyer / Markus Schärtlein
Printed in Germany / Imprimé en Allemagne

Naturführer – natürlich von Kosmos

Hecker/Hecker
Kosmos-Naturführer für unterwegs
352 Seiten, 762 Abbildungen
€/D 5,95; €/A 6,20; sFr 10,70
ISBN 978-3-440-10578-8

- Arten- und Fotofülle pur: Porträts der 550 wichtigsten und bekanntesten Tiere und Pflanzen in 780 brillanten Farbfotos.
- Der handliche und praktische Begleiter für jeden Naturfreund.

Stichmann-Marny/Stichmann
Der Kosmos-Pflanzenführer
448 Seiten, 1528 Abbildungen
€/D 14,95; €/A 15,40; sFr 25,90
ISBN 978-3-440-10223-8

- Die 900 häufigsten und wichtigsten Pflanzen- und Pilzarten Mitteleuropas in über 1300 Farbfotos.
- Zusätzliche Bilder zeigen Einzelheiten wie Blätter, Blüten oder Früchte.

Stichmann/Kretzschmar
Der Kosmos-Tierführer
448 Seiten, 1489 Abbildungen
€/D 14,95; €/A 15,40; sFr 25,90
ISBN 978-3-440-10222-0

- Porträts von fast 900 Tierarten Mitteleuropas – von der Blattlaus bis zum Elch.
- Mit über 1300 Farbfotos, wichtigen Merkmalen und Wissenswertem, das hilft, sich die Arten leicht einzuprägen.

Preisänderung vorbehalten

www.kosmos.de

KOSMOS

Mit Kosmos die Natur zu Hause erleben

Der große Kosmos Vogelatlas
DVD-ROM für Win
€/D 39,90
(unverbindliche Preisempfehlung)
ISBN 978-3-440-10875-8

- Per Mausklick die Natur entdecken!
- Die Vögel Europas kennen lernen, bestimmen, katalogisieren und eigene Beobachtungen verwalten.
- Eine umfangreiche Datenbank, ausführliche Hintergrundinformationen und viele interaktive Elemente lassen keine Wünsche offen.

Roché/Singer
Die Vögel Mitteleuropas und ihre Stimmen
2 CDs (ca. 120 Min.), Vogelführer
€/D 19,95; €/A 20,60; sFr 33,70
ISBN 978-3-440-10666-2

- Zwei Stunden Hörvergnügen – die Rufe und Gesänge von 283 Vogelarten in Tonaufnahmen von höchster Qualität. Mit Bestimmungsbuch.

Bergmann/Engländer
Die Kosmos Vogelstimmen-DVD
DVD Laufzeit ca. 130 Min.
€/D 29,90; €/A 30,80; sFr 50,20
ISBN 978-3-440-10280-0

- 100 heimische Vogelarten in 100 Filmen – mit Rufen und Gesängen in „schnabelsynchronem" Originalton!

Roché/Dreyer
Tierstimmen im Wald
Buch und CD
€/D 9,95; €/A 10,30; sFr 17,50
ISBN 978-3-440-10091-2

- Die ideale Kombination – CD mit 80 Tierstimmen plus Naturführer zu 90 Tieren und Pflanzen.

KOSMOS

www.kosmos.de

Preisänderung vorbehalten